Hagl/King/Zentgraf

Ingenieurinformatik

Rainer Hagl/Frank A. King/Peter Zentgraf

Ingenieurinformatik

Eine Einführung mit MATLAB©, Simulink© und Stateflow©

2., neu bearbeitete Auflage

HANSER

Die Autoren:

Prof. Dr.-Ing. Rainer Hagl, Technische Hochschule Rosenheim

Prof. Dr.-Ing. Frank A. King, Technische Hochschule Rosenheim

Prof. Dr.-Ing. Peter Zentgraf, Technische Hochschule Rosenheim

Bibliografische Information der Deutschen Nationalbibliothek:
Die Deutsche Nationalbibliothek verzeichnet diese Publikation in der Deutschen Nationalbibliografie; detaillierte bibliografische Daten sind im Internet über http://dnb.d-nb.de abrufbar.

Internet: www.hanser-fachbuch.de

Lektorat: Frank Katzenmayer
Herstellung: Frauke Schafft
Covergestaltung: Max Kostopoulos
Coverkonzept: Marc Müller-Bremer, www.rebranding.de, München
Titelbild: © Frank A. King/Peter Zentgraf
Satz: Eberl & Koesel Studio, Kempten
Druck und Bindung: CPI books GmbH, Leck
Printed in Germany

Print-ISBN 978-3-446-47515-1
E-Book-ISBN 978-3-446-47730-8

Vorwort

Dieses Lehrbuch stellt eine Einführung in grundlegende Themen der Ingenieurinformatik dar. Schwerpunkt ist die zeiteffiziente Analyse und der Entwurf von technischen Systemen im Ingenieurbereich mittels Software aus dem Bereich der computerunterstützten Entwicklung (Computer Aided Engineering, CAE). Das Thema Ingenieurinformatik wird beispielhaft anhand der Entwicklungsumgebung MATLAB, Simulink und Stateflow zur Analyse technischer Systeme und zur Entwicklung elektronischer Steuergeräte verdeutlicht. Diese Entwicklungsumgebung ist in der Industrie weltweit quasi als Standard für die beschriebenen Aufgaben etabliert. Dadurch ist ein hoher Praxisbezug gegeben.

Das Fachbuch ist insbesondere für die Bachelorausbildung von Studierenden der Ingenieurwissenschaften in folgenden Studienschwerpunkten konzipiert:

- Elektro- und Informationstechnik
- Mechatronik
- Maschinenbau
- Automatisierungstechnik
- Energietechnik
- Gebäudetechnik

Es eignet sich ebenso für technisch Interessierte, die sich in die Thematik einarbeiten wollen.

Zunächst wird in der Einführung auf die Entwicklungen eingegangen, die zum heutigen Einsatz von Computern geführt haben. Es wird die weite Verbreitung der computerunterstützten Entwicklung und Fertigung im Ingenieurbereich dargestellt. Grundlegende Kenntnisse, Zusammenhänge und Werkzeuge bei der Softwareentwicklung werden auf Basis der im technischen und naturwissenschaftlichen Bereich weit verbreiteten Sprache MATLAB gezeigt. Diese sind allgemein gültig und lassen sich weitestgehend auf andere Programmiersprachen übertragen. In vielen Projekten ist es hilfreich, grafische Bedienoberflächen zu verwenden. Dieses Themenfeld wird am Beispiel der in MATLAB eingebauten Möglichkeiten dargestellt. Die digitale Arbeitsweise von Computern führt zu mehr oder weniger starken Begrenzungen des Wertebereiches von Zahlen und damit einhergehend auch zu Einschränkungen der Berechnungsergebnisse. Insbesondere bei der Entwicklung elektronischer Steuergeräte, bei denen die Herstellkosten ein wichtiger Faktor sind, ist die Wertebereichsbegrenzung ein wichtiger Punkt bei der Entwicklung. Eine Einführung hierzu wird im Kapitel „Zahlenformate" gegeben. Viele Berechnungsaufgaben können aufgrund ihrer Komplexität nur auf Computern mit Näherungsverfahren gelöst werden. Grundlegende Zusammenhänge werden im Kapitel „Numerische Integration" behandelt.

Eine wichtige praktische Anwendung ist die Simulation dynamischer Systeme, welche beispielhaft anhand des Softwarepaketes Simulink gezeigt wird. In vielen Steuerungsaufgaben muss auf Ereignisse mit vorbestimmten Aktionen reagiert werden. Ereignisdiskrete Systeme werden daher in einem separaten Kapitel behandelt. Um die Arbeitsweise praxisnah dazustellen, wird in diesem Kapitel das Softwarepaket Stateflow verwendet. Manche Berechnungsaufgaben müssen aufgrund der vielen Einzelschritte auf mehrere Recheneinheiten verteilt werden, um in akzeptablen Wartezeiten Ergebnisse zu erhalten. Daher wird in einem eigenen Kapitel auf die Thematik „Paralleles Rechnen" in Grundzügen eingegangen. Mathematische Umformungen und Vereinfachungen können computerunterstützt erfolgen. Im Kapitel „Symbolisches Rechnen" wird einführend auf diese Möglichkeit eingegangen. Den Kapiteln zugeordnete Übungen erlauben eine Überprüfung des Lernfortschrittes. Weiteres Zusatzmaterial steht den Lesern unter *plus.hanser-fachbuch.de* zur Verfügung. Den Zugangscode finden Sie auf der ersten Seite des Buches.

In den Jahren seit dem Erscheinen der ersten Auflage blieb die Zeit nicht stehen. Augenfälligste Veränderung ist der nun geschlechtergerechte Buchtitel sowie das Hinzukommen zweier Autoren. Auch konnten von den Autoren weitere Erfahrungen beim Einsatz des Buches in Vorlesungen und Übungen gesammelt werden. Diese sind, zusammen mit technischen Weiterentwicklungen, in die vorliegende zweite Auflage eingeflossen. Dies betrifft insbesondere das Kapitel zu grafischen Bedienoberflächen (Apps), dessen Hauptteil auf aktuellem Stand neu aufgebaut wurde.

Eine Vielzahl konstruktiver Rezensionen der ersten Auflage hat zur Beseitigung von Fehlern und inhaltlichen Klarstellungen in der zweiten Auflage geführt. Hierfür möchten sich die Autoren und der Verlag herzlich bedanken. Allerdings konnten nicht alle Anregungen berücksichtigt werden, da diese zum Teil konträr waren. Bitte haben Sie dafür Verständnis.

Auch in dieser zweiten Auflage haben sich sicherlich noch Fehler eingeschlichen. Vielleicht ist das eine oder andere auch nicht ganz verständlich. Über Rückmeldungen zu Fehlern oder Verbesserungsvorschläge würden wir uns sehr freuen, da diese zu einer kontinuierlichen Verbesserung führen. Sie können uns diesbezüglich gerne eine E-Mail an

frank.king@th-rosenheim.de

peter.zentgraf@th-rosenheim.de

senden. Für Ihre Unterstützung möchten wir uns bereits im Voraus bei Ihnen bedanken.

März 2023 Rainer Hagl | Frank A. King | Peter Zentgraf

Danksagung

Für die zahlreichen konstruktiven Diskussionen und Anregungen rund um die Ausbildung im Bereich der Ingenieurinformatik und Simulation möchten wir uns bei unseren Kollegen Prof. Franz Perschl und Prof. Martin Versen bedanken. Daneben gebührt noch immer ein herzlicher Dank allen, die durch ihr Zutun am Gelingen der vorhergehenden ersten Auflage beteiligt waren.

Der Verlag und die Autoren haben sich mit der Problematik einer gendergerechten Sprache intensiv beschäftigt. Um eine optimale Lesbarkeit und Verständlichkeit sicherzustellen, wird in diesem Werk auf Gendersternchen und sonstige Varianten verzichtet; diese Entscheidung basiert auf der Empfehlung des Rates für deutsche Rechtschreibung. Grundsätzlich respektieren der Verlag und die Autoren alle Menschen unabhängig von ihrem Geschlecht, ihrer Sexualität, ihrer Hautfarbe, ihrer Herkunft und ihrer nationalen Zugehörigkeit.

Zum Cover des Buches:

Der abgebildete Programmcode und die animierte Rakete wurden in dem Projekt „water rocket" an der Technischen Hochschule Rosenheim im Jahr 2021 unter der Leitung von Prof. Zentgraf entwickelt. Die Projekt-Unterlagen und der zugehörige fünfminütige Filmbeitrag können unter

https://www.th-rosenheim.de/die-hochschule/labore/regelungstechnik/water-rocket

eingesehen werden.

Inhalt

Hinweis

Folgende Handelsnamen werden häufig verwendet, ohne jedes Mal den Rechteinhaber zu nennen:

- MATLAB® ist eine eingetragene Marke der The MathWorks, Inc.
- Simulink® ist eine eingetragene Marke der The MathWorks, Inc.
- Stateflow® ist eine eingetragene Marke der The MathWorks, Inc.
- Handle Graphics® ist eine eingetragene Marke der The MathWorks, Inc.
- MATLAB® Compiler™ ist eine eingetragene Marke der The MathWorks, Inc.

Für die gezeigten Screenshots und zum Test der aufgeführten Programme bzw. Programmausschnitte wurde die MATLAB Revision R2022a verwendet.

Links ins Internet

Zum Teil enthält das Manuskript Informationen, die im Internet zu finden sind. Weiterführende Informationen im Internet sind durch folgendes Symbol gekennzeichnet:

Die Informationen waren bei der Ausarbeitung des Manuskriptes im Internet verfügbar. Es kann jedoch nicht gewährleistet werden, dass sie beim Öffnen des Links immer noch vorhanden sind oder Adressen sich nicht geändert haben.

Formelsymbole

Im gesamten Manuskript wurde versucht, durchgängige und eindeutige Formelsymbole zu verwenden. Bei der ersten Verwendung eines Formelsymbols werden dessen Bezeichnung in Deutsch und Englisch sowie die dazugehörige SI-Einheit und gegebenenfalls wichtige daraus abgeleitete Einheiten angegeben.

F	Kraft	*Force*	N
M	Drehmoment	*Torque*	Nm
x	Position	*Position*	m

Zur Erhöhung der Übersichtlichkeit werden an manchen Stellen diese Angaben wiederholt.

Programmbeispiele

Die mit Icons gekennzeichneten Programmbeispiele sind kapitelweise unter *plus.hanser-fachbuch.de* abgelegt.

Icon	Files	
	MATLAB	Script
		Function
		Figure
		App
		MAT-file
		MEX-file
	Simulink und Stateflow	Model
	Project	

Von dort können diese frei für Ausbildungszwecke, die nicht kostenpflichtig sind, heruntergeladen werden.

1 Einführung

Die Arbeit von Ingenieuren bei der Produktentwicklung erfolgt immer stärker computerunterstützt. Grund hierfür ist, dass Computer bei gleichen oder sinkenden Kosten kontinuierlich leistungsfähiger werden. Selbst von der erforderlichen Computerleistung sehr anspruchsvolle Aufgaben können immer mehr am Arbeitsplatzrechner eines Ingenieurs gelöst werden. Programme (Software), die die Arbeit von Ingenieuren unterstützen, werden unter dem englischen Begriff „Computer Aided Engineering", oder abgekürzt CAE, zusammengefasst. Sowohl bei der Entwicklung mechanischer als auch elektronischer Baugruppen gibt es eine Vielzahl von Programmen, die einzelne Aufgaben bei der Produktentwicklung unterstützen (Bild 1.1).

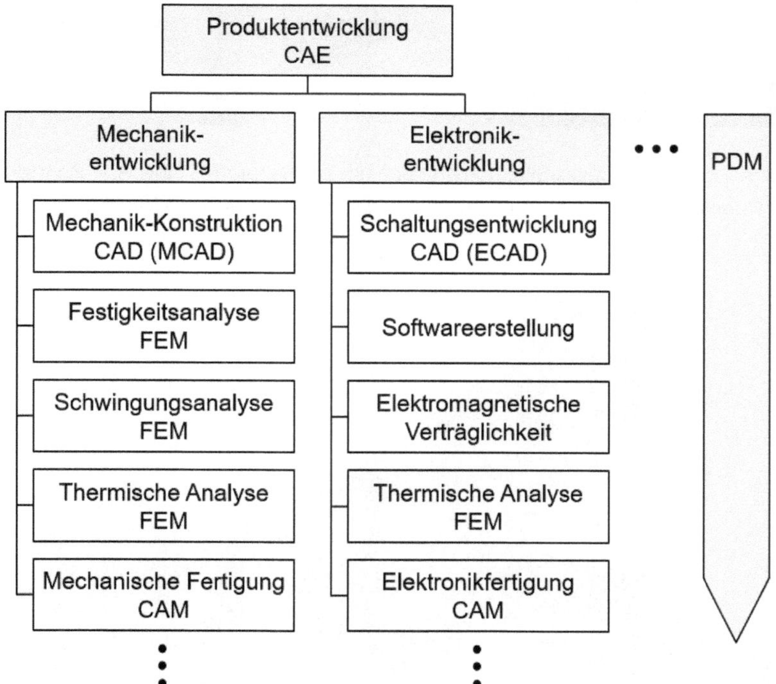

Bild 1.1 Computerunterstützung bei der Produktentwicklung (Beispiele)

Die Konstruktion mechanischer Teile und Baugruppen erfolgt fast ausschließlich mit CAD-Systemen (CAD: Computer Aided Design). In Bild 1.2 ist die Veränderung der Arbeitsweise in der mechanischen Konstruktion vom Arbeiten am Zeichenbrett mit Bleistift und Tusche hin zum Arbeiten am Computer mit dreidimensionaler Darstellung gezeigt. Die Berechnung der mechanischen Festigkeit, der Verformung und des Schwingungsverhaltens erfolgt mit Software, die auf speziellen mathematischen Verfahren basiert. Diese Verfahren sind unter dem Begriff FEM (Finite-Elemente-Methode) zusammengefasst. Weitere Anwendungen im Ingenieurbereich sind z. B. thermische Analysen, Strömungssimulationen oder die Berechnung von elektrischen und magnetischen Feldern. Einige Anwendungsbeispiele zeigen Bild 1.3, Bild 1.4 und Bild 1.5.

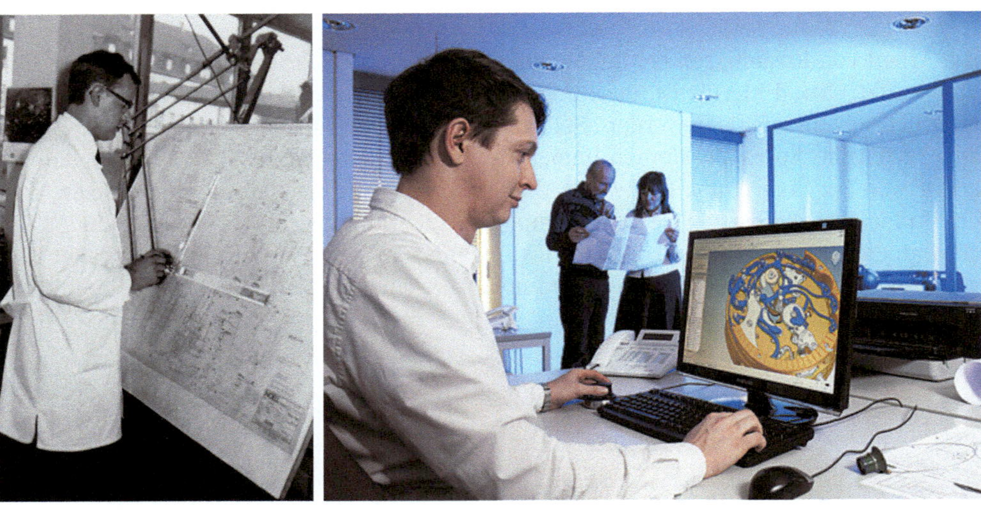

Bild 1.2 Mechanische Konstruktion. Linkes Bild: Konstruktion am Zeichenbrett (© Ing. B. P. Hennek, Würzburg 1968), rechtes Bild: Konstruktion mit CAD-System (© Tutima Uhrenfabrik GmbH Ndl. Glashütte, 2016)

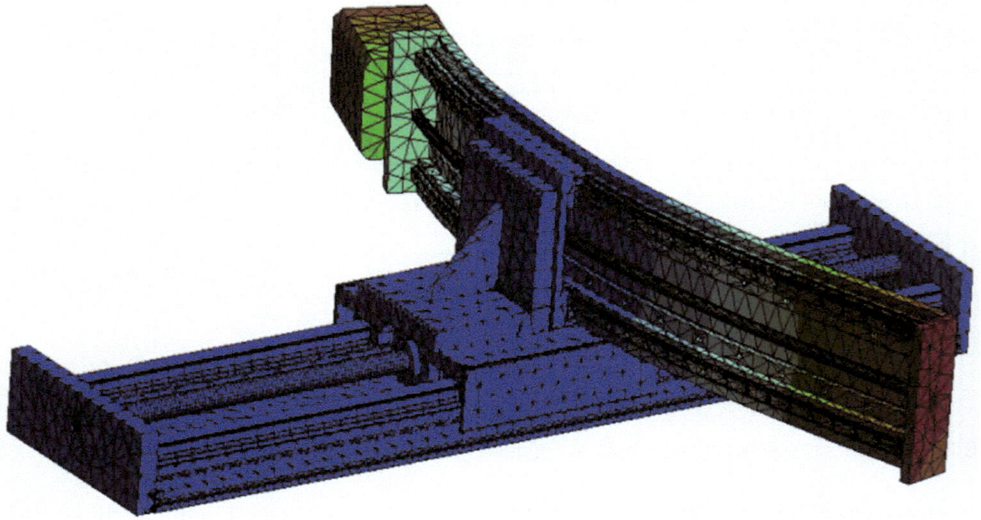

Bild 1.3 Anwendungsbeispiele Finite-Elemente-Berechnung – Verformungsanalyse XY-Tisch (© Labor für elektrische Antriebstechnik, Hochschule Rosenheim, 2016)

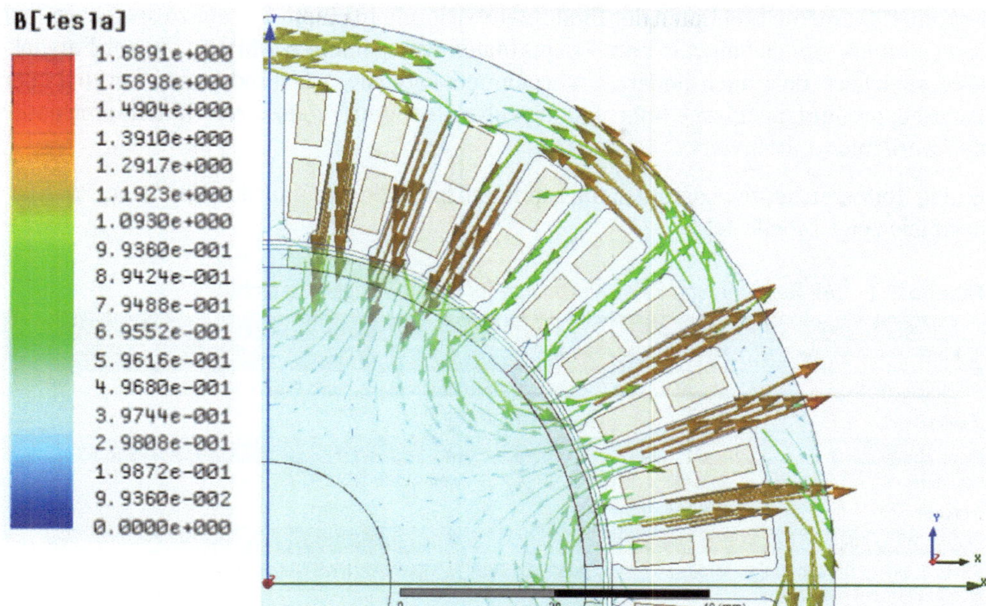

Bild 1.4 Anwendungsbeispiele Finite-Elemente-Berechnung – Magnetfeldberechnung eines Elektromotors (© Labor für elektrische Antriebstechnik, Hochschule Rosenheim, 2016)

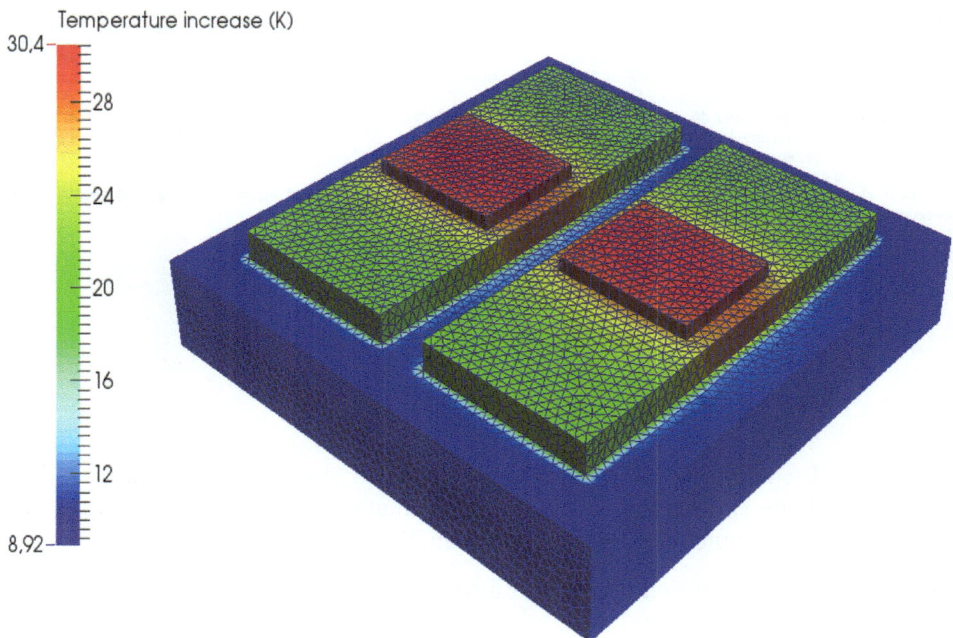

Bild 1.5 Anwendungsbeispiele Finite-Elemente-Berechnung – Temperaturverteilung von Halbleiterchips auf einem Schaltungsträger (© Prof. Dr. techn. Norbert Seliger, Labor für Leistungselektronik, Hochschule Rosenheim, 2016)

Um alle Dokumente und Daten der Produktentwicklung in einem System zu speichern und zu verwalten, gibt es Software zum Produktdatenmanagement (PDM). Neben der Entwicklung speichern dort auch andere Unternehmensbereiche, wie Produktion, Service oder Vertrieb, produktspezifische Informationen ab. Alle für ein Produkt relevanten Informationen werden dort archiviert.

Einige Teilbereiche der computerunterstützten Entwicklung und dazugehörige Produktbeispiele zeigt Tabelle 1.1.

Tabelle 1.1 CAE-Bereiche und Beispielprodukte für den jeweiligen Bereich

Bereich		Software
Computer Aided Design CAD		
Mechanisch	M-CAD	CATIA®, NX™, Creo Parametric®, Solid Edge®, SolidWorks®,...
Elektronisch	E-CAD	cadence®, SYNOPSYS®,...
Computer Aided Manufacturing CAM		
Mechanisch	M-CAM	hyperMill®, NX™, PowerMILL®, Tebis™,...
Elektronisch	E-CAM	
Ingenieurmathematik		
Finite Element Berechnung (Finite Element Methode)	FEM	ABAQUS®, ANSYS®, LS-DYNA®, NASTRAN®, PERMAS®,...
Lösung mathematischer Aufgaben		GNU Octave, SCILab, Maple®, Mathematica®, MATLAB®,...
Regelungs- und Steuerungseinrichtungen		
Modellbasierte Entwicklung		Simulink®, Stateflow®

- CATIA®, SolidWorks® sind eingetragene Marken der Dassault Systèmes SE
- NX™, Solid Edge® sind Marken der Siemens Product Lifecycle Management Software, Inc.
- Creo Parametric® ist eine eingetragene Marke der PTC, Inc.
- cadence® ist eine eingetragene Marke der Cadence Design Systems, Inc.
- SYNOPSYS® ist eine eingetragene Marke der Synopsys, Inc.
- hyperMILL® ist eine eingetragene Marke der OPEN MIND Technologies AG
- PowerMILL® ist eine eingetragene Marke der Delcam Ltd
- tebis™ ist eine eingetragene Marke der Tebis Technische Informationssysteme AG
- ABAQUS® ist eine eingetragene Marke von Abaqus, Inc.
- ANSYS® ist eine eingetragene Marke von Ansys, Inc.
- LS-DYNA® ist eine eingetragene Marke von Livermore Software Technology Corp.
- NASTRAN® ist eine eingetragene Marke der National Aeronautics Space Administration. MSC Nastran ist eine häufig eingesetzte Version die von der MSC Software Corporation entwickelt und gewartet wird.
- PERMAS® ist eine eingetragene Marke der Intes GmbH
- Maple™ ist eine Marken der Waterloo Maple, Inc.
- Mathematica® ist eine eingetragene Marke der Wolfram Research, Inc.
- MATLAB®, Simulink®, Stateflow® sind eingetragene Marken der The MathWorks, Inc.

1.1 Historie Rechenmaschinen

Für sehr viele Produkte werden heute computerbasierte Systeme eingesetzt. Viele Produkte sind durch die Entwicklung leistungsfähiger, miniaturisierter, kostengünstiger und verbrauchsarmer Computer erst möglich geworden. Hierzu zählen:

- Personal Computer, für den einzelnen Büroarbeitsplatz, den Privatgebrauch und den mobilen Einsatz (Notebooks, Tablet, ...)
- Smartphones
- Navigationssysteme

- Antiblockiersysteme und Stabilisierungssysteme
- Spielkonsolen
- Flexible und hochautomatisierte Produktionseinrichtungen, wie Industrieroboter, Werkzeugmaschinen, Verpackungsmaschinen etc.

Die Entwicklung hin zu heutigen Computersystemen hat eine lange Historie. Erste Rechenmaschinen zur Lösung einfacher Berechnungsaufgaben wurden mechanisch aufgebaut. Die erste bekannte Rechenmaschine, die alle vier Grundrechenarten (Addition, Subtraktion, Multiplikation und Division) ausführen konnte, war die Leibniz'sche Rechenmaschine (Bild 1.6). Basis für die ersten teilweise elektrischen Rechenmaschinen waren Telefonrelais in Kombination mit Schrittschaltwerken (Bild 1.7). Mit ca. 2000 Telefonrelais wurde der erste, voll funktionsfähige, programmierbare Computer der Welt (Zuse Z3) aufgebaut (Bild 1.8). Einige technische Daten dieses Computers zeigt Tabelle 1.2.

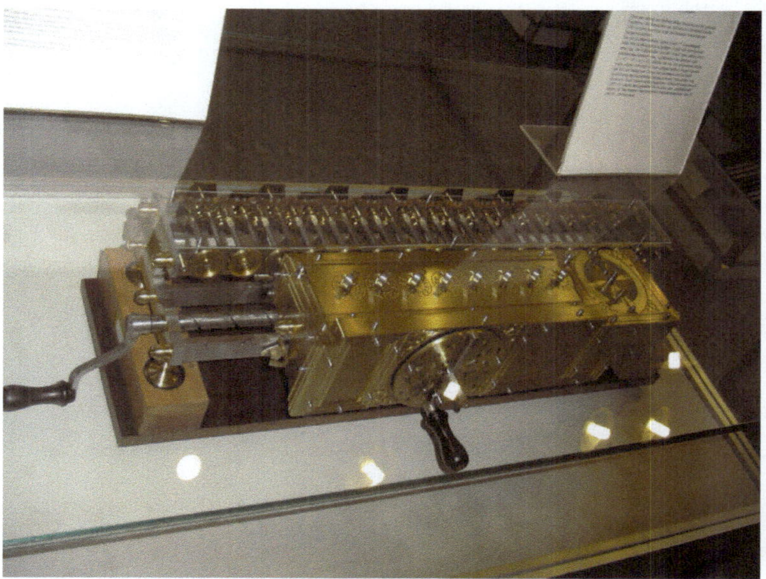

Bild 1.6 Mechanische Rechenmaschine (Leibniz'sche Rechenmaschine), entwickelt von Wilhelm Leibniz ca. 1700 in Dresden (© Kolossos, Technische Sammlungen der Stadt Dresden, Wikipedia, 2016) *https://upload.wikimedia.org/wikipedia/commons/9/92/Leibnitzrechenmaschine.jpg*

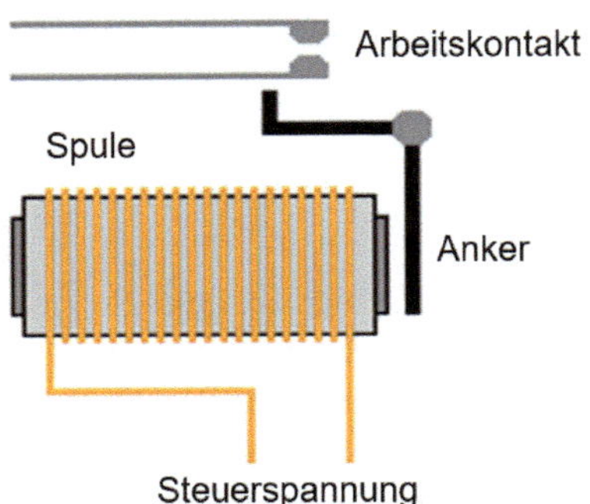

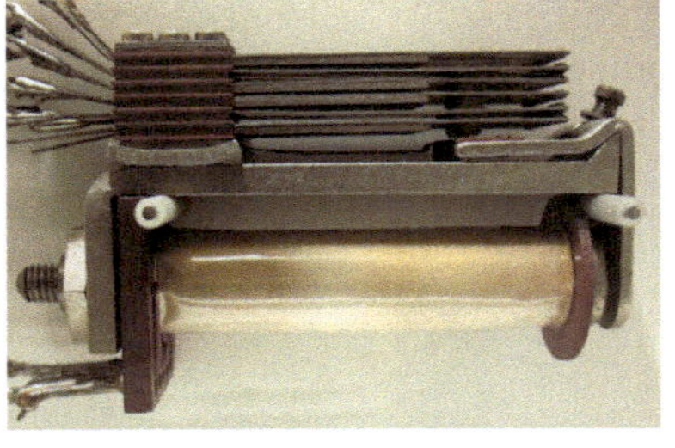

Bild 1.7 Oben: Relaisprinzip und Relais aus Zuse Z3 (© oben: Nogo, Wikipedia, 2016; unten: Denis Apel, Wikipedia, 2016)
https://commons.wikimedia.org/wiki/File:Relais_ruhe.png#/media/File:Relais_ruhe.png
https://de.wikipedia.org/wiki/Zuse_Z3#/media/File:Elektromagnetischerspeicher_zuse_relais.jpg

Bild 1.8 Elektromechanische Rechenmaschine (Zuse Z3), entwickelt von Konrad Zuse 1941 in Berlin (© Archiv Deutsches Museum, München, 2016) *http://www.deutsches-museum.de/archiv*

Tabelle 1.2 Technische Daten des ersten Computers (ZUSE Z3)

Taktfrequenz	ca. 5,4 Hz
Rechenwerk (2 Register)	600 Relais
Speicher (64 × 22 bit)	1400 Relais
Fließkommaeinheit	22 bit
Aufgenommene Leistung	4 kW
Addition	3 Takte
Multiplikation	16 Takte
Division	28 Takte
Ein-/Ausgabe-Einheit	Lochkartenleser für handgestanzten 35 mm breiten Film

Die elektromechanischen Lösungen hatten keine hohe Verfügbarkeit und waren mit hohem Wartungsaufwand verbunden. Sie wurden von rein elektrischen Systemen, die zunächst Elektronenröhren (Bild 1.9) nutzten, abgelöst. Der erste elektrische Universalrechner (ENIAC) wurde an der University of Pennsylvania im Auftrag der US-Armee von 1942 bis 1946 entwickelt (Bild 1.10).

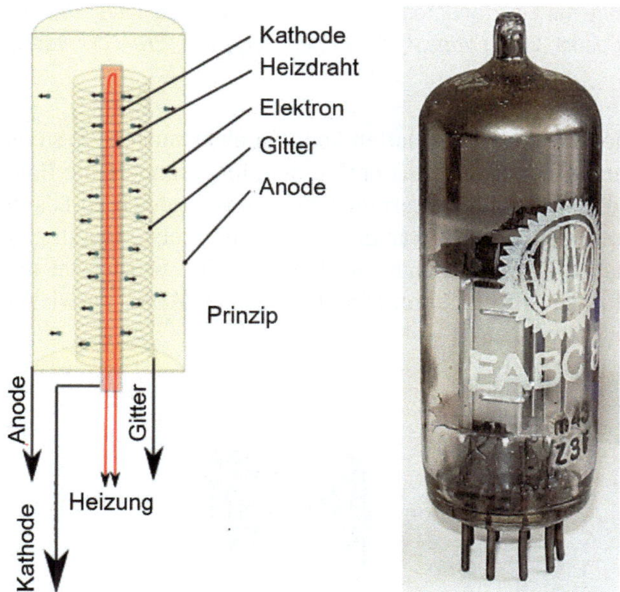

Bild 1.9 Elektronenröhre (© links: Stefan Riepl, Wikipedia, 2016; rechts: Ausschnitt 32-bit-Maschine, Wikipedia, 2016)
https://de.wikipedia.org/wiki/Elektronenr%C3%B6hre#/media/File:Elektronenroehre_real.png
https://de.wikipedia.org/wiki/Elektronenr%C3%B6hre#/media/File:Radio_vacuum_tubes.jpg

Bild 1.10 Elektrische Rechenmaschine mit Elektronenröhren, Electronic Numerical Integrator and Computer (ENIAC) (© U.S. Army, Wikipedia, 2016) *https://de.wikipedia.org/wiki/ENIAC#/media/File:Eniac.jpg*

Durch die Entwicklung von Halbleitern und Leiterplatten konnten elektronische Systeme stark verkleinert und in der Leistungsaufnahme reduziert werden. Insbesondere die Halbleiterbauelemente Transistor (Bild 1.11) und Diode ermöglichten, im Vergleich zu Lösungen auf Basis von Elektronenröhren, kompaktere, wartungsärmere und leistungsfähigere Rechenmaschinen. Die erste vollständig elektronische Rechenmaschine wurde von den Bell-Forschungslaboratorien für die U.S. Air Force von 1953 bis 1955 (TRADIC) entwickelt (Bild 1.12).

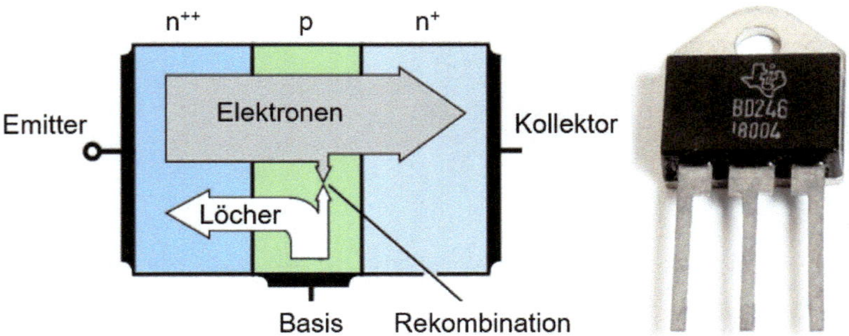

Bild 1.11 Links: Funktionsprinzip Transistor, rechts: Bauelement (© links: Kai Martin, Cepheiden, Wikipedia, 2016; rechts: Ausschnitt Benedikt Seidl, Wikipedia, 2016)
https://de.wikipedia.org/wiki/Transistor#/media/File:NPN_transistor_basic_operation.svg
https://upload.wikimedia.org/wikipedia/commons/0/0e/Transistors-white.jpg

Bild 1.12 Elektronische Rechenmaschine mit Transistoren und Dioden, TRansistorized Airborne DIgital Computer (TRADIC) (© Wikipedia, 2016) *https://en.wikipedia.org/wiki/TRADIC#/media/File:TRADIC_computer.jpg*

Der Aufbau einer Elektronikschaltung mit einzelnen Bauelementen und deren elektrische Verbindung mittels einer Leiterplatte wird als diskrete Elektronik bezeichnet. Durch die Entwicklung integrierter Schaltkreise (IC, Integrated Circuit) war es möglich, sehr viele elektronische Bauelemente auf einem Substratmaterial (Halbleiter) zu realisieren. Gleichzeitig konnten in diesem Material die elektrischen Verbindungen hergestellt werden. Der Platzbedarf für komplexere Schaltungen sank dadurch stark. Es entstanden die ersten Schaltkreise für Berechnungsaufgaben auf Basis dieser Technologie, sogenannte Mikroprozessoren. Der erste ab 1971 in Serie gefertigte und am freien Markt verfügbare Mikroprozessor (Bild 1.13) wurde von Intel® entwickelt. Er bestand aus 2250 Transistoren. Sie bilden bis heute den Kern einer Rechenmaschine bzw. eines Computers.

Bild 1.13 Erster in Serie gefertigter und am freien Markt verfügbarer 4-Bit-Mikroprozessor (Intel® 4004) (© Peter1912, Wikipedia, 2016) *https://de.wikipedia.org/wiki/Intel_4004#/media/File:C4004_two_lines.jpg*

Durch die Verfügbarkeit von Mikroprozessoren und deren rasante Weiterentwicklung konnten Computer sehr schnell stark verkleinert und in der Rechenleistung gesteigert werden. Gleichzeitig sanken die Kosten. Dies führte zur Marktreife von Computern für den Privatgebrauch und den Arbeitsplatz. Einen der ersten Heimcomputer, der von MITS in den Jahren 1974 bis 1975 in den USA entwickelt wurde (Altair 8800), zeigt Bild 1.14.

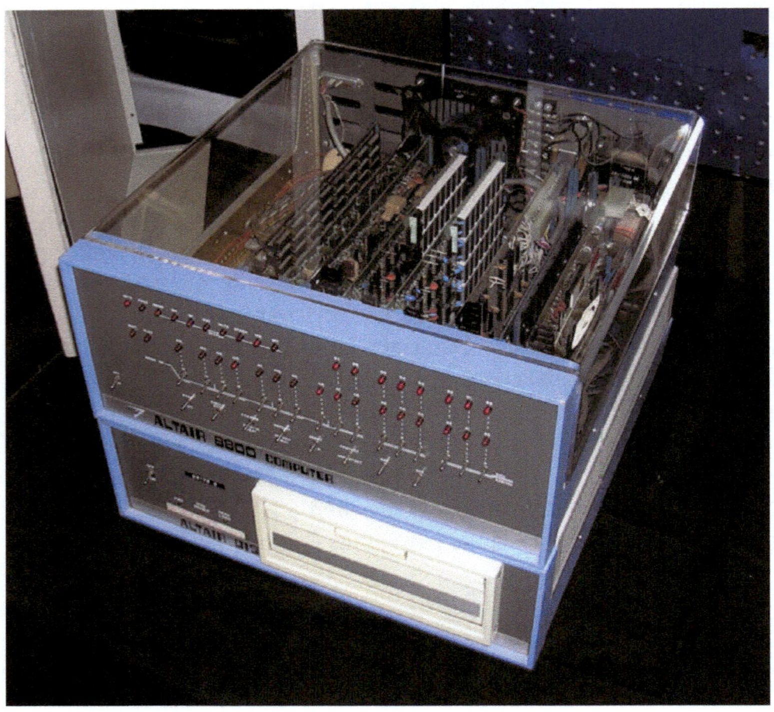

Bild 1.14 Einer der ersten auf einem Mikroprozessor basierenden Heimcomputer: Altair 8800 (© Michael Holley, Wikipedia, 2016) *https://upload.wikimedia.org/wikipedia/commons/0/01/Altair_8800_Computer.jpg*

Im Jahr 1965 hat Gordon Moore (einer der Gründer von Intel®) die Behauptung aufgestellt, dass sich die Anzahl an Transistoren pro Flächeneinheit, bei gleichen Kosten für die Halbleiterfläche, regelmäßig verdoppelt. Als Zeitraum für die Verdopplung wurden anfangs 12 Monate angegeben, mittlerweile wird von 18 bzw. 24 Monaten ausgegangen. Dieser Zusammenhang wird als Moore'sches Gesetz (Moore's Law) bezeichnet. Bis heute verhält sich die Entwicklung von Mikroprozessoren nach dieser Gesetzmäßigkeit. Das Moore'sche Gesetz ist kein Naturgesetz, sondern basiert auf der Beobachtung von Moore, dass die Kosten eines Halbleiterschaltkreises verfahrensbedingt mit sinkender und steigender Komponentenanzahl anstiegen. Bei niedriger Komponentenanzahl wird das Halbleitermaterial nicht voll ausgenutzt. Bei zu hoher Komponentenanzahl steigen die Fertigungskosten durch aufwändigere Herstellungsverfahren bzw. niedrigere Ausbeuten (mehr Ausschuss) an. Dazwischen gibt es ein Kostenoptimum. Die von Moore aufgestellte Gesetzmäßigkeit bezieht sich immer auf das Kostenoptimum. Vereinfacht ausgedrückt steigt die Rechenleistung bei gleichen Kosten kontinuierlich an. Einige Experten gehen davon aus, dass die auf dem Moore'schen Gesetz basierende Entwicklung sich in einigen Jahren nicht mehr fortsetzen lässt.

1.2 Computerunterstützung bei der Lösung mathematischer Aufgaben

Wie in vielen anderen Bereichen ist zur Lösung von Aufgaben bei der Produktentwicklung eine mathematische Beschreibung erforderlich. Ein sehr einfaches Beispiel für eine mathematische Beschreibung ist die horizontale Bewegung einer Masse, auf die in Bewegungsrichtung eine Kraft wirkt (Bild 1.15). Die Bewegungsgrößen, welche die Bewegung beschreiben, sind:

- Position
- Geschwindigkeit
- Beschleunigung

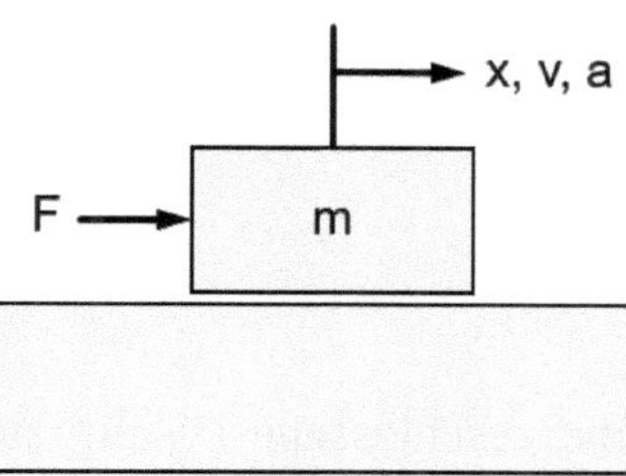

Bild 1.15 Bewegung einer Masse

Die mathematischen Zusammenhänge für die Bewegungsgrößen lauten ganz allgemein:

$$x(t) = \int v(t)dt \tag{1.1a}$$

$$v(t) = \int a(t)dt \tag{1.1b}$$

Bei konstanter Masse gilt für die Beschleunigung:

$$a(t) = \frac{1}{m} F(t) \tag{1.2}$$

x	Position	*Position*	m
v	Geschwindigkeit	*Velocity*	m/s
a	Beschleunigung	*Acceleration*	m/s^2
t	Zeit	*Time*	s
m	Masse	*Mass*	kg
F	Kraft	*Force*	N

Wirkt auf die Masse eine konstante Kraft in Bewegungsrichtung, so ist die Beschleunigung ebenfalls konstant und keine Funktion der Zeit:

$$a(t) = a = \frac{F}{m} \tag{1.3}$$

Damit kann die Lösung für den zeitlichen Verlauf der Position und der Geschwindigkeit direkt erfolgen (geschlossene Lösung). Unter der Annahme, dass die Bewegung zum Zeitpunkt $t = 0$ beginnt und die Position und Geschwindigkeit zu diesem Zeitpunkt jeweils null ist, gilt:

$$v(t) = \int a(t)\, dt = a \int_0^t dt = a\,t \;;\; v(t=0) = 0 \tag{1.4a}$$

$$x(t) = \int v(t)\, dt = a \int_0^t t\, dt = \frac{1}{2} a t^2 \;;\; x(t=0) = 0 \tag{1.4b}$$

Beginnt die Bewegung zum Zeitpunkt $t = t_1$ und hat die Position zu diesem Zeitpunkt den Wert x_1 und die Geschwindigkeit den Wert v_1, gilt:

$$v(t) = a \int_{t_1}^t dt = a(t - t_1) + v_1 \;;\; v(t = t_1) = v_1 \tag{1.5a}$$

$$x(t) = \int_{t_1}^t v(t)\, dt = \frac{1}{2} a (t - t_1)^2 + v_1 (t - t_1) + x_1 \;;\; x(t = t_1) = x_1 \tag{1.5b}$$

Ändert sich die Kraft beliebig mit der Zeit, so gibt es keine geschlossene Lösung zur Beschreibung der Bewegung. Für derartige mathematische Aufgaben werden Verfahren der numerischen Mathematik genutzt. Als Teilgebiet der Mathematik beschäftigt sich die numerische Mathematik mit der Entwicklung und der Analyse von Algorithmen für kontinuierliche mathematische Aufgaben. Numerische Verfahren liefern als Ergebnis Zahlenwerte.

Viele auf mathematischen Beschreibungen basierende Aufgaben von Ingenieuren lassen sich durch numerische Berechnungsverfahren lösen. Das Ergebnis einer numerischen

Berechnung ist aufgrund der verwendeten approximativen Berechnung eine näherungsweise Lösung, d. h., es handelt sich um keine exakte Lösung. Während die exakte Lösung eine unendliche Genauigkeit besitzt, haben näherungsweise Lösungsverfahren eine endliche Genauigkeit. Für viele Aufgaben ist eine endliche Genauigkeit allerdings vollkommen ausreichend.

Die Einsetzbarkeit von numerischen Lösungsverfahren und deren immer häufigere Nutzung zur Lösung komplexer Aufgaben ist sehr eng mit der Entwicklung bei automatischen Rechenmaschinen verbunden. Erst durch leistungsfähige und kostengünstige Computer kam es zur breiten Anwendung numerischer Verfahren zur Lösung von Aufgaben im Ingenieurbereich. Mittlerweile gehört der Einsatz von numerischen Verfahren zum Ingenieuralltag. Ein wichtiger Bereich der Anwendung sind Finite-Elemente-Berechnungen.

Im Gegensatz zur zahlenmäßigen Berechnung bei numerischen Lösungsverfahren wird bei symbolischen Lösungsverfahren mit Symbolen gearbeitet. Symbole bedeuten in diesem Zusammenhang eine Rechnung mit Buchstaben bzw. Variablen. Vorteilhaft ist, dass das Ergebnis unabhängig vom Zahlenwert der Variablen allgemein gültig und exakt ist. Nachteilig ist, dass die manuelle Berechnung der symbolischen Lösung oft sehr zeitaufwändig ist, es leicht zu Fehlern kommen kann und manche Aufgabenstellungen mit Symbolen nicht lösbar sind. Die Lösung für eine mathematische Aufgabenstellung mit Variablen wird zunehmend computerunterstützt durchgeführt (Computeralgebrasystem, CAS). Dadurch werden der Zeitaufwand zur Lösung der mathematischen Aufgabe und die Fehleranfälligkeit stark reduziert. Ein Beispiel für eine symbolische Aufgabe ist die Lösung einer quadratischen Gleichung:

$$3x^2 + bx - 7 = 0 \tag{1.6}$$

Die Eingabe zur Lösung mit einem Produkt der symbolischen Computeralgebra lautet beispielsweise:

```
solve(3*x^2+b*x=7,x);
```

Als Ergebnis liefert die Software das in diesem einfachen Fall bekannte Ergebnis:

$$-\frac{b}{6}+\frac{\sqrt{x^2+84}}{6},-\frac{b}{6}-\frac{\sqrt{x^2+84}}{6}$$

Weit verbreitete Software für symbolische Mathematik ist Maple® (Mathematical manipulation Language) und Mathematica®.

Je nach mathematischer Aufgabe eignen sich eine oder mehrere aus den beschriebenen Wegen zur Ergebnisermittlung:

- Geschlossene Lösung
- Numerische Lösung
- Symbolische Lösung

Numerische Lösungen werden vor allem in Kapitel 5 „Numerische Integration“ und Kapitel 6 „Zeitgesteuerte Systeme (Simulink)“ vorgestellt und angewendet. Im Kapitel 9 „Symbolisches Rechnen“ werden symbolische Lösungen behandelt. Das ingenieurmäßige Arbeiten steht dabei im Vordergrund, weshalb auf tiefergehende theoretische Hintergründe bewusst verzichtet wird.

Es gibt eine Vielzahl von Programmen bzw. Software, welche die Lösung mathematischer Probleme stark vereinfachen. Sie sind teils auf spezielle Fragestellungen der Produktentwicklung zugeschnitten. Einige Beispiele für nicht auf spezielle Aufgaben zugeschnittene Programme zeigt Tabelle 1.3.

Tabelle 1.3 Beispiele für Mathematikprogramme

Name	Herkunft	Proprietäre Software	Freie Software	Homepage
Maple®	Maple®	x		*http://www.maplesoft.com/*
MATLAB®	MathWorks®	x		*http://www.mathworks.de*
Mathematica®	Wolfram Research ®	x		*http://www.wolfram.com/mathematica/*
GNU Octave	GNU-Projekt		x	*http://www.octave.org/*
Scilab	Scilab-Konsortium		x	*http://www.scilab.org/*

MATLAB ist eine kommerzielle Software zur Lösung mathematischer Aufgaben und zur grafischen Darstellung der Ergebnisse. MATLAB ist insbesondere für die Matrizenverarbeitung optimiert. Daraus entstand auch die Bezeichnung MATLAB (MATrix LABoratory). MATLAB wird hauptsächlich für folgende Aufgaben eingesetzt:

- Numerische Simulation
- Messwertanalysen
- Regelungstechnische Analysen und Optimierungen
- Signalanalyse
- Grafische Visualisierung

MATLAB wurde Ende der 1970er Jahre an der Universität New Mexico entwickelt, um Studierenden die Lösung von Aufgaben der linearen Algebra ohne Programmierkenntnisse zu ermöglichen. Auf Basis dieser Idee wurde die Firma MathWorks 1984 gegründet, und es entstanden kommerzielle Produkte.

Im Bereich der freien Software gibt es Open-Source-Projekte, welche teilweise sehr der Funktionalität von MATLAB entsprechen und mehr oder weniger kompatibel dazu sind. Hierzu zählen z. B. GNU Octave, FreeMat und Scilab.

Um die Grundlagen der Ingenieurinformatik darzustellen, wird im Folgenden MATLAB benutzt. Es ist weltweit in der Industrie und Forschung sehr verbreitet und ein Quasi-Standard. Dadurch wird eine praxisorientierte Darstellung auf dem aktuellen Stand der Technik gewährleistet. Nach Aussagen des Herstellers gibt es weltweit ca. eine Million aktive Lizenzen, wobei unter einer Lizenz teilweise auch sehr viele Anwender gleichzeitig arbeiten.

Zusätzlich sind MATLAB und die dazugehörigen Softwaremodule Teil einer durchgängigen Entwicklungsumgebung für Regelungs- und Steuerungssysteme bis zur Erzeugung der Software für das Serienprodukt. Insgesamt reduzieren sich dadurch die Entwicklungszeiten und die Entwicklungskosten. In Stellenanzeigen werden häufig Kenntnisse in MATLAB gewünscht.

1.3 Modellbasierte Steuergeräteentwicklung

In vielen Investitions- und Konsumgütern sind heutzutage elektronische Steuergeräte ein wesentlicher Bestandteil. Einige Beispiele hierfür sind:

- Kraftfahrzeuge (Benzineinspritzung, Antiblockiersystem, Stabilisierungssystem, Klimaanlage, Abstandsregelung, Spurüberwachung, ...)
- Produktionsmaschinen (speicherprogrammierbare Steuerungen, numerische Steuerungen, ...)
- Hausgeräte (Herd, Kühlschrank, Waschmaschine, ...)

Der weitaus größte Anteil an Funktionen von elektronischen Steuergeräten ist in Software realisiert. In diesem Abschnitt soll lediglich ein erster Eindruck von der Bedeutung der Informatik bei der Produktentwicklung an einigen wenigen Beispielen vermittelt werden.

Die Entwicklung elektronischer Steuergeräte erfolgt zunehmend modellbasiert. Kernelement der modellbasierten Entwicklung ist ein meist mathematisches Modell des zu steuernden oder zu regelnden Systems. Eine wesentliche Zielsetzung ist es, dieses Modell in allen Phasen der Entwicklung zu nutzen, d. h. von der ersten Idee bis zur Serie. Ein wichtiger Vorteil der modellbasierten Entwicklung ist die Effizienz- und Qualitätssteigerung durch automatische Codegenerierung. Die Entwicklungswerkzeuge zur modellbasierten Entwicklung nutzen meist grafische Elemente, um das Systemverhalten zu beschreiben. Hauptsächlich sind dies Blockdiagramme, Schaltpläne (elektrisch, hydraulisch, ...), Flussdiagramme und Zustandsgraphen. Grafische Elemente zur Beschreibung des Systemverhaltens werden in den Kapiteln 6 „Zeitgesteuerte Systeme (Simulink)“ und 7 „Ereignisdiskrete Systeme (Stateflow)“ detailliert behandelt. Im Vergleich zu textuellen Beschreibungen sind grafische Beschreibungen anschaulicher und damit auch für denjenigen, der nicht die Beschreibung erstellt hat, in kürzerer Zeit zu verstehen.

Die Produkte MATLAB, Simulink und Stateflow der Firma MathWorks sind weltweiter Quasi-Standard für die modellbasierte Entwicklung. MATLAB ist die Basis für Simulink und Stateflow. Simulink dient der zeitgesteuerten Simulation und Stateflow der ereignisorientierten Simulation. Beide Produkte sind wichtige Bausteine einer integrierten und durchgängigen Entwicklungsumgebung für Steuerungs- und Regelungssysteme (modellbasierte Steuergeräteentwicklung). Insgesamt gibt es von MathWorks knapp 100 Produkte (Firmenangabe) für einfache bis hin zu komplexen Berechnungsaufgaben und für die modellbasierte Entwicklung. Eine Übersicht nach Themenbereichen zeigt Bild 1.16. Detaillierte Informationen finden sich auf der Homepage von MathWorks.

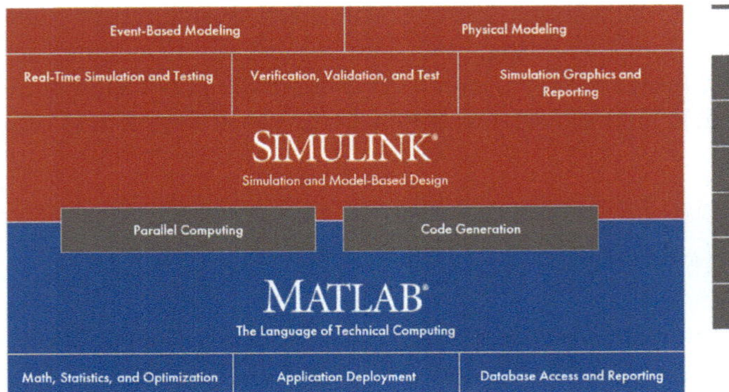

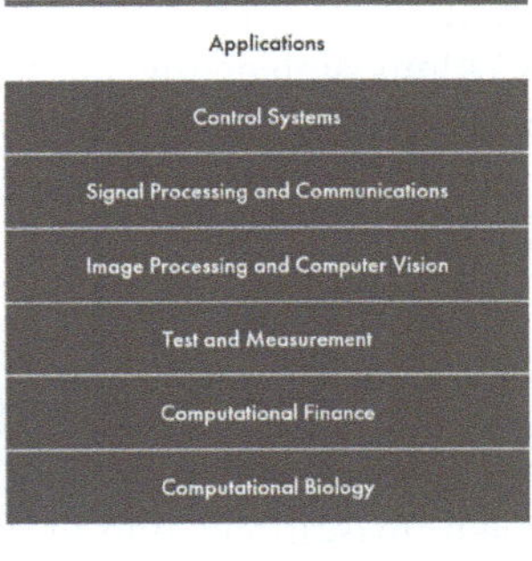

Bild 1.16 MATLAB und Simulink Produktfamilie und Applikationen (© MathWorks, Homepage, 2016) *http://de.mathworks.com/products/pfo/*

Passend zu MATLAB und Simulink gibt es für verschiedene technische Bereiche (wie Mathematik, Messtechnik, Bildverarbeitung), aber auch nicht-technische Bereiche (wie Finanzwirtschaft, Biologie, ...) applikationsspezifische Programme. Diese Programme werden in sogenannten Toolboxen zusammengefasst. Eine Toolbox unterstützt die im jeweiligen Anwendungsbereich üblicherweise notwendigen Funktionen. Die Toolboxen werden von MathWorks separat angeboten und es entstehen dadurch Zusatzkosten. Die Verwendung von Funktionen einer Toolbox ist, im Vergleich zur eigenständigen Programmierung der Funktionen, deutlich zeit- und kosteneffizienter. Gleichzeitig ist die Sicherheit in einem Projekt höher, da die Funktionen vom Hersteller und bei bereits seit Längerem angebotenen Funktionen auch vielen Anwendern getestet sind.

Einzelne Phasen der Produktentwicklung mit der in der jeweiligen Phase eingesetzten Methodik, Hardware und Software zeigt Tabelle 1.4 und Bild 1.17.

Tabelle 1.4 Computerunterstützte und automatisierte Entwicklung. Beispiel: modellbasierte Entwicklung von Steuergeräten

Entwicklungsphase	Methode	Hardware	Software
❶ Virtuelles System	Mathematisches Modell/ Computersimulation	PC, Hochleistungs-computer, ...	Engineering Software MATLAB®, Simulink®, Stateflow®, ...
↓	Automatische Codegenerierung für Echtzeitrechner		
❷ Funktionsmuster Teilsystem	Rapid Control Prototyping	Echtzeitrechner ①	Engineering Software Real-Time Interface (RTI), ControlDesk®, Simulink Real-Time®, ...
↓	Automatische Codegenerierung für Echtzeitrechner und/ oder Serienprozessor		
❸ Prototyp	Rapid Control Prototyping	Echtzeitrechner und /oder Prototypen-Elektronik ①	Engineering Software und/ oder Prototypen-Software
↓	Automatische Codegenerierung für Serienprozessor		
❹ Vorseriengerät	Test mit seriennaher Hardware und Software ②	Vorserienelektronik	Vorseriensoftware
↓	Serienfreigabe		
❺ Seriengerät		Serienelektronik	Seriensoftware

↓ Phasenübergang
① Industriell: z. B. dSPACE Hardware (wie AutoBox, MicroAutoBox, MicroLabBox,...), Speedgoat Hardware;
Für Ausbildungszwecke: z. B. Raspberry Pi, Arduino
② Unter Anderem Hardware in the Loop (HIL). Vorseriensteuergerät wird mit Computermodell des zu steuernden Systems gekoppelt.
MATLAB®, Simulink®, Stateflow® und Simulink Real-Time® sind eingetragene Marken der The MathWorks, Inc.
Real-Time Interface (RTI) ist ein Produkt und ControlDesk® eine eingetragene Marke der dSPACE GmbH
Raspberry Pi® ist eine eingetragene Marke der Raspberry Pi Foundation
Arduino® ist eine eingetragene Marke der Arduino LLC.

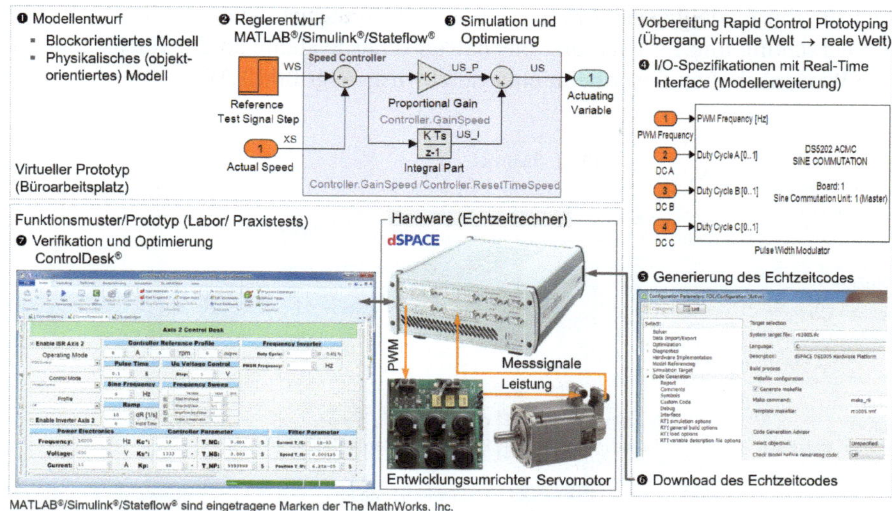

Bild 1.17 Computergestützter Entwicklungsablauf. Applikationsbeispiel: elektrische Antriebstechnik im Labor der Hochschule Rosenheim

Bild 1.18 zeigt eine grafische Bedienoberfläche für Aufgaben in der Steuergeräteentwicklung für Kraftfahrzeuge. Teilaspekte hieraus werden in den folgenden Kapiteln vertiefend behandelt.

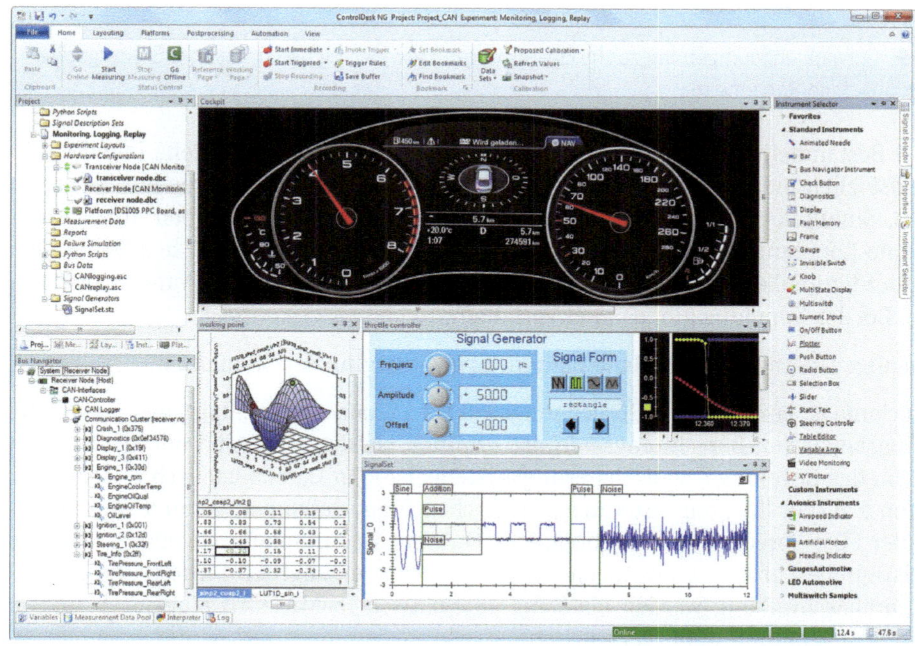

Bild 1.18 Steuergeräteentwicklung in der Automobilindustrie. Experimentier- und Visualisierungssoftware für Hardware-in-the-Loop Test und Rapid Control Prototyping (© dSPACE GmbH, 2016)

Ein Beispiel für die modellbasierte Entwicklung elektronischer Steuergeräte, wie es im Bereich der Forschung und Entwicklung mechatronischer Systeme an der Hochschule für angewandte Wissenschaften Rosenheim eingesetzt wird, zeigt Bild 1.19.

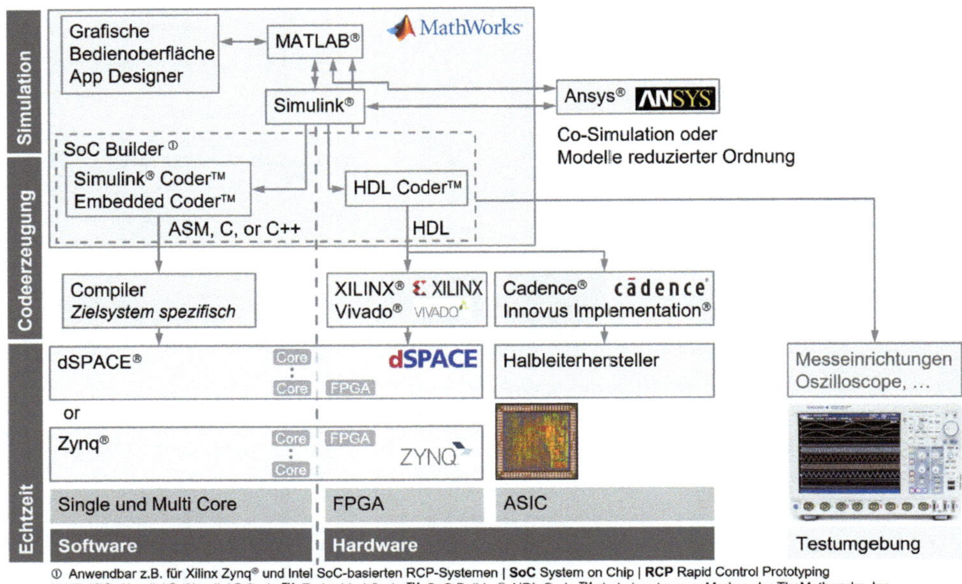

Bild 1.19 Entwicklungsumgebung zur modellbasierten Entwicklung elektronischer Steuergeräte an der Hochschule Rosenheim

Zentraler Bestandteil der ersten Entwicklungsphase (virtuelles System, siehe Tabelle 1.15) ist grundsätzlich die Simulation der Regelungs- und Steuerungsverfahren auf Basis von MATLAB, Simulink und Stateflow. Falls für einzelne Simulationsaufgaben erforderlich, erfolgt eine Kopplung mit hierauf spezialisierter Berechnungssoftware, wie z. B. aus dem Bereich der Finite-Elemente-Berechnung (in Bild 1.19 wird die FEM-Software Ansys® verwendet). Bei der Kopplung gibt es zwei Varianten:

- Einmalige Übernahme von Modellparametern vor Beginn der Simulation

Diese Variante ist bezüglich der Berechnungszeit vorteilhaft, da Modellparameter einmalig in der spezialisierten Berechnungssoftware ermittelt werden. Während der eigentlichen Simulation des Regelungs- oder Steuerungssystems ist kein Datenaustausch erforderlich. Dies kann z. B. bei linearen strukturmechanischen Fragestellungen genutzt werden, indem in der FEM-Berechnungsumgebung eine Ordnungsreduktion durchgeführt und eine Zustandsraumbeschreibung des mechanischen Systems erzeugt wird. Die Daten der Zustandsraumbeschreibung werden als Datei automatisch in MATLAB eingelesen und in MATLAB oder Simulink weiterverarbeitet.

- Co-Simulation

Diese Variante ist bezüglich der Berechnungszeit aufwändiger, da in jedem Integrationsschritt des numerischen Integrationsverfahrens die spezialisierte Berechnungssoftware aufgerufen wird und dort eine Berechnung für den nächsten Zeitschritt erfolgen muss. Während der Simulation des Regelungs- oder Steuerungssystems ist ein permanenter Datenaustausch erforderlich. Dies kann z. B. zur Lösung nichtlinearer strukturmechanischer Fragestellungen genutzt werden, die mit der ersten Variante nicht lösbar sind.

Für die zweite und dritte Entwicklungsphase (Funktionsmuster oder Teilsystem und Prototyp, siehe Tabelle 1.15) sind Echtzeitsysteme, in denen die digitalen Regelungs- und Steuerungsverfahren ablaufen, erforderlich. Abhängig davon, ob die Verfahren in Software oder Hardware realisiert werden, erfolgt die erforderliche Codegenerierung automatisiert aus der bereits in der ersten Entwicklungsphase verwendeten virtuellen Systembeschreibung. Im Einzelnen sind dies:

- Bei einer softwarebasierten Lösung auf Mikroprozessorbasis

  Codegenerierung mittels Embedded Coder für den jeweiligen C-Compiler des verwendeten Mikroprozessors.

- Bei einer hardwarebasierten Lösung mittels FPGA, PLD, ASIC, ...

  HDL-Codegenerierung mittels HDL Coder.

Zur praktischen Erprobung der Regelungs- und Steuerungsfunktionen werden zwei Plattformen eingesetzt. Dies sind hochperformante Rapid-Control-Prototyping-Systeme der Firma dSPACE oder Zync-basierte Systeme. Bei den dSPACE-Systemen werden die Schnittstellen zum zu erprobenden System, wie z. B. D/A-Wandler, A/D-Wandler oder PWM-Ansteuerung, bereits vom Hersteller zur Verfügung gestellt. Die Zync-basierten Systeme haben hierfür im Wesentlichen eigenentwickelte Peripherie. Beide Plattformen zur Erprobung besitzen Dual-Core-Prozessoren und umfangreiche FPGA-Hardware. Damit ist es möglich, Aufgaben auf mehrere Prozessoren zu verteilen und ggf. auch gemischte Systeme aus software- und hardwarebasierten Teilsystemen zu erproben. Erforderliche Messeinrichtungen, wie z. B. Mixed-Signal-Oszilloskope oder Leistungsanalysatoren, kommunizieren ebenso wie die beiden Erprobungsplattformen mit MATLAB.

In Bild 1.20 ist exemplarisch ein Laboraufbau zur praktischen Erprobung von Steuerungs- und Regelungsverfahren für elektrische Antriebe, welche modellbasiert entwickelt werden, gezeigt.

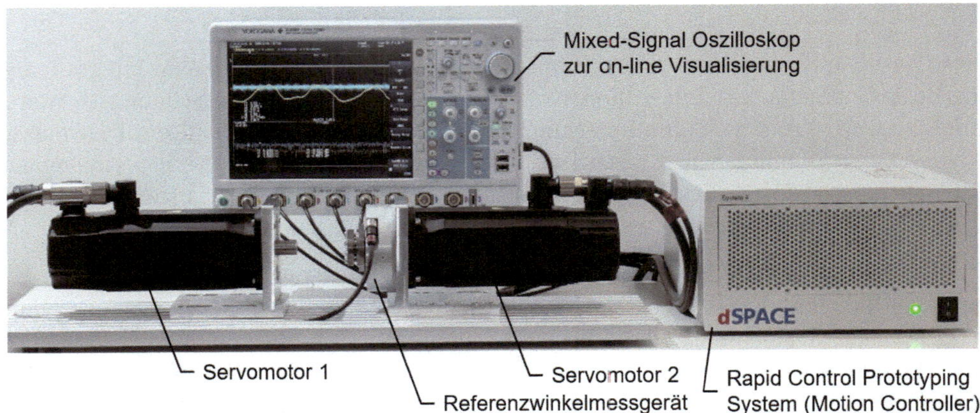

Bild 1.20 Rapid Control Prototyping Versuchsstand zur Erprobung von Steuerungs- und Regelungsverfahren im Labor für mechatronische Systeme der Hochschule für angewandte Wissenschaften Rosenheim

2 Grundlagen der Programmierung

Zur Programmierung von Computern gibt es, ähnlich wie bei natürlichen Sprachen, eine sehr große Anzahl an Programmiersprachen. Diese können sich, wie sogenannte „Maschinensprachen bzw. Assemblersprachen“, sehr nahe an den Abläufen in den elektronischen Schaltungen orientieren. Deutlich abstrakter aufgebaut sind sogenannte „Hochsprachen“, bei denen es meist nicht erforderlich ist, Kenntnisse über die Arbeitsweise der elektronischen Schaltungen zu besitzen. Hierzu zählen z. B. C, C++, Visual Basic®*, Java™, HTML, MATLAB® und Phyton®. Die Anweisungen von Hochsprachen müssen durch Interpreter oder Compiler in für die jeweils verwendete elektronische Schaltung ausführbare Anweisungen umgesetzt werden. „Hochsprachen“ haben zwei wesentliche Vorteile im Vergleich zu „Maschinensprachen bzw. Assemblersprachen“:

- Einfacher, auch für vollständig Unerfahrene, zu erlernen.
- Lösungen für Aufgaben sind damit einfacher und schneller zu formulieren, d. h., die Tätigkeit der Programmierung ist zeit- und kosteneffizienter.

Der wesentliche Unterschied zwischen Interpretern und Compilern bei der Umsetzung ist:

- Interpreter

  Die im Programm enthaltenen Anweisungen werden während des Programmablaufes Schritt für Schritt analysiert und umgesetzt. Das Programm wird interpretiert.

- Compiler

  Alle im Programm enthaltenen Anweisungen werden vor dem Programmablauf in einem separaten Vorgang vollständig analysiert und umgesetzt. Das Programm wird kompiliert. Erst danach kann der Programmablauf gestartet werden.

Der Vorteil von Interpretern ist, dass der separate Vorgang und zeitliche Aufwand für das Kompilieren entfällt. Entscheidender Nachteil ist der deutlich langsamere Programmablauf. Je öfter das gleiche Programm ausgeführt wird, umso vorteilhafter ist es bezüglich des Gesamtzeitaufwandes, Compiler zu verwenden. Die Grenzen zwischen beiden Lösungen der Umsetzung sind oft fließend und in einigen Hochsprachen werden beide Lösungen angeboten.

In diesem Kapitel werden die Grundlagen der Programmierung am Beispiel der Entwicklungsumgebung MATLAB dargestellt. Viele Methoden und Funktionen gibt es so oder in ähnlicher Weise auch in Programmierumgebungen anderer Hochsprachen. Ist ein Grund-

* Visual Basic® ist eine eingetragene Marke der Microsoft Corporation.
Java™ ist eine eingetragene Marke der Oracle Corporation.
Phyton® ist eine eingetragene Marke der Python Software Foundation.

verständnis fürs Programmieren vorhanden, lassen sich vergleichsweise schnell andere Programmiersprachen erlernen.

Das Kapitel ist keine detaillierte Darstellung von MATLAB. Hierfür gibt es die in die MATLAB Entwicklungsumgebung integrierte Hilfe und Dokumentation. Im Kapitel werden vielmehr die wichtigsten Zusammenhänge dargestellt, um einen Überblick für den Einstieg zu erhalten.

2.1 Erste Schritte in MATLAB und Grundregeln

MATLAB ist primär eine

- interaktive Programmierumgebung und gleichzeitig
- eine Programmiersprache

zur computerunterstützten Lösung insbesondere mathematischer und naturwissenschaftlicher Aufgaben. Ebenso wie bei anderen Hochsprachen können in MATLAB Programme erstellt und interpretiert oder kompiliert werden.

Im Internet gibt es viele sehr hilfreiche Schulungsunterlagen, die zum Eigenstudium sehr geeignet sind. Unter *https://de.mathworks.com/videos.html* stellt The MathWorks, Inc. zahlreiche, teils auch deutschsprachige Videos zur Verfügung.

Videos und Webinare von The MathWorks, Inc. (Deutsch und Englisch)
https://de.mathworks.com/videos.html

Einführungsvideo Englisch
https://de.mathworks.com/videos/getting-started-with-matlab-68985.html

Tutorials Englisch
https://matlabacademy.mathworks.com/

2.1.1 Bedienoberfläche

Beim Start von MATLAB erscheint eine in mehrere Bereiche eingeteilte Bedienoberfläche (MATLAB Desktop) (Bild 2.1). Die wichtigsten Bereiche sind markiert.

Das Aussehen der Bedienoberfläche variiert abhängig von der Version und den Voreinstellungen! Es kann vom Anwender im Pull-Down-Menü „Layout“ verändert werden (Markierung in Bild 2.2). Nicht geübte Anwender sollten die Einstellung auf „Default“ stellen.

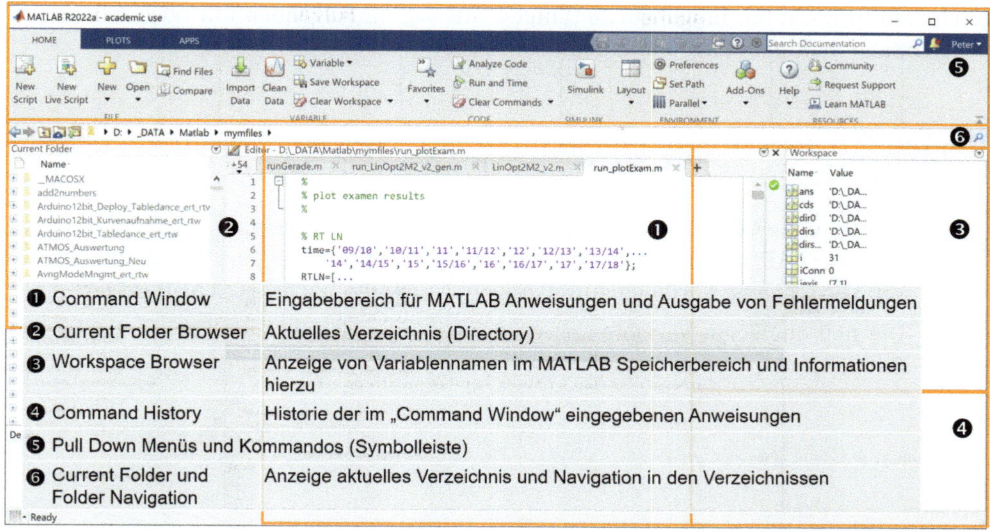

Bild 2.1 Oberfläche beim Programmstart (MATLAB Desktop) und wichtige Bereiche

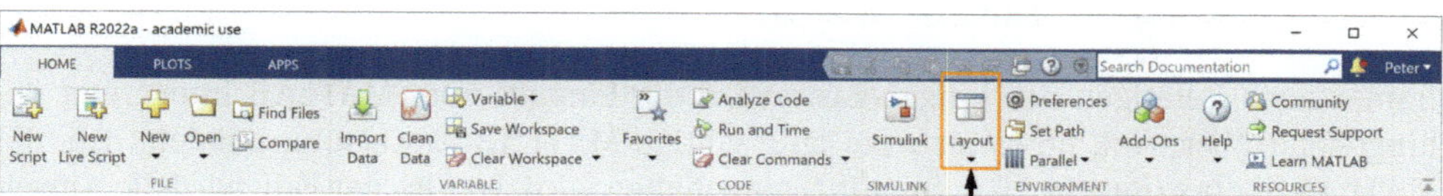

Bild 2.2 Layout

MATLAB kann im einfachsten Fall wie ein Taschenrechner genutzt werden. Dazu erfolgt im „Command Window“ hinter dem „>>“-Zeichen (Eingabeaufforderung, Prompt) die Eingabe, was berechnet werden soll. Für Grundrechenarten werden die in Tabelle 2.1 gezeigten Symbole (MATLAB Operatoren) benutzt.

Tabelle 2.1 MATLAB Operatoren für die Grundrechenarten

MATLAB	Operator
Addition	+
Subtraktion	-
Multiplikation	*
Division	/

So können z. B. zwei Zahlen multipliziert werden:

```
2*3
```

Nach dem Drücken der Eingabetaste (Enter-Taste, ↵), im Folgenden nur noch mit „Enter" bezeichnet, erhält man folgende Ergebnisanzeige:

```
ans =
    6
```

ans ist eine Abkürzung für „answer". Gleichzeitig ist es eine Standardvariable von MATLAB, die immer dann benutzt wird, wenn keine eigene Variable zugewiesen wird. Eigene Variablenzuweisungen werden im nächsten Schritt erklärt.

Die neu angelegte Variable ans wird im „Workspace Browser" angezeigt (siehe Bild 2.3). ■

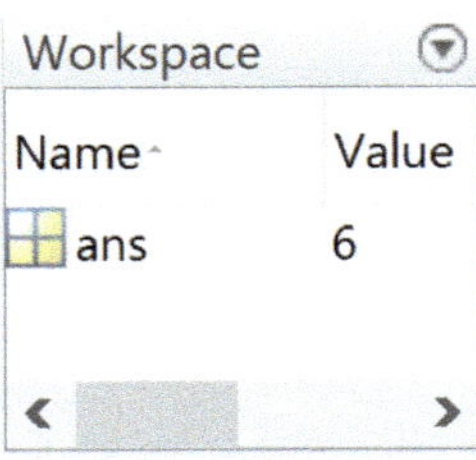

Bild 2.3 Workspace

Immer nach Betätigen der Eingabetaste wird die Eingabe vom MATLAB Interpreter dahingehend überprüft, ob es sich um eine gültige MATLAB Anweisung handelt, d. h. die MATLAB Syntax (Regeln, „Grammatik") eingehalten wird. Ist dies der Fall, wird die Anweisung ausgeführt, ansonsten erfolgt eine Fehlermeldung.

Wie beim Taschenrechner gibt es vordefinierte Konstanten. Beim Taschenrechner finden sich diese auf vorbelegten Tasten. Bei MATLAB werden sie über Namen angesprochen. So wird z. B. π über den Namen „pi" eingegeben. Gibt man „pi" ein, erhält man als Antwort den Wert.

```
pi
ans =
    3.1416
```

Zu beachten ist, dass der Wert der Variablen ans sich dadurch auch automatisch ändert, wie dies in Bild 2.4 des „Workspace Browser" dargestellt ist. ■

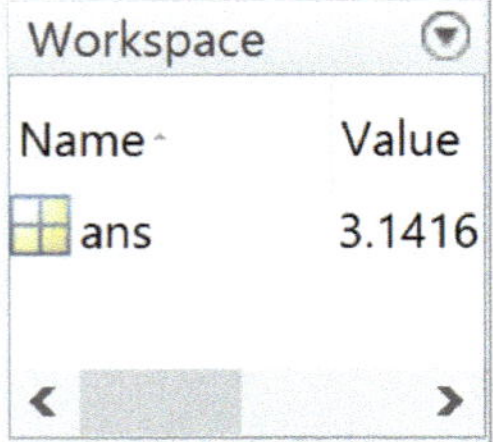

Bild 2.4 Aktualisierung

Damit kann, wie auf dem Taschenrechner, auch der Sinuswert bei 90 Grad (π/2) berechnet werden. Die Anweisung und Ergebnisanzeige haben folgendes Aussehen:

```
sin(pi/2)
ans =
    1
```

2.1.2 Wertezuweisung und Variablendefinition

Wertezuweisungen erfolgen mit dem Gleichheitszeichen (=). Die Befehlseingabe kann mit einem Komma (,) oder Semikolon (;) abgeschlossen werden. Nach Betätigung von „Enter" erfolgt die Befehlsausführung. Zugewiesene Werte werden automatisch im MATLAB Arbeitsspeicher, dem „Workspace", gespeichert. Berechnungen werden unmittelbar ausgeführt. Wird der Befehl ohne Semikolon oder mit einem Komma abgeschlossen, so erfolgt eine Anzeige des Befehlsergebnisses im „Command Window". Bei einem Befehlsabschluss mit Semikolon erfolgt keine Anzeige. Die Variablen im Workspace werden im „Workspace Browser" mit Wert (Value) und anderen beschreibenden Größen angezeigt. Die Größen, die angezeigt werden, sind abhängig von den durch den Nutzer im „Workspace Browser" gewählten Einstellungen.

In MATLAB werden grundsätzlich englische Begriffe, Bezeichnungen und Notationen verwendet.

→ Dezimalzahlen: 0.5 **nicht:** 0,5

Als Variablennamen sind alphanumerische Zeichen, Unterstrich und nicht führende Nummern erlaubt.

In MATLAB werden folgende Zahlenformate unterstützt:

- Ganze Zahlen

  Beispiel: -2, 0, 100

- Dezimalzahlen

  Beispiel: -2.0, -1.25, 0.33

- Gleitkommazahlen

  Beispiel: $-1.25\ 10^{-3}$, $2\ 10^{9}$

  Die Eingabedefinition (Notation) ist eine Trennung von Matisse und Exponent mit dem Buchstaben e.

  Eingabe in MATLAB für die Beispiele: -1.25e-3, 2e9

- Komplexe Zahlen

  Beispiel: 3+2i, $-1.25+4\ 10^{9}i$

- Die Eingabedefinition (Notation) ist eine Summe aus Realteil und Imaginärteil. Beim Imaginärteil wird ein i angehängt. i ist dabei der Platzhalter für die imaginäre Einheit ($i^2 = -1$) und eine interne Konstante von MATLAB.
- Eingabe in MATLAB für die Beispiele: 3+2i, -1.25+4e9i

Es gibt alternative Eingabemöglichkeiten. So kann z.B. die Zahl 0.33 auch als .33, +0.33 oder +.33 eingegeben werden. Die rechnerinterne Darstellung von Zahlen und das Arbeiten mit komplexen Zahlen in MATLAB werden im Kapitel 4 (Zahlenformate) behandelt.

Am Beispiel aus Bild 1.15 sollen die ersten Schritte erklärt werden. Es wird von einer Masse von 1200 kg ausgegangen, auf die eine konstante Kraft von 800 N wirkt. Die Anweisungen für die Wertezuweisung zu den Variablen für die Masse (m) und die Kraft (F) lauten:

```
m=1200;
F=800;
```

Für die Berechnung der konstanten Beschleunigung ist die Anweisung:

```
a=F/m,
```

Da die Anweisung mit einem Komma abgeschlossen ist, erfolgt eine Ausgabe des berechneten Beschleunigungswertes.

```
a =
   0.6667
```

Nach diesen Anweisungen stellen sich das „Command Window", der „Workspace Browser" und die „Command History" wie folgt dar (Bild 2.5).

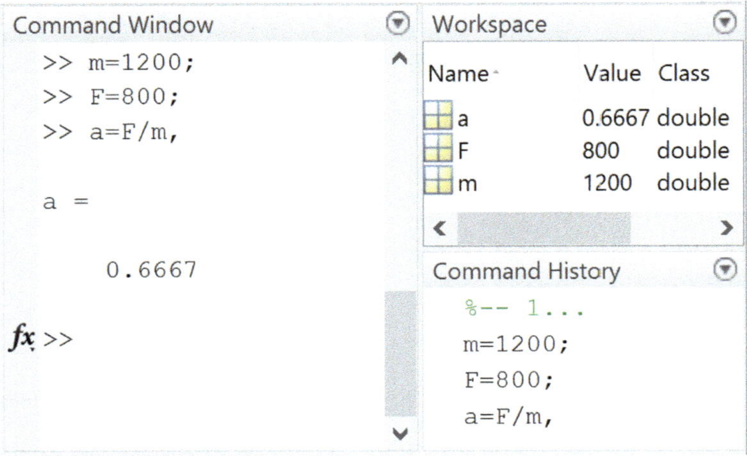

Bild 2.5 „Command Window", „Workspace Browser" und „Command History"

Allgemein gilt für Variablenzuweisungen (Variablendefinitionen) in MATLAB:

Name = Class(Value)

Im Deutschen werden folgende Begriffe verwendet:

Variablenname = Datentyp(Wert)

Der Name einer Variable sagt nichts über deren „Inhalt“ (Datentyp, Class) aus. Es kann sich unter anderem um eine Zahl, ein Textzeichen oder einen Wahrheitswert handeln.

MATLAB erlaubt es, dass der Datentyp (Class) nicht angegeben wird. Es wird automatisch der passende Datentyp gewählt. Zunächst soll nur die automatische Zuweisung des Datentyps benutzt werden. Im Kapitel 4 „Zahlenformate“ wird beispielhaft für Zahlen erläutert, wie Datentypen vom Nutzer definiert werden können und welche Auswirkungen dies auf den Speicherplatzbedarf hat. Bei Zahlenwerten wird von MATLAB automatisch der Datentyp (Class) „double“ gewählt.

Nachdem die Zuweisung eines Zahlenwertes oben bereits erläutert wurde, soll im Folgenden die Zuweisung von Textzeichen und Wahrheitswerten gezeigt werden. Die Zuweisung von Textzeichen oder Zeichenketten (Englisch: character oder string) erfolgt durch Setzen des zuzuweisenden Textes in Hochkomma:

```
s='Hochschule Rosenheim';
```

Der Variablenname ist s (Name: s), der Datentyp wird durch die Hochkommas automatisch character (Class: char) und der Wert ist Hochschule Rosenheim (Value: ‚Hochschule Rosenheim‘).

Die Zuweisung von Wahrheitswerten (Englisch: logical values), auch boolesche Werte genannt, die nur wahr (true) oder falsch (false) als Wert annehmen können, ist:

```
x=true;
```

Der Variablenname ist x (Name: x), der Datentyp ist logical (Class: logical) und der Wert ist 1 (Value: 1). Bei „false“ wäre der Wert 0.

Den Workspace nach all diesen Zuweisungen zeigt Bild 2.6. Dort ist tabellarisch für alle bis dato definierten Variablen der Variablenname (Name), der Datentyp (Class) und der Wert (Value) übersichtlich dargestellt. An den Icons am jeweiligen Namen ist auch bereits der Datentyp erkennbar.

Welche Größen angezeigt werden und deren Reihenfolge kann vom Nutzer ausgewählt werden. Wie man zur Auswahl der Größen gelangt, zeigt Bild 2.7.

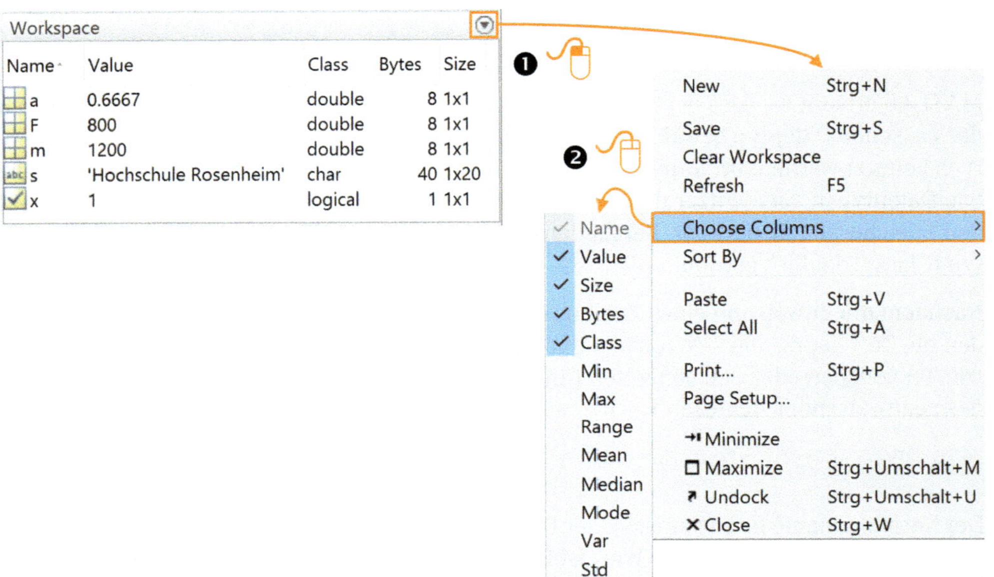

Bild 2.6 Workspace nach Zuweisungen von Zahlen, eines Textes und eines Wahrheitswertes

Bild 2.7 Auswahl der Größen, die im „Workspace Browser“ angezeigt werden

Bei Namen von Variablen ist es aus Gründen der Übersichtlichkeit und der geringeren Gefahr von Verwechselungen und damit Fehlern vorteilhaft, keine Abkürzungen, sondern sogenannte „sprechende Namen“ zu verwenden. Dies bedeutet zwar zunächst mehr Schreibaufwand, aber steigert insgesamt die Arbeitseffizienz.

Beim obigen einfachen Beispiel für die Berechnung der Beschleunigung ist dies nicht zwingend erforderlich. Mit sprechenden Variablennamen würde die Berechnung beispielsweise folgendermaßen aussehen.

```
Masse=1200;
Kraft=800;
Beschleunigung=Kraft/Masse;
```

Entsprechendes gilt für später behandelte Programm- und Dateinamen.

In Programmiersprachen, wie MATLAB, C oder C++, werden Zuweisungen von rechts nach links gelesen. So bedeutet:

```
F=F+200,
```

dass zum aktuellen Wert in der Variablen für die Kraft (Name: F; Value: 800, wie oben bereits definiert) der Wert 200 addiert wird. Der Ergebniswert 1000 wird nach links übergeben. Nach der Ausführung der Anweisung (Enter) erscheint im „Command Window“:

```
F =
   1000
```

Der Wert für die Kraft ist dann 1000 (Value: 1000) und wird auch so im „Workspace Browser“ angezeigt.

Anweisungen sind nicht als Gleichung im mathematischen Sinne zu deuten. Die oben gezeigte Anweisung wäre mathematisch falsch. ■

Zahlenvariablen haben keine Einheiten, sondern nur einen Wert. Für die Kraft kann nicht F = 100 N zugewiesen werden. Derjenige, der eine Variable definiert, muss selbst entscheiden, in welcher Einheit der Wert angegeben wird, und sich diese „merken“ und „dokumentieren“. Bei physikalischen Größen wird grundsätzlich empfohlen bei Werten von Variablen SI-Einheiten (Système international d'unités, Internationales Einheitensystem) zu nutzen. Dabei können Basiseinheiten oder daraus abgeleitete Einheiten mit besonderem Namen verwendet werden (Tabelle 2.2 und Tabelle 2.3). Dies ist insbesondere bei komplexeren Programmen übersichtlicher und weniger fehleranfällig. ■

Tabelle 2.2 SI-Einheiten – Basisgrößen und Basiseinheiten

Basisgröße und Dimensionsname	Größensymbol	Einheit	Einheitenzeichen
Länge	l	Meter	m
Masse	m	Kilogramm	kg
Zeit	t	Sekunde	s
Stromstärke	I	Ampere	A
Thermodynamische Temperatur	T	Kelvin	K
Stoffmenge	n	Mol	mol
Lichtstärke	I_v	Candela	cd

Tabelle 2.3 SI-Einheiten – abgeleitete Einheiten mit besonderem Namen (Auszug)

Größe	Einheit	Einheitenzeichen	In anderen SI-Einheiten	In SI-Basiseinheiten
Winkel (Ebene)	Radiant	rad	m/m	1
Frequenz	Hertz	Hz		1/s
Kraft	Newton	N	J/m	$kg\ m/s^2$
Druck	Pascal	Pa	N/m^2	$kg/(m\ s^2)$
Energie	Joule	J	Nm, Ws	$kg\ m^2/(s^2)$
Leistung	Watt	W	J/s, VA	$kg\ m^2/(s^3)$
Elektrische Ladung	Coulomb	C		A s
Elektrische Spannung	Volt	V	W/A; J/C	$kg\ m^2/(A\ s^3)$
Elektrischer Widerstand	Ohm	Ω	V/A	$kg\ m^2/(A^2\ s^3)$

Bevor ein Variablenname in einer Anweisung auf der rechten Seite verwendet werden kann, muss der Variablen ein Wert zugewiesen werden. Im bereits benutzten Beispiel für die Berechnung der Beschleunigung ist folgende Reihenfolge nicht möglich und führt zu einer Fehlermeldung:

```
m=1200;
a=F/m;
Undefined function or variable 'F'.
F=800;
```

Die Variable ‚F' hat in der zweiten Anweisungszeile noch keinen Wert. Es nützt nichts, wie hier gezeigt, in der dritten Zeile der Variablen einen Wert zuzuweisen. Die zweite Zeile wird nicht mehr ausgeführt und damit kein Wert für die Beschleunigung berechnet.

Anweisungen werden von oben nach unten ausgeführt.

Fehlermeldungen werden grundsätzlich in roter Schrift in Englisch angezeigt.

Die Ursache von Fehlermeldungen ist immer zu beheben, bevor weitergearbeitet werden kann.

2.1.3 Hilfeunterstützung und elektronische Dokumentation

Die Eingabe von help im „Command Window" liefert eine Übersicht zu Themengebieten, für die Informationen zur Verfügung stehen. Wird das gesuchte Themengebiet angeklickt, gibt es jeweils weitere Informationen.

```
help
HELP Topics:
MATLAB\general          - General purpose commands.
MATLAB\ops              - Operators and special characters.
MATLAB\lang             - Programming language constructs.
MATLAB\elmat            - Elementary matrices and matrix manipulation.
MATLAB\randfun          - Random matrices and random streams.
MATLAB\elfun            - Elementary math functions..
...                     ...
```

In der Symbolleiste kann über „Help" (Bild 2.8) eine hierarchisch aufgebaute Browser-basierte Hilfe aufgerufen werden.

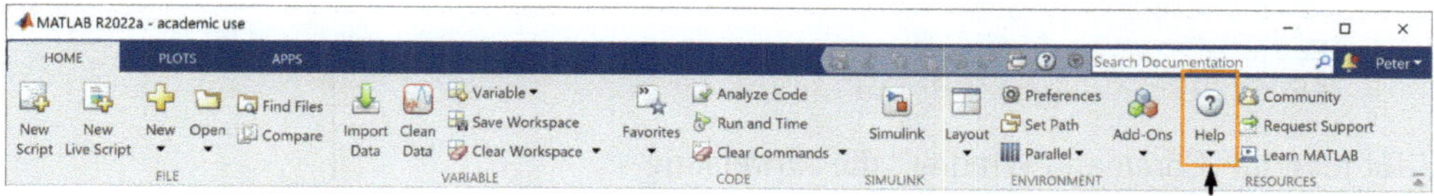

Bild 2.8 Aufruf des „Help Browsers"

Betätigt man unterhalb dieses Icons das Symbol ▼, öffnet sich eine Auswahl. In Bild 2.9 ist die Anzeige beim Aufruf von „Documentation" dargestellt. Es kann z. B. in den einzelnen Themengebieten ❶ nach Informationen gesucht oder die integrierte Suchmaschine ❷ für Begriffe benutzt werden.

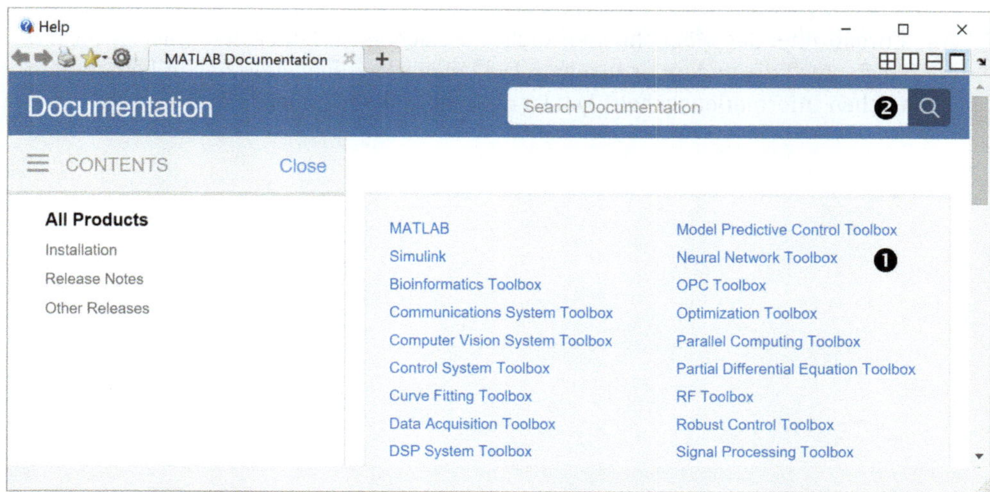

Bild 2.9 Browser-basierte Hilfe

Falls die MATLAB Bezeichnung zu der Information benötigt wird und bereits bekannt ist, gibt es zwei Möglichkeiten:

- Anzeige der gewünschten Information im „Command Window“
- Anzeige der gewünschten Information im „Help Browser“

Beide Möglichkeiten sollen am Beispiel der Sinusfunktion gezeigt werden. Gibt man im „Command Window“ help und die MATLAB Bezeichnung ein, erhält man folgende Information.

```
help sin
sin    Sine of argument in radians.
   sin(X) is the sine of the elements of X.
   See also asin, sind.
   Reference page for sin
   Other functions named sin
```

Gibt man im „Command Window“ die Anweisung

```
doc sin
```

ein, erhält man im „Help Browser“ die Dokumentation hierzu (Bild 2.10).

Eine weitere Möglichkeit, zur Dokumentation im „Help Browser“ zu gelangen, ist im Feld „Search Documentation“ (in Bild 2.9 mit ❷ markiert) den MATLAB Funktionsnamen einzugeben. Ein Klick auf das erste Suchergebnis (sin) führt zur selben Dokumentation.

Enthält eine der Möglichkeiten nicht ausreichend Erläuterungen, ist es oft hilfreich, auch die andere anzusehen. Die beiden Möglichkeiten haben keinen identischen Informationsgehalt! Mal ist die eine, mal die andere zielführend. ■

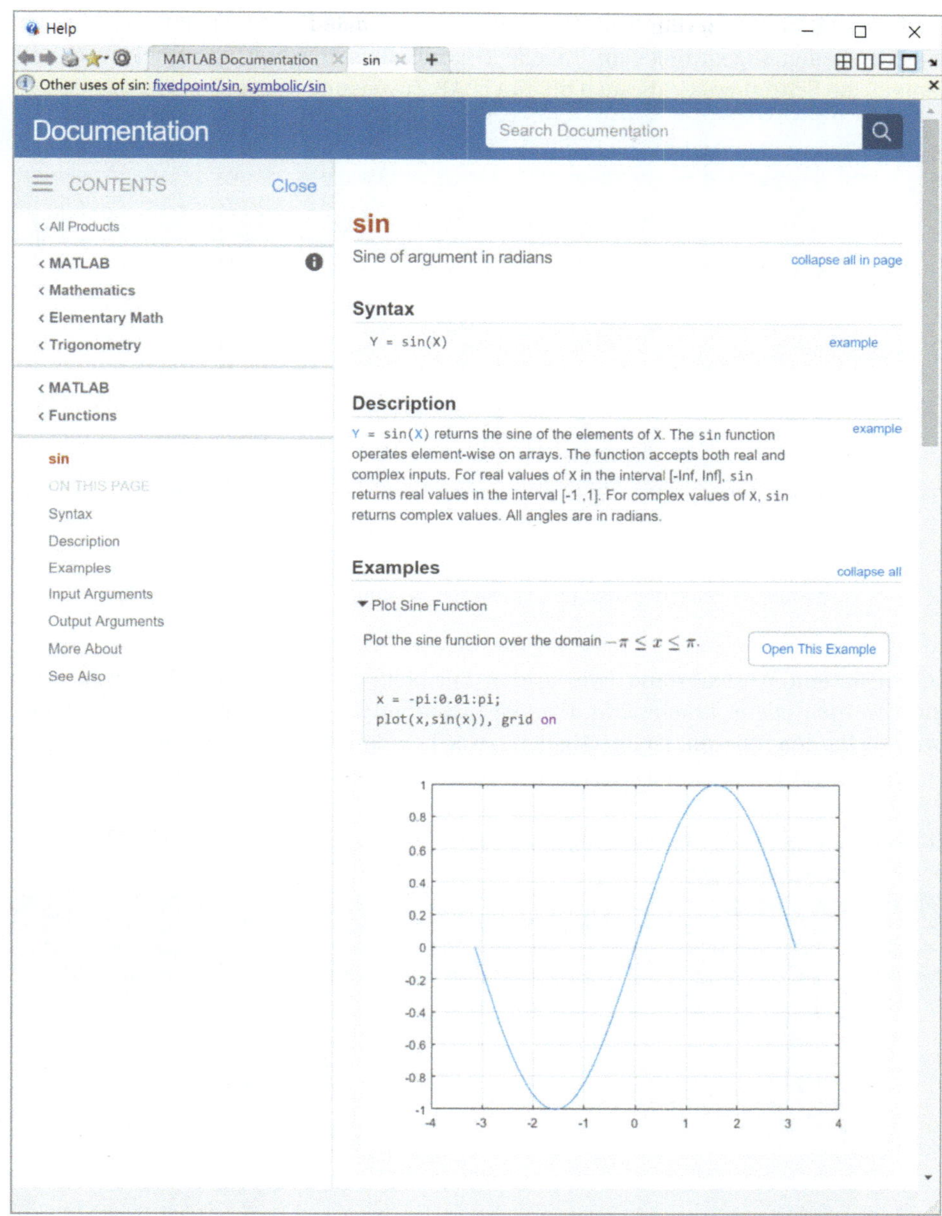

Bild 2.10 Dokumentation im „Help Browser"

2.1.4 Ein- und mehrdimensionale Felder

Viele mathematische Modelle, Berechnungen und Messdaten nutzen ein- oder mehrdimensionale Felder (Englisch: arrays). Mathematisch werden diese als Vektoren und Matrizen bezeichnet. Der Aufbau ein- und zweidimensionaler Felder erfolgt in Spalten (Englisch: columns) und Reihen (Englisch: rows). Eindimensionale Felder (Vektoren) können in Zeilen oder Spalten angeordnet sein. Tabelle 2.4 zeigt Beispiele hierfür, wobei sowohl die mathematische Schreibweise als auch die MATLAB Zuweisung angegeben ist.

Tabelle 2.4 Vektoren und Matrizen

	Beispiel	Mathematische Schreibweise	MATLAB Zuweisung
Zeilenvektor	mit 3 Werten 1×3-Vektor	$X=\begin{pmatrix}1 & 2 & 3\end{pmatrix}$	X = [1 2 3];
Spaltenvektor	mit 3 Werten 3×1-Vektor	$X=\begin{pmatrix}1\\2\\3\end{pmatrix}$	X = [1; 2; 3];
Matrix	mit 6 Werten 2×3-Matrix	$X=\begin{pmatrix}1 & 2 & 3\\4 & 5 & 6\end{pmatrix}$	X = [1 2 3; 4 5 6];
	n×m n: Zeilenzahl (rows) m: Spaltenzahl (columns)		

Bei äquidistantem Werteabstand (wie in den Beispielfällen) kann der Eingabeaufwand reduziert werden (siehe Tabelle 2.5). Dies ist insbesondere vorteilhaft, wenn viele Werte zugewiesen werden müssen. Ist der Abstand zwischen den Werten 1, so kann die Eingabe weiter abgekürzt werden (siehe alternative MATLAB Zuweisung in Tabelle 2.5).

Tabelle 2.5 Beispiele für Wertezuweisung in verkürzter Schreibweise mit den in MATLAB verwendeten englischen Begriffen

MATLAB	Rows	Columns	Beispiel	
Bezeichnung	(Reihen)	(Spalten)	Mathematische Schreibweise	MATLAB Zuweisung
Array	1	5	$X=\begin{pmatrix}1 & 2 & 3 & 4 & 5\end{pmatrix}$	X = [1:1:5]; oder X = [1:5];
Array	2	5	$X=\begin{pmatrix}1 & 2 & 3 & 4 & 5\\6 & 6.5 & 7 & 7.5 & 8\end{pmatrix}$	X = [1:1:5; 6:0.5:8]; oder X = [1:5; 6:0.5:8];

Bei vielen Werten in einer Variablen ist eine übersichtliche Darstellung im „Workspace Browser“ nicht mehr möglich. Dies soll an folgender Beispielzuweisung gezeigt werden:

```
x=0:0.1:100;
```

Dadurch wird ein eindimensionales Feld (Zeilenvektor) mit 1001 Werten erzeugt. Ein Doppelklick auf die Variable im „Workspace Browser“ öffnet automatisch ein weiteres Fenster, den „Variables Editor“ (Bild 2.11). Innerhalb des Zeilenvektors kann navigiert und es können einzelne Werte verändert (editiert) werden. Das erste Element hat immer die Nummer 1.

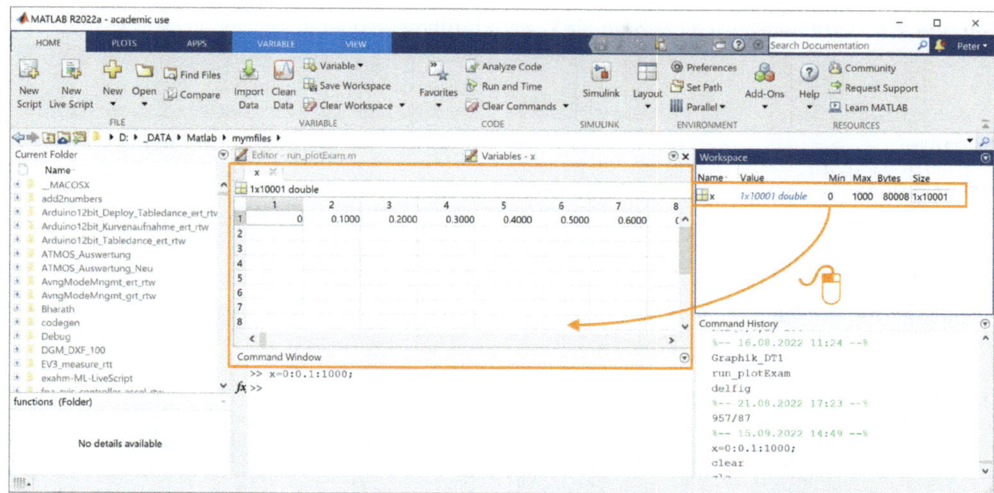

Bild 2.11 Variables Editor

Ein Einzelwert oder mehrere aufeinanderfolgende Werte eines eindimensionalen Feldes können durch folgende Anweisung ausgelesen werden:

Einzelwert (Auslesen des fünften Elementes)

```
x(5)
ans =
    0.4000
```

Mehrere aufeinanderfolgende Werte (Auslesen des zweiten bis vierten Elementes)

```
x(2:4)
ans =
    0.1000     0.2000     0.3000
```

Entsprechendes gilt für mehrdimensionale Felder. Detailliertere Informationen zum Arbeiten mit ein- und mehrdimensionalen Feldern finden sich im Abschnitt 2.2 „Vektoren und Matrizen“.

2.1.5 Arithmetische Operatoren für den Einstieg

Die für den Einstieg wichtigsten arithmetischen Operatoren (Arithmetic operators) sind in Tabelle 2.6 und Tabelle 2.7 aufgeführt. Weitere Informationen zu arithmetischen Operatoren finden sich unter:

```
doc ops
help ops
```

Tabelle 2.6 Arithmetische Operatoren für Skalare (Arithmetic operators)

	MATLAB Operator	MATLAB Beispielbefehl	Ergebnis im Workspace für x=2 und y=3
Addition	+	z=x+y;	z=5
Subtraktion	-	z=x-y;	z=-1
Gewöhnliche Multiplikation	*	z=x*y;	z=6
Gewöhnliches Potenzieren	^	z=x^y;	z=8
Gewöhnliche Division	/	z=x/y;	z=0.6667

Tabelle 2.7 Arithmetische Operatoren für Matrizen (Arithmetic operators)

	MATLAB Operator	MATLAB Beispielbefehl	Ergebnis im Workspace für $X=\begin{pmatrix}1 & 2\\3 & 4\end{pmatrix}$ und $Y=\begin{pmatrix}0 & 1\\-1 & 0.5\end{pmatrix}$
Addition	+	Z=X+Y;	$Z=\begin{pmatrix}1 & 3\\2 & 4.5\end{pmatrix}$
Subtraktion	-	Z=X-Y;	$Z=\begin{pmatrix}1 & 1\\4 & 3.5\end{pmatrix}$
Gewöhnliche Multiplikation	*	Z=X*Y;	$Z=\begin{pmatrix}-2 & 2\\-4 & 5\end{pmatrix}$
Elementweise Multiplikation	.*	Z=X.*Y;	$Z=\begin{pmatrix}0 & 2\\-3 & 2\end{pmatrix}$
Elementweises Potenzieren	.^	Z=X.^Y;	$Z=\begin{pmatrix}1 & 2\\0.3333 & 2\end{pmatrix}$
Elementweise Division	./	Z=X./Y;	$Z=\begin{pmatrix}\mathrm{Inf} & 2\\-3 & 8\end{pmatrix}$

Das Ergebnis Inf rechts unten in Tabelle 2.7 bedeutet in MATLAB, dass der Wert unendlich (Englisch: infinite) ist. Ursache im Beispiel ist eine Division durch 0. Es kommt nicht automatisch zu einem Programmabbruch. Mit diesem Wert kann in MATLAB weitergerechnet werden. So ergibt z. B. $1/\infty$:

```
1/Inf
ans =
     0
```

Einer Variablen kann auch direkt der Wert ∞ oder –∞ zugewiesen werden.

```
x = Inf;
y = -Inf;
```

Dies ist ein Vorteil von MATLAB. Ist eine numerische Zahl nicht darstellbar, wird dies in MATLAB durch NaN (Not a Number) repräsentiert. NaN als Wert (Value) einer Variablen ergibt sich z. B. durch folgende Anweisung:

```
z = 0/0
z =
   NaN
```

2.1.6 Relationale und logische Operatoren

Die relationalen und logischen Operatoren (Relational and logic operators), oder anders ausgedrückt Vergleiche und Verknüpfungen, sind in Tabelle 2.8 und Tabelle 2.9 aufgeführt. Das Ergebnis ist immer ein Wahrheitswert, d. h. wahr oder falsch (true or false, bzw. logisch 1 oder logisch 0).

Tabelle 2.8 Relationale Operatoren (Relational operators)

			MATLAB Operator	MATLAB Beispiel	MATLAB Ergebnis
Gleich	*Equal*	eq	==	3 == 2	0 (false)
Ungleich	*Not equal*	ne	~=	3 ~= 2	1 (true)
Kleiner als	*Less than*	lt	<	3 < 2	0 (false)
Größer als	*Greater than*	gr	>	3 > 2	1 (true)
Kleiner als oder gleich	*Less than or equal*	le	<=	3 <= 2	0 (false)
Größer als oder gleich	*Greater than or equal*	ge	>=	3 >= 2	1 (true)

Tabelle 2.9 Logische Operatoren (Logic operators)

		MATLAB Operator	Beschreibung
Elementweises logisches UND	Elementwise Logical AND	&	A & B ergibt eine Matrix, deren Elemente logisch 1 (true) sind, wenn beide jeweiligen Elemente von A und B logisch 1 (true) sind. Andernfalls ist das Ergebnis logisch 0 (false). A und B müssen die gleichen Dimensionen haben oder A bzw. B können ein Skalar sein.

Tabelle 2.9 Logische Operatoren (Logic operators) *(Fortsetzung)*

		MATLAB Operator	Beschreibung
Abgekürztes logisches UND	Short-Circuit Logical AND	&&	A && B ergibt einen Wahrheitswert aus der logischen UND-Verknüpfung der Skalare A und B. MATLAB wertet als Erstes A aus. Ist A logisch 0 (false), wird von MATLAB B nicht mehr ausgewertet, da das Ergebnis bereits eindeutig ist. Daher wird diese Art der Auswertung „short-circuit operation" genannt.
Element-weises logisches ODER	Element-wise Logical OR	|	A | B ergibt eine Matrix, deren Elemente logisch 1 (true) sind, wenn eines oder beide der jeweiligen Elemente von A und B logisch 1 (true) ist bzw. sind. Andernfalls ist das Ergebnis logisch 0 (false). A und B müssen die gleichen Dimensionen haben oder A bzw. B können ein Skalar sein.
Abgekürztes logisches ODER	Short-Circuit Logical OR	||	A || B ergibt einen Wahrheitswert aus der logischen ODER-Verknüpfung der Skalare A und B. MATLAB wertet als Erstes A aus. Ist A logisch 1 (true), wird von MATLAB B nicht mehr ausgewertet, da das Ergebnis bereits eindeutig ist. Daher wird diese Art der Auswertung „short-circuit operation" genannt.
Logisches Komplement (NOT)	Logical Comple-ment (NOT)	~	~A ergibt eine Matrix, deren Element logisch 1 (true) ist, wenn das jeweilige Element von A logisch 0 (false) ist. Andernfalls ist das Ergebnis logisch 1 (true).
Exklusiv ODER	Exclusive OR	XOR	xor(A,B) ist logisch 1 (true), wenn entweder A oder B, aber nicht beide logisch 1 (true) sind.

Die relationalen Operatoren können auch auf Matrizen angewandt werden, sofern diese die gleichen Dimensionen haben oder eines der beiden Vergleichselemente ein Skalar ist.

Beispiel 1

```
A = [1 2; 3 4]
A =
    1    2
    3    4
B = [1 3; 1 4]
B =
    1    3
    1    4
A == B
ans =
1    0
0  1
```

Beispiel 2

```
A = 1;
B = [1 3; 1 4];
```

```
A == B
ans =
   1    0
   1    0
```

Beispiel 3

```
A = [true false; false true]
A =
   1    0
   0    1
B = [true false; true false]
B =
   1    0
   1    0
A & B
ans =
   1    0
   0    0
```

Beispiel 4

```
A = true; B = false;
A || B
ans =
   1
```

Beispiel 5

```
A = [true true false];
not(A)
ans =
   0    0    1
```

Beispiel 6

```
A = true; B = true;
xor(A,B)
ans =
   0
```

2.1.7 Sonderzeichen

Sonderzeichen sind wesentliche Elemente bei der Syntaxdefinition einer Programmiersprache. Die für den Einstieg wichtigsten Sonderzeichen (Special character) in MATLAB sind in Tabelle 2.10 aufgeführt. Weitere Informationen zu Sonderzeichen finden sich unter:

```
doc ops
help ops
```

Tabelle 2.10 Sonderzeichen (Special character)

Sonderzeichen		Beschreibung

Runde Klammern *Parentheses*	()	Runde Klammern werden benutzt zur:
		▪ Definition der Reihenfolge in arithmetischen Ausdrücken
		`y = x/(2*pi);`
		▪ Definition der Eingangsargumente von Funktionen
		`y = sin(x);`
		▪ Indizierung bei Matrizen und Vektoren
		`y = A(1,3);`

Eckige Klammern *Brackets*	[ ]	Eckige Klammern werden benutzt, um Matrizen und Vektoren zu definieren. Die einzelnen Elemente werden durch Leerzeichen oder Komma getrennt. Strichpunkte werden benutzt, um einzelne Zeilen voneinander zu trennen.
		`A = [1 2; 3 4; 5 6];`
		`B = [10; 20; 30];`
		Matrizen und Vektoren können verkettet werden.
		`C = [A B];`
		Eine leere Matrix wird erzeugt durch:
		`A = [];`

Strichpunkt *Semicolon*	;	Strichpunkte werden benutzt als:
		▪ Abschluss einer Anweisung. Es erfolgt keine Ergebnisausgabe im „Command Window".
		`y = 2.5;`
		▪ Trennzeichen zwischen Spalten einer Matrix oder eines Vektors
		`A = [1 2; 3 4];`

Komma *Comma*	,	Kommas werden benutzt als:
		▪ Abschluss einer Anweisung. Es erfolgt eine Ergebnisausgabe im Command Window.
		`y = 2.5,`
		▪ Trennzeichen zwischen Elementen in Zeilen einer Matrix oder eines Vektors
		`A = [1,2;3,4];`

Punkt *Punct*	.	Einzelpunkte werden benutzt als:
		▪ Dezimaltrennzeichen
		`y = 2.5;`
		▪ Kennzeichnung für elementweise Operationen vor dem Operator
		`C = A.*B;`
		▪ Kennzeichnung für Felder in Strukturvariablen
		`Mechanik.Federsteifigkeit = 100;`

Tabelle 2.10 Sonderzeichen (Special character) *(Fortsetzung)*

Sonderzeichen		Beschreibung

Doppelpunkt
Colon
	:	Doppelpunkte werden benutzt zur:
		▪ Definition von Elementen eines Vektors
		`y = 1:5;`
		`z = -1:0.1:3`
		▪ Adressierung von Elementen einer Matrix oder eines Vektors
		`A(1:3,2:5);`
		Wird bei der Zeilen- oder Spaltenzahl kein Elementbereich angegeben, so ist dies ein Platzhalter für die gesamte Zeile oder Spalte.
		`A(:,2:5);`

Drei Punkte
Three points
	...	Trennzeichen zwischen den Zeilen bei mehrzeiligen Anweisungen.
		`y = sin(x) + ...`
		`cos(2*x);`

Prozentzeichen *Percent sign*	%	Definition des Beginns eines Kommentars. Sämtliche Zeichen nach dem Prozentzeichen werden ignoriert. `Federsteifigkeit = 100; % Federsteifigkeit N/m`
	%%	Dient zusätzlich zur Kommentierung, zur Kennzeichnung des Beginns eines zusammenhängenden Programmteiles (Abschnittes). `%% Initialisierung`

Hochkomma
Apostrophe
	'	Hochkomma
		▪ definieren den Beginn und das Ende eines Textes (String)
		`y = 'Name';`
		▪ werden benutzt zum Transponieren einer Matrix oder eines Vektors
		`A';`

2.1.8 MATLAB Editor

Bei einer größeren Anzahl an Anweisungen ist es sinnvoll, die Anweisungen in einem Programm zusammenzufassen. Dieses kann als Script oder Function erstellt werden. Um ein Programm zu erstellen, muss der MATLAB Editor (Bild 2.12) oder ein anderer Editor aufgerufen werden. Der MATLAB Editor wird z. B. über „New Script" in der Symbolleiste oder über die Eingabe von

```
edit
```

im „Command Window" aufgerufen. Der Filename ist zunächst „Untitled". Im Weiteren wird immer der MATLAB Editor verwendet.

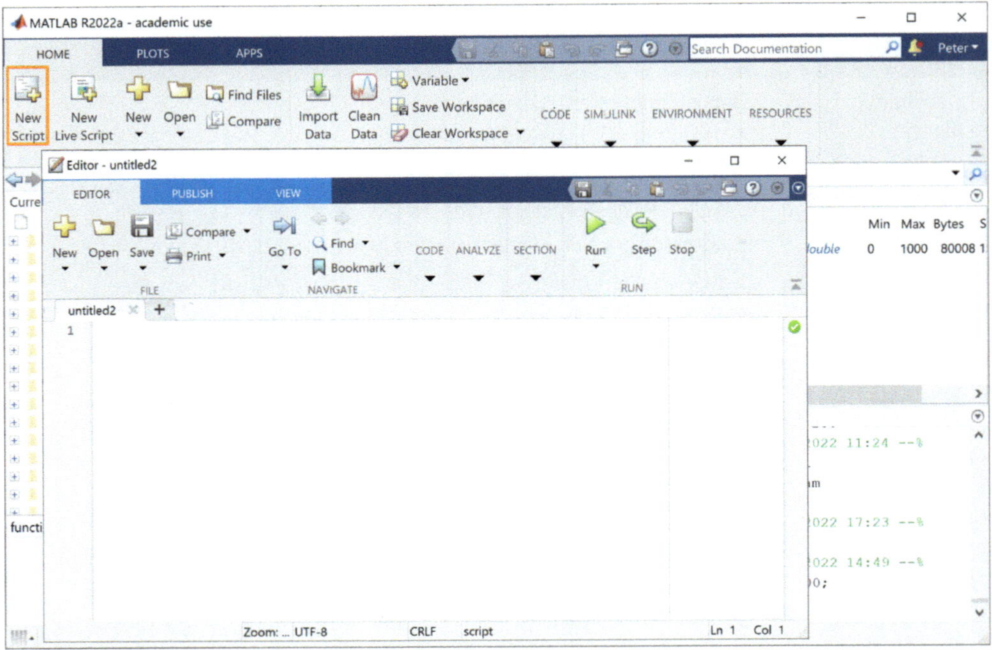

Bild 2.12 Aufruf MATLAB Editor

Der Editor bietet einige Unterstützung, um Fehler bei der Programmerstellung zu minimieren und Programme zeiteffizient zu erstellen. Im Hintergrund überprüft der Editor permanent die Eingaben. Werden Unkorrektheiten erkannt, so werden diese mit einer roten Schlangenlinie markiert und ggf. hellbraun unterlegt. Im Folgenden wird angenommen, dass bereits Variablen für die Masse und die Kraft, z. B. durch Eingabe im „Command Window“, definiert sind:

```
m=1200;
F=800;
```

Im Editor wird die Anweisung zur Berechnung der Beschleunigung fehlerhaft eingegeben (Bild 2.13, oben). Statt bei der Wertezuweisung korrekterweise = zu verwenden, wird == benutzt. Genau diese Stelle wird, wie oben beschrieben, automatisch markiert. Wird der Cursor über die markierte Stelle bewegt, erhält man die in Bild 2.13 (oben) gelb unterlegte Einblendung mit Ursache oder Ursachen für die Markierung und Lösungsvorschlag oder Lösungsvorschlägen.

Die zweite der angegebenen Ursachen gibt den Hinweis, dass in einem Script üblicherweise keine Ausgaben ins „Command Window“ erfolgen, und schlägt daher den Abschluss der Anweisungszeile mit einem Semikolon (;) vor.

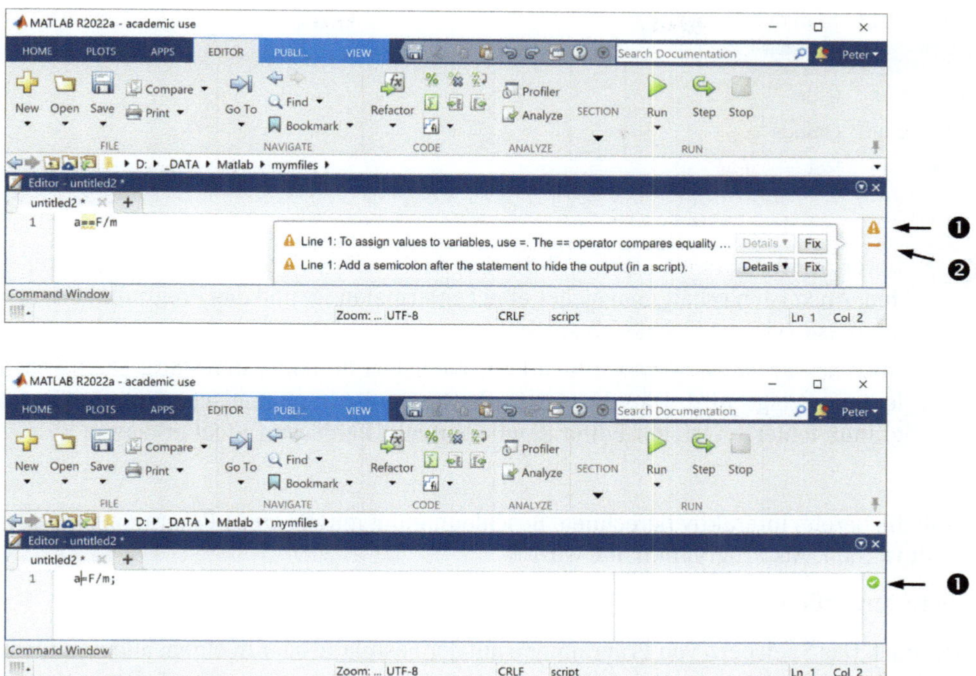

Bild 2.13 Programmierunterstützung im MATLAB Editor (oben: mit Fehler, unten: nach Annahme der Lösungsvorschläge)

Bei umfangreichen Programmen mit sehr vielen Anweisungen wäre eine Ausgabe jedes Ergebnisses einer Zuweisung im „Command Window“ sehr unübersichtlich. Gewöhnen Sie sich daher beim Editieren von Programmen an, Anweisungen, die Zuweisungen enthalten, mit Semikolon abzuschließen; außer Sie interessieren sich speziell für dieses Ergebnis. ■

Nimmt man beide Lösungsvorschläge an (Drücken der beiden Symbole mit Fix), so werden die Änderungen vom Editor automatisch vorgenommen und es ergibt sich die in Bild 2.13 (unten) gezeigte Anweisungszeile.

Gleichzeitig gibt es auf der rechten Seite eine farbliche Anzeige ❶, welche den Status des editierten Programms anzeigt. Die Farben stehen für die in Tabelle 2.11 angegebenen Stati. An welcher Stelle in einem Programm Warnungen oder Fehler erkannt wurden, wird mit einem Balken in der entsprechenden Farbe markiert ❷. Bei Programmen mit vielen Zeilen erleichtert dies das Auffinden der entsprechenden Zeilen.

Tabelle 2.11 Stati des Editors

Status	Farbcode	
Kein Fehler	Grün	
Warnung(en)	Orange	
Fehler	Rot	

Bevor Sie Programme starten, darf zumindest kein Fehler mehr angezeigt werden. Ansonsten erhält man sicher eine Fehlermeldung, und das Programm bricht ab. Diese Zeit kann man sich sparen.

Noch besser ist es, wenn vor dem Programmstart im Editor der Status „kein Fehler“ angezeigt wird. Dies bedeutet allerdings nicht automatisch, dass das Programm fehlerfrei ist, der Editor kann eventuelle Fehler nur nicht erkennen. ■

Es soll die bereits interaktiv berechnete Beschleunigung mittels eines Programms (Script) erstellt werden. Als Programmname wird

BerechnungBeschleunigung.m

verwendet. Das Speichern von Programmen auf der Festplatte oder in einem anderen nicht flüchtigen Speicherbereich erfolgt in der Symbolleiste über das Icon „Save“. Betätigt man unterhalb dieses Icons das Symbol ▼, öffnet sich eine Auswahl (Bild 2.14). Wählt man in dieser Auswahl „Save As“, kann ein neuer Dateiname vergeben werden. Im Beispiel wird der Dateiname „Untitled“ in den „sprechenden“ Dateinamen „BerechnungBeschleunigung“ geändert. Der Anhang .m (Extension) wird für MATLAB Programme (m-Files) verwendet.

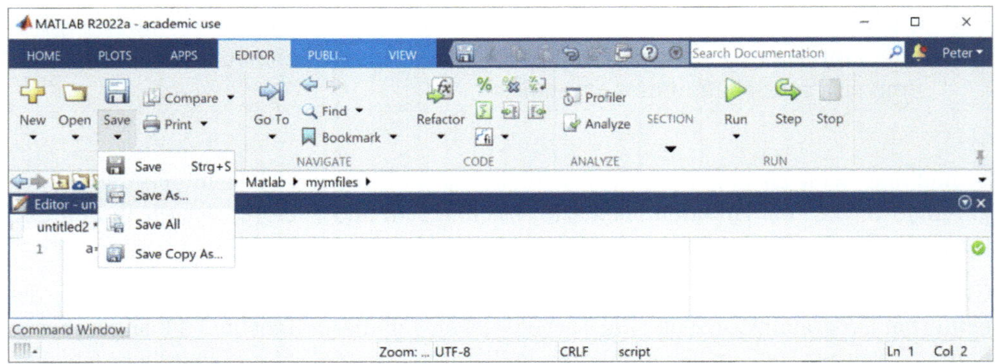

Bild 2.14 File speichern

Das erstellte Programm zeigt Bild 2.15. Texte nach dem Prozentzeichen (%) sind Kommentare und werden bei der Programmausführung nicht ausgewertet. Sie werden vom Editor automatisch in Grün angezeigt. Mit zwei aufeinanderfolgenden Prozentzeichen (%%) können im Editor zusammengehörige Programmteile (Abschnitte) markiert werden. Die

Anweisungen und Kommentare eines Abschnittes werden in gelber Farbe hinterlegt, sobald die Maus über den Abschnittsbereich bewegt wird. Dies ermöglicht eine schnellere Orientierung.

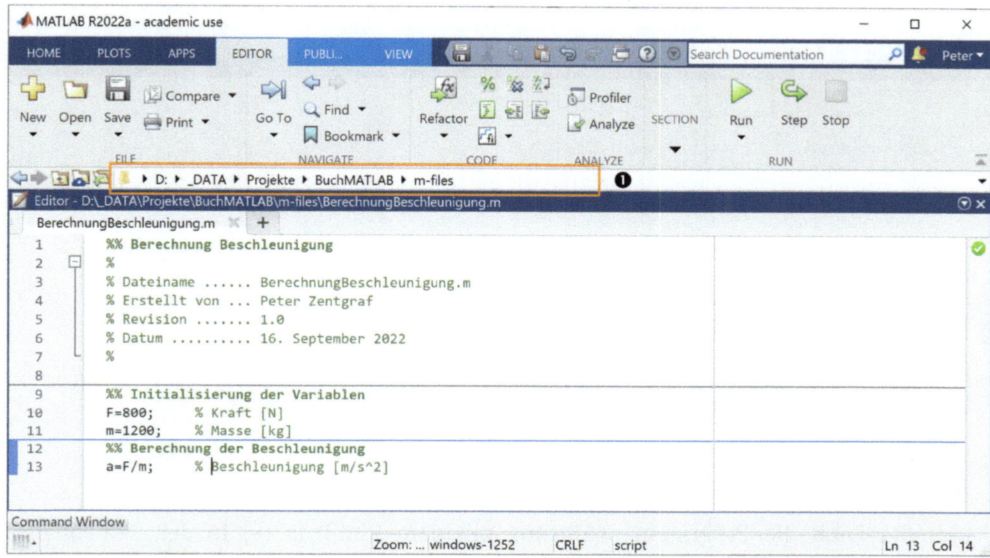

Bild 2.15 Script zur Beschleunigungsberechnung

MATLAB Programme (Script oder Function) sind wie andere Dateien in Verzeichnissen (Englisch: folder) gespeichert. Der Name des Folders, in dem die Datei gespeichert ist, wird oben im Fenster des Editors angezeigt (in Bild 2.15 mit ❶ markiert). Die Folder, in denen Programme, die in MATLAB ausgeführt werden sollen, gespeichert sind, müssen gekennzeichnet werden. Die einfachste Möglichkeit im Beispiel ist den aktuellen MATLAB Folder (Current Folder) auf den Folder mit der Datei zu setzen. Die Ausführung des Programms kann unter anderem durch Eingabe des Filenamens im „Command Window“ erfolgen.

Speichern Sie vor der Ausführung Ihrer Programme die aktuelle Version auf der Festplatte oder in einem anderen nichtflüchtigen Speicherbereich. Ansonsten führt MATLAB die zuletzt gespeicherte Version aus. Erscheint im Feld mit dem Filenamen hinter diesem ein *, so ist die aktuelle Version nicht gespeichert (Bild 2.16). Nutzen Sie bei der Programmausführung mehrere Programme, so gilt dies entsprechend für alle Programme.

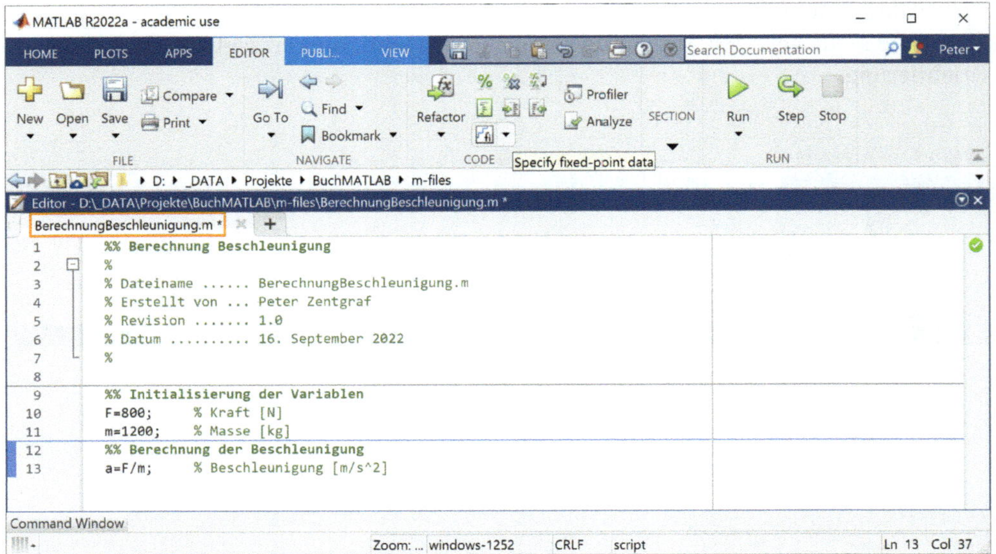

Bild 2.16 Statusanzeige, ob aktuelle Datei gespeichert ist

Alternativ kann die Programmausführung mit dem Run-Icon (▸) in der Symbolleiste gestartet werden. Die aktuelle Version der Datei wird dann vor der Ausführung automatisch gespeichert. Dies gilt jedoch nicht für andere Programme, die von diesem Programm aufgerufen werden!

Durch die einfache mathematisch orientierte Syntax der MATLAB Sprache und die umfangreichen Funktionsbibliotheken, z. B. für Signalanalyse, Regelungstechnik etc., ist die Programmerstellung wesentlich einfacher und zeiteffizienter als z. B. in C. Optional gibt es die Möglichkeit, ein unabhängig von der MATLAB Entwicklungsumgebung lauffähiges Programm zu erzeugen (MATLAB Compiler). Das erzeugte Programm läuft dann auch auf Rechnern, auf denen MATLAB nicht installiert ist. Speziell für MATLAB Apps mit grafischer Bedienoberfläche (Graphical User Interface, kurz: GUI), die in Kapitel 3 behandelt werden, ist dies eine vorteilhafte Lösung. Zusätzlich gibt es das MATLAB Compiler SDK, das es ermöglicht, erstellte Programme in andere Programmierumgebungen einzubinden. Mit dem „MATLAB Coder" kann C-Code erzeugt werden. Damit können mathematisch aufwendige Module für C-Projekte in der MATLAB Umgebung entwickelt und getestet oder C-Code für C-Code-Compiler erzeugt werden.

2.1.9 Programmbeispiel

Für das Beispiel aus Bild 1.15 soll die Abhängigkeit der Position von der Zeit bei konstanter Kraft, d. h. bei konstanter Beschleunigung, berechnet werden. Es soll der Zeitraum von t = 0 s bis t = 1 s betrachtet und alle 0,1 s der Wert für die Position bestimmt werden.

In einer „Standard-Programmiersprache“ ist zur Lösung dieser Aufgabe eine Schleife erforderlich. Am Beispiel einer „for-Schleife“ soll die Arbeitsweise einer Schleife erklärt werden. Eine „for-Schleife“ durchläuft eine Gruppe von Anweisungen, bis die angegebene Anzahl an Durchläufen (im folgenden Beispiel drei) erreicht ist (Bild 2.17). Die Gruppe von Anweisungen, die in jedem Durchlauf ausgeführt werden sollen, wird durch end abgeschlossen. Die Variable i ist die Zählvariable der Schleife und wird automatisch in jedem Durchlauf um 1 erhöht.

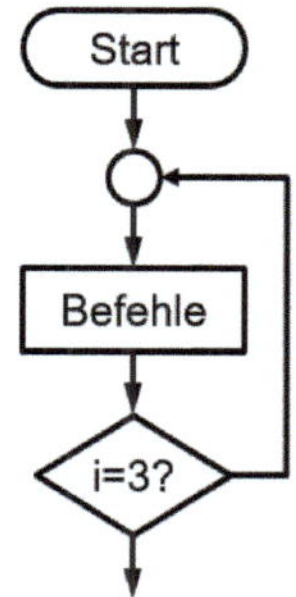


```
% Anfang der Schleife mit 3 Durchläufen
for i=1:3
 % Befehl 1 der Schleife
 a(i)=i;
 % Befehl 2 der Schleife
 b(i)=2*i;
% Abschluss der Schleife
end
```

Bild 2.17 Prinzip for-Schleife, beispielhaft mit drei Durchläufen

Weitere Informationen hierzu und zu anderen Kontrollstrukturen finden sich im Abschnitt 2.4 (Kontrollstrukturen). In Tabelle 2.12 ist das Ergebnis für jeden Duchlauf dargestellt.

Tabelle 2.12 Ablauf for-Schleife

Durchlauf	Zählvariable i	Variable a	Variable b
1	i=1	a=1	b=2
2	i=1	a=[1 2]	b=[2 4]
3	i=1	a=[1 2 3]	b=[2 4 6]

Die Erstellung eines Programms in MATLAB kann wie in einer „Standard-Programmiersprache“ üblich („konventionelle Programmierung“) oder mit Nutzung von MATLAB Anweisungen zur Vektorverarbeitung erfolgen (Bild 2.18). Im zweiten Fall ist die Anzahl an Anweisungen reduziert, der Schreibaufwand geringer und das Programm ist übersichtlicher. Zusätzlich wird die Rechenzeit reduziert.

Konventionelle Programmierung

```
%% Initialisierung der Variablen
% Kraft [N]
F = 800;
% Masse [kg]
m = 1200;
% Zeitschritt [s]
h = 0.1;
% Zeitdauer [s]
T = 1;
% Beschleunigung [m/s^2]
a = F/m;
%% Berechnung
% Initialisierung Zählvariable
i = 1;
% Berechnung der Schrittanzahl
k = T/h;
% Berechnungsschleife
for i = 1:k
 % Zeit
 t(i) = (i-1)*h;
 % Position
 x(i) = 0.5*a*t(i)*t(i);
end
```

Programmierung mit MATLAB Anweisungen zur Vektorverarbeitung

```
%% Initialisierung der Variablen
% Kraft [N]
F = 800;
% Masse [kg]
m = 1200;
% Zeitschritt [s]
h = 0.1;
% Zeitdauer [s]
T = 1;
% Beschleunigung [m/s^2]
a = F/m;
%% Berechnung
% Vektor mit Zeitpunkten
t = 0:h:T;
% Position
x = 0.5*a*t.*t;
```

Bild 2.18 Vergleich „konventionelle Programmierung" mit Programmierung, die MATLAB Anweisungen zur Vektorverarbeitung nutzt

Häufig ist es sinnvoll, Berechnungsergebnisse grafisch zu visualisieren. Hierzu gibt es in MATLAB eine umfangreiche Anzahl an Möglichkeiten. Die einfachste Anweisung ist „plot". Es soll der zeitliche Verlauf der Position grafisch dargestellt werden. Die Anweisung lautet mit den eingeführten Variablen für die Zeit (t) und die Position (x):

```
plot(t,x);
```

Weitere nützliche Anweisungen zur Visualisierung für den Einstieg zeigt Tabelle 2.13.

Tabelle 2.13 Anweisungen zur Visualisierung

Anweisung	Beschreibung
`grid on`	Erzeugung von Gitternetzlinien zur besseren Orientierung
`xlabel(String)`	Beschriftung für die X-Achse (im Beispiel die Zeit)
`ylabel(String)`	Beschriftung für die Y-Achse (im Beispiel die Position)
`title(String)`	Titel für die Grafik (im Beispiel Bewegungsprofil)

Die notwendige Erweiterung im bereits erstellten MATLAB Script ist hervorgehoben (Bild 2.19). Die von MATLAB erzeugte Grafik wird in einem separaten Fenster mit dem Namen „Figure 1" dargestellt (Bild 2.20). Im Abschnitt 2.10 „Grafische Visualisierung" und im Kapitel 3 „Grafische Bedienoberfläche" wird vertiefend auf weitere Anweisungen zur Visualisierung eingegangen.

```
%% Initialisierung der Variablen
% Kraft [N]
F = 800;
% Masse [kg]
m = 1200;
% Zeitschritt [s]
h = 0.1;
% Zeitdauer [s]
T = 1;
%% Berechnung
% Beschleunigung [m/(s^2)]
a = F/m;
% Vektor mit Zeitpunkten [s]
t = 0:h:T;
% Position [m]
x = 0.5*a*t.*t;
%% Grafische Visualisierung
% Position-Zeit Verlauf
plot(t,x)
% Gitternetzlinien
grid on
% Beschriftung X-Achse
xlabel('Zeit s')
% Beschriftung Y-Achse
ylabel('Position m')
% Grafiküberschrift
title('Bewegungsprofil')
```

Bild 2.19 Erweiterung um grafische Visualisierung des Ergebnisses

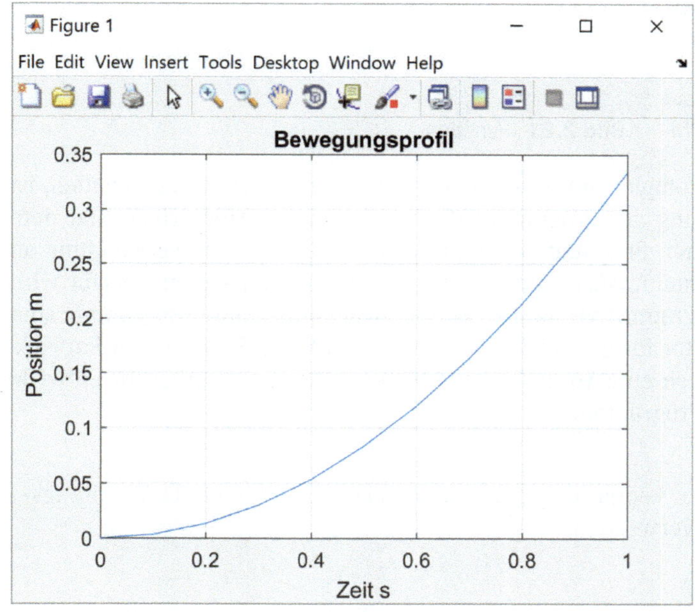

Bild 2.20 Grafik

2.1.10 Script und Function

Wie im Abschnitt 2.1.8 kurz erwähnt, gibt es zwei Arten von m-Files:

- Script und
- Function

Functions haben im Gegensatz zu Scripten definierte Ein- und Ausgabengrößen (Bild 2.21). Diese werden als Ein- und Ausgabeargumente bezeichnet. Vom Nutzer können Functions als „black box" betrachtet werden, d.h. Anweisungen innnerhalb der Function sind nicht von Interesse. Genauso werden in MATLAB eingebaute Functions (built-in functions), wie z.B. „sin", verwendet. Als Nutzer interessiert einen meist nicht, wie die Function, die z.B. den Sinus berechnet, arbeitet. Man übergibt als Eingabegröße den Winkel in Radiant (x) und erhält als Ausgabegröße den berechneten Wert (y).

```
x = pi/4;
y = sin(x)
y =
    0.7071
```

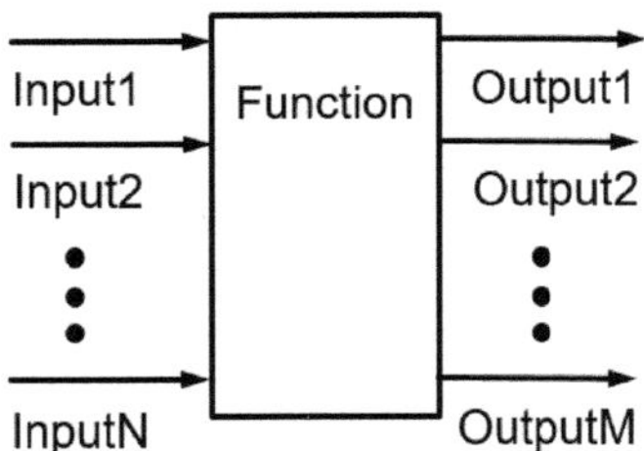

Bild 2.21 Function

Um in größeren und/oder komplexeren Programmpaketen den Überblick zu behalten, ist eine hierarchische Gliederung des Programmaufbaues zwingend erforderlich. Klar definierte Schnittstellen zwischen Programmteilen ermöglichen eine Wiederverwendung an mehreren Stellen des Programmpaketes und in anderen Programmpaketen. Hierfür wird auch der Begriff „Unterprogramm" verwendet. Hierarchisch aufgebaute Programme sind damit ein wesentlicher Faktor für die zeitliche und wirtschaftliche Effizienz bei Entwicklungsprojekten. Sie sind auch eine Voraussetzung für eine Zusammenarbeit in Entwicklungsteams und „robuste" Programme.

In größeren und/oder komplexeren Programmpaketen sind in MATLAB vorzugsweise Functions zu verwenden.

Eine Function kann von einem Script oder einer anderen Function aufgerufen werden. Ein Script kann ein anderes Script aufrufen.

Grundsätzlich haben sich drei Regeln bewährt, um die Entwicklungszeit und Fehlersuche bei der Programmerstellung von Functions zu minimieren und eine einfache Verständlichkeit für Nutzer zu erreichen:

❶ Man überlegt sich eine Vorlage (Template), die für jede Function verwendet wird. Darin werden für den Nutzer wichtige Informationen als Kommentare zusammengestellt. Insbesondere werden die Ein- und Ausgabeargumente beschrieben. Dies verhindert, dass man „wild" drauflosprogrammiert, statt sich vorher zu überlegen, was man macht. Diese Kommentare werden vor die Anweisungen der Function geschrieben. Wird ein Leerzeichen zwischen dem letzten Kommentareintrag und dem Beginn der Function gelassen, so wird genau dieser Kommentartext bis zu dem Leerzeichen im „Command Window" angezeigt, wenn nach dem help der Funktionsname (Function name) eingegeben wird.

```
help FunctionName
```

❷ Zu jeder Function wird ein m-File geschrieben, bei dem aus dem Filenamen schon der Bezug zur Function erkennbar ist. Hier sollten soweit möglich „sprechende" Namen verwendet werden. Dadurch hat der Nutzer bereits über den Namen eine Verbindung zur Aufgabe der Function. Er kann sich den Namen der Function auch besser einprägen.

❸ Verwendung von englischen Kommentaren. Da die Anzahl der MATLAB Programmierer weltweit hoch ist, gibt es immer wieder die Situation, dass man Programme anderer Entwickler in seinem Projekt einsetzen möchte oder eigene Programme anderen Entwicklern zur Verfügung stellt. Dies geht natürlich am einfachsten, wenn die Programme international verständlich, d. h. in Englisch, geschrieben sind. Gleiches gilt für Produktentwicklungen in international zusammengesetzten Teams.

Ein Vorteil einer MATLAB Function ist, dass diese nicht eine fixe Anzahl an Übergabeargumenten haben muss, sondern dass die Anzahl an Eingabeargumenten (Input arguments, kurz: Input) und Ausgabeargumenten (Output arguments, kurz: Output) der Function variieren kann. Die Syntax zur Definition einer Function ist (siehe auch Tabelle 2.14):

```
function [Output1,...,OutputM] = FunctionName(Input1,...,InputN)
```

Tabelle 2.14 Übergabeargumente einer Function

			Anzahl
`Input1,...,InputN`	Eingabeargument	*Input argument*	N = 0,1,2, ...
`Output1,...,OutputM`	Ausgabeargument	*Output argument*	M = 0,1,2, ...

Das Schüsselwort zur Kennzeichnung einer Function ist „function". Die einzelnen Eingabe- und Ausgabeargumente werden durch Komma voneinander getrennt. Eingabeargumente werden von runden Klammern, Ausgabeargumente von eckigen Klammern umschlossen.

Die Eigenschaft einer variablen Anzahl an Übergabeargumenten wird bei eingebauten (built-in) MATLAB Functions stark genutzt. Ein Beispiel hierfür ist die eingebaute MATLAB Function „plot" zur grafischen Visualisierung, von der in Bild 2.22 ein Auszug aus der MATLAB internen Dokumentation gezeigt ist.

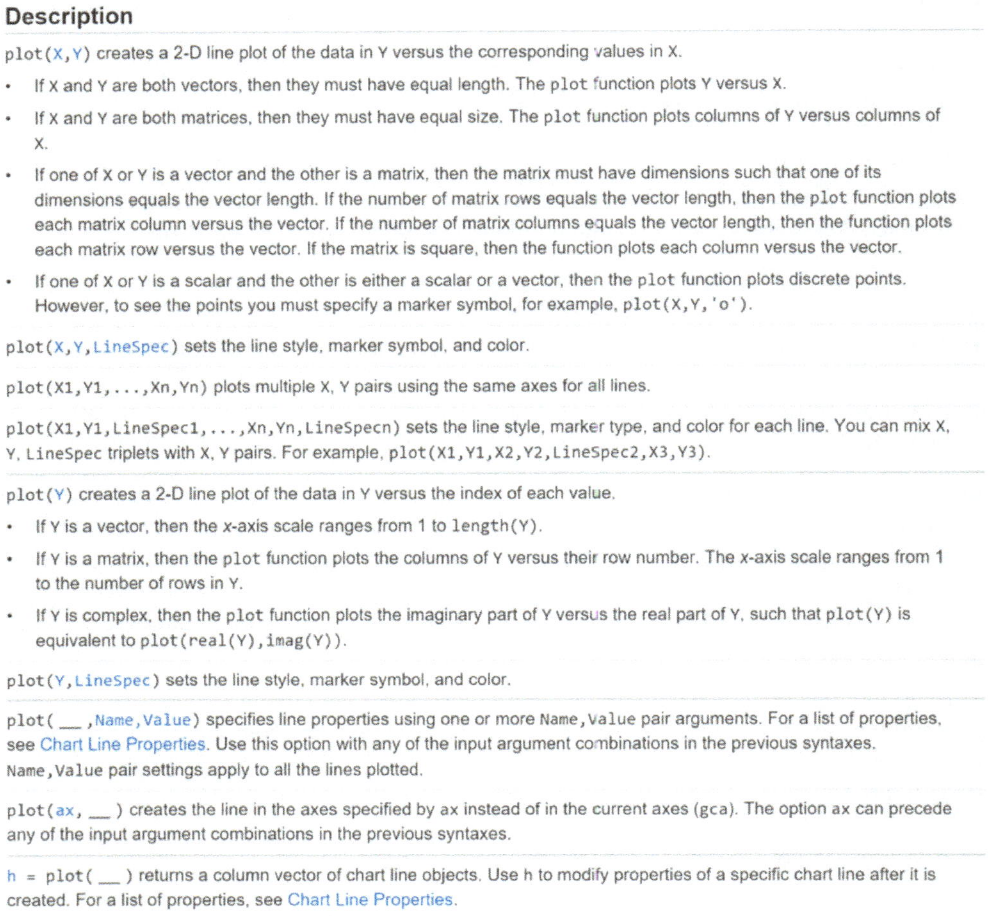

Description

`plot(X,Y)` creates a 2-D line plot of the data in `Y` versus the corresponding values in `X`.

- If `X` and `Y` are both vectors, then they must have equal length. The `plot` function plots `Y` versus `X`.
- If `X` and `Y` are both matrices, then they must have equal size. The `plot` function plots columns of `Y` versus columns of `X`.
- If one of `X` or `Y` is a vector and the other is a matrix, then the matrix must have dimensions such that one of its dimensions equals the vector length. If the number of matrix rows equals the vector length, then the `plot` function plots each matrix column versus the vector. If the number of matrix columns equals the vector length, then the function plots each matrix row versus the vector. If the matrix is square, then the function plots each column versus the vector.
- If one of `X` or `Y` is a scalar and the other is either a scalar or a vector, then the `plot` function plots discrete points. However, to see the points you must specify a marker symbol, for example, `plot(X,Y,'o')`.

`plot(X,Y,LineSpec)` sets the line style, marker symbol, and color.

`plot(X1,Y1,...,Xn,Yn)` plots multiple `X`, `Y` pairs using the same axes for all lines.

`plot(X1,Y1,LineSpec1,...,Xn,Yn,LineSpecn)` sets the line style, marker type, and color for each line. You can mix `X`, `Y`, `LineSpec` triplets with `X`, `Y` pairs. For example, `plot(X1,Y1,X2,Y2,LineSpec2,X3,Y3)`.

`plot(Y)` creates a 2-D line plot of the data in `Y` versus the index of each value.

- If `Y` is a vector, then the *x*-axis scale ranges from 1 to `length(Y)`.
- If `Y` is a matrix, then the `plot` function plots the columns of `Y` versus their row number. The *x*-axis scale ranges from 1 to the number of rows in `Y`.
- If `Y` is complex, then the `plot` function plots the imaginary part of `Y` versus the real part of `Y`, such that `plot(Y)` is equivalent to `plot(real(Y),imag(Y))`.

`plot(Y,LineSpec)` sets the line style, marker symbol, and color.

`plot(___,Name,Value)` specifies line properties using one or more `Name,Value` pair arguments. For a list of properties, see Chart Line Properties. Use this option with any of the input argument combinations in the previous syntaxes. `Name,Value` pair settings apply to all the lines plotted.

`plot(ax,___)` creates the line in the axes specified by `ax` instead of in the current axes (`gca`). The option `ax` can precede any of the input argument combinations in the previous syntaxes.

`h = plot(___)` returns a column vector of chart line objects. Use `h` to modify properties of a specific chart line after it is created. For a list of properties, see Chart Line Properties.

Bild 2.22 Variable Anzahl an Übergabeparametern am Beispiel der eingebauten MATLAB Function „plot“

Durch die variable Anzahl an Übergabeargumenten können mit einem einzigen Namen der Function unterschiedliche Verhaltensfälle abgedeckt werden. Innerhalb einer Function stehen zur Fallunterscheidung automatisch die Variablen „nargin“ (number of function input arguments) und „nargout“ (number of function output arguments) zur Verfügung. In diesen beiden Variablen wird die Anzahl an Ein- und Ausgabeargumenten aus dem die Function aufrufenden Programmteil gespeichert.

Das in Function 2.1 gezeigte Beispiel soll verdeutlichen, wie Functions aufgebaut sind und ablaufen. Die Aufgabe der Function ist den Effektivwert (rms value) eines sinusförmigen Signalverlaufes in einer Periode bei variabler Amplitude zu berechnen. Das analytische Ergebnis hierfür ist bekannt:

$$x_{rms} = \frac{1}{\sqrt{2}}\,\hat{x} \tag{2.1}$$

$\hat{x}$	Signalamplitude	*Signal amplitude*
x_{rms}	Effektivwert	*rms value (root mean square)*

Dadurch steht ein einfacher Test zur Überprüfung, ob die programmierte Function korrekt arbeitet, zur Verfügung. Die Function wird aus einem Script aufgerufen. Das aufrufende Script zeigt Script 2.1. Die Aufgabe der MATLAB Function „zeros" ist den Speicherbereich vorzubelegen (weitere Informationen hierzu finden sich in Abschnitt 2.1.14).

Das erste Eingabeargument (Amplitude) beinhaltet die Amplitue des oder der sinusförmigen Signale in einem Zeilenvektor. Das zweite Eingabeargument (Points) ist optional. Es kann für die Anzahl an Berechnungspunkten in einer Periode genutzt werden. Wird es vom aufrufenden Programm nicht übergeben, so werden automatisch 200 Berechnungspunkte benutzt. Durch die Abfrage, ob die Variable „nargin" ungleich 2 ist, wird festgestellt, ob ein zweites Eingabeargument übergeben wurde. Ist dies nicht der Fall, wird in der if-Verzweigung der Variablen „Points" in der Function der Wert 200 zugewiesen.

Function 2.1 Function zur Berechnung des Effektivwertes (rms value) eines sinusförmigen Signalverlaufes (RMSValueSineRow.m)

```
function [RMS,CalculatedData] = RMSValueSineRow(Amplitude,Points)

%% RMS Value of Each Row in a Matrix
%
% function [RMS,CalculatedData] = RMSValueSineRow(Amplitude,Points)
%
% PURPOSE
% Calculate RMS value for sinusoidal signal with different amplitudes
% in one period
%
% INPUTS
% Amplitude:       Amplitude(s) of sinusoidal signal(s)
% Points:          Number of calculation points per period
%
% OUTPUTS
% RMS:             Calculated rms value per row
% CalculatedData:  Calculated sinusoidal data
%

%% Initialize
% Calculation Points
if nargin ~= 2
 Points = 200;
end
% Calulate Sines in One Period
CalculatedData = Amplitude'*sin(0:2*pi/Points:2*pi*(1-1/Points));
% Number of Rows
NumberOfRows = length(CalculatedData(:,1));
% Preallocate
RMS = zeros(NumberOfRows,1);
%% For Loop to calculate each Row
for i = 1:NumberOfRows
 RMS(i) = rms(CalculatedData(i,:));
end
```

Der erste Aufruf der Function im Script erfolgt mit einem Eingabe- und einem Ausgabeargument. Im zweiten Aufruf werden zwei Eingabeargumente und ein Ausgabeargument für die Function benutzt. Der dritte Aufruf der Function erfolgt mit zwei Eingabe- und zwei Ausgabeargumenten.

Script 2.1 Aufrufendes Script (ScriptRMSValueSineRow.m.)

```
%% Initialize
% Clear Workspace
clear;
% Home Command Window
home;
% Amplitude
Amplitude = 1:4;
%% Function Call to Calculate RMS Value for Each Row
% Inputs: 1 I Outputs: 1
[RMSDataRow] = RMSValueSineRow(Amplitude); % 1st Call
%% Display Result in Command Window
disp('RMS Value per Row');
disp(' ');
for i = 1:length(RMSDataRow)
 disp(['Row ' num2str(i) ': ' num2str(RMSDataRow(i))]);
end
%% Check Result
RelativeError = 100*(RMSDataRow-1/sqrt(2)*Amplitude');
%% Display Result in Command Window
disp(' ');
disp('Relative Error');
disp(' ');
for i = 1:length(RMSDataRow)
 disp(['Row ' num2str(i) ': ' num2str(RelativeError(i)) '%']);
end
%% Alternative Function Calls to Calculate RMS Value for Each Row
% Inputs: 2 I Outputs: 1
[RMSDataRow21] = RMSValueSineRow(Amplitude,2); % 2nd Call
% Inputs: 2 I Outputs: 2
[RMSDataRow22,Data] = RMSValueSineRow(Amplitude,100); % 3rd Call
```

Die Variablennamen im aufrufenden Programm (hier: Script 2.1) und in der Function können, müssen aber nicht übereinstimmen (Tabelle 2.15 und Tabelle 2.16). Statt Variablennamen können im aufrufenden Programm auch Werte übergeben werden, wie bei der Anzahl an Berechnungspunkten im zweiten und dritten Funktionsaufruf gezeigt.

Tabelle 2.15 Eingabeargumente (Inputs)

Script		→	Function
Aufruf 1, 2 und 3	`Amplitude`	Input 1	`Amplitude`
Aufruf 1		Input 2	`Points`
Aufruf 2	2		
Aufruf 3	100		

Tabelle 2.16 Ausgabeargumente (Outputs)

Script		←	Function
Aufruf 1	RMSDataRow	Output 1	Amplitude
Aufruf 2	RMSDataRow21		
Aufruf 3	RMSDataRow22		
Aufruf 1 und 2		Output 2	CalculatedData
Aufruf 3	Data		

Im Script erfolgt für den ersten Aufruf der Function eine Anzeige der in der Function berechneten Effektivwerte im „Command Window". Zusätzlich wird die Function durch Vergleich mit der analytischen Lösung getestet (Abschnitt „Check result"). Die Differenz zwischen dem in der Function berechneten und dem analytisch berechneten Effektivwert wird zusätzlich im „Command Window" als prozentualer Wert angezeigt.

```
RMS Value per Row
Row 1: 0.70711
Row 2: 1.4142
Row 3: 2.1213
Row 4: 2.8284
Relative Error per Row
Row 1: 1.1102e-14%
Row 2: 2.2204e-14%
Row 3: 0%
Row 4: 4.4409e-14%
```

Im „Command Window" steht als Hilfe Folgendes zur Verfügung:

```
help RMSValueSineRow
 RMS Value of Each Row in a Matrix
 function [RMS,CalculatedData] = RMSValueSineRow(Amplitude,Points)
 PURPOSE
 Calculate RMS value for sinusoidal signal with different amplitudes
 in one period
 INPUTS
 Amplitude:       Amplitude(s) of sinusoidal signal(s)
 Points:          Number of calculation points per period
 OUTPUTS
 RMS:             Calculated rms value per row
 CalculatedData:  Calculated sinusoidal data
```

In MATLAB gibt es sogenannte „Function Handle", welche eine Verbindung zu einer Function herstellen. Ein Function Handle kann für verschiedene Zwecke benutzt werden:

- Weitergabe einer Function an eine andere Function

  Häufig als „Function Functions" bezeichnet.

- Definition von Callback Functions

  Dies wird im Kapitel 3 „Grafische Bedienoberflächen" behandelt.

- Definition von Functions in einer Zeile anstatt deren Speicherung in einem m-File

  Wird „Anonymous Function“ genannt.

- Aufruf einer Function von außerhalb der „Main Function“

Die Syntax zur Definition eines Function Handle lautet:

```
FunctionHandle = @FunctionName;
```

Das Ausgangsargument „FunctionHandle“ ist ein Variablenname. Eine Function kann damit genauso aufgerufen werden, als würde diese direkt aufgerufen. Anhand einer Function, die den Funktionswert der Funktion $y = \sin(2x)$ berechnet, soll dies gezeigt werden. Die Definition der Function, die bei der Nutzung einer eingebauten oder vorhandenen MATLAB Function entfällt, lautet:

```
function y = Sin2x(x)
 y = sin(2*x);
end
```

Das Function Handle wird definiert mit:

```
FunctionHandleSin2x = @Sin2x;
```

Im Workspace hat die Variable die Class „function_handle“ (Bild 2.23).

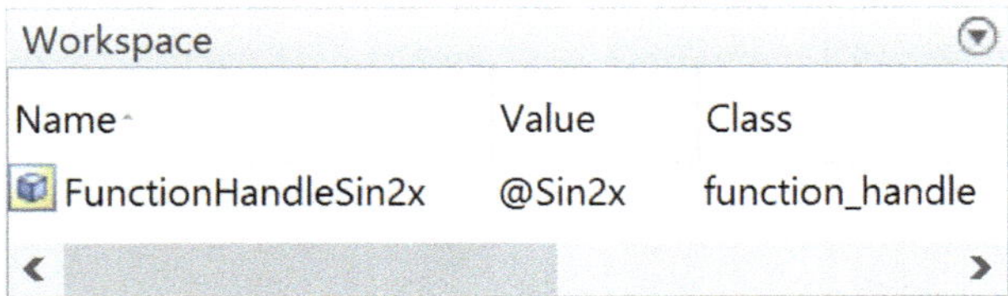

Bild 2.23 Function Handle im Workspace

Ein Berechnungsbeispiel ohne und mit Nutzung des Function Handle zeigt Script 2.2. Das Ergebnis y1 und y2 ist identisch -1.

Script 2.2 Aufruf ohne und mit Function Handle (Sin2xFunctionHandle.m.)

```
%% Initialisierung
% Winkelwert definieren
x = 3*pi/4;
% Variable für Function Handle definieren
FunctionHandleSin2x = @Sin2x;
%% Funktionsaufruf
% Direkter Funktionsaufruf
y1 = Sin2x(x);
% Funktionsaufruf mit Function Handle
y2 = FunctionHandleSin2x(x);
```

Function Handles sind Variablen, die als Eingangsargument in einer anderen Function verwendet werden können (Function Functions), z.B. wie in Script 2.3 gezeigt für die Berechnung von:

$$y = \sqrt{\sin(2x)} \tag{2.2}$$

Script 2.3 Function Function (Sin2xFunctionFunction.m.)

```
%% Initialisierung
% Winkelwert definieren
x = pi/12;
% Variable für Function Handle definieren
FunctionHandleSin2x = @Sin2x;
%% Funktionsaufruf mit Function Handle
% Function Function
y = sqrt(FunctionHandleSin2x(x));
```

Eine Anonymous Function ist eine Function, die in einer Programmzeile, ohne dass hierfür ein separater m-File erforderlich ist, definiert wird. Die Syntax hierfür lautet:

```
FunctionHandle = @( Input1,...,InputN)FunctionExpression
```

Script 2.4 zeigt die Berechnung der Funktion y = sin(2x) als Anonymous Function. Für die Variable „FunctionHandleSin2x" ergibt sich als Value im Workspace Browser „@(x) sin(2*x)".

Script 2.4 AnonymousFunction (Sin2xAnonymousFunction.m.)

```
% Winkelwert definieren
x = 3*pi/4;
% Anonymous Function und Variable für Function Handle definieren
FunctionHandleSin2x = @(x) sin(2*x);
% Funktionsaufruf mit Function Handle der Anonymous Function
y = FunctionHandleSin2x(x);
```

Im m-File einer Function können mehrere Functions beinhaltet sein. Die als Erstes im File aufgeführte Function ist die Global Function oder Main Function. Diese ist für Functions in anderen Files sichtbar und kann auch vom „Command Window" aufgerufen werden. Alle folgenden Functions im File sind sogenannte Local Functions oder Subfunctions. Local Functions sind nur für andere Functions im selben m-File sichtbar und damit aufrufbar. Die Reihenfolge bei Local Functions ist beliebig. Jede Function beginnt mit ihrer eigenen Definition. Um eine Local Function zu zeigen, wird Function 2.1 so abgewandelt, dass Teile der Initialisierung in eine Local Function ausgelagert werden (Function 2.2). Local Functions haben bei der Programmabarbeitung Vorrang vor Functions gleichen Namens in anderen Files. MATLAB prüft bei einem Aufruf einer Function zunächst, ob im selben File eine Function mit dem Namen vorhanden ist. Falls ja, wird diese ausgeführt. Nur wenn keine vorhanden ist, wird gesucht, ob eine Global Function mit dem Namen verfügbar ist. Local Functions haben, ebenso wie Global Functions, ihren eigenen „Workspace". Local Functions können nicht auf Variablen anderer Functions zugreifen, außer man übergibt ihnen die Variable beim Funktionsaufruf (input argument).

Function 2.2 Local Function (RMSValueSineRowLocalFcn.m)

```
function ...
[RMS,CalculatedData] = RMSValueSineRowLocalFcn(Amplitude,Points)

%% RMS Value of Each Row in a Matrix with Local Function
%
% function [RMS,CalculatedData] = RMSValueSineRow(Amplitude,Points)
%
% PURPOSE
% Calculate RMS value for sinusoidal signal with different
% amplitudes in one period
%
% INPUTS
% Amplitude:        Amplitude(s) of sinusoidal signal(s)
% Points:           Number of calculation points per period
%
% OUTPUTS
% RMS:              Calculated rms value per row
% CalculatedData:   Calculated sine wave data
%

%% Initialize
% Calculation Points
if nargin ~= 2
 Points = 200;
end
% Calculation Data (Call of local function)
[CalculatedData,NumberOfRows,RMS] = ...
InitializeData(Amplitude,Points);
%% For Loop to calculate each Row
for i = 1:NumberOfRows
 RMS(i) = rms(CalculatedData(i,:));
end

%% Initialize Data (Local Function)
%
% [CalculatedData,NumberOfRows,RMS] = ...
%   InitializeData(Amplitude,Points)
%
% PURPOSE
% Initialize calculation data
%
% INPUTS
% Amplitude:        Amplitudes of sine wave signal
% Points:           Number of calculation points per sinewave period
%
% OUTPUTS
% CalculatedData:   Calculated sinusoidal data
% NumberOfRows:     Number of rows (number of signals)
% RMS:              Preallocated data for rms value (zeros)
%
```

```
function ...
[CalculatedData,NumberOfRows,RMS] = InitializeData(Amplitude,Points)

% Calulate Sines in One Period
CalculatedData = Amplitude'*sin(0:2*pi/Points:2*pi*(1-1/Points));
% Number of Rows
NumberOfRows = length(CalculatedData(:,1));
% Preallocate
RMS = zeros(NumberOfRows,1);
```

Zusätzlich zu Local und Anonymous Functions gibt es:

- Nested Functions
- Inline Functions
- Private Functions

Für weitere Informationen hierzu sei auf die MATLAB Dokumentation verwiesen.

2.1.11 Workspace und Gültigkeitsbereich von Variablen

In MATLAB wird beim Workspace unterschieden in:

- Base Workspace

  Im Base Workspace werden Variablen, die im „Command Window" oder in einem Script erzeugt wurden, gespeichert. Diese werden nur beim Verlassen von MATLAB oder durch eine clear-Anweisung (siehe Abschnitt 2.1.14) gelöscht.

- Function Workspace

  Jede Function hat einen eigenen Workspace, den Function Workspace. Dieser ist vom Base Workspace und den Function Workspaces aller anderen Functions getrennt. Variablen im Function Workspace sind, sofern nichts Anderes definiert wird, lokal (local variables). Local Variables werden gelöscht, sobald die Abarbeitung der Function abgeschlossen ist. Dies ist auch eine Maßnahme, um Computerspeicher einzusparen, der aktuell nicht benötigt wird.

Zusätzlich zu den bereits bekannten Variablen gibt es Variablen für spezielle Aufgaben:

- Global Variables

  Auf diese Art von Variablen kann in allen Functions, in denen diese deklariert sind, zugegriffen werden. Eine Übergabe als Argumente im aufrufenden Programm und in der Deklaration der Function selbst ist dann nicht erforderlich. Die Deklaration und Wertezuweisung ist:

  ```
  global x;

  x = 2;
  ```

  Die Class dieser Variablen im „Workspace Browser" ist „double (global)".

Die Verwendung von Global Variables sollte auf nicht anders lösbare Aufgaben beschränkt bleiben, da dadurch die klare Struktur des „Black box"-Ansatzes mit Eingangs- und Ausgangsgrößen umgangen wird. In größeren Programmpaketen kann dies sehr schnell zu einem völlig unübersichtlichen Verhalten führen. ■

- Persistent Variables

  Wird bei Variablen in Functions nichts explizit definiert, so haben diese Variablen bei jedem erneuten Aufruf der Function keinen Wert. Dies gilt natürlich nicht für Variablen der Eingangsargumente. Soll eine Variable nach dem Abschluss nicht gelöscht, d. h. im Computerspeicher erhalten bleiben, so muss diese als Persistent Variable definiert werden. Beim ersten Aufruf der Function ist selbstverständlich eine Wertezuweisung zur Initialisierung erforderlich (Anfangswert). Ob eine Variable bereits einen Wert hat, kann mit der MATLAB Function „isempty" (is empty?), die einen Wahrheitswert als Ergebnis liefert, abgefragt werden. Persistent Variables sind nur in der Function bekannt, d. h. lokale Variablen. Wird der gleiche Variablenname in einer anderen Function benutzt, so erfolgt keine Änderung, wie dies bei Global Variables der Fall ist.

  Die Funktionsweise soll am Beispiel eines Zählers, der aufsummiert, wie oft eine Maschine eingeschaltet wurde, verdeutlicht werden (Function 2.3). Alternativ hätte dies mit einer Zählervariablen im Base Workspace und Nutzung dieser Variablen als Übergabeargument der Function gelöst werden können. Durch die Lösung mit einer Persistent Variable erfolgt eine Dezentralisierung. Wird die Function ohne Ausgabeargument aufgerufen, wird der Zähler hochgezählt. Ist der Zählerstand von Interesse, muss die Function mit Ausgabeargument aufgerufen werden. Der Zählerstand wird dann nicht verändert. Wird z. B. die Maschine drei Mal eingeschaltet, d. h., die Funktion wird drei Mal ohne Übergabeargument aufgerufen, kann der Zählerstand anschließend mit dem Ausgabeargument abgefragt werden.

```
PowerOnCounter
PowerOnCounter
PowerOnCounter
[NumberOfPowerOn] = PowerOnCounter
NumberOfPowerOn =
   3
```

Function 2.3 Persistent Variable und variable Anzahl an Übergabeargumenten (PowerOnCounter.m)

```
function [NumberOfPowerOn] = PowerOnCounter

%% Power On Counter
%
% function [NumberOfPowerOn] = PowerOnCounter
%
% PURPOSE
% Count number of Power On and give Number on request
%
% OUTPUTS
```

```
% NumberOfPowerOn: Number of Power On
%

%% Declaration of persistent variable
persistent PowerOnCounts;
%% Set Counter
% Check if variable is empty?
if isempty(PowerOnCounts)
 % Initialize variable at first power on
 PowerOnCounts = 1;
elseif nargout ~= 1
 % Increase counter
 PowerOnCounts = PowerOnCounts+1;
end
%% Allocate to output argument
if nargout == 1
 NumberOfPowerOn = PowerOnCounts;
end
```

2.1.12 Arbeitsverzeichnisse

Dateien (Files) werden von MATLAB nur in vorab definierten Verzeichnissen eines Computers gesucht und ausgeführt. Das aktuell von MATLAB verwendete Verzeichnis ist der „Current folder". Der „Current folder" stellt das Bezugsverzeichnis dar, das MATLAB nutzt, um Files zu finden. Dieses Verzeichnis wird als „Current directory" und manchmal auch als „Current working folder" oder „Present working directory" bezeichnet. In MATLAB ist ein Suchverzeichnis, der „Search Path", definiert, der eine Untergruppe aller Verzeichnisse des Dateisystems eines Computersystems darstellt. Dadurch wird eine zeiteffizente Suche von Files und damit auch eine zeiteffiziente Abarbeitung von Programmen gewährleistet. Nicht bei jedem Fileaufruf muss der gesamte Speicher des Computers durchsucht werden. Sofern kein Verzeichnis zu einem File angegeben wird, sucht MATLAB den File nur im „Current folder" und dem „Search path".

Werden in MATLAB Filenamen ohne Verzeichnisangabe benutzt, die sich nicht im „Current folder" bzw. in Verzeichnissen des „Search path" befinden, ergibt sich eine Fehlermeldung. ■

Sind identische Filenamen im „Current folder" und dem „Search path" vorhanden, wird von MATLAB der File im „Current folder" benutzt. ■

Um den „Current folder" bzw. die „Current directory" zu bestimmen, gibt es folgende Möglichkeiten:

- „Current Folder"-Fenster in der MATLAB Bedienoberfläche

  Ist in der MATLAB Bedienoberfläche im Layout das Fenster „Current Folder" aktiviert, wird dort das aktuell von MATLAB verwendete Verzeichnis angezeigt. In Bild 2.24 ist dies mit ❶ markiert. In der mit ❷ gekennzeichneten Zeile ist die Verzeichnisstruktur aufgeführt.

- Mit den MATLAB Functions „cd“ oder „pwd“

  Dies kann, wie im Folgenden gezeigt, durch Eingaben im „Command Window“ oder programmatisch erfolgen.

  Change directory

  ```
  cd

  C:\Users\HR\Vorlesungen \Ingenieurinformatik\Matlab Programme
  ```

- Print working directory

  ```
  pwd

  ans =

  C:\Users\HR\Vorlesungen\Ingenieurinformatik\Matlab Programme
  ```

Eine Anzeige des aktuell verwendeten Suchverzeichnisses (Search path) erfolgt mit der MATLAB Function „path“. Die folgende Auflistung zeigt einen Ausschnitt der Anzeige im „Command Window“ nach der Eingabe von path.

```
Command Window
>> path

        MATLABPATH

   C:\Program Files\MATLAB\R2022a\toolbox\matlab\addon_enable_disable_management\matlab
   C:\Program Files\MATLAB\R2022a\toolbox\matlab\addon_updates\matlab
   C:\Program Files\MATLAB\R2022a\toolbox\matlab\addons
   C:\Program Files\MATLAB\R2022a\toolbox\matlab\addons\cef
   C:\Program Files\MATLAB\R2022a\toolbox\matlab\addons\fileexchange
   C:\Program Files\MATLAB\R2022a\toolbox\matlab\addons\supportpackages
   C:\Program Files\MATLAB\R2022a\toolbox\matlab\addons_common\matlab
   C:\Program Files\MATLAB\R2022a\toolbox\matlab\addons_product
   C:\Program Files\MATLAB\R2022a\toolbox\matlab\addons_registry\matlab
   C:\Program Files\MATLAB\R2022a\toolbox\matlab\addressbar_plugins\browse_for_folder_button\matlab
   C:\Program Files\MATLAB\R2022a\toolbox\matlab\addressbar_plugins\cd_up_one_dir_button\matlab
   C:\Program Files\MATLAB\R2022a\toolbox\matlab\appcontainer\appcontainer
   C:\Program Files\MATLAB\R2022a\toolbox\matlab\appdesigner\appdesigner
   C:\Program Files\MATLAB\R2022a\toolbox\matlab\appdesigner\appdesigner\interface
   C:\Program Files\MATLAB\R2022a\toolbox\matlab\appdesigner\appdesigner\runtime
   C:\Program Files\MATLAB\R2022a\toolbox\matlab\appdesigner\comparisons\mldesktop_m
   C:\Program Files\MATLAB\R2022a\toolbox\matlab\appdesigner\matlab_integration\cfb\cfb
   C:\Program Files\MATLAB\R2022a\toolbox\matlab\apps
   C:\Program Files\MATLAB\R2022a\toolbox\matlab\audiovideo
fx C:\Program Files\MATLAB\R2022a\toolbox\matlab\bigdata
```

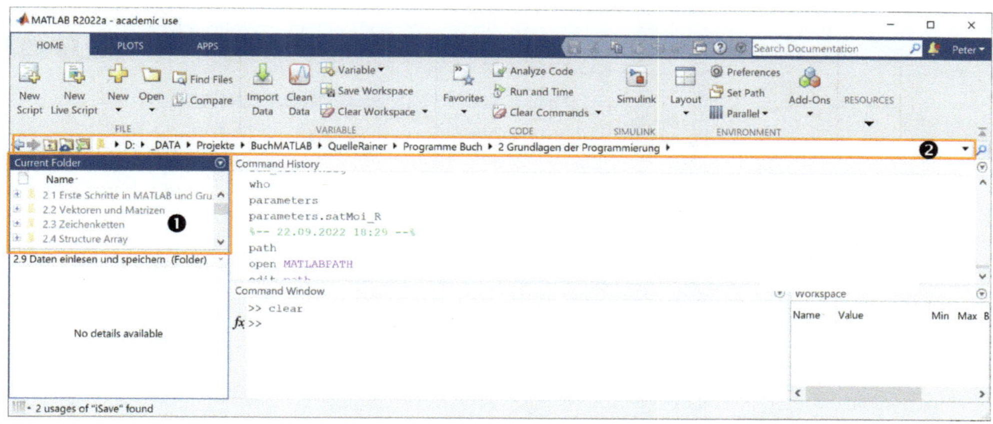

Bild 2.24 Current folder (aktuelles MATLAB Arbeitsverzeichnis)

Zur Veränderung des „Current folder" bzw. der „Current directory" gibt es mehrere Möglichkeiten:

- „Current Folder"-Fenster in der MATLAB Bedienoberfläche

  Durch Navigation mit der Maus in den in Bild 2.25 mit ❶ und ❷ gekennzeichneten Bereichen.

- Mit der MATLAB Function „cd"

  Dies kann wie im Folgenden gezeigt durch Eingaben im Command Window oder programmatisch erfolgen.

  Change directory

  ```
  cd C:\Users\HR\Vorlesungen\Ingenieurinformatik
  ```

Der „Search path" kann wie folgt verändert werden:

- In der MATLAB Bedienoberfläche

  In der Symbolleiste mit dem Icon „Set Path", wie in Bild 2.25 mit ❶ gekennzeichnet.

- Mit MATLAB Functions, wie „addpath" (Hinzufügen von Verzeichnissen) oder „rmpath" (Entfernen von Verzeichnissen)

  Dies kann durch Eingaben im „Command Window" oder programmatisch erfolgen.

Möchte man nach dem Start von MATLAB manuelle Eingaben zur Definition der „Current directory" und des „Search path" vermeiden, kann dies automatisiert werden. Hierfür muss ein „startup" File angelegt werden. Existiert ein

startup.m

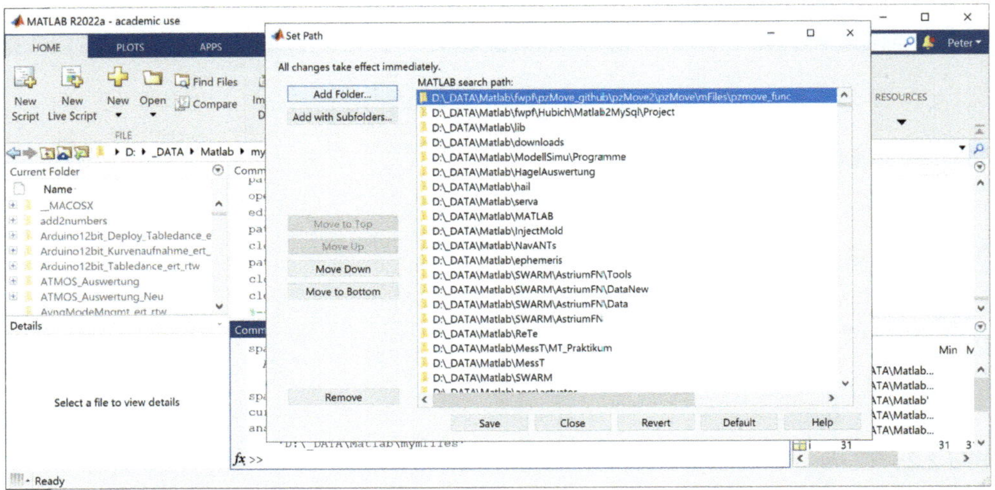

Bild 2.25 Veränderung des Suchverzeichnisses (Search path)

File beim Start von MATLAB im „Search path“, werden alle darin enthaltenen Anweisungen ausgeführt, bevor MATLAB genutzt werden kann. Dieser File kann zusätzlich zur Definition der „Current directory“ und des „Search path“ z. B. auch benutzt werden, um Parameter oder Umrechnungsfaktoren zu definieren. Weitere Informationen hierzu finden sich in der MATLAB Dokumentation.

2.1.13 Fehlersuche und Debugger

Für die Suche von Programmierfehlern (Bugs) gibt es in Programmiersystemen den Debugger. Der Begriff Bug (Schädling) wird ganz allgemein für Fehlfunktionen in Hard- und Software benutzt. Unter Bugfix versteht man die Maßnahme zur Behebung der Fehlfunktion. Debugger unterstützen beispielsweise folgende Funktionen:

- Die Steuerung des Programmablaufs

  Es kann z. B. die Programmausführung an einem vorgebbaren Unterbrechungspunkt gestoppt oder einzelne Programmzeilen können ausgeführt werden.

- Werte von Variablen können an vorgebbaren Punkten des Programmablaufes angezeigt werden.

In Bild 2.26 ist ein einfaches MATLAB Script zur Berechnung der Beschleunigung mit einem Fehler in Zeile 16 gezeigt. Anstatt die beiden Massen (m1 und m2) zu addieren, werden diese subtrahiert. Die Beschleunigung wird dadurch falsch berechnet. Da beide Massen gleich gewählt wurden, ergibt sich mathematisch eine Division durch null. In MATLAB gibt es keinen Programmabbruch. Als Ergebnis ergibt sich eine unendliche Beschleunigung. Die Variable (a) für die Beschleunigung hat daher den Wert Inf. Das richtige Ergebnis ohne Programmfehler wäre (800/(1200+1200)) =0,3334.

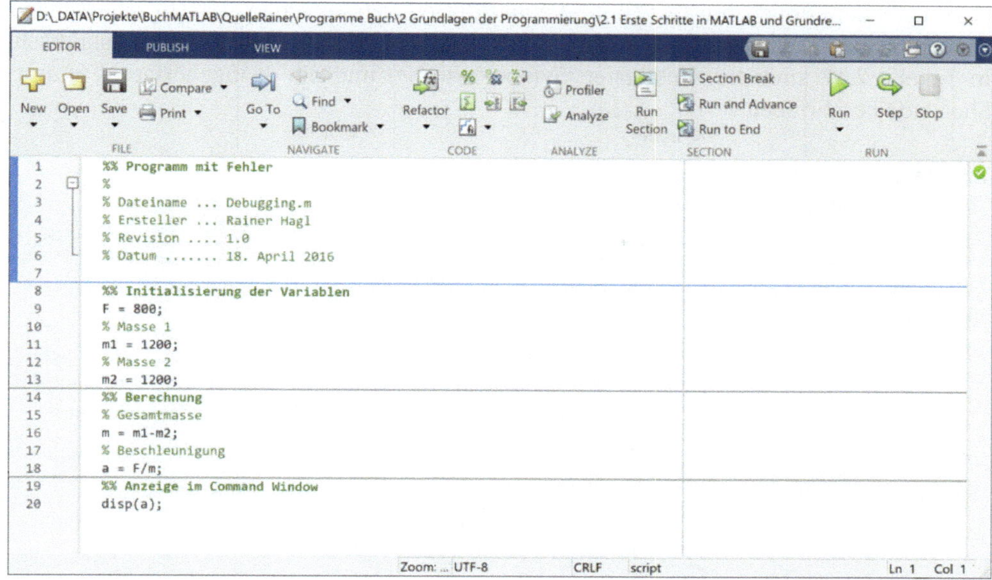

Bild 2.26 MATLAB Script mit Fehler

Die Steuerung von Unterbrechungspunkten des Programmablaufes (Breakpoints) erfolgt in der Symbolleiste über das Icon „Breakpoints" (Bild 2.27). Bei Betätigung des Symbols öffnet sich eine Auswahl. So kann z. B. über „Set/Clear" in der aktuell angewählten Zeile des Editors ein Breakpoint für den Programmablauf gesetzt (Set) oder gelöscht (Clear) werden. Dass ein Breakpoint gesetzt ist, wird von MATLAB im Editor durch einen roten Kreis gekennzeichnet (siehe Bild 2.27). Ein Breakpoint kann auch durch Klick mit der linken Maustaste in den Bereich rechts neben der Zeilennummer (mit ❶ markiert) gesetzt oder gelöscht werden.

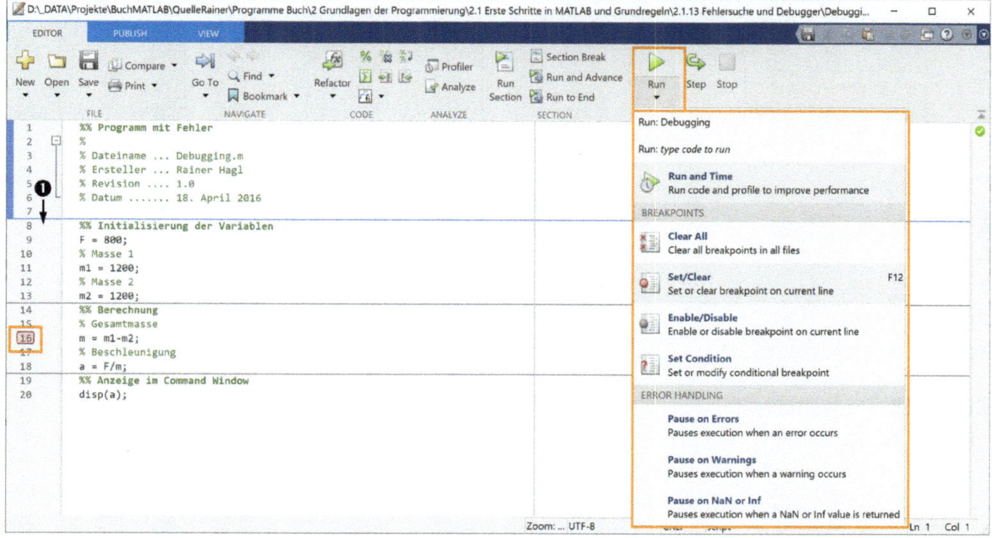

Bild 2.27 Script mit Fehler und Breakpoint in Zeile 16

Wird nach dem Programmstart (Run) die markierte Programmzeile erreicht, so erscheint dort ein grüner Pfeil (Bild 2.28) und die Symbolleiste im „Editor" ändert sich automatisch. In Tabelle 2.17 sind die wichtigsten Symbole (Icons) und die dazugehörigen Tastatur-Shortcuts beschrieben.

Tabelle 2.17 Symbole zur Steuerung des Debuggers

Symbol	Tastatur-Shortcuts	Beschreibung
Set/Clear Breakpoint	F12	Setzt oder löscht Breakpoint (Unterbrechungspunkt) in aktueller Zeile.
Continue	F5	Der Programmablauf wird bis zum nächsten Breakpoint ausgeführt. Falls kein im Programmablauf nachfolgender Breakpoint vorhanden ist, wird das Programm bis zum Ende abgearbeitet.
Step	F10	Nächste Programmzeile ausführen (einen Schritt weiterschalten).
Step in	F11	In ein Unterprogramm zur Fehlersuche springen, sofern in der Zeile ein Unterprogrammaufruf erfolgt, ansonsten wird die nächste Programmzeile ausgeführt.
Step out	Umschalt+F11	Verlassen des Unterprogramms. Alle verbleibenden Anweisungen des Unterprogramms werden ausgeführt.
Run to cursor		Fortsetzung des Programmablaufs bis zur Zeile, in der der Cursor im „Editor" steht.
Quit debugging	Umschalt+F5	Verlassen des Debug-Modus.

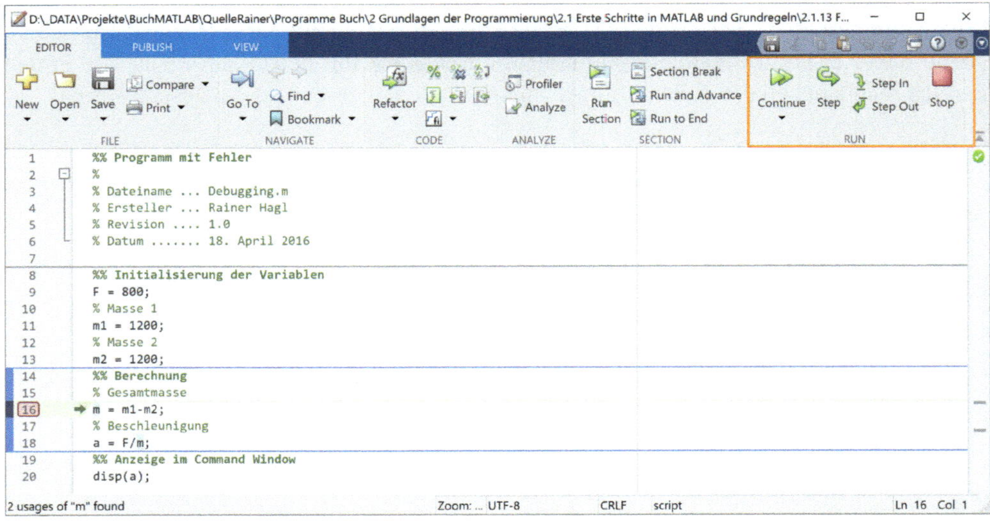

Bild 2.28 Programmhalt

Im „Command Window“ wechselt die Eingabezeile von

```
>>
```

nach

```
K>>
```

Dadurch erkennt man, dass sich MATLAB im Debug-Modus befindet. Mit „Step“ wird die Anweisung in Zeile 16 ausgeführt, und der Programmablauf befindet sich in Zeile 18 (Bild 2.29). Es kann der aktuelle Wert von Programmvariablen angezeigt werden. So kann z. B. im „Variables Editor“ festgestellt werden, dass die Masse (m) gleich null ist. Der Debugger unterstützt auch die Anzeige des Wertes einer Variablen im Editor. Hierzu muss lediglich die Maus über die interessierende Variable im Editor bewegt werden. In einem gelb unterlegten Feld, das dann erscheint, wird der aktuelle Wert angezeigt (Bild 2.29). Im Beispiel wird damit der Fehler gleich offensichtlich. Der Wert für die Masse ist null. Gleichzeitig werden alle Stellen, an denen die selektierte Variable im Editor vorkommt, blau unterlegt und deren Anzahl links unten angegeben (2 usages of „m“ found).

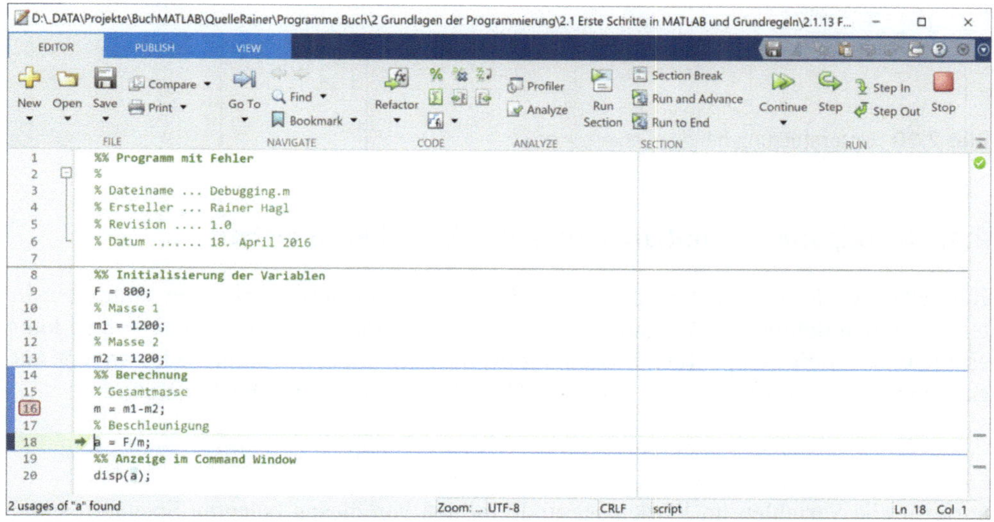

Bild 2.29 Anzeige des Wertes, Ortes und der Anzahl einer selektierten Variablen

Eine weitere nützliche Eigenschaft des Debuggers bei der effizienten Fehlersuche ist die Möglichkeit, im Editor Programmteile zu selektieren und während des Programmhaltes im „Command Window“ zu „erproben“. Wird nach der Selektion auf die rechte Maustaste geklickt, erscheint eine Auswahlliste (Bild 2.30). Wird „Evaluate Selection“ gewählt, wird dieser Teil im „Command Window“ ausgeführt. In Bild 2.30 wurde der Befehlsteil F/m selektiert. Nach der Auswahl von „Evaluate Selection“ ergibt sich im „Command Window“:

```
K>> F/m
ans =
   Inf
K>>
```

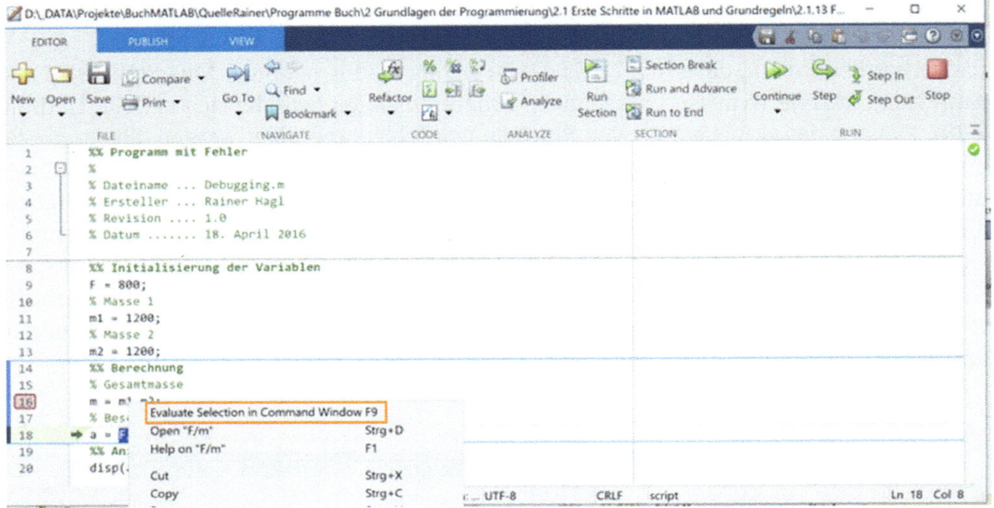

Bild 2.30 Unterstützung bei der Fehlersuche

2.1.14 Freigabe und Initialisierung von Speicherbereichen

Häufig ist es erforderlich, den von MATLAB belegten Speicherbereich eines Computersystems in einen definierten Ausgangszustand zu versetzen. Bei großen Datenmengen kann es auch notwendig sein, aktuell nicht mehr erforderliche Speicherbereiche für andere Aufgaben freizugeben. Hierfür gibt es die MATLAB Function „clear". Die Anweisung

```
clear
```

entfernt alle Variablen im Workspace und gibt den von diesen belegten Speicherbereich frei. Mit

```
clear all
```

werden alle Variablen, compilierten Scripts und compilierten Functions aus dem Speicher entfernt. Dies entspricht einem Neustart von MATLAB. Compilierte Scripts und compilierte Functions sind die auf dem Computer ablauffähigen Varianten der editierten Versionen. Die editierten Versionen werden selbstverständlich nicht entfernt.

Sollen Programme getestet werden, so sollte ein „clear“ oder „clear all“ jeweils vor Beginn eines Tests ausgeführt werden. Dadurch wird vermieden, dass z. B. noch im Speicher vorhandene Variablen einer Vorgängerversion des Programmes benutzt werden und sich dadurch Fehler im Testergebnis ergeben. Gleichzeitig dient es der Übersichtlichkeit.

Sollen nur bestimmte Variablen gelöscht werden, kann die Anweisung mit einer Liste der zu löschenden Variablen ergänzt werden. Mit

```
clear m F
```

wird z. B. die Variable für die Masse (m) und die Kraft (F) im Workspace gelöscht.

2.1.15 MATLAB Version

Von MathWorks gibt es zwei Mal pro Jahr eine neue Revision, die mit der Jahreszahl und einem nachfolgenden a oder b gekennzeichnet wird. Üblicherweise erscheint eine Revision im Frühjahr (a) und Herbst (b). Die hier verwendete MATLAB Revision ist:

R2022a

Der Funktionsumfang, der in der MATLAB Entwicklungsumgebung zur Verfügung steht, ist abhängig von der Revision und den in der verwendeten MATLAB Version lizensierten Produkten. Mit der MATLAB Function „ver“ (Version) lassen sich unter anderem die Revision und die lizensierten Produkte bestimmen. Eine Eingabe im „Command Window“ führt abhängig von den linzensierten Produkten zu einer Auflistung, wie im Folgenden beispielhaft als Auszug aus der Version R2016a dargestellt. Es werden die MATLAB Versionsnummer, die MATLAB Lizenznummer sowie alle Toolboxen einschließlich deren eigener Versionsnummer aufgeführt.

```
ver
-----------------------------------------------------------------------
MATLAB Version: 9.0.0.341360 (R2016a)
MATLAB License Number: 993397
Operating System: Microsoft Windows 10 Pro Version 10.0 (Build 10586)
Java Version: Java 1.7.0_60-b19 with Oracle Corporation Java
HotSpot(TM) 64-Bit Ser-ver VM mixed mode
-----------------------------------------------------------------------
MATLAB                                      Version 9.0      (R2016a)
Simulink                                    Version 8.7      (R2016a)
Communications System Toolbox               Version 6.2      (R2016a)
Computer Vision System Toolbox              Version 7.1      (R2016a)
Control System Toolbox                      Version 10.0     (R2016a)
Curve Fitting Toolbox                       Version 3.5.3    (R2016a)
DSP System Toolbox                          Version 9.2      (R2016a)
Data Acquisition Toolbox                    Version 3.9      (R2016a)
Embedded Coder                              Version 6.10     (R2016a)
Fixed-Point Designer                        Version 5.2      (R2016a)
```

```
HDL Coder                                     Version 3.8     (R2016a)
Image Processing Toolbox                      Version 9.4     (R2016a)
LTE System Toolbox                            Version 2.2     (R2016a)
MATLAB Coder                                  Version 3.1     (R2016a)
Optimization Toolbox                          Version 7.4     (R2016a)
Parallel Computing Toolbox                    Version 6.8     (R2016a)
Partial Differential Equation Toolbox         Version 2.2     (R2016a)
RF Toolbox                                    Version 3.0     (R2016a)
Signal Processing Toolbox                     Version 7.2     (R2016a)
Simscape                                      Version 4.0     (R2016a)
Simscape Driveline                            Version 2.10    (R2016a)
Simscape Electronics                          Version 2.9     (R2016a)
Simscape Multibody                            Version 4.8     (R2016a)
Simulink Coder                                Version 8.10    (R2016a)
Stateflow                                     Version 8.7     (R2016a)
Statistics and Machine Learning Toolbox       Version 10.2    (R2016a)
Symbolic Math Toolbox                         Version 7.0     (R2016a)
System Identification Toolbox                 Version 9.4     (R2016a)
Simscape Driveline                            Version 2.10    (R2016a)
Simscape Electronics                          Version 2.9     (R2016a)
Simscape Multibody                            Version 4.8     (R2016a)
Simulink Coder                                Version 8.10    (R2016a)
Stateflow                                     Version 8.7     (R2016a)
Statistics and Machine Learning Toolbox       Version 10.2    (R2016a)
Symbolic Math Toolbox                         Version 7.0     (R2016a)
System Identification Toolbox                 Version 9.4     (R2016a)
```

2.1.16 Auffinden des Verzeichnisses von Funktionen

Manchmal ist es hilfreich, das Verzeichnis, in dem sich eine Function oder ein File befindet, automatisiert abfragen zu können. Hierzu gibt es die MATLAB Function „which“. Soll abgefragt werden, in welchem Verzeichnis sich die MATLAB Function „plot“ befindet, so erfolgt dies mit:

```
which('plot')
built-in (C:\Program Files\MATLAB\R2016a\toolbox\matlab\graph2d\plot))
```

Als Antwort auf diese Frage ergibt sich, dass es sich um eine eingebaute (built-in) MATLAB Function handelt, und in Klammern gesetzt erscheint das Verzeichnis, in dem diese gespeichert ist. Dies ist z. B. dann sehr nützlich, wenn Sie Functions mit identischem Namen in mehrere Verzeichnisse kopiert haben und sich wundern, dass trotz Änderungen in einer der Functions deren Verhalten unverändert bleibt. Dann ist es sehr wahrscheinlich, dass Sie die zu verändernde Function im falschen Verzeichnis editieren oder der „Current folder“ bzw. „Search path“ nicht korrekt ist. Die MATLAB Function „which“ sorgt dann für Klarheit.

Eine andere Fehlerquelle kann sich dadurch ergeben, dass Sie zufällig den bereits belegten Namen einer eingebauten MATLAB Function als Funktionsnamen vergeben. Wenn Sie z. B. eine Function „plot“ wie folgt selbst definieren,

```
function plot(Zeit,Position)
 plot(Zeit,Position)
end
```

dann wird die eingebaute MATLAB Function „plot“ durch die von Ihnen definierte Function „plot“ verdunkelt (shadowed). Im „Command Window“ erhalten Sie folgende Warnung (Warning), die Sie nicht ignorieren sollten.

```
Warning: Function plot has the same name as a MATLAB builtin. We
suggest you rename the function to avoid a potential name conflict.
```

Geben Sie Ihrer eigenen Function unmittelbar einen anderen, nicht von eingebauten MATLAB Functions belegten Namen, da sich ansonsten ein verwirrendes Verhalten ergibt.

2.2 Vektoren und Matrizen

Im Abschnitt 2.1.4 und 2.1.5 wurden bereits die ersten Schritte zur Definition und Verarbeitung von Vektoren und Matrizen in MATLAB beschrieben. Im Folgenden wird vertiefender auf diese Thematik eingegangen. Dies soll anschaulich an dem in 2.1.9 verwendeten Positionsverlauf bei einer konstanten Beschleunigung gezeigt werden. Hierfür wird zunächst eine Ergebnismatrix erzeugt (siehe Script 2.5). Die Daten der Ergebnismatrix könnten auch die Ergebnisse einer Zeitmessung sein, die z.B. mit einem Oszilloskop durchgeführt wurde, aus dem die Datei mit Messergebnissen in MATLAB eingelesen wurde. Die Ergebnismatrix im „Variables Editor“ zeigt Bild 2.31.

Script 2.5 Erzeugung einer Ergebnismatrix (ErzeugungErgebnismatrix.m.)

```
%% Initialisierung der Parameter
% Kraft N
Kraft = 800;
% Masse kg
Masse = 1200;
% Zeitdauer s
Zeitdauer = 1;
% Zeitschritt s
Zeitschritt = 0.01;
%% Berechnung
% Beschleunigung m/s^2
Beschleunigung = Kraft/Masse;
% Zeitvektor mit Berechnungszeitpunkten
Zeit = 0:Zeitschritt:Zeitdauer;
% Positionsverlauf m
Position = 0.5*Beschleunigung*Zeit.^2;
%% Ergebnisdaten in Matrix speichern
Ergebnismatrix = [Zeit' Position'];
```

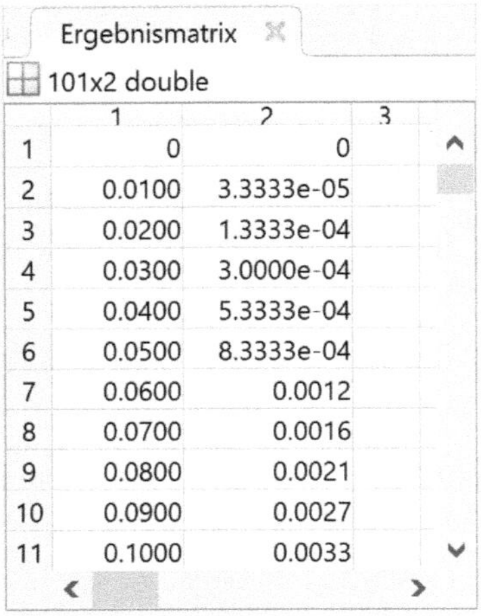

Ergebnismatrix

101x2 double

	1	2	3
1	0	0	
2	0.0100	3.3333e-05	
3	0.0200	1.3333e-04	
4	0.0300	3.0000e-04	
5	0.0400	5.3333e-04	
6	0.0500	8.3333e-04	
7	0.0600	0.0012	
8	0.0700	0.0016	
9	0.0800	0.0021	
10	0.0900	0.0027	
11	0.1000	0.0033	

Bild 2.31 Ergebnismatrix im „Variables Editor"

2.2.1 Teilentnahmen von Elementen bei Vektoren und Matrizen

In der ersten Spalte der Ergebnismatrix ist die Zeit und in der zweiten Spalte die Position gespeichert. Sollen aus der Ergebnismatrix die Zeit (t) und die Position (x) extrahiert werden, so erfolgt dies mit:

```
t = Ergebnismatrix(:,1);
x = Ergebnismatrix(:,2);
```

Der Doppelpunkt definiert hier, dass automatisch alle Elemente der Spalte benutzt werden. Soll nur der Positionswert zum Zeitpunkt 0,05 s und 0,06 s abgefragt werden, der sich in der Zeile 6 und 7 befindet (siehe Bild 2.31), so erfolgt dies mit:

```
Ergebnismatrix(6:7,2)
ans =
   0.0008
   0.0012
```

2.2.2 Automatisierte Bestimmung von Indizes

Sollen automatisch Indizes, d. h. Zeilen und Spaltennummern einer Matrix ermittelt werden, die bestimmte Kriterien erfüllen, so gibt es die MATLAB Function „find". Beispielhaft sollen die Indizes aller Positionswerte, die größer als 0,001 m und kleiner als 0,003 m sind, ermitttelt werden:

```
Indices = find(Ergebnismatrix(:,2)>0.001 & ...
        Ergebnismatrix(:,2)<0.003)
Indices =
   7
   8
   9
   10
```

Die dazugehörigen Zeit- und Positionswerte können angezeigt werden mit:

```
Ergebnismatrix(Indices,:)
ans =
    0.0600    0.0012
    0.0700    0.0016
    0.0800    0.0021
    0.0900    0.0027
```

2.2.3 Automatisierte Bestimmung der Dimensionen

Um Programme allgemein gültig zu erstellen, ist es wichtig, diese unabhängig von den Dimensionen von Vektoren und Matrizen zu erzeugen. Dazu ist es erforderlich, die Dimensionen automatisiert abfragen zu können. Hierfür gibt es die MATLAB Functions „length" und „size".

- MATLAB Function „length"

  Das Ergebnis ist die Anzahl der Elemente eines Vektors.

  ```
  Anzahl = length(Zeit)
  Anzahl =
     101
  ```

  Wird diese Function auf eine Matrix angewendet, liefert sie die Anzahl an Elementen derjenigen Dimension der Matrix, die die maximale Anzahl an Elementen besitzt. Für das Beispiel folgt:

  ```
  Anzahl = length(Ergebnismatrix)
  Anzahl =
     101
  ```

Bei beliebig variierenden Dimensionen einer Matrix sollte die Function so nicht angewendet werden, da nicht vorhersehbar ist, von welcher Dimension die Anzahl an Elementen geliefert wird. Die Dimension sollte dann über eine Teilmatrix fix definiert werden. Im Beispiel für die Anzahl an Berechnungspunkten:

```
Anzahl = length(Ergebnismatrix(:,1))
Anzahl =
   101
```

- MATLAB Function „size"

  Das Ergebnis sind die Dimensionen der Matrix als Elemente eines Zeilenvektors.

  Handelt es sich um eine zweidimensionale Matrix, so ist das erste Element des Zeilenvektors die Anzahl an Zeilen und das zweite Element die Anzahl an Spalten.

Für das Beispiel folgt:

```
Dimensionen = size(Ergebnismatrix)
Dimensionen =
101   2
```

Die Matrix hat 101 Zeilen und 2 Spalten.

2.2.4 Vorbelegung

Eine Vorbelegung von Variablen ist in MATLAB zwar nicht erforderlich, kann aber bei großen Dimensionen, z. B. von Matrizen, beim Programmablauf Rechenzeit sparen, da die Dimension während des Programmlaufes nicht permanent angepasst werden muss. Die wichtigsten MATLAB Functions zur Vorbelegung sind in Tabelle 2.18 aufgeführt. Als Eingangswert dienen meist die Dimensionen der gewünschten Matrix. Bei symmetrischen Matrizen ist dies ein Wert, ansonsten wird die Zeilenzahl und nachfolgend durch Komma getrennt die Spaltenanzahl angegeben.

Tabelle 2.18 MATLAB Functions zum Vorbelegen von Matrizen und Vektoren

Beschreibung	MATLAB Function	Beispiel

Vorbelegung aller Elemente mit 0	zeros	`A = zeros(2,4)`
		`A =`
		`0 0 0 0`
		`0 0 0 0`

Vorbelegung aller Elemente mit 1	ones	`A = ones(1,3)`
		`A =`
		`1 1 1`

Erzeugung einer Einheitsmatrix	eye	`A = eye(2)`
		`A =`
		`1 0`
		`0 1`

Erzeugung einer Diagonalmatrix aus einem vorgegebenen Vektor	diag	`diag([1 2 3])`
		`ans =`
		`1 0 0`
		`0 2 0`
		`0 0 3`

Eine Vorbelegung mit einer beliebigen Zahl, z. B. π, erfolgt mit:

```
PiMatrix = pi*ones (2 ,4)
PiMatrix =
    3.1416     3.1416     3.1416     3.1416
    3.1416     3.1416     3.1416     3.1416
```

2.2.5 Automatisiertes Zusammenfügen von Vektoren und Matrizen

Oft ist es erforderlich, Vektoren und Matrizen zu erweitern oder zusammenzufügen. Angenommen, die Ergebnismatrix aus Abschnitt 2.2.1 soll um den Geschwindigkeitsverlauf erweitert werden. Die Geschwindigkeit soll mittels zeitdiskreter Differentiation aus den Ergebnisdaten für die Position berechnet werden.

$$\mathrm{v}(\mathrm{k}) = \frac{x(\mathrm{k}) - \mathrm{x}(\mathrm{k}-1)}{h} \tag{2.1}$$

x	Position	*Position*	m
v	Geschwindigkeit	*Velocity*	m/s
k	Zeitschritt	*Time step*	
h	Zeitschritt	*Time step*	s

Die Berechnung für die Geschwindigkeit in MATLAB unter Nutzung der Vektorverarbeitung ergibt sich aus:

```
v = (Ergebnismatrix(2:end,2)- Ergebnismatrix(1:end-1,2))/...
   Zeitschritt;
```

Mit dem Ausdruck „end" wird automtisch das letzte Element einer Dimension (z. B. Zeile, Spalte, ...) benutzt. Dadurch können Programmabläufe einfach unabhängig von Dimensionen gestaltet werden.

Der folgende Versuch der Zusammenführung der Matrizen führt zu einer Fehlermeldung.

```
Ergebnismatrix = [Ergebnismatrix v];
Error using horzcat
Dimensions of matrices being concatenated are not consistent.
```

Grund hierfür ist, dass einer 101 × 2-Matrix eine 100 × 1-Matrix hinzugefügt werden soll. Die Zuordnung ist nicht eindeutig! Für den ersten Zeitpunkt gibt es keine Vorgängerposition. Dadurch kann keine Geschwindigkeit berechnet werden. Am besten ist es, dies bereits bei der Berechnung der Geschwindigkeit zu berücksichtigen. Es soll angenommen werden, dass die Geschwindigkeit zum Zeitpunkt t = 0 null ist. Ein korrektes Vorgehen zeigt Script 2.6. Die Ergebnismatrix hat nun 101 × 3 Elemente.

Script 2.6 Zusammenführen von Matrizen

```
%% Zeitdiskrete Differentiation
% Anzahl Berechnungspunkte ermitteln
Anzahl = length(Ergebnismatrix(:,1));
% Vorbelegung des Geschwindigkeitsvektors
v = zeros(Anzahl,1);
% Berechnung
v(2:Anzahl) = (Ergebnismatrix(2:end,2)- Ergebnismatrix(1:end-1,2))/
Zeitschritt;
%% Ergebnismatrix erweitern
Ergebnismatrix = [Ergebnismatrix v];
```

2.3 Zeichenketten

Die Verarbeitung von Zeichenketten (Strings) ist ein wichtiges Hilfsmittel. Sie wird beispielsweise benötigt, um beim Einlesen von Dateien bestimmte Namen zu erkennen oder nach Datenbereichen zu suchen. Über eine Vielzahl von Functions kann man Strings erkennen, vergleichen oder herauslesen.

2.3.1 Grundlagen

Zeichenketten sind analog zu Vektoren Ketten von einzelnen Zeichen (Characters). Sie werden im Speicher wie Vektoren behandelt. Mit denselben Zugriffsoperationen wie bei Vektoren kann auf Elemente, z. B. das Erste, zugegriffen werden.

```
Name = 'Hochschule';
Name(1)
ans =
H
```

Die Anzahl an Zeichen (Elementen) kann wiederum z. B. mit der MATLAB Function „length" bestimmt werden:

```
AnzahlZeichen = length(Name)
AnzahlZeichen =
   10
```

Elemente können verändert oder ergänzt werden:

```
Name(AnzahlZeichen+1:AnzahlZeichen+10) = ' Rosenheim'
Name =
Hochschule Rosenheim
```

Dadurch ändert sich die Dimension der Variablen von 1 × 10 auf 1 × 20.

Mit der MATLAB Function „strcmp" (Compare strings) kann geprüft werden, ob zwei Strings den gleichen Inhalt haben. Das Ergebnis ist ein Wahrheitswert. Sind die Strings identisch, ist es wahr (true, logisch 1), ansonsten ist es falsch (false, logisch 0).

```
strcmp(Name,'Rosenheim')
ans =
   0
```

Die MATLAB Function „strfind" (Find one string within another) kann verwendet werden, um zu prüfen, ob ein String in einem anderen String enthalten ist. Das Ergebnis ist das Anfangselement, an dem sich der String im untersuchten String befindet.

```
Anfangselement = strfind(Name,'Rosenheim')
Anfangselement =
   12
```

Als Ergebnis erhält man 12, da der String „Rosenheim" bei diesem Element im Vektor „Name" beginnt. Kommt der Suchtext mehrfach vor, ist das Ergebnis ein Vektor. Die Länge des Vektors entspricht der Anzahl, mit der der zweite String im ersten String vorkommt.

Mit der MATLAB Function „char" können als numerische Werte dargestellte Zeichen oder Zeichenketten in einen String gewandelt werden. Der gültige Wertebereich für numerische Werte ist hierbei 0 bis 65535. Es wird die Unicode®-Codierung benutzt (Unicode ist eine eingetragene Marke der The Unicode, Inc.). Werte von 0 bis 127 entsprechen dem 7-bit-ASCII-Zeichensatz (ASCII: American Standard Code for Information Interchange). Die Syntax lautet:

```
S = char(A)
```

Einen Auszug aus dem ASCII-Zeichensatz zeigt Tabelle 2.19.

Tabelle 2.19 Auszug aus dem ASCII-Zeichensatz

Alphabet	ASCII	Alphabet	ASCII
A	65	a	97
B	66	b	98
C	67	c	99
...	...	...	...
Z	90	z	122

So bedeutet der numerische Vektor

```
NameNumerisch = ...
 [72 111 99 104 115 99 104 117 108 101 ...
   32 82 111 115 101 110 104 101 105 109];
```

umgewandelt die bereits vorher benutzte Zeichenkette.

```
Name = char(NameNumerisch),
Name =
Hochschule Rosenheim
```

In umgekehrter Richtung können aus Zeichen numerische Werte, z. B. mit der MATLAB Function „int32", erzeugt werden. Es ergibt sich der ursprüngliche Vektor.

```
int32(Name)
ans =
   Columns 1 through 5
      72          111          99          104          115
   Columns 6 through 10
      99          104          117          108          101
   Columns 11 through 15
      32           82          111          115          101
   Columns 16 through 20
      110         104          101          105          109
```

2.3.2 Klassenumwandlungen

Bei der Lösung verschiedenster Aufgabenstellungen ist es erforderlich, Umwandlungen von einer Klasse (Class) in eine andere Klasse vorzunehmen, damit der Programmablauf fortgesetzt werden kann. Zwei Beispiele von MATLAB Functions zur Umwandlung zeigt Tabelle 2.20.

Tabelle 2.20 MATLAB Functions zur Klassenumwandlung

Class	→	Class		Beispiel

`char`	`str2double`	`double`	*Convert string to double-precision value*	`x = '1.34';`
				`y = str2double(x)`
				`1.3400`

`double`
...
	`num2str`	`char`	*Convert number to string*	`x = pi;`
				`y = num2str(x)`
				`y =`
				`3.1416`

Weitere Informationen zu diesem Thema finden sich in der integrierten MATLAB Dokumentation unter:

▸ MATLAB ▸ Language Fundamentals ▸ Data Types ▸ Data Type Conversion

2.3.3 Ausführung als MATLAB Anweisung

Eingaben im Command Window sind zunächst Zeichenketten (Strings). Nach Drücken von ↵ wird vom MATLAB Interpreter zunächst überprüft, ob es sich um eine gültige MATLAB Anweisung handelt, d. h., ob die MATLAB Syntax erfüllt ist. Ist dies der Fall, wird die Anweisung ausgeführt, ansonsten erfolgt eine Fehlermeldung. In speziellen Fällen kann es hilfreich sein, Zeichenketten in einem Programm als MATLAB Anweisungen zu interpretieren. Dies gilt z. B. für Variablen- oder Dateinamen. Hierzu gibt es die MATLAB Evaluate-Functions, wie z. B. „eval“, die einen String als MATLAB Anweisung auswertet (interpretiert). Sollen in der Auswertung numerische Werte benutzt werden, so müssen diese in einen String, z. B. mit der MATLAB Function „int2str“ (Integer to string) oder „num2str“ (Numeric to string), gewandelt werden.

Als Beispiel hierfür sind die Berechnungsergebnisse einer Parametervariation pro Parametersatz in einer eigenen Variable abzuspeichern, deren Namen den jeweiligen Variationswert enthält (Script 2.7). Dabei wird die Frequenz einer Schwingung zwischen 1 Hz und 4 Hz in Schritten von 1 Hz verändert und das Ergebnis mit Frequenzangabe in einer Variablen gespeichert. Den Workspace nach Ausführung des Scripts zeigt Bild 2.32.

Script 2.7 Eval Function (EvalFunctionVariables.m)

```
%% Initialisierung
% Berechnungszeitpunkte definieren
t = 0:1/200:1;
% Frequenzen definieren
f = 1:4;
%% For-Schleife
for i = 1: length(f)
 % Eval Function
 eval(['Ergebnis_' int2str(f(i)) 'Hz = sin(2*pi*f(i)*t)']);
end
```

Workspace

Name	Value	Class
Ergebnis_1Hz	1x201 double	double
Ergebnis_2Hz	1x201 double	double
Ergebnis_3Hz	1x201 double	double
Ergebnis_4Hz	1x201 double	double
f	[1 2 3 4]	double
i	4	double
t	1x201 double	double

Bild 2.32 Workspace

Weitere Informationen hierzu finden sich in der integrierten MATLAB Dokumentation unter:

▸ MATLAB ▸ Programming Scripts and Functions ▸ Programming Utilities

Es ist zu beachten, dass Programmcode, der eine MATLAB Evaluate Function wie „eval“, „evalc“ und „evalin“ nutzt, weniger zeiteffizient in der Ausführung, schlechter verständlich und schlechter debugbar ist. Daher sollte die Nutzung von MATLAB Evaluate-Functions auf Fälle beschränkt bleiben, in denen es keine andere Lösung der Programmierung gibt.

2.4 Structure Array

Bei einer größeren Anzahl an Variablen ist es unumgänglich, diese zu strukturieren. Hierfür ist ein hierarchischer Aufbau zweckmäßig. In MATLAB gibt es dafür als eine weitere Klasse (class) von Variablen sogenannte „structure arrays“ (strukturierte Felder). Diese Klasse wird mit „struct“ abgekürzt. Zusammengehörige Informationen werden hierarchisch unterhalb des Variablennamens in einer oder mehreren Ebenen gespeichert. Die Speicherung erfolgt in benamten Feldern (named fields), die unterschiedliche Klassen und Dimensionen aufweisen können. Die Trennung zwischen den Hierarchieebenen erfolgt mit einem Punkt (dot notation). Beispielhaft ist dies im Folgenden für einige Daten eines Kunden dargestellt.

```
Kunde.Vorname = 'Max';
Kunde.Nachname = 'Mustermann';
Kunde.Geburtstag.Jahr = 1978;
Kunde.Geburtstag.Monat = 'Mai';
Kunde.Geburtstag.Tag = 10;
```

Es gibt insgesamt zwei Hierarchieebenen. Eine Anzeige der oberen Hierarchieebene z. B. im „Command Window" erfolgt durch:

```
Kunde
Kunde =
   Vorname: 'Max'
   Nachname: 'Mustermann'
   Geburtstag: [1x1 struct]
```

Entsprechend für die untere Hierarchieebene:

```
Kunde.Geburtstag
ans =
   Jahr: 1978
   Monat: 'Mai'
   Tag: '10'
```

Ein weiterer Kunde mit der „Kundennummer 2" wird der Struktur folgendermaßen hinzugefügt:

```
Kunde(2).Vorname = 'Eva';
Kunde(2).Nachname = 'Mustermann';
Kunde(2).Geburtstag.Jahr = 1981;
Kunde(2).Geburtstag.Monat = 'Oktober';
Kunde(2).Geburtstag.Tag = 23;
```

Die Variable „Kunde" wird dadurch zur Struktur mit den Dimensionen 1 × 2 und mit 3 Feldern (Vorname, Nachname und Geburtstag).

```
Kunde =
1x2 struct array with fields:
   Vorname
   Nachname
   Geburtstag
```

Möchte man z. B. den Geburtstag der zweiten Kundin anzeigen, kann dies wie folgt programmiert werden (bitte beachten Sie dabei, dass die 2. und 3. Zeile in einer Zeile stehen müssen):

```
disp([Kunde(2).Vorname ' ' Kunde(2).Nachname]);
disp(['Geburtstag: ' Kunde(2).Geburtstag.Tag '. '
   Kunde(2).Geburtstag.Monat]);
```

Im „Command Window“ erscheint dann:

Eva Mustermann

Geburtstag: 23. Oktober

Eine weitere Option, ein Structure Array zu erzeugen, ist die MATLAB Function „struct“. Eine mögliche Syntax ist:

```
StructVariable = struct(Field1,Value1,...,FieldN,ValueN)
```

Beispielhaft für den Vor- und Nachnamen von Kunden:

```
KundenNamen = struct('Vorname','Max','Nachname','Mustermann');
KundenNamen(2) = struct('Vorname','Maria','Nachname','Musterfrau');
```

2.5 Cell Array

Eine weitere Möglichkeit, Daten unterschiedlicher Klassen und Dimensionen in MATLAB in einer Variable zu organisieren, sind Cell Arrays. Die Bezeichnung für die Klasse (class) wird mit „cell“ abgekürzt. Diese Klasse gehört ebenfalls zu den Containervariablen. Die einzelnen Daten werden in Zellen (cells) gespeichert. Cell Arrays werden meist für Listen und Zeichenketten unterschiedlicher Zeichenzahl benutzt. Cells werden mit geschweiften Klammern {} definiert. Der Zugriff auf Elemente von Cell Arrays erfolgt mit runden Klammern (). Ein Beispiel für Kundeninformationen zeigt Script 2.8. Die Kundeninformation wird pro Kunde zeilenweise gespeichert. Es werden die gleichen Informationen wie beim Structure Array aus 2.4 verwendet, nur dass diese in einem Cell Array gespeichert sind. Man erkennt bei den Textelementen, dass diese unterschiedliche Dimensionen haben können. Die Abfrage einzelner Elemente erfolgt wie bei Matrizen. Sollen Elemente eines Cell Array mit anderen Klassen von Variablen verarbeitet werden, ist eine vorherige Klassenumwandlung erforderlich. Dies ist exemplarisch für die Berechnung des Alters der Kunden am Ende eines Kalenderjahres gezeigt. Dabei wird die MATLAB Function „cell2mat“ (Cell array to matrix) für das Geburtsdatum benutzt.

Script 2.8 Kundeninformation (CellArrays.m)

```
%% Definition Kunden
Kunden = {'Max' 'Mustermann' 10 'Mai' 1978; ...
         'Maria' 'Musterfrau' 23 'Oktober' 1981};
%% Kundenabfragen
% Alle Informationen zum Kunden 1 und Anzeige im Command Window
Kunden(1,:),
% Geburtsdatum Kundin 2 und Anzeige im Command Window
Kunden(2,3:5),
%% Alter der Kunden am Ende eines Kalenderjahres
% Aktuelles Jahr
AktuellesJahr = 2016;
% Altersberechnung und Anzeige im Command Window
Alter = AktuellesJahr*ones(size(Kunden(:,5)))-cell2mat(Kunden(:,5)),
```

Die Anzeige im „Command Window" ist:

```
ans =
    'Max'    'Mustermann'    [10]    'Mai'    [1978]
ans =
    [23]    'Oktober'    [1981]
Alter =
    38
    35
```

Ein Cell Array kann mit der MATLAB Function „cell" (Create cell array) vorbelegt werden, z. B. ein Cell Array mit zwei Zeilen und fünf Spalten, wie es oben benutzt wurde, mit leeren Zellen:

```
Kunden = cell(2,5)
Kunden =
    []    []    []    []    []
    []    []    []    []    []
```

Eine Zelle, z. B. die Zelle in der zweiten Zeile und vierten Spalte, wird wie folgt mit einem Wert (Value) belegt:

```
Kunden{2,4} = 'Oktober'
Kunden =
    []    []    []           []    []
    []    []    []    'Oktober'    []
```

Weitere Informationen zu diesem Thema finden sich in der MATLAB integrierten Dokumentation unter:

▸ MATLAB ▸ Language Fundamentals ▸ Data Types ▸ Cell Arrays

Der Unterschied zwischen Structure Arrays und Cell Arrays ist:

- Structure Arrays

  Auf Daten in Feldern (fields) wird über den Namen des Feldes zugegriffen.

- Cell Arrays

  Auf Daten in Zellen (cells) wird über eine numerische Adressierung zugegriffen.

2.6 Objekte

In den vorangegangenen Kapiteln wurde eine Art der Programmierung behandelt, bei der Daten und Funktionen voneinander getrennt waren. Diese Art der Programmierung wird als „prozedurale Programmierung" bezeichnet. Wird die Trennung von Daten und Funktionen bei der Programmierung aufgehoben und stattdessen ein einziges Objekt definiert, so wird dies objektorientierte Programmierung (Object-oriented Programming, OOP) genannt. Beispiele für objektorientierte Sprachen sind C++ und Java™. Dadurch können z. B. große Datenmengen, die untereinander zusammenhängen, vorteilhaft programmtechnisch umgesetzt werden. MATLAB unterstützt objektorientierte Programmiertechniken. Auf diese Möglichkeit der fortgeschrittenen Programmierung soll hier nicht vertiefend eingegangen werden. Die Definition einer Klasse bzw. eines Objektes soll am simplen Beispiel der Umrechnung einer Länge in Metern in andere Längeneinheiten gezeigt werden. Die Definition der Klasse zeigt Script 2.9.

Script 2.9 Definition einer Klasse für Längenumrechnungen (LengthConversion.m)

```
classdef LengthConversion
 %% Definition der Eigenschaften der Klasse (Daten)
 properties
 % Länge in Meter, Vorbelegung mit 1 Meter
   Meter = 1;
 end
 %% Definition der Methoden (Funktionen)
 methods
   % Umrechnung in Millimeter
   function r = MilliMeter(obj)
   r = 1000*obj.Meter;
   end
   % Umrechnung in Mikrometer
   function r = MikroMeter(obj)
   r = 1e6*obj.Meter;
   end
 end
end
```

Die Zuweisung der Klasse zu einer Variablen führt zu folgendem Ergebnis:

```
Laenge = LengthConversion
Laenge =
 LengthConversion with properties:
   Meter: 1
```

Die Variable „Laenge“ ist mit 1 m vorbelegt. Dieser Wert kann wie folgt verändert werden:

```
Laenge.Meter= 0.5
Laenge =
 LengthConversion with properties:
   Meter: 0.5000
```

Soll der Wert in mm umgerechnet werden, erfolgt dies mit:

```
MilliMeter(Laenge)
ans =
   500
```

Einen dazugehörigen Ausschnitt der MATLAB Bedienoberfläche zeigt Bild 2.33.

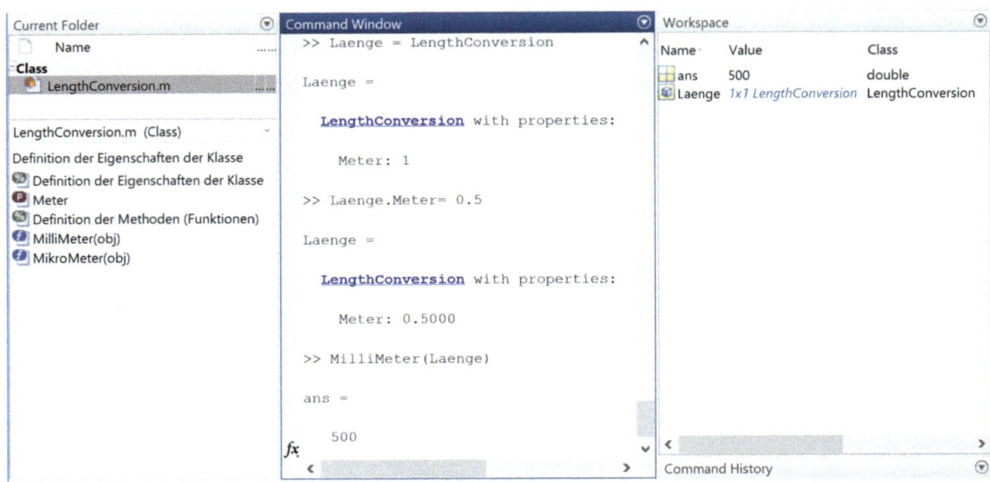

Bild 2.33 Ausschnitt aus der MATLAB Bedienoberfläche

2.7 Ablauf- und Kontrollstrukturen

Wie in jeder Programmiersprache gibt es auch in MATLAB Konstruktionen für Schleifen, logische Verzweigungen und Unterbrechungen, sogenannte Ablauf- und Kontrollstrukturen (Tabelle 2.21).

Tabelle 2.21 Ablauf- und Kontrollstrukturen

	Beschreibung
if	Verzweigung
switch	Mehrfachverzweigung
for	Zähler-Schleife
while	Abbruch-Schleife
break	Abbruch einer Schleife
try/catch	Abbruch-Verzweigung
pause	Temporäre Programmunterbrechung

2.7.1 If-Verzweigungen

In der einfachsten Form wertet die if-Anweisung einen logischen Ausdruck aus (wahr oder falsch) und führt alle Anweisungen bis zum Schlüsselwort „end“ aus, wenn der Ausdruck „wahr“ ist (Script 2.10).

Script 2.10 If-Verzweigung (IfJunction.m)

```
% Zuweisung des Wertes -3 der Variablen a
a = -3;
% Überprüfung ob a kleiner als Null
if a<0
 disp('a ist negativ!');
end
```

Die Ausgabe für das Beispiel im „Command Window" ist:

```
a ist negativ!
```

Optional können die Schlüsselwörter „elseif" und/oder „else" verwendet werden.

- Schlüsselwort „elseif"

  Dieses Schlüsselwort kann mehrmals nach dem Schlüsselwort „if" und vor dem Schlüsselwort „else" verwendet werden. Jedem „elseif" muss ein logischer Ausdruck folgen. Ist dieser „wahr", werden die nachfolgenden Anweisungen bis zum nächsten „elseif" oder „else" ausgeführt.

- Schlüsselwort „else"

  Dieses Schlüsselwort darf nur einmal in einer if-Verzweigung verwendet werden. Falls „elseif"-Bedingungen vorhanden sind, muss es diesen nachfolgen. Die dem „else" nachfolgenden Anweisungen bis zum „end" werden ausgeführt, sofern alle vorhergegangenen logischen Anfragen der if-Verzweigung oder ggf. der elseif-Verzweigung „falsch" waren.

Die Syntax ist wie folgt:

```
if expression
 statements
elseif expression
 statements
else
 statements
end
```

Expression entspricht dem logischen Ausdruck und statements den Anweisungen. Script 2.11 zeigt ein Beispiel.

Script 2.11 If-elseif-else-Beispiel (IfElseifElseJunction.m)

```
% Zuweisung des Wertes 0 der Variablen a
a = 0;
% Überprüfung ob a kleiner als Null
if a<0
 disp('a ist negativ!');
% Überprüfung ob a größer als Null
elseif a>0
 disp('a ist positiv!');
```

```
% Ansonsten
else
 disp('a ist Null!');
end
```

Die Ausgabe im „Command Window" ist:

```
a ist Null!
```

If-Verzweigungen können ineinander verschachtelt werden.

2.7.2 Switch-Verzweigung

Die switch-Verzweigung führt abhängig vom Wert einer Variablen eine Fallunterscheidung aus. Diese stellt keine neue Funktionalität gegenüber der if-Anweisung dar, ist aber kompakter in der Schreibweise und das Programm wird übersichtlicher. Nach dem Schlüsselwort „switch" steht die Variable, die zur Fallunterscheidung benutzt werden soll. Danach folgen eines oder mehrere „case"-Schlüsselworte. Jedem „case" muss ein logischer Ausdruck folgen. Ist dieser „wahr", werden die nachfolgenden Anweisungen bis zum nächsten „case", „otherwise" oder „end" ausgeführt. Das optionale Schlüsselwort „otherwise" entspricht dem Schlüsselwort „else" bei einer if-Verzweigung. Die switch-Verzweigung wird mit dem Schlüsselwort „end" abgeschlossen. Die Syntax ist wie folgt:

```
if switch switch_expression
 case case_expression
   statements
 case case_expression
   statements
 ...
 otherwise
   statements
end
```

Script 2.12 zeigt ein Beispiel.

Script 2.12 Switch-Verzweigung (SwitchJunction.m)

```
% Zuweisung des Status aus der Variablen a
Status = 'aus';
% Switch-Verzweigung
switch Status
 % Eingeschaltet?
 case 'ein'
   disp('Status: ein');
 % Stand by?
 case 'standby'
   disp('Status: stand by');
 % Ansonsten (-> Ausgeschaltet)
 otherwise
   disp('Status: aus');
end
```

Die Ausgabe im „Command Window“ ist:

```
Status: aus
```

2.7.3 For-Schleife

Eine for-Schleife wird benutzt, um denselben Code mit einer vorgegebenen Anzahl zu durchlaufen. Die Anzahl der Durchläufe wird über eine Laufvariable gesteuert, die von einem vorgegebenen Anfangswert bis zu einem vorgegebenen Endwert in vorgebbaren Zählschritten erhöht oder erniedrigt wird. Ist dieser Endwert erreicht, wird die Schleife beendet. Dies geschieht durch end, welches die Ablaufstruktur beendet. Anschließend wird der danach folgende Programmteil abgearbeitet. Schleifen können in beliebiger Tiefe ineinander verschachtelt werden. Die Syntax ist wie folgt:

```
for index = values
 statements
end
```

Im Beispiel in Script 2.13 gibt es zwei ineinander verschachtelte Schleifen, eine äußere und eine innere Schleife mit den Zählvariablen i und j.

Script 2.13 Zwei ineinander verschachtelte for-Schleifen (ForLoop.m)

```
% Äußere for-Schleife
% - Zählvariable: i
% - Zählschritt: 2
for i = 1:2:5
 disp([' i = ', num2str(i)]);
 % Innere for-Schleife
 % - Zählvariable: j
 % - Zählschritt: 1
 for j = 1:3
   disp(['   j = ', num2str(j)]);
 end
   disp('------------------');
end
disp('Äußere Schleife beendet!');
```

Hinter der Zählvariable muss als Erstes angegeben werden, bei welchem Wert die Zählvariable startet. Anschließend erfolgt mit Doppelpunkt getrennt die Angabe, um welchen Wert die Zählvariable bei jedem Durchlauf hoch- oder heruntergezählt werden soll. Wiederum mit Doppelpunkt getrennt ist der Wert anzugeben, bei dem die Schleife beendet wird. Wenn die Zählvariable nur durch zwei Zahlen definiert wird, wird der Wert 1 bei jedem Durchlauf hochgezählt (innere Schleife). Die Ausgabe im „Command Window“ für das Beispiel ist:

```
i = 1
   j = 1
   j = 2
```

```
   j = 3
----------
i = 3
   j = 1
   j = 2
   j = 3
----------
i = 5
   j = 1
   j = 2
   j = 3
----------
Äußere Schleife beendet!
```

2.7.4 While-Schleife

Die while-Schleife läuft so lange, bis die logische Abfrage nach dem while falsch wird. Im Gegensatz zur for-Schleife ist die Anzahl von Durchläufen nicht zwangläufig vorbestimmt. Die Syntax ist wie folgt:

```
while expression
 statements
end
```

Script 2.14 zeigt ein Beispiel.

Script 2.14 While-Schleifen (WhileLoop.m)

```
%% Initialisierung
% Initialisierung der Zählvariablen
i = 0;
disp(['i = ', num2str(i)]);
% Initialisierung der Summenvariablen
n = 0;
disp(['n = ', num2str(n)]);
%% while-Schleife
while i<7
 disp('------');
 n = n+1;
 disp(['n = ', num2str(n)]);
 i = i + 2;
 disp(['i = ', num2str(i)]);
end
%% Ende
disp('while-Schleife beendet!');
```

Die Ausgabe im „Command Window“ ist:

```
i = 0
n = 0
------
```

```
n = 1
i = 2
------
n = 2
i = 4
------
n = 3
i = 6
------
n = 4
i = 8
while-Schleife beendet!
```

While-Schleifen bergen die Gefahr einer sogenannten „Endlosschleife", d. h., die Schleife wird nie mehr verlassen. Das Programm kann nicht beendet werden. Ein Beispiel hierfür zeigt Script 2.15. Die Abfragevariable wird nie false. ■

Sollten Sie eine Endlosschleife programmiert haben, kann diese manuell wie folgt unterbrochen werden:

1. Drücken Sie einmal oder ggf. mehrmals Strg C im MATLAB Command Window.
2. Sollte MATLAB weiterhin nicht bedienbar sein, müssen Sie den MATLAB Prozess im Windows® Task Manager beenden und MATLAB neu starten. Nicht gespeicherte Daten gehen dabei zwangsläufig verloren. ■

Script 2.15 Endlosschleife (InfiniteLoop.m)

```
%% Initialisierung der Abfragevariablen
i = true;
%% Endlos while-Schleife
while i
 disp('-------------------------------------------------------');
 disp('Endlosschleife!');
 disp('Drücken Sie einmal oder ggf. mehrmals Strg C im MATLAB');
 disp('Command Window um die Endlosschleife zu beenden!');
 disp('-------------------------------------------------------');
end
```

2.7.5 Schleifenunterbrechung (break)

Die Anweisung break erlaubt ein vorzeitiges Verlassen einer for- oder while-Schleife. Script 2.16 zeigt ein Beispiel. In geschachtelten Schleifen verlässt break nur die innerste Schleife.

Script 2.16 Break (BreakWhileLoop.m)

```
%% Initialisierung der Zählvariablen
i = 0;
```

```
disp(['i = ', num2str(i)]);
%% while-Schleife
while i<7
 disp('------');
 = i+1;
 disp(['i = ', num2str(i)]);
 % Erzwingen eines vorzeitigen Abbruchs
 if i==3
   disp(['Abbruch bei i = ' num2str(i) '!']);
   break
 end
end
%% Ende
disp('while-Schleife beendet!');
```

Die Ausgabe im „Command Window" ist:

```
i = 0
------
i = 1
------
i = 2
------
i = 3
while-Schleife beendet!
```

Abbruch bei i = 3!

2.7.6 Try/catch-Verzweigung

Die try/catch-Verzweigung ermöglicht bei einem Fehler in der Programmausführung innerhalb des try-Zweiges eine Unterdrückung der standardmäßigen Fehlermeldung im „Command Window". Optional kann eine eigene Fehlerbehandlung im catch-Zweig programmiert werden. Tritt im try-Zweig ein Fehler auf, so wird automatisch in den catch-Zweig gesprungen. Im try-Zweig nachfolgende Anweisungen werden nicht mehr abgearbeitet! Nach dem Schlüsselwort „catch" kann optional ein Variablenname angegeben werden, in dem im Fehlerfall automatisch Informationen zum Fehler gespeichert werden. Die Syntax ist wie folgt:

```
try
 statements
catch exception
 statements
end
```

Script 2.17 zeigt ein Beispiel, in dem zur Verdeutlichung vor den Anweisungen die Zeilennummern angegeben sind. In Zeile 5 ist ein Fehler eingebaut. Es sollen die Matrizen A und B zu einer Matrix zusammengefügt werden, obwohl die Matrizendimensionen nicht zusammenpassen (A: 3 × 2 und B: 1 × 2). Ohne try würde es zu einer englischen Fehlermeldung in roter Schrift im „Command Window" kommen. Diese Fehlermeldung tritt nicht auf, und das Programm springt automatisch von Zeile 5 in die Zeile 7, d. h. zu catch. Hinter dem catch ist die Variable „FehlerInfo" definiert, in der alle Fehlerinformationen gespeichert werden. Diese Variable ist ein Objekt (MException object). Beispielhaft wird aus diesem Objekt die Zeilennummer, in der der Fehler aufgetreten ist, ausgelesen.

Script 2.17 Try/catch-Verzweigung

```
1 %% Try/catch-Verzweigung
2 try
3 A = [1 2; 3 4; 5 6];
4 B = [10 20];
5 C = [A B];
6 D = A';
7 catch FehlerInfo
8 Fehlerzeile = FehlerInfo.stack.line;
9 disp(['Fehler in Zeile ' num2str(Fehlerzeile) '!' ]);
10 end
```

Anschließend wird diese Information benutzt, um eine „eigene" Fehlermeldung im „Command Window" in deutscher Sprache zu erzeugen. Die Ausgabe ist:

```
Fehler in Zeile 5!
```

Eine Erweiterung des Script 2.17 zeigt Script 2.18. Um die Arbeitsweise weiter zu verdeutlichen, wurden am Ende zwei Anweisungszeilen außerhalb der try/catch-Verzweigung hinzugefügt.

Script 2.18 Try/catch-Verzweigung (TryCatchJunction.m)

```
1 %% Try/catch-Verzweigung
2 try
3 A = [1 2; 3 4; 5 6];
4 B = [10 20];
5 C = [A B];
6 D = A';
7 catch FehlerInfo
8 Fehlerzeile = FehlerInfo.stack.line;
9 disp(['Fehler in Zeile ' num2str(Fehlerzeile) '!' ]);
10 end
11 %% Programmfortführung
12 E = B';
13 F = A*D;
```

Zeile 12 erzeugt keinen Fehler, da die Matrix B in Zeile 4, d. h. vor der fehlerhaften Zeile 5, korrekt mit Werten besetzt wurde. Zeile 13 erzeugt die „gewohnte" Fehlermeldung im „Command Window" in englischer Sprache, da Zeile 6 nicht ausgeführt wurde. Die Matrix D ist daher nicht vorhanden.

```
Undefined function or variable 'D'.
Error in TryCatchJunction (line 13)
F = A*D;
```

Try/catch-Konstruktionen sind nicht dafür gedacht, fehlerhafte Programme „schön“ aussehen zu lassen.

2.7.7 Pause

Die MATLAB Function „pause“ unterbricht zeitweise die MATLAB Programmabarbeitung. Wird nur „pause“ als Anweisung angegeben, so wartet MATLAB, bis der Anwender eine Taste betätigt, bevor die Abarbeitung fortgesetzt wird. Die Pausenzeit kann alternativ auch eingestellt werden. Dazu wird als Übergabeparameter die gewünschte Pausenzeit in Sekunden, z.B. 5 Sekunden, übergeben.

```
pause(5);
```

2.8 Text einlesen und ausgeben

Möchte man Programmabläufe abhängig von Eingaben durch den Nutzer machen, ist die einfachste Möchlichkeit die Verwendung der MATLAB Function „input“. Die Syntax für numerische Werte und für Texte lautet:

- Numerischer Wert

```
x = input(Value);
```

- Text

```
s = input(String,'s');
```

Script 2.19 zeigt ein Beispiel zur Berechnung der Beschleunigung bei konstanter Masse und variabler Kraft.

Script 2.19 Eingabe eines Berechnungsparameters (DisplayCommandWindow.m)

```
%% Variablendefinition
% Masse kg
m = 800;
% Abfrage zur Eingabe der Kraft im Command Window
F = input('Kraft in N: ');
%% Berechnung der Beschleunigung m/s^2
a =F/m,
```

Zunächst erscheint im „Command Window“:

```
Kraft in N:
```

MATLAB wartet, bis eine Eingabe mit ↵ (Enter) abgeschlossen wird. Nach der Eingabe eines Wertes erfolgt die Berechnung.

```
Kraft in N: 1200
a =
   1.5000
```

Informationen müssen häufig angezeigt oder als Textdatei gepeichert werden. Die einfachste Art der Anzeige in MATLAB ist eine Ausgabe von numerischen Ausdrücken oder Text im „Command Window" mittels der MATLAB Function „disp". Script 2.20 erklärt die Funktionsweise.

Script 2.20 Textausgabe im Command Window (DisplayCommandWindow.m.m)

```
%% Variablendefinition
% String
Name = 'Michael';
% Numerische Werte
Matrix = [1 2; 3 4];
%% Textausgabe aim Command Window
% String
disp(Name);
% Leerzeile
disp(' ');
% Matrix
disp('Matrix');
disp(Matrix);
```

Die Textausgabe im „Command Window" ist:

```
Michael
Matrix
     1     2
     3     4
```

Um Informationen, z. B. Berechnungsdaten, schnell erfassen zu können, ist es zweckmäßig, diese in ein leicht „lesbares" Format zu bringen. Für die Formatierung gibt es unterschiedliche MATLAB Functions. Mit der MATLAB Function „fprintf" kann Text formatiert in einem File oder auf dem Bildschirm angezeigt werden. Die Syntax für eine Bildschirmausgabe im „Command Window" lautet:

```
fprintf(FormatSpec,A1,...,An)
```

Die Ausgabe erfolgt basierend auf einer Formatspezifikation, die im Eingabeargument „FormatSpec" definiert wird, spaltenweise auf alle Eingabeargumente A1 bis An. Zur Formatspezifikation werden Formatoperatoren (Formatting operators) verwendet, deren Aufbau in Bild 2.34 dargestellt ist. Ein Formatoperator beginnt mit dem Prozentzeichen % und endet mit dem Conversion character. Optional können Identifier, Flags, Field width, Precision und Subtype Operatoren zwischen dem Prozentzeichen % und dem Conversion character definiert werden. Leerzeichen zwischen Formatierungsoperatoren sind nicht zulässig.

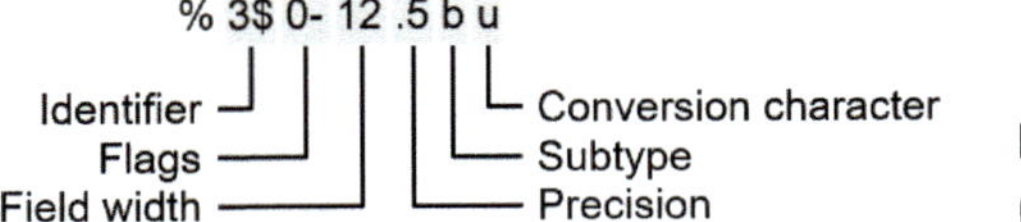

Bild 2.34 Aufbau von Formatoperatoren (Formatting operators)

Die Bedeutung der einzelnen Formatierungsoperatoren soll hier nicht beschrieben werden. Diese sind in der in MATLAB integrierten Dokumentation übersichtlich dargestellt (▸ MATLAB ▸ Data Import and Export ▸ Low-Level File I/O). Ein Beispiel zeigt Script 2.21. Für drei verschiedene Kräfte wird bei konstanter Masse die Beschleunigung berechnet. Das Berechnungsergebnis für die jeweilige Kraft wird als formatierter Text im „Command Window“ ausgegeben. Der benutzte Formatoperator `%4.2f` bedeutet, dass das Ausgabefeld 4 Zeichen breit ist, 2 Nachkommastellen benutzt werden und der Wert als Festkommazahl (Fixed-point) ausgegeben wird. Die Anzeige im „Command Window“ ist:

```
Die Beschleunigung ist 1.00m/s^2 für eine Kraft von 800N
Die Beschleunigung ist 1.25m/s^2 für eine Kraft von 1000N
Die Beschleunigung ist 1.50m/s^2 für eine Kraft von 1200N
```

Script 2.21 Formatierte Ausgabe (DisplayCommandWindowFormatted.m)

```
%% Variablendefinition
% Masse kg
m = 800;
% Kraft
F = 800:200:1200;
%% Berechnung der Beschleunigung m/s^2
a = F/m;
%% Ausgabe
% Werte für Ausgabe in Matrix festlegen
AusgabeMatrix = [a', F'];
% Formatspezifikation
FormatSpec = ...
 'Die Beschleunigung ist %4.2fm/s^2 für eine Kraft von %4.0fN\n';
% Ausgabe in Command Window
fprintf(FormatSpec,AusgabeMatrix)
```

Um die damit verbundenen Möglichkeiten zu zeigen, soll ohne Beschreibung der Formatoperatoren eine Verlinkung vom „Command Window“ ins Internet realisiert werden. Im Beispiel in Script 2.22 erfolgt dies zur Homepage der Hochschule Rosenheim.

Script 2.22 Link zu einer Webseite (DisplayLinkWebSite.m)

```
% Internet Addresse (URL: Uniform Resource Locator)
URL = 'http://www.fh-rosenheim.de';
% Text der für den Link angezeigt wird
Seitenname = 'Webseite der Hochschule Rosenheim';
% Textausgabe als Link
fprintf('<a href = "%s">%s</a>\n',URL,Seitenname)
```

Die Anzeige im „Command Window“ ist:

Webseite der Hochschule Rosenheim

2.9 Daten einlesen und speichern

In vielen Anwendungen müssen Daten aus Dateien eingelesen und in Dateien gespeichert werden. In MATLAB wird bezüglich Dateiformaten unterschieden in:

- Allgemein übliche Dateiformate
- MATLAB spezifisches Dateiformat

2.9.1 Allgemein übliche Dateiformate

Das Einlesen von Daten soll am Beispiel einer Excel®-Datei (Excel ist eine eingetragene Marke der Microsoft Corporation in den USA und/oder anderen Ländern) mit wenigen Werten gezeigt werden (Bild 2.35).

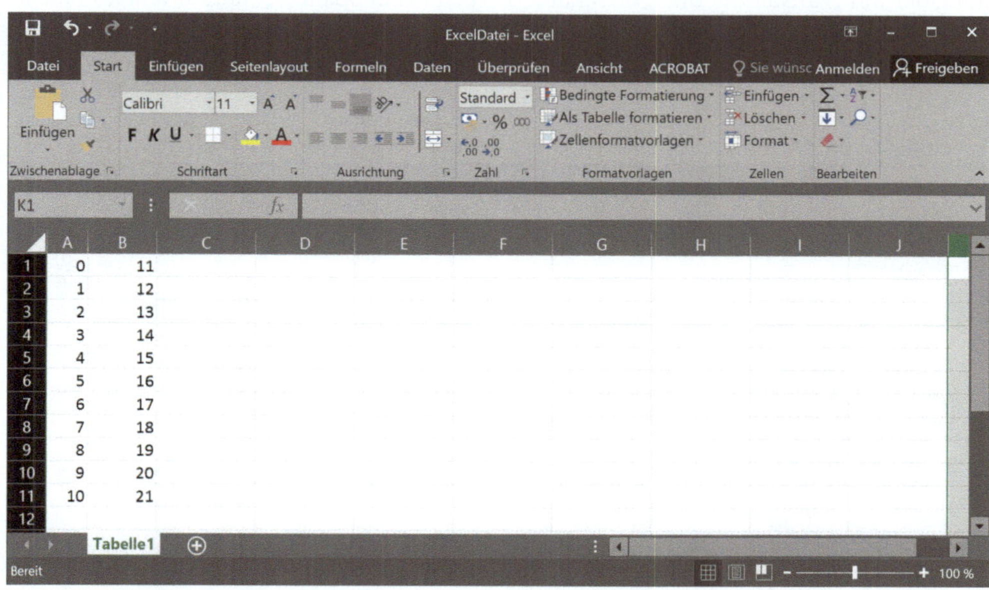

Bild 2.35 Excel®-Datei

Dateien können auf unterschiedliche Art eingelesen werden:

❶ In der MATLAB Symbolleiste mit dem Icon „Import Data“

Nach Betätigung des Icons öffnet sich ein Fenster (Bild 2.36), in dem die Datei ausgewählt wird, aus der Daten eingelesen werden sollen. Viele Dateiformate werden von MATLAB automatisch erkannt („Recognized Data Files“). Ansonsten gibt es im gekennzeichneten Popup-Menü ① eine Auswahlmöglichkeit.

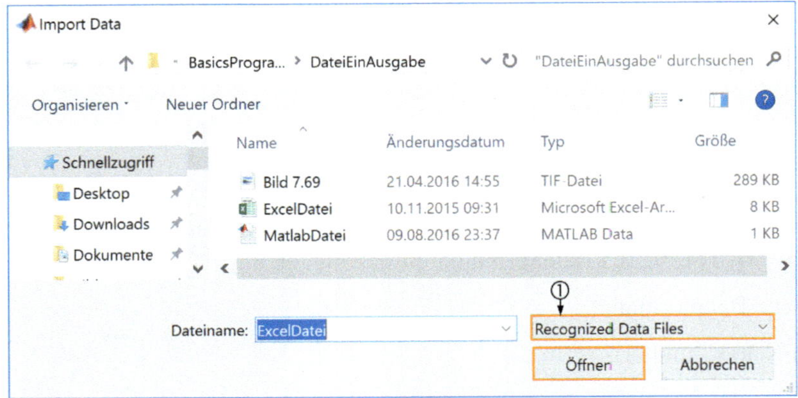

Bild 2.36 Auswahl der Datei

Nach Betätigen des Push-Buttons „Öffnen“ öffnet sich ein weiteres Fenster (Bild 2.37). Dort kann unter anderem festgelegt werden, wie die Daten der einzulesenden Datei den Variablen im MATLAB Workspace zugeordnet werden sollen. Es wurde eine spaltenweise Zuordnung der mit „VarName1“ und „VarName2“ bezeichneten Spalten „Column vectors“ ausgewählt. Nach Bestätigung durch Klick auf ✓ werden die Daten in den MATLAB Workspace eingelesen.

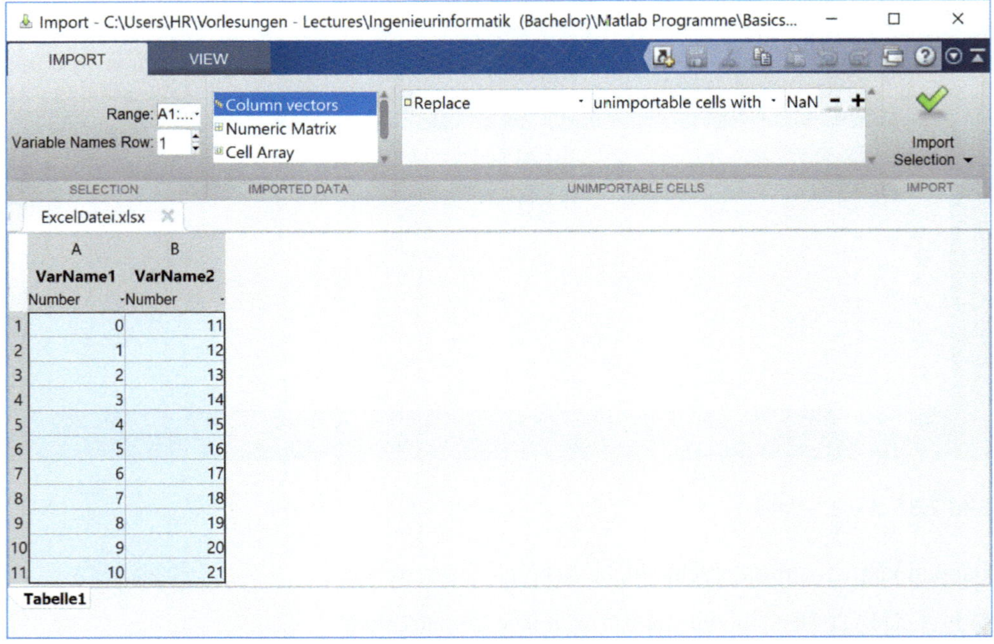

	A VarName1 Number	B VarName2 Number
1	0	11
2	1	12
3	2	13
4	3	14
5	4	15
6	5	16
7	6	17
8	7	18
9	8	19
10	9	20
11	10	21

Bild 2.37 Datenzuordnung

Im Workspace gibt es dann zwei neue Variablen mit den Namen „VarName1“ und „VarName2“. Die Werte der zweiten Spalte in Excel® sind in MATLAB:

```
VarName2 =
    11
    12
    13
    14
    15
    16
    17
    18
    19
    20
    21
```

❷ Programmatisch

Ein programmatisches Einlesen von Daten erfolgt mit der MATLAB Function „importdata“. Eine mögliche Syntax lautet:

```
A = importdata(FileName)
```

Im Eingangsargument „FileName“ wird der Name der einzulesenden Datei als String angegeben. Die Daten sind nach dem Einlesen im MATLAB Workspace in der Variablen mit dem Namen A als Matrix gepeichert. Für die Beispieldatei erfolgt das Einlesen mit:

```
Daten = importdata('ExcelDatei.xlsx');
```

Das Ergebnis im MATLAB Workspace ist:

```
Daten =
   0    11
   1    12
   2    13
   3    14
   4    15
   5    16
   6    17
   7    18
   8    19
   9    20
   10    21
```

Dies entspricht der zeilen- und spaltenweisen Anordnung der Excel®-Datei.

2.9.2 MATLAB spezifisches Dateiformat

Dateien im MATLAB spezifischen Dateiformat haben die Extension „mat“ nach dem Filenamen.

```
□.mat
```

Daten können auf zwei Arten in diesem Format gespeichert werden.

❶ In der MATLAB Symbolleiste mit dem Icon „Save"

Sollen alle aktuellen Variablen des Workspace in einer Datei gespeichert werden, so muss nur auf das Icon „Save" geklickt und der gewünschte Dateiname, unter dem die Daten gespeichert werden sollen, angegeben werden.

Werden nur einzelne Variablen gewünscht, so markiert man die entsprechenden Variablen im Worspace Browser, klickt auf die rechte Maustaste und selektiert dann „Save as ...". Anschließend wird man aufgefordert den gewünschten Dateinamen, unter dem die Daten gespeichert werden sollen, anzugeben.

❷ Programmatisch

Für ein programmatisches Speichern von Daten in einem mat-File gibt es die MATLAB Function „save". Zwei mögliche Varianten der Syntax sind:

```
save FileName
save('FileName');
```

Dabei ist „FileName" der Name der Datei, unter dem alle aktuell im Workspace befindlichen Variablen gespeichert werden. Alternativ können auch nur spezielle Variablen gespeichert werden. Die Syntax lautet dann:

```
save('FileName',Variables)
```

Das Eingangsargument „Variables" kann ein oder mehrere Variablennamen beinhalten. Script 2.23 zeigt ein Beispielprogramm, bei dem von insgesamt fünf Workspace-Variablen nur zwei gespeichert werden.

Script 2.23 Selektives Speichern von Workspace-Variablen (SaveDataSelective.m)

```
%% Initialisierung
% Workspace löschen
clear
% Spalten für Matrix festlegen
Spalte1 = 0:10;
Spalte2 = 10:20;
% Matrix zusammensetzen
Matrix = [Spalte1' Spalte2'];
%% Berechnung
% Quadrieren
MatrixQuadriert = Matrix.^2;
% Quadratwurzel
MatrixWurzel = Matrix.^.5;
%% Selektives Speichern von zwei Workspace Variablen
save('MatlabDatei.mat','Matrix','MatrixQuadriert');
```

Das Einlesen einer mat-Datei in den Workspace erfolgt entsprechend.

❶ In der MATLAB Symbolleiste mit dem Icon „Import Data"

Nach Betätigung des Icons öffnet sich ein Fenster (Bild 2.38). Mit dem Pushbutton „Finish“ startet der Einlesevorgang.

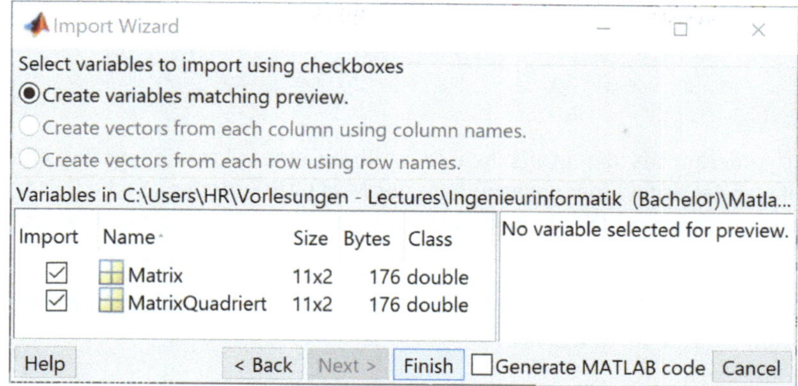

Bild 2.38 Einlesen einer MATLAB spezifischen Datei (mat-Datei)

❷ Programmatisch

Für ein programmatisches Lesen von Daten aus einem mat-File gibt es die MATLAB Function „load“. Zwei mögliche Varianten der Syntax, wenn alle Daten eingelesen werden sollen, sind:

```
load FileName
load('FileName');
```

Alternativ können auch nur spezielle Variablen gelesen werden. Die Syntax lautet dann, entsprechend wie bei „save“:

```
load('FileName',Variables)
```

2.10 Grafische Visualisierung

Häufig ist es hilfreich oder erforderlich, Berechnungs- oder Messergebnisse grafisch zu visualisieren. Hierfür gibt es in MATLAB eine Vielzahl eingebauter Functions. Es wird unterschieden in Functions zur:

- Zweidimensionalen Visualisierung
- Dreidimensionalen Visualisierung

Um den hier zur Verfügung stehenden Rahmen nicht zu sprengen, wird exemplarisch auf einige wenige Functions eingegangen. Dadurch wird ein Überblick für den Einstieg gegeben. In Abschnitt 3.1.4 wird vertiefend auf die Veränderung von Eigenschaften grafischer Elemente eingegangen. Für weiterführende Informationen, die ohnehin für spezielle Aufgaben immer benötigt werden, sei auf die MATLAB integrierte Dokumentation verwiesen (▸ MATLAB ▸ Graphics).

2.10.1 Zweidimensionale Visualisierung

Die am häufigsten verwendete MATLAB Function zur grafischen Visualisierung ist „plot“. Diese wurde bereits im Programmbeispiel in 2.1.9 für die Darstellung einer einzelnen Funktion mit der Syntax:

```
plot(X,Y)
```

benutzt, die nichts anderem als der grafischen Darstellung einer Funktion y=f(x) entspricht. Im Beispiel war das erste Eingangsargument der MATLAB Function (X) die Zeit (t) und das zweite Eingangsargument (Y) die Position (x). Dadurch wurde x=f(t) visualisiert.

Ist noch kein MATLAB Grafikfenster (Figure) geöffnet, erfolgt dies automatisch durch den Aufruf der Function „plot“.

Ist bereits ein Grafikfenster offen, so erfolgt die grafische Visualisierung in diesem. Unter Umständen ist das Grafikfenster hinter anderen Fenstern „verschwunden“ und man glaubt die Grafik funktioniert nicht mehr. Das Grafikfenster muss dann nur in den Vordergrund gebracht werden.

Wird nur ein Eingangsargument angegeben, so wird eine Grafik gezeichnet, die auf der horizontalen Achse die Elementenummer der zu zeichnenden Variablen aufführt. Sollen gleichzeitig mehrere Kurven visualisiert werden, so wird die Anzahl der Eingangsargumente erweitert. Die Syntax hierfür lautet:

```
plot(X1,Y1,...,Xn,Yn)
```

Die Dimensionen der zusammengehörigen Eingangsargumente (Xi,Yi) müssen gleich sein, da ansonsten keine eindeutige Zuordnung möglich ist. Ist keine eindeutige Zuordnung möglich, erfolgt eine Fehlermeldung.

Beispielhaft sollen die drei trigonometrischen Funktionen $y=\sin(\varphi)$, $y=\cos(\varphi)$ und $y=\sin(2\varphi)$ visualisiert werden (Bild 2.39). Das dazugehörige Script zeigt Script 2.24.

Script 2.24 Mehrere Kurven in einer Grafik (Plot2DMultipleCurves.m)

```
%% Initialisierung der Berechnungspunkte
phi = 0:2*pi/100:2*pi;
%% Berechnung der Funktionen
% 1. Funktion
y1 = sin(phi);
% 2. Funktion
y2 = cos(phi);
% 3. Funktion
y3 = sin(2*phi);
```

```
%% Visualisierung
% 2D Plot
plot(phi,y1,phi,y2,phi,y3)
% Gitternetz
grid on
% Achsbeschriftungen
xlabel('Winkel Radiant')
ylabel('Funktionswert')
% Legende
legend('y1 = sin(phi)','y2 = cos(phi)','y3 = sin(2*phi)')
```

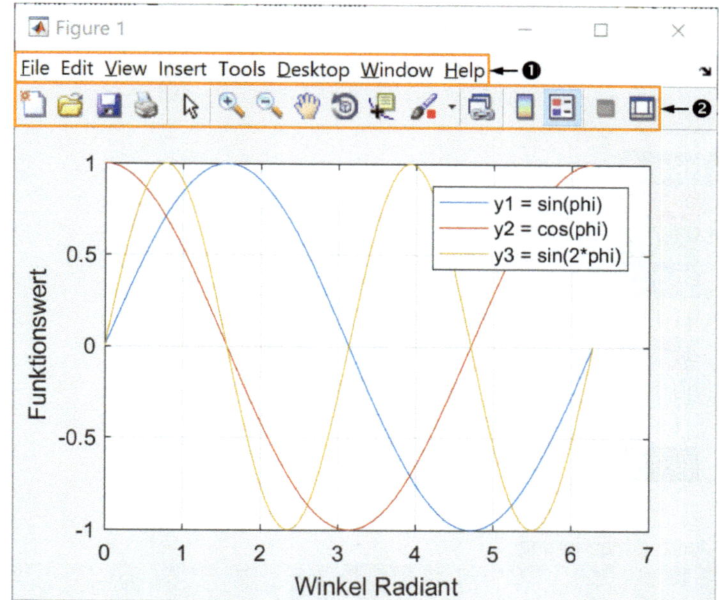

Bild 2.39 Mehrere Kurven in einer Grafik

Eine Grafik lässt sich nachträglich anpassen. Möglichkeiten hierzu sind:

- Menüleiste im Grafikfenster (❶)
- Symbolleiste im Grafikfenster (❷)
- Anweisungen im „Command Window“
- Programmatisch (Script oder Function)

Schnell reproduzierbare Grafiken werden mittels der programmatischen Möglichkeit erstellt.

Es gibt umfangreiche Möglichkeiten, das Erscheinungsbild einer Grafik zu verändern. Zunächst soll darauf eingegangen werden, wie das Erscheinungsbild von Linien beeinflusst wird. Linienfarbe, Linienart und Markierungen der einzelnen Linien können durch Hinzufügen weiterer Eingangsargumente, die die einzelne Linie spezifizieren (LineSpec), in der plot-Function definiert werden. Die Syntax bei einer oder mehreren Linien lautet:

```
plot(X,Y,LineSpec)
plot(X1,Y1,LineSpec1,...,Xn,Yn,LineSpecn)
```

Dabei ist LineSpec ein zusammenhängender String, mit dem die Linienfarbe, Linienart und Markierung der jeweiligen Linie festlegt wird. Die Einstellmöglichkeiten zeigen Tabelle 2.22 und Tabelle 2.23. Teilweise gibt es alternative Möglichkeiten zur Erzeugung des gleichen Erscheinungsbildes. Der String darf maximal aus jeder Spalte für die LineSpec der Linienfarbe, Linienart und Markierung ein Element enthalten. Für jede LineSpec gibt es standardmäßige Voreinstellungen (default values), die benutzt werden, sofern nichts angegeben wird. Wird z. B. bei der Markierung nichts aufgeführt, wird keine Markierung gezeichnet. Zusätzlich sind viele weitere grafische Eigenschaften, wie z. B. die Strichstärke mit der Eigenschaft „LineWidth“, beeinflussbar. Hierauf wird detaillierter in Abschnitt 3.1.4 eingegangen.

Tabelle 2.22 Linienfarbe

Farbe	LineSpec		[RGB]
Rot	'red'	'r'	[1 0 0]
Grün	'green'	'g'	[0 1 0]
Blau	'blue'	'b'	[0 0 1]
Gelb	'yellow'	'y'	[1 1 0]
Magenta	'magenta'	'm'	[1 0 1]
Zyan	'cyan'	'c'	[0 1 1]
Weiss	'white'	'w'	[1 1 1]
Schwarz	'black'	'k'	[0 0 0]

Tabelle 2.23 Linienart und Auszug Markierung

Linienart		LineSpec	Markierung	LineSpec		
Durchgezogen	*Solid*	'-'	Punkt	Point	'.'	
Gepunktet	*Dotted*	':'	Kreis	Circle	'o'	
Strichpunktiert	*Dash-dotted*	'-.'	Kreuz	Cross	'x'	
Gestrichelt	*Dashed*	'--'	Pluszeichen	Plus sign	'+'	
Keine	*None*	'none'	Stern	Asterisk	'*'	
			Quadrat	Square	's'	
			Diamant	Diamond	'd'	'diamond'
			...			
			Hexagramm	Hexagram	'h'	'hexagram'
			Keine	None		'none'

Indizes, Exponenten, Sonderzeichen und griechische Buchstaben können in LaTeX-Notation dargestellt werden. Weiterführende Informationen hierzu finden sich in der in MATLAB integrierten Dokumentation unter:

▸ MATLAB ▸ Graphics ▸ Formatting and Annotation ▸ Title and Labels ▸ Text with Mathematical Expression Using LaTeX

Informationen zu LaTeX finden sich im Internet auf der The-LaTeX-Project-Homepage unter *http://www.latex-project.org/*.

Bei jedem neuen Aufruf der Function „plot" wird der Inhalt eines Achssystems gelöscht. Mit der Anweisung

```
hold on
```

wird nicht gelöscht. Alle weiteren grafischen Anweisungen werden, solange nichts anderes angegeben wird, zusätzlich in das Achssystem eingefügt. Mit

```
hold off
```

gelangt man wieder in den Modus, dass gelöscht wird.

Script 2.25 zeigt, wie die vorher bereits verwendeten drei Linien in ihren Eigenschaften verändert werden. Die Einstellung der Eigenschaften ist im Kommentar zur jeweiligen Kurve angegeben. Zusätzlich wurde die Legende so verändert, dass die Formeln Indizes und griechische Buchstaben benutzen. Hierbei wird die LaTeX-Notation verwendet. Die Ergebnisgrafik zeigt Bild 2.40.

Script 2.25 Beeinflussung des Erscheinungsbildes (Plot2DLineSpec.m)

```
%% Initialisierung Berechnungspunkte
phi = 0:2*pi/50:2*pi;
%% Berechnung der Funktionen
% 1. Funktion
y1 = sin(phi);
% 2. Funktion
y2 = cos(phi);
% 3. Funktion
y3 = sin(2*phi);
%% Visualisierung
% Plot 1. Funktion
% Linienfarbe: rot
% Linienart: Durchgezogen
% Markierung: Kreis
% Linienstärke: 0.5pt (Standardeinstellung)
plot(phi,y1,'r-o')
% Hold ein
hold on
% Plot 2. Funktion
% Linienfarbe: blau
% Linienart: Gestrichelt
% Markierung: Keine (Standardeinstellung)
% Linienstärke: 1,5pt
```

```
plot(phi,y2,'b--','LineWidth',1.5)
% Plot 3. Funktion
% Linienfarbe: grün
% Linienart: Durchgezogen (Standardeinstellung)
% Markierung: Keine (Standardeinstellung)
% Linienstärke: 1pt
plot(phi,y3,'green','LineWidth',1)
% Nulllinie
plot([0 2*pi],[0 0],'black')
% Gitternetz
grid on
% Achsbeschriftungen
xlabel('Winkel Radiant')
ylabel('Funktionswert')
% Legende
% Tiefstellung der Indizes und griechische Buchstaben
legend('y_1 = sin(\phi)','y_2 = cos(\phi)','y_3 = sin(2*\phi)')
% Hold aus
hold off
```

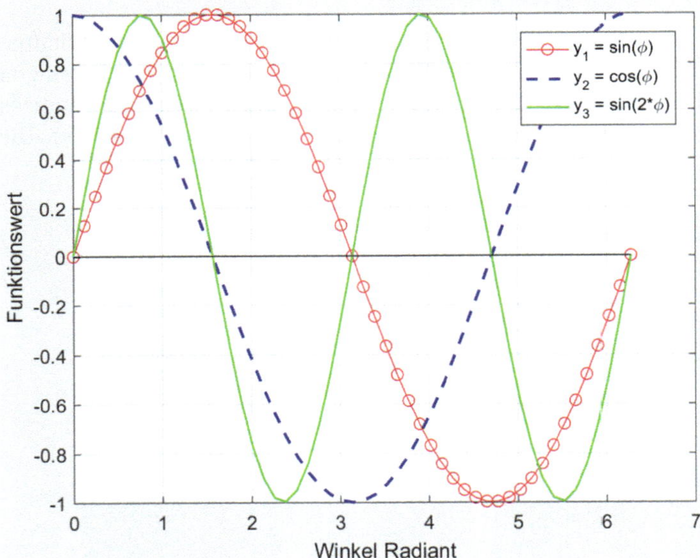

Bild 2.40 Beeinflussung des Erscheinungsbildes

In einem Grafikfenster (Figure) können auch mehrere Achssysteme eingefügt werden. Hierfür gibt es die MATLAB Function „subplot“. Die Syntax lautet:

```
subplot(m,n,p)
```

Die Eingangsargumente m und n legen die Anzahl an Achssystemen in Zeilen und Spalten fest. Der Aufbau entspricht einer zweidimensionalen Matrix. So bedeutet z.B. m = 2 und n = 3, dass insgesamt Platz für 6 Achssysteme (n×m) vorgesehen ist, die in 2 Zeilen und 3 Spalten angeordnet sind. Das Eingangsargument p entscheidet darüber, welches der Achssysteme für grafische Anweisungen benutzt wird. Dabei wird zeilenweise von links oben (p = 1) nach rechts unten (p = m × n) durchgezählt. Entscheidend dafür, welches Achssystem benutzt wird, ist die jeweils als Letztes vor einer grafischen Anweisung im Programmablauf erfolgte subplot-Anweisung. Script 2.26 zeigt ein Beispiel. Die drei Kurven werden jeweils in ein eigenes Achssystem gezeichnet (Bild 2.41).

Script 2.26 Mehrere Grafiken in einem Fenster (Plot2DSubplot.m)

```
%% Initialisierung Berechnungspunkte
phi = 0:2*pi/50:2*pi;
%% Berechnung der Funktionen
% 1. Funktion
y1 = sin(phi);
% 2. Funktion
y2 = cos(phi);
% 3. Funktion
y3 = sin(2*phi);
%% Visualisierung
% 1. Funktion I Oben links
subplot (2,2,1);
plot(phi,y1,'r-o')
grid on
xlabel('Winkel Radiant')
ylabel('Funktionswert')
title('y_1 = sin(\phi)')
% 2. Funktion I Oben rechts
subplot (2,2,2);
plot(phi,y2,'b--','LineWidth',1.5)
grid on
xlabel('Winkel Radiant')
ylabel('Funktionswert')
title('y_2 = cos(\phi)');
% 3. Funktion I Unten links
subplot (2,2,3);
plot(phi,y3,'green','LineWidth',1)
grid on
xlabel('Winkel Radiant')
ylabel('Funktionswert')
title('y_3 = sin(2*\phi)')
```

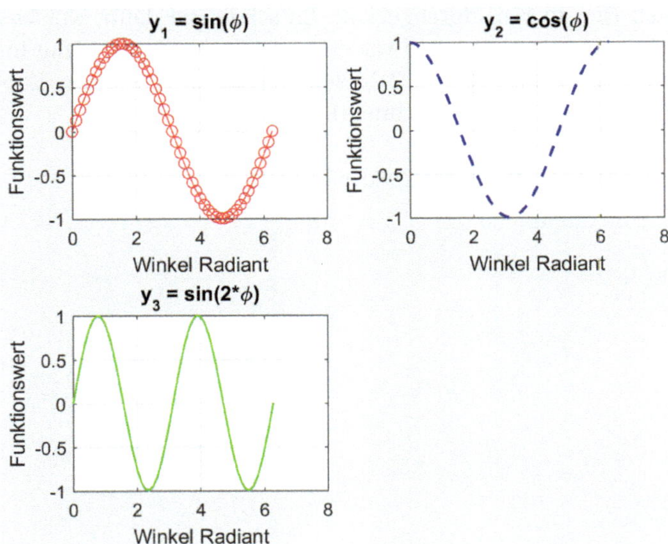

Bild 2.41 Mehrere Grafiken in einem Fenster

2.10.2 Dreidimensionale Visualisierung

Eine Einführung in die Möglichkeiten der dreidimensionalen Darstellung erfolgt anhand folgender Beispiele:

- Dreidimensionale Kurve (MATLAB Function „plot3")
- Flächendarstellung (MATLAB Function „surf")

Die MATLAB Function „plot3" ist für Funktionen mit zwei Eingangsparametern vorgesehen. Sie entspricht der grafischen Darstellung einer Funktion z = f(x,y). Eine mögliche Syntax lautet:

```
plot3(X,Y,Z)
```

Die Eingangsargumente X, Y und Z stellen die Koordinaten einer Kurve in einem rechtwinkligen dreiachsigen Koordinatensystem dar. Auch hier müssen die Dimensionen von X, Y und Z zusammenpassen.

Als Beispiel soll eine Schraubenlinie für drei Umdrehungen visualisiert werden. Die Definition, Berechnung und Anweisungen zur Visualisierung zeigt Script 2.27. Zusätzlich wird der Anfang jeder Umdrehung mit einem Kreis markiert, und es werden Nulllinien und eine Mittellinie eingefügt. In Bild 2.42 ist die grafische Visualisierung dargestellt.

Script 2.27 Schraubenlinie mit Markierungen, Nulllinien und Mittellinie (Plot3DCurve.m)

```
%% Initialisierung
% Radius
Radius = 10e-3;
% Anzahl an Umdrehungen
Umdrehungen = 3;
```

```
% Achsskalierung
c = 1000;
%% Berechnung
% Z-Achse
z = 0:1/100:Umdrehungen;
% Winkel in Radiant
phi = 2*pi*z;
% X-Achse
x = -Radius*cos(phi);
% Y-Achse
y = Radius*sin(phi);
%% Visualisierung
% 3D Plot
plot3(c*x,c*y,z,'LineWidth',1.5)
% Gitternetz
grid on
% Achsbeschriftungen
xlabel('X-Achse mm')
ylabel('Y-Achse mm')
zlabel('Z-Achse Umdrehungen')
% Titel
title('Schraubenlinie')
% Hold ein
hold on
% Markierung Start einer Umdrehung
for i = 0:Umdrehungen
 plot3(-c*Radius,0,i,'ro')
end
% Nulllinien
plot3(c*[-Radius Radius],[0 0],[0 0],'black')
plot3([0 0],c*[-Radius Radius],[0 0],'black')
% Mittellinie
plot3([0 0],[0 0],[0 Umdrehungen ],'k-.')
% Hold aus
hold off
```

Eine Fläche ist die Darstellung einer Funktion z(x,y) zweier unabhängiger Variablen x und y. Mit der MATLAB Function „surf" (surface) können Flächen visualisiert werden. Eine mögliche Syntax ist:

```
surf(X,Y,Z)
```

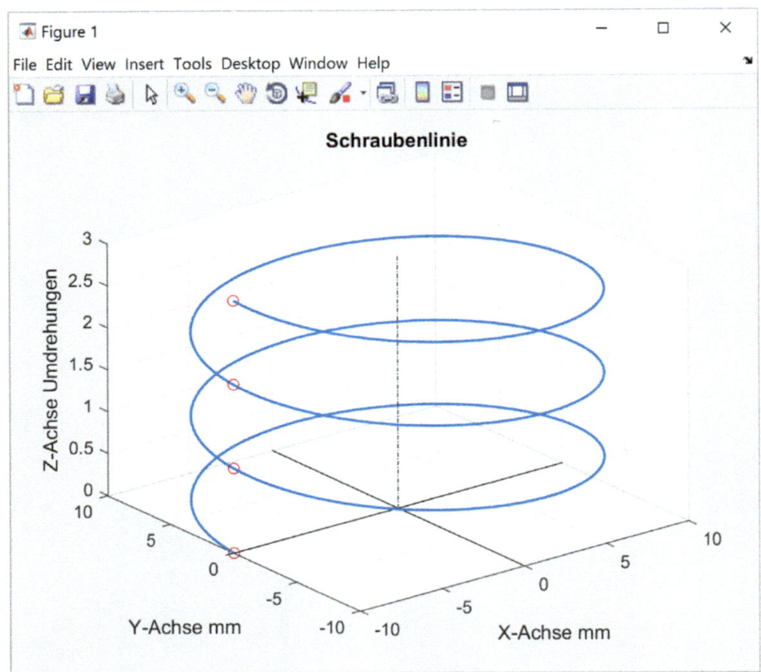

Bild 2.42 Schraubenlinie mit Markierungen, Nulllinien und Mittellinie

Im einfachen Fall sind die Eingangsargumente X und Y Vektoren, deren Länge verschieden sein kann. Das Gitterraster in der x/y-Ebene ist konstant. Das Eingangsargument Z ist eine Matrix, deren Dimension zu X und Y passen muss. Die Zeilenanzahl von Z entspricht der Anzahl an Elementen von Y und die Spaltenanzahl der Anzahl an Elementen von X. Jeder Kombination eines Wertepaares von X und Y wird an entsprechender Stelle ein Wert in z-Richtung in einem rechtwinkligen dreiachsigen Koordinatensystem zugeordnet. In Tabelle 2.24 sind beispielhaft wenige Werte in x- und y-Richtung (1 × 4- und 1 × 3-Vektor) und die dazugehörigen Werte in z-Richtung (3 × 4-Matrix) angegeben.

Tabelle 2.24 x-, y- und z-Werte (z-Werte kursiv)

	X-Werte			
Y-Werte	10	20	30	40
5	0	0,5	1	1,5
6	*1*	*2*	*3*	*4*
7	*2*	*5*	*8*	*11*

Diese werden in Script 2.28 verwendet, um eine Fläche zu visualisieren. Die Ergebnisgrafik zeigt Bild 2.43.

Script 2.28 Fläche mit konstantem Gitterabstand (SurfaceConstantGrid.m)

```
%% Initialisierung
% X-Werte
x = [10 20 30 40];
% Y-Werte
y = [5 6 7];
% Z-Werte
z = [0 0.5 1 1.5;...
   1 2 3 4 ;...
   2 5 8 11];
%% Visualisierung
% Fläche darstellen
surf(x,y,z)
% Gitternetz
grid on
% Achsbeschriftungen
xlabel('X-Werte')
ylabel('Y-Werte')
zlabel('Z-Werte')
```

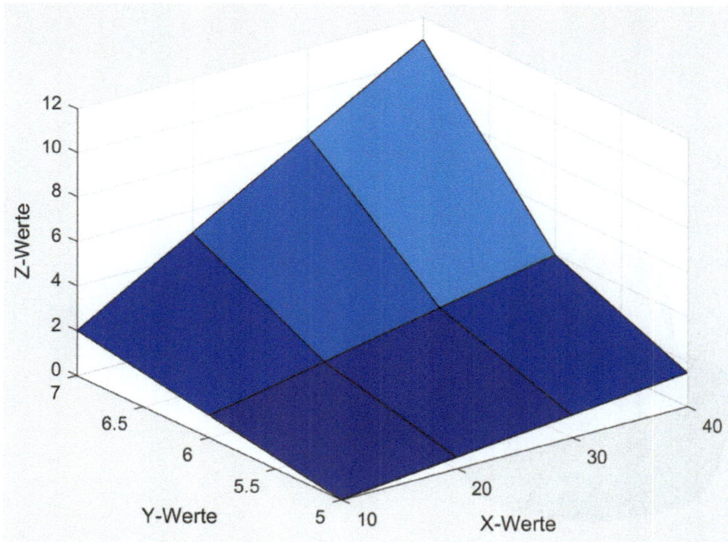

Bild 2.43 Fläche mit konstantem Gitterabstand

Im allgemeinen Fall, wenn der Gitterabstand nicht konstant ist, sind die Eingangsargumente X und Y Matrizen. Mit der MATLAB Function „meshgrid" lassen sich komfortabel aus Vektoren x und y zugehörige Rastermatrizen X und Y erzeugen. Durch elementweises Multiplizieren kann eine zugehörige Matrix Z, die dann als Eingangsargument für „surf" dient, berechnet werden. Ein Beispiel hierzu zeigt Script 2.29 und Bild 2.44.

Script 2.29 Fläche mit variablem Gitterabstand (SurfaceVariableGrid.m)

```
%% Initialisierung
% X-Werte
x = -3:0.1:3;
% Y-Werte
y = -3:0.1:3;
% Zufallswerte hinzufügen für ungleichmäßigen Gitterabstand
x = x + 0.08*rand(size(x));
y = y - 0.08*rand(size(y));
% Rastermatrizen erzeugen
[X,Y] = meshgrid(x,y);
% Z-Werte berechnen
R = X.*X + Y.*Y;
Z = sin(R) .* exp(-0.3*R);
%% Visualisierung
% Fläche darstellen
surf(X,Y,Z)
% Gitternetz
grid on
% Achsbeschriftungen
xlabel('X-Werte')
ylabel('Y-Werte')
zlabel('Z-Werte')
```

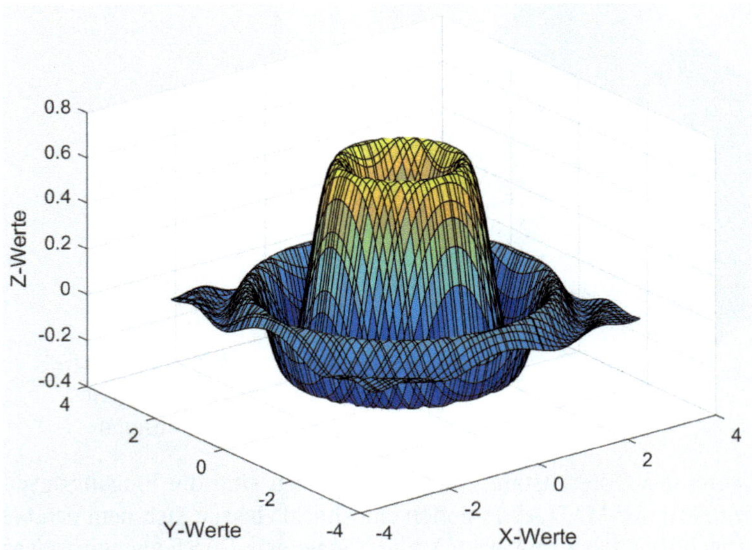

Bild 2.44 Fläche mit variablem Gitterabstand

Ein praktisches Beispiel für eine dreidimensionale Flächendarstellung aus einem F&E-Vorhaben der Hochschule Rosenheim zeigt das Höhenprofil in Bild 2.45. In diesem Projekt werden Maßnahmen zur Reduzierung hagelbedingter Schäden untersucht. Im Zusammenhang mit einer Datenverbindung von der Hochschule zum Gipfel des Hochfelln, von dem aus mit dem Flieger zur Hagelabwehr kommuniziert wird, mussten mögliche topographische Einschränkungen bei der Signalübertragung berücksichtigt werden. Für die in Bild 2.45 benutzten Lichteffekte gibt es die MATLAB Function „lighting".

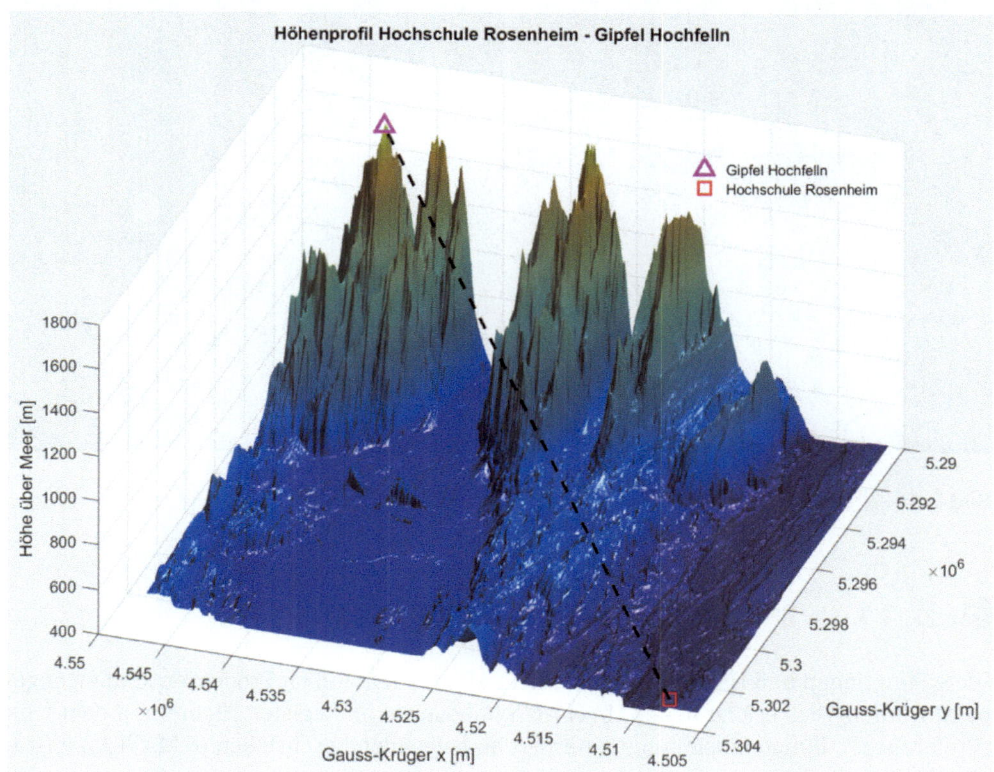

Bild 2.45 Höhenprofil Hochschule Rosenheim – Gipfel Hochfelln

Bild 2.46 zeigt die dazugehörige Draufsicht, in der sich der Chiemsee ❶, die Kanalisierung des Inns ❷, die Autobahn A8 zwischen München und Salzburg ❸ und die Eisenbahnlinie zwischen München und Salzburg ❹ erkennen lassen.

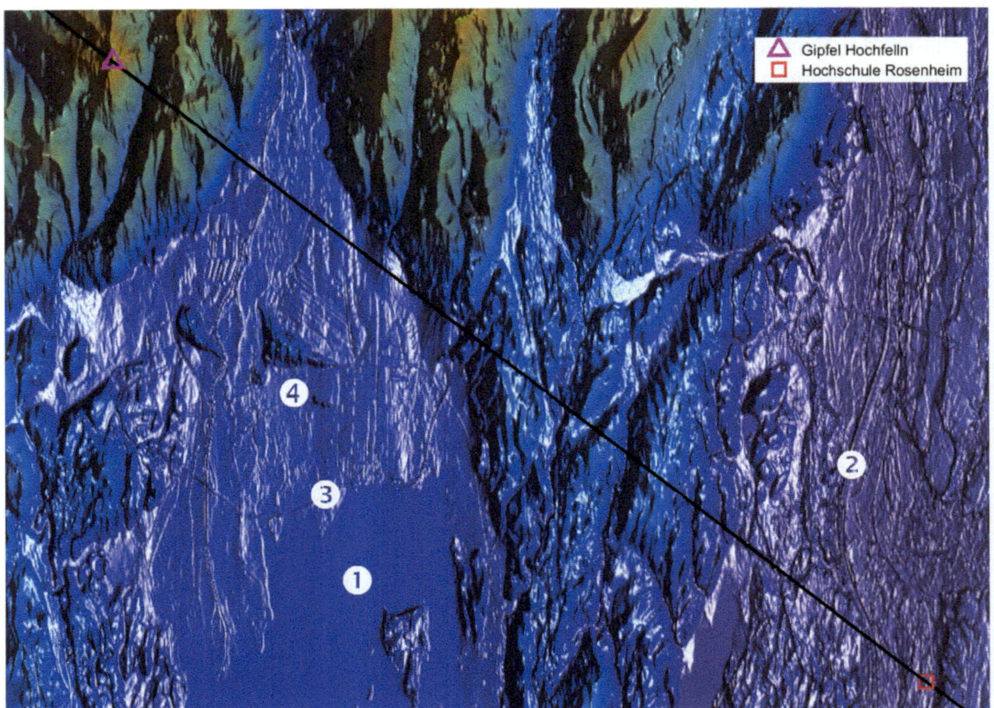

Bild 2.46 Draufsicht

2.11 MATLAB Grundeinstellungen

Viele Funktionen und Darstellungen in MATLAB und den Add-on-Produkten können angepasst werden. Dies erfolgt in der MATLAB Symbolleiste im Register „Home" mit dem Icon „Preferences". Einige Einstellungen werden im Folgenden beschrieben (▸ MATLAB ▸ Graphics).

2.11.1 Einrückungen

Bei großen und/oder komplexen Programmen mit Schleifen und Verzweigungen geht sehr schnell der Überblick verloren. Neben Kommentaren sind Einrückungen von Programmzeilen eine hilfreiche Maßnahme dies zu vermeiden. In MATLAB gibt es die Möglichkeit das Einrücken im Editor automatisiert durchführen zu lassen. Dies wird „Smart Indenting" genannt. Die Einstellung erfolgt in der MATLAB Symbolleiste im Register „Home" mit:

Preferences ▸ Editor/Debugger ▸ Tab

In Bild 2.47 wurden Einrückungen mit einem Leerzeichen gewählt. Mit dem ✓ in der Check Box „Emacs-style Tab key smart indenting" wird „Smart Indenting" aktiviert.

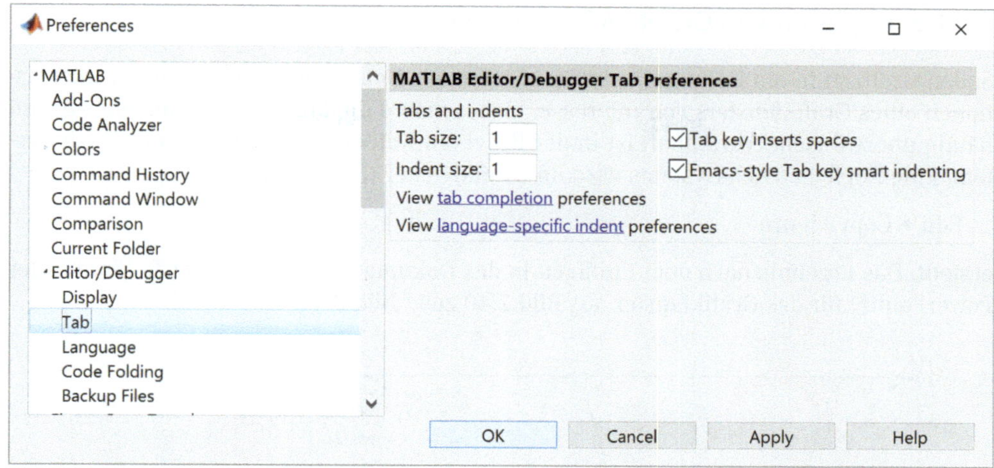

Bild 2.47 Einstellungen für Einrückungen („Smart Indenting“)

„Smart Indenting“ verwendet man folgendermaßen: Man markiert den Abschnitt im MATLAB Editor, der eingerückt werden soll (z. B. „Alles“ mit Strg+A), und drückt die Tabulator-Taste. Die Darstellung im MATLAB Editor ohne und mit Einrückungen durch „Smart Indenting“ ist in Bild 2.48 gegenübergestellt.

```
if x
y = false;
for i = 1:5
disp(i);
for j = 10:10:30
disp(j);
end
end
else
y = true;
end
```

```
if x
 y = false;
 for i = 1:5
  disp(i);
  for j = 10:10:30
   disp(j);
  end
 end
else
 y = true;
end
```

Bild 2.48 Ohne (links) und mit Einrückungen durch „Smart Indenting“ (rechts)

2.11.2 Autosave

Von MATLAB wird standardmäßig eine sogenannte „autosave“-Datei mit der Extension „asv“ und dem gleichen Namen wie der des editierten m-File angelegt. Die „autosave“-Datei ist eine Sicherungsdatei. Die Einstellung für „autosave“-Dateien erfolgt unter

Preferences ▸ Editor/Debugger ▸ Autosave

2.11.3 Kopieren von Grafiken in Dokumente

Sollen Grafiken in ein Dokument einfügt werden, sind meist nicht die gesamten Informationen eines Grafikfensters von Interesse. Insbesondere die Menü- und Symbolleiste sind häufig unerwünscht. Vorteilhaft ist in der Regel ein weißer Hintergrund für das Achssystem. Eine Kopie des Achssystems wird im Grafikfenster (Figure) mit

Edit ▸ Copy Figure

erstellt. Das Ergebnis nach dem Einfügen in das Dokumentenprogramm (z. B. Word® oder PowerPoint®) für das Grafikfenster aus Bild 2.40 zeigt Bild 2.49:

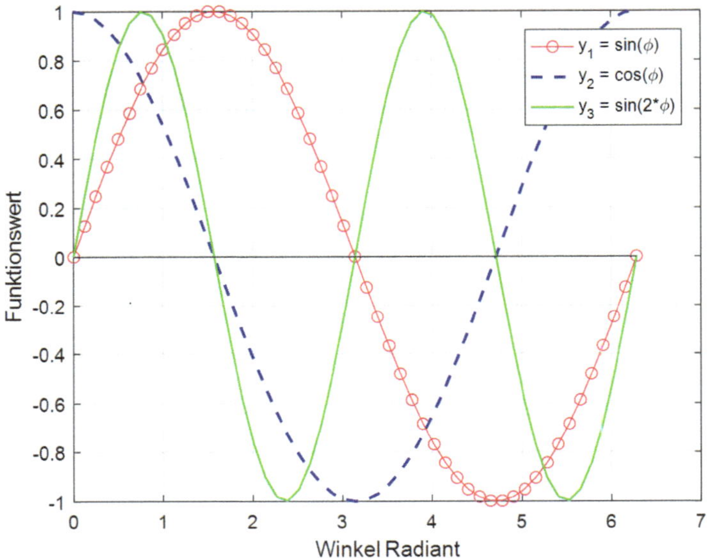

Bild 2.49 Grafik in der Dokumentation

Die Einstellungen für Kopien einer Grafik (Bild 2.50) erfolgen im Grafikfenster unter

Edit ▸ Copy Options

oder in der MATLAB Symbolleiste im Register „Home“ mit:

Preferences ▸ Figure Copy Template ▸ Copy Options

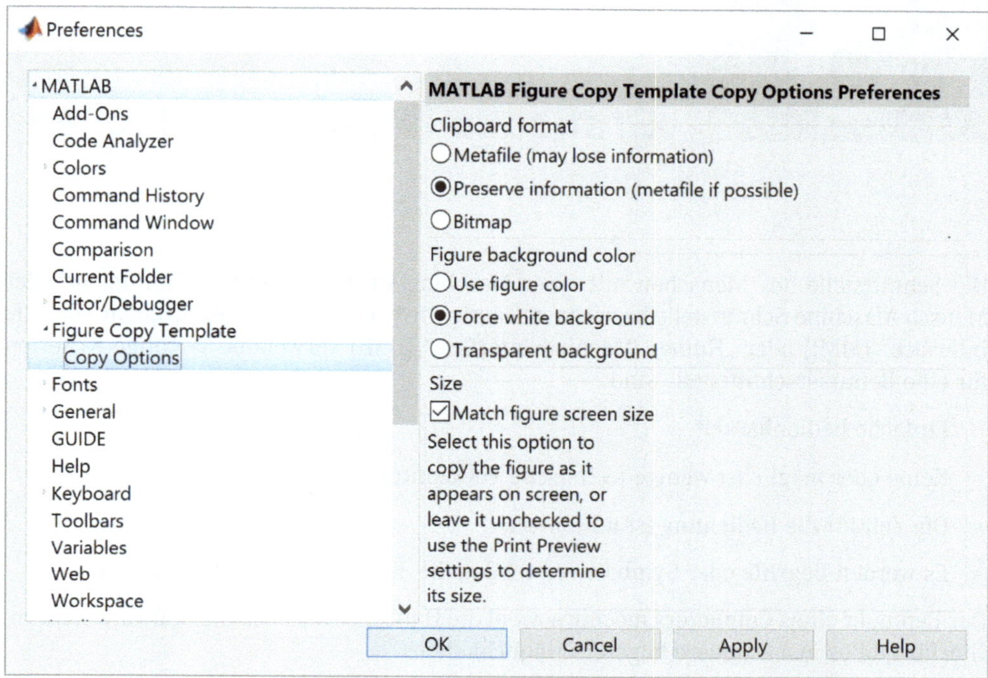

Bild 2.50 Einstellungen für Kopien von Grafiken

3 Grafische Bedienoberflächen

Die Schnittstelle des Menschen mit einer Maschine wird als Benutzerschnittstelle oder Mensch-Maschine-Schnittstelle bezeichnet. Häufig wird der englische Begriff „Man Machine Interface“ (MMI) oder „Human Machine Interface“ (HMI) verwendet. Wichtige Kriterien für eine Benutzerschnittstelle sind:

- Einfache Bedienbarkeit
- Keine oder möglichst wenige technische Vorkenntnisse sind erforderlich
- Die Zeit für die Bedienung ist minimiert.
- Es werden Begriffe oder Symbole verwendet, die dem Nutzerkreis bekannt sind.

Der Benutzer eines Computers möchte sowohl die Hardware als auch die Software steuern. Hierfür gibt es insbesondere folgende Möglichkeiten:

- Drücken von Steuertasten auf der Tastatur (Bild 3.1) z. B. für die Lautstärke
- Ausführung von Bewegungen oder Aufbringen von Kräften durch den Benutzer, die durch spezielle Einrichtungen ausgewertet und an den Computer übertragen werden. Beispiele für derartige Einrichtungen sind Maus, Joystick, Game Controller oder Touchscreen (Bild 3.2).
- Eingabe von Text auf der Computertastatur. Der vom Benutzer eingegebene Text enthält Daten oder Anweisungen, die vordefinierte Funktionen ausführen. In MATLAB sind dies Anweisungen im „Command Window“, wie z. B. „plot(t,x)“.
- Grafische Bedienoberflächen
- Spracheingabe

Bild 3.1 Tastatureingaben, Mobile Workstation Dell® Precision™ 7510

Bild 3.2 Kabellose Maus

In diesem Kapitel wird ausschließlich auf grafische Bedienoberflächen eingegangen. Grafische Bedienoberflächen nutzen häufig grafische Symbole, sogenannte Icons, zur Bedienung. Bei einem Computer mit Windows®-Betriebssystem gibt es grafische Symbole, z. B. für den Papierkorb (Bild 3.3). Innerhalb einer grafischen Bedienoberfläche kann auch die Eingabe von Text erforderlich sein. Im Englischen wird für grafische Bedienoberflächen die Bezeichnung „Graphical User Interface", kurz GUI, verwendet.

Bild 3.3 Grafische Symbole (Icons)

MATLAB besitzt eine grafische Bedienoberfläche. Bereiche zur textuellen Eingabe innerhalb der grafischen Bedienoberfläche sind z. B. das „Command Window" oder der „Variables Editor". MATLAB bietet dem Nutzer auch die Möglichkeit für seine Anwendung eine eigene grafische Bedienoberfläche zu erstellen. Die Programmierung einer grafischen Bedienoberfläche wird daher exemplarisch in Zusammenhang mit MATLAB gezeigt. Für den Einstieg in grafische Bedienoberflächen ist es hilfreich, zunächst die Arbeitsweise von MATLAB bezüglich grafischer Elemente (Graphics objects) zu verstehen. Diese wird daher als Erstes behandelt. Erst danach wird auf die Entwicklung grafischer Bedienoberflächen und spezielle Themen, die damit in Zusammenhang stehen, eingegangen.

3.1 Grafische Elemente (Graphics Objects)

Die Technik, die MATLAB nutzt, um grafische Elemente (Graphics objects), wie z. B.

- Grafikfenster (Figure) mit der MATLAB Function „figure“
- Plots mit der MATLAB Function „plot“

darzustellen, wird Handle Graphics® genannt. Alle Grafikfenster, die damit erzeugt werden, enthalten üblicherweise viele grafische Elemente. Soll z. B. der Positionsverlauf über der Zeit für einen Ein-Masse-Schwinger grafisch dargestellt werden, so geschieht dies mit (den Variablen t und x wurden vorab bereits Werte zugeordnet):

```
plot(t,x);
```

Die MATLAB Function „plot“ erzeugt dabei automatisch drei grafische Elemente (Graphics objects):

- Figure object
- Axes object
- Line object

die in Bild 3.4 gekennzeichnet sind.

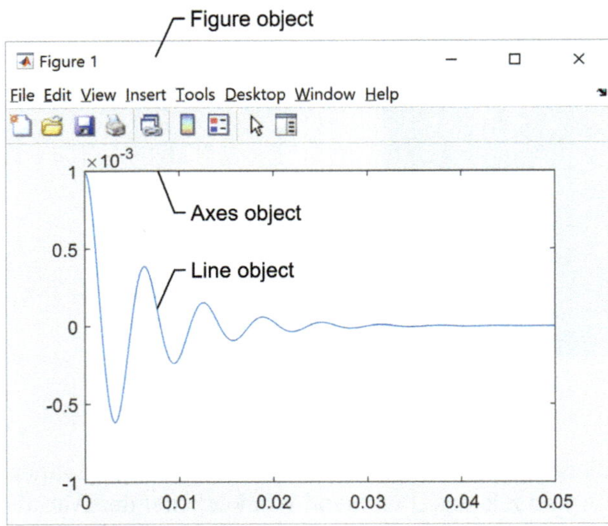

Bild 3.4 Durch die MATLAB Function „plot“ automatisch erzeugte grafische Elemente (Graphics objects)

Nutzt man die Function nur wie oben beschrieben, bleibt die Existenz der grafischen Elemente verborgen. Um grafische Bedienoberflächen zu erstellen, ist es allerdings erforderlich, mit den grafischen Elementen selbst und deren Eigenschaften vertraut zu werden. Insbesondere ist es wichtig zu verstehen, wie Eigenschaften veränderbar sind.

3.1.1 Eigenschaften (Properties)

Jedes grafische Element hat Eigenschaften (Properties), mit denen dieses definiert ist. Diese Eigenschaften legen unter anderem das Aussehen des Elementes (wie z. B. Farbe und Größe) und die Position, an der das Element gezeigt wird, fest. Die Eigenschaften können nach Öffnen des „Property Editors“ ❶ abgefragt werden (Bild 3.5). Es werden jeweils die Eigenschaften des ausgewählten grafischen Elementes angezeigt. Die Auswahl erfolgt durch einen Klick auf das jeweilige Grafikelement. Einige Eigenschaften werden direkt unterhalb im „Property Editor“ angezeigt. Diese können dort auch verändert werden. Nach einer Veränderung wird das grafische Element automatisch mit der geänderten Eigenschaft visualisiert.

In Bild 3.5 ist das grafische Element, das den Positionsverlauf als Linie anzeigt („Line object“), ausgewählt. Dieses Element hat z. B. Eigenschaften zur Einstellung der

- Strichstärke der Linie (Property: LineWidth), im Bild mit ❷ gekennzeichnet,
- Farbe der Linie (Property: Color), im Bild mit ❸ gekennzeichnet.

Die Strichstärke der Linie hat den Wert 0.5 und die Farbe der Linie ist Blau.

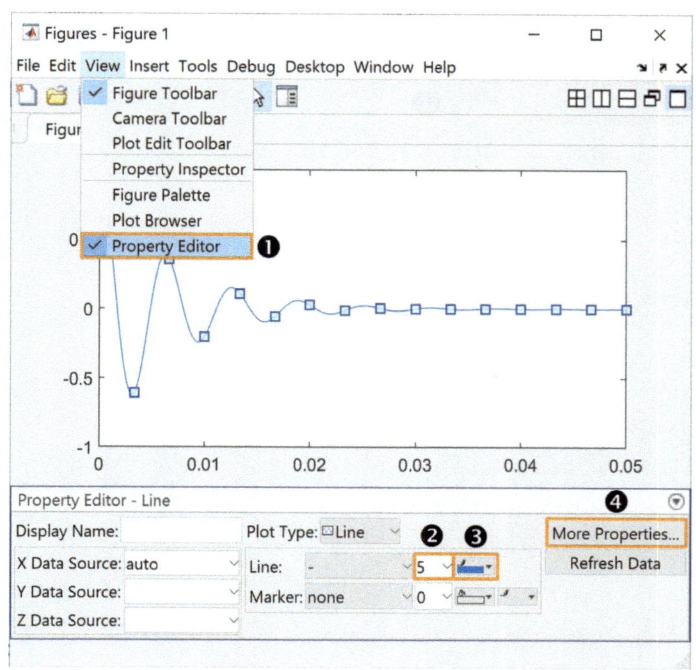

Bild 3.5 Eigenschaften (Properties) eines grafischen Elementes. Beispiel: grafisches Element, das den Positionsverlauf als Linie anzeigt (Line object)

Alle Eigenschaften des grafischen Elements können mit „More Properties …“ (im Bild 3.5 mit ❹ gekennzeichnet) angezeigt werden. Wird dies ausgewählt, öffnet sich ein separates Fenster, der sogenannte „Property Inspector“, das alle Eigenschaften anzeigt (Bild 3.6). Die beiden oben beschriebenen Eigenschaften (Properties) „LineWidth“ und „Color“ sind wiederum mit ❷ und ❸ gekennzeichnet. Farbangaben erfolgen in der RGB-Definition (RGB: Rot Grün Blau): Die darzustellende Farbe wird aus den drei Grundfarben Rot, Grün und Blau, die in MATLAB jeweils eine Intensität (Wert) zwischen 0.0 und 1.0 annehmen können, additiv zusammengesetzt (Tabelle 3.1). Der Anteil der Grundfarben wird bei einer Farbeigenschaft angezeigt. Der erste Wert gibt den Anteil der Farbe Rot, der zweite den Grün- und der dritte den Blauanteil an. Nach einer Veränderung einer Eigenschaft im „Property Inspector“ wird das grafische Element ebenfalls automatisch mit der geänderten Eigenschaft visualisiert.

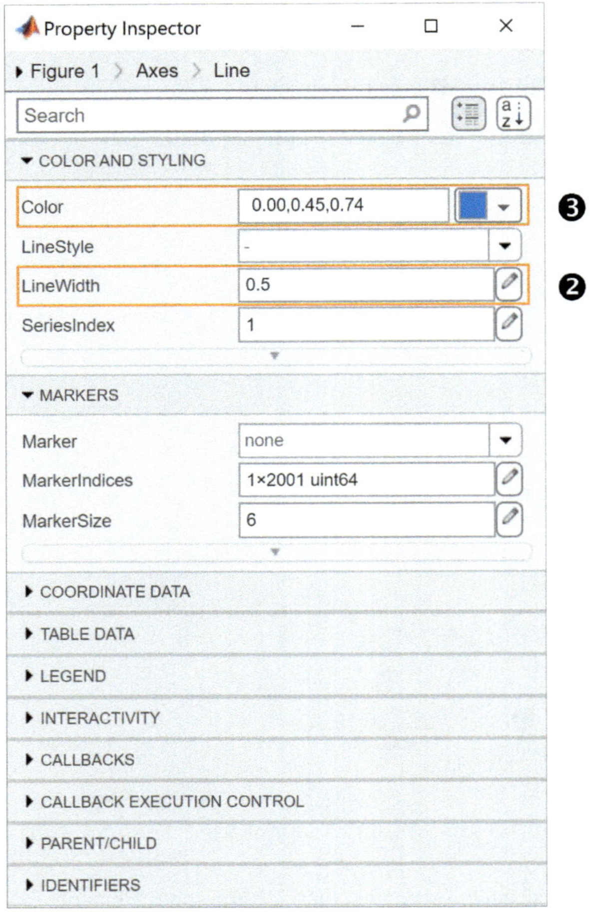

Bild 3.6 Eigenschaften des grafischen Elementes, das den Positionsverlauf als Linie anzeigt („Line object“)

Tabelle 3.1 Definition der Farbe nach der RGB-Farbdefinition

Farbe		RGB Farbdefinition [red green blue]
Rot ①		[1.0 0.0 0.0]
Grün ①		[0.0 1.0 0.0]
Blau ①		[0.0 0.0 1.0]
Weiß		[1.0 1.0 1.0]
Schwarz		[0.0 0.0 0.0]
Linie im Beispiel (Bild 3.5)		[0.0 0.447 0.741]

① in maximaler Intensität

Zusätzliche Informationen zu einer Eigenschaft werden angezeigt, wenn man mit dem Mauszeiger auf die jeweilige Eigenschaft geht und kurz wartet (im Beispiel für Color). Es erscheint ein Feld mit einem kurzen Hilfetext (Bild 3.7). Eine wesentlich ausführlichere Hilfe zu jeder Eigenschaft findet sich in der integrierten Dokumentation (Bild 3.8).

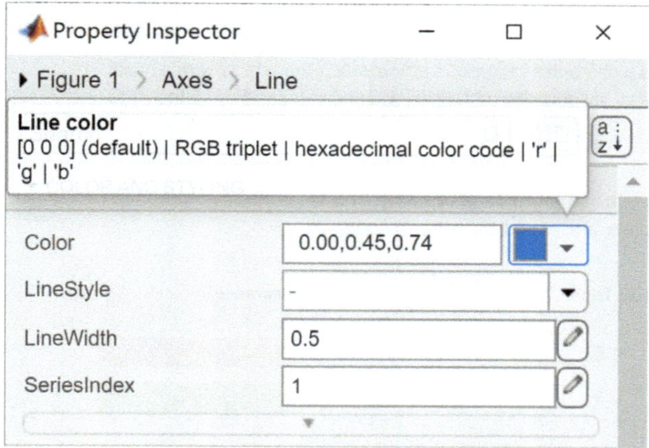

Bild 3.7 Zusätzliche Informationen zu einer Eigenschaft

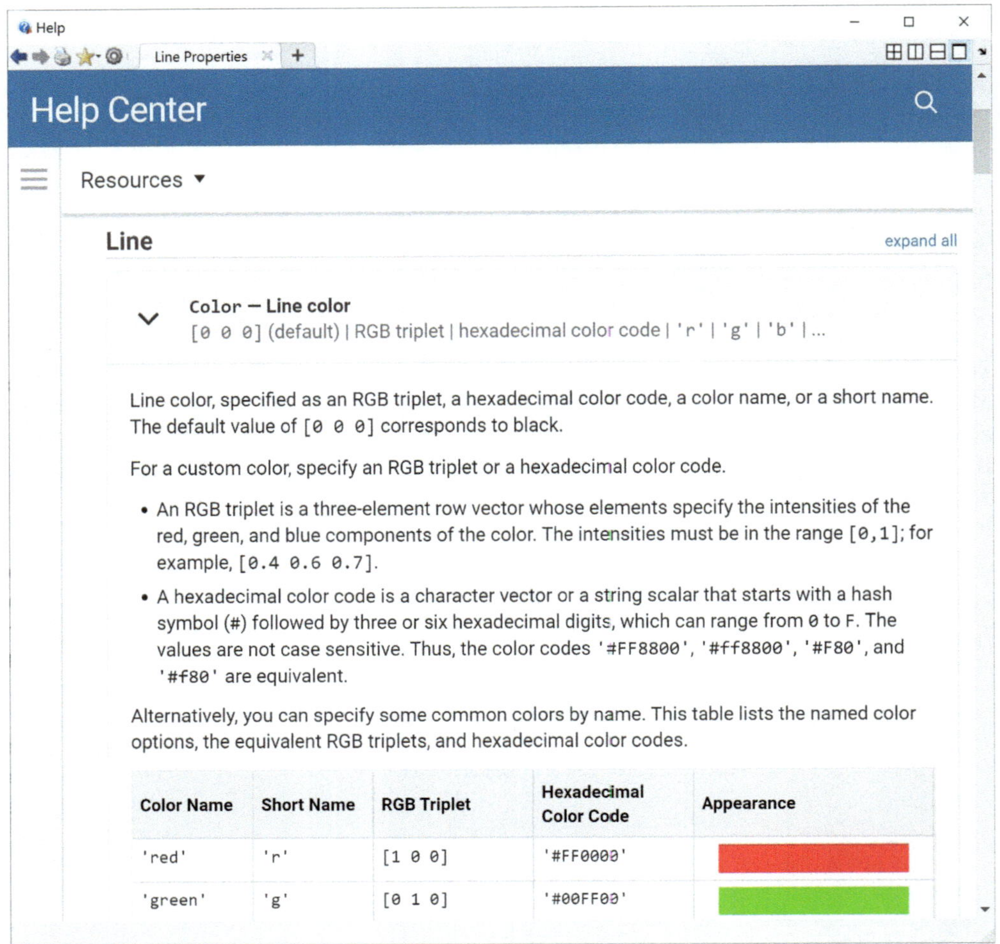

Bild 3.8 Dokumentation (Help) zu einer Eigenschaft

3.1.2 Identifizierungskennzeichen (Handle)

Wird von MATLAB ein grafisches Element erzeugt, so wird diesem ein Identifizierungskennzeichen, ein sogenanntes „handle", zugeordnet. Handle werden benutzt, um die Eigenschaften des grafischen Elementes (Graphics object) zu ermitteln oder zu verändern. Grafische Elemente nutzen zur Identifizierung Objektnamen (Object handles) unterschiedlichen Typs. Diese verhalten sich wie andere MATLAB Objekte und unterstützen die „dot notation", um Eigenschaften zu ermitteln oder zu verändern.

Am Beispiel der MATLAB Functions „figure", „axes" und „plot" soll das Prinzip erläutert werden. Mit folgenden drei Anweisungen (den Variablen t und x wurden vorab bereits Werte zugewiesen)

```
HandleFigure = figure
HandleAxes = axes
HandlePlot = plot(t,x)
```

werden nacheinander die in Bild 3.9 gezeigten grafischen Elemente erzeugt:

❶ Grafikfenster („figure object")

❷ Achssystem („axes object")

❸ Linie („line object"), durch die Function „plot".

❶ „figure object"

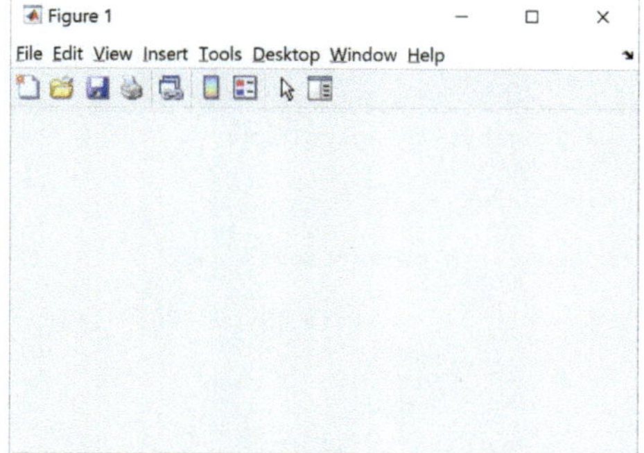

❷ „figure object" und „axes object"

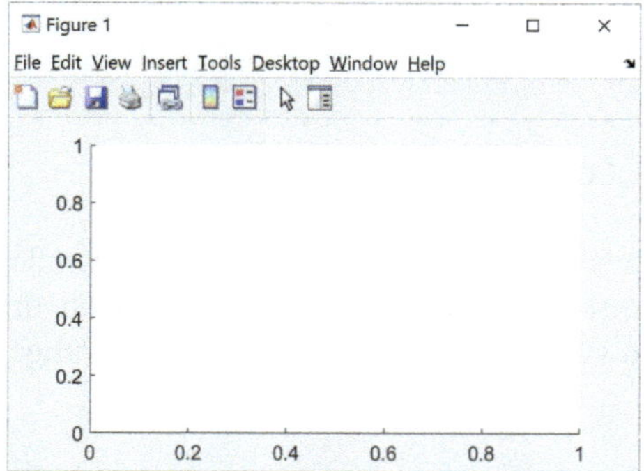

❸ „ figure object", „axes object" und „line object"

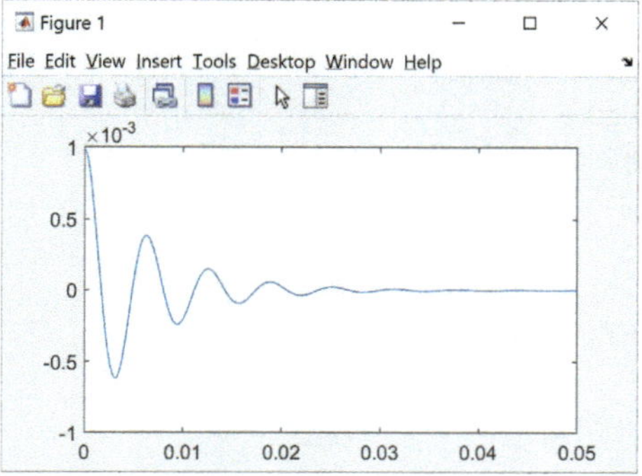

Bild 3.9 MATLAB Functions „figure", „axes" und „plot"

Sind bereits ein oder mehrere Grafikfenster geöffnet und in diesen eine oder mehrere Achssysteme vorhanden, so wird durch „plot“ in das *zuletzt* benutzte Achssystem die Linie gezeichnet. ■

Ist kein Grafikfenster vorhanden, so erzeugt „plot“ automatisch ein Grafikfenster und ein Achssystem. ■

Sofern bei der Eingabe der Anweisungen die Ausgabe im „Command Window“ nicht unterdrückt wird, erhält man die in Bild 3.10 gezeigte Anzeige (beispielhaft für die Anweisungen mit den MATLAB Functions „figure“ und „plot“).

Grafikfenster

```
>> HandleFigure = figure

HandleFigure =

  Figure (1) with properties:

      Number: 1
        Name: ''
       Color: [0.9400 0.9400 0.9400]
    Position: [488.2000 529 423.2000 232.8000]
       Units: 'pixels'

  Show all properties
```

Grafik

```
>> HandlePlot = plot(t,x)

HandlePlot =

  Line with properties:

              Color: [0 0.4470 0.7410]
          LineStyle: '-'
          LineWidth: 0.5000
             Marker: 'none'
         MarkerSize: 6
    MarkerFaceColor: 'none'
              XData: [1x2001 double]
              YData: [1x2001 double]

  Show all properties
```

Bild 3.10 Grafische Elemente (Graphics objects) im „Command Window“

HandleFigure und HandlePlot sind die Objektnamen (Identifizierungskennzeichen, Handle) für das Grafikfenster und für die Linie. Im „Workspace Browser“ werden das Icon für Objekte, der Objektname (Name), der Objekttyp (Value) und der Datentyp (Class) angezeigt (Bild 3.11).

Workspace

Name	Value	Size	Class
HandleAxes	*1x1 Axes*	1x1	matlab.graphics.axis.Axes
HandleFigure	*1x1 Figure*	1x1	matlab.ui.Figure
HandlePlot	*1x1 Line*	1x1	matlab.graphics.chart.primitive.Line
t	*1x2001 double*	1x2001	double
x	*1x2001 double*	1x2001	double

Bild 3.11 Grafische Elemente (Graphics objects) als Variablen im „Workspace Browser“

3.1.3 Abfrage von Eigenschaften

Alle oder einzelne Eigenschaften eines grafischen Elementes können auf mehrere Arten abgefragt werden. Dies soll exemplarisch für die Linie, die durch die MATLAB Function „plot“ erzeugt wurde, gezeigt werden. Das Identifizierungskennzeichen (Handle) für die Linie ist „HandlePlot“.

❶ Mit dem Identifizierungskennzeichen (Objektnamen bzw. Variablennamen)

Die Eingabe des Identifizierungskennzeichens (des Objektnamens bzw. Variablennamens) im „Command Window“ zeigt zunächst die wichtigsten Eigenschaften (Properties) des grafischen Elementes (Typ des Objektes: Line) im „Command Window“ an. Wird zusätzlich „Show all properties“ gewählt, so werden alle Eigenschaften angezeigt (siehe unten).

```
HandlePlot
HandlePlot =
  Line with properties:
              Color: [0 0.4470 0.7410]
          LineStyle: '-'
          LineWidth: 0.5000
             Marker: 'none'
         MarkerSize: 6
    MarkerFaceColor: 'none'
              XData: [0 2.5000e-05 5.0000e-05 ... ]
              YData: [9.8869e-04 9.8841e-04 ... ]

  Show all properties

    AlignVertexCenters: off
            Annotation: [1×1 matlab.graphics.eventdata.Annotation]
          BeingDeleted: off
            BusyAction: 'queue'
         ButtonDownFcn: ''
              Children: [0×0 GraphicsPlaceholder]
              Clipping: on
                 Color: [0 0.4470 0.7410]
             ColorMode: 'auto'
           ContextMenu: [0×0 GraphicsPlaceholder]
             CreateFcn: ''
       DataTipTemplate: [1×1 matlab.graphics.datatip.DataTipTemplate]
             DeleteFcn: ''
           DisplayName: ''
      HandleVisibility: 'on'
               HitTest: on
         Interruptible: on
              LineJoin: 'round'
             LineStyle: '-'
         LineStyleMode: 'auto'
             LineWidth: 0.5000
                Marker: 'none'
       MarkerEdgeColor: 'auto'
       MarkerFaceColor: 'none'
```

```
        MarkerIndices: [1 2 3 4 5 6 7 8 9 10 11 12 ... ]
           MarkerMode: 'auto'
           MarkerSize: 6
               Parent: [1×1 Axes]
        PickableParts: 'visible'
             Selected: off
   SelectionHighlight: on
          SeriesIndex: 1
          SourceTable: [0×0 table]
                  Tag: ''
                 Type: 'line'
             UserData: []
              Visible: on
                XData: [0 2.5000e-05 5.0000e-05 ... ]
            XDataMode: 'manual'
          XDataSource: ''
            XVariable: ''
                YData: [9.8869e-04 9.8841e-04 ... ]
            YDataMode: 'manual'
          YDataSource: ''
            YVariable: ''
                ZData: [1×0 double]
            ZDataMode: 'auto'
          ZDataSource: ''
            ZVariable: ''
```

❷ Mit der MATLAB Function „get“

```
get(Handle)
```

werden alle Eigenschaften (Properties) des grafischen Elementes (Typ des Objektes: Line) im „Command Window“ angezeigt. Handle ist dabei das Identifizierungskennzeichen (Objektname bzw. Variablenname) des grafischen Elementes. Für das Beispiel erhält man:

```
get(HandlePlot)
    AlignVertexCenters: off
            Annotation: [1×1 matlab.graphics.eventdata.Annotation]
          BeingDeleted: off
            BusyAction: 'queue'
         ButtonDownFcn: ''
              Children: [0×0 GraphicsPlaceholder]
              Clipping: on
                 Color: [0 0.4470 0.7410]
             ColorMode: 'auto'
                    ...
             ZVariable: ''
```

Es kann auch eine einzelne Eigenschaft abgefragt werden. Beispielhaft soll dies für die Strichstärke der Linie (PropertyName: LineWidth) gezeigt werden:

```
get(HandlePlot,'LineWidth')
ans =
   0.5000
```

❸ Mit dem „Workspace Browser“ und „Property Inspector“

Wird die Variable im „Workspace Browser“ abgefragt (Doppelklick auf den Namen), werden die Eigenschaften in einem eigenen Fenster, dem „Property Inspector“, angezeigt (Bild 3.12).

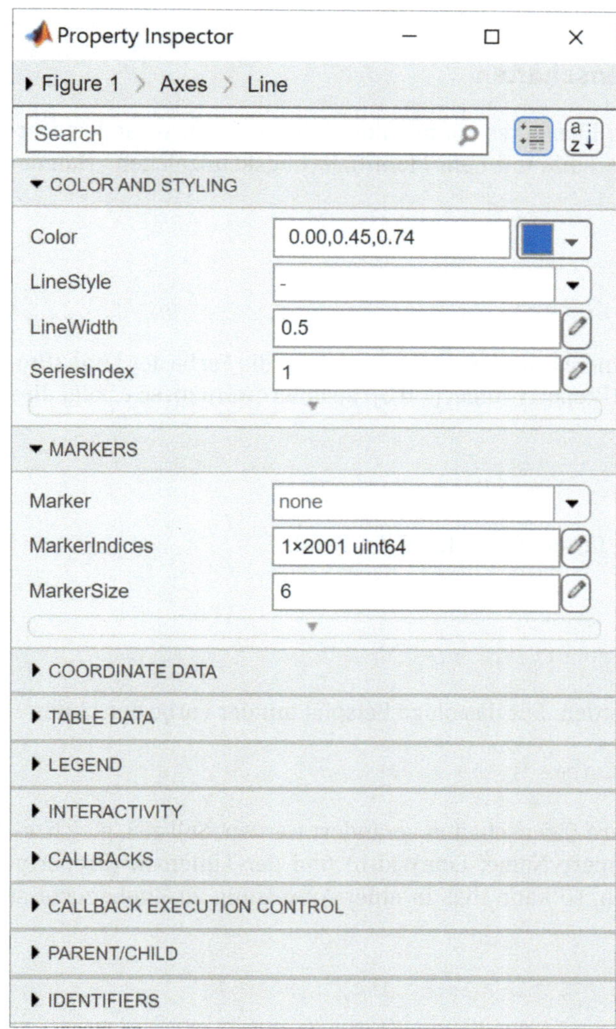

Bild 3.12 Anzeige der Eigenschaften (Properties) im „Property Inspector“

❹ Mit dem Namen der Eigenschaft in der Objektstruktur in „dot notation“

Die Eigenschaften eines grafischen Elementes sind innerhalb des Objektes als Struktur aufgebaut. Dadurch kann eine einzelne Eigenschaft auch wie folgt abgefragt werden:

```
Handle.PropertyName
```

Ist die Strichstärke der Linie (PropertyName: LineWidth) von Interesse, so erfolgt dies in der „dot notation“ mit:

```
HandlePlot.LineWidth
ans =
   0.5000
```

3.1.4 Veränderung von Eigenschaften

Die Eigenschaften eines grafischen Elementes können auf mehrere Arten verändert werden. Dies soll exemplarisch für die Linie mit dem Identifizierungskennzeichen „HandlePlot“ gezeigt werden.

❶ Mit der „dot notation“

```
Handle.PropertyName=PropertyValue;
```

können einzelne Eigenschaften geändert werden. Soll beispielhaft die Farbe der Linie (PropertyName: Color) von Blau in Rot (PropertyValue: [1 0 0]) geändert werden, so erfolgt dies mit:

```
HandlePlot.Color=[1 0 0];
```

[1 0 0] ist dabei die RGB-Definition für Rot (RGB: Rot Grün Blau).

❷ Mit der MATLAB Function „set“

```
set(Handle,'PropertyName',PropertyValue)
```

kann eine Eigenschaft geändert werden. Für das obige Beispiel mit der Farbe der Linie:

```
set(HandlePlot,'Color',[1 0 0]);
```

Es können auch gleichzeitig mehrere Eigenschaften verändert werden. Soll z. B. gleichzeitig die Strichstärke der Linie (PropertyName: LineWidth) und der Linienstil (PropertyName: LineStyle) verändert werden, so kann dies in einer Anweisung zusammengefasst werden:

```
set(HandlePlot,'Color',[1 0 0],'LineWidth',1.0,'LineStyle','--');
```

❸ Mit dem „Property Inspector“

Ist der „Property Inspector“ für das Objekt geöffnet (wie oben beschrieben z. B. durch Doppelklick auf den Namen im „Workspace Browser“), kann eine Eigenschaft oder mehrere Eigenschaften geändert werden. In Bild 3.13 ist der „Property Inspector“ vor der Veränderung (Farbe der Linie: Blau, Strichstärke der Linie: 0.5, Linienstil: durchgezogen) und nach der Veränderung (Farbe der Linie: Rot, Strichstärke der Linie: 1.0, Linienstil: gestrichelt) gezeigt.

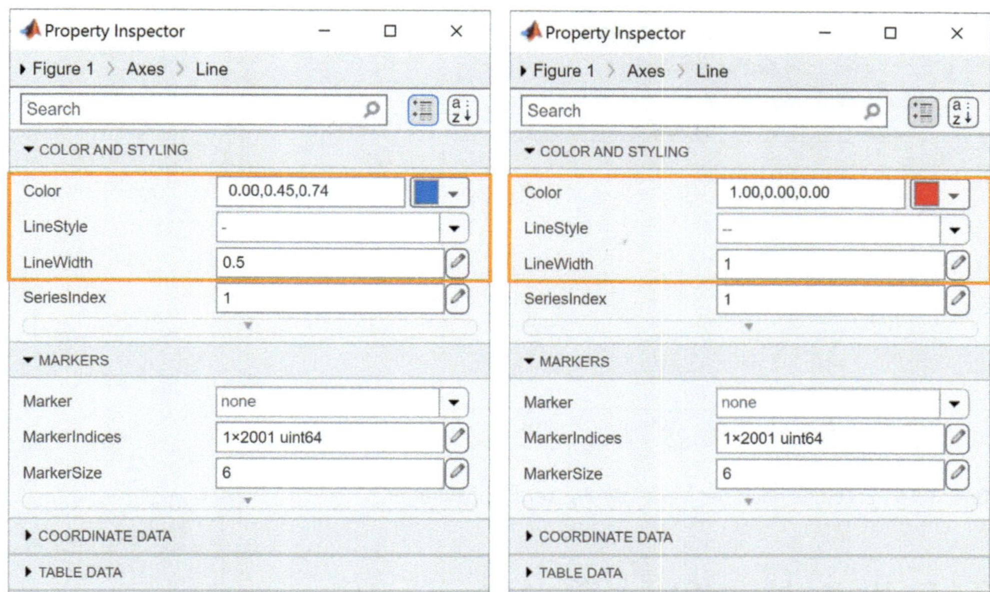

Bild 3.13 Änderung von Eigenschaften im „Property Inspector“

In Script 3.1 (in „dot notation“) und Script 3.2 (mit MATLAB Function „set“) sind einige Beispiele für die Veränderung des Grafikfensters und der Grafik gezeigt. Bild 3.14 zeigt das Ergebnis. Die Identifizierungskennzeichen (Handle) sind HandleFigure und HandlePlot.

Script 3.1 Veränderung von Eigenschaften grafischer Elemente in „dot notation“ (ChangeOfProperties.m)

```
% Name für die Überschrift des Grafikfensters
HandleFigure.Name = 'Grafik Ingenieurinformatik - Hochschule Rosenheim';
% Nummer für das Grafikfenster ausblenden
HandleFigure.NumberTitle = 'off';
% Farbe der Linie rot (RGB Farben)
HandlePlot.Color = [1 0 0];
% Gitternetzlinien
grid on
```

Script 3.2 Veränderung von Eigenschaften grafischer Bedienelemente mit der MATLAB Function „set“ (ChangeOfProperties.m)

```
% Name für die Überschrift des Grafikfensters
set(HandleFigure,'Name', 'Grafik Ingenieurinformatik - Hochschule
Rosenheim');
% Nummer für das Grafikfenster ausblenden
set(HandleFigure,'NumberTitle','off');
% Farbe der Linie rot (RGB Farben)
set(HandlePlot,'Color',[1 0 0]);
% Gitternetzlinien
grid on
```

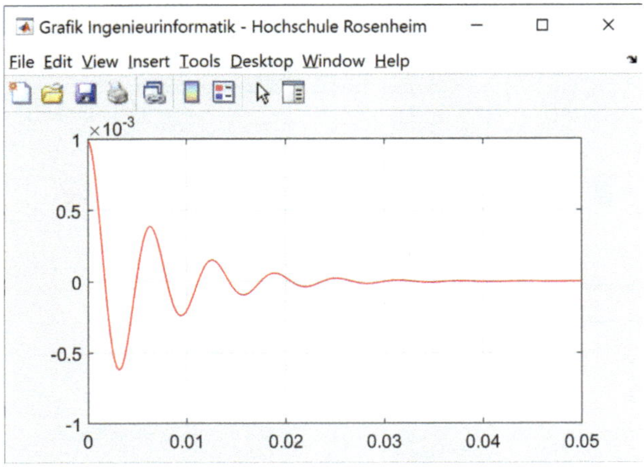

Bild 3.14 Ergebnis nach der Veränderung der Eigenschaften

3.1.5 Hierarchie grafischer Elemente

Alle grafischen Elemente sind Teil einer automatisch erzeugten Hierarchie (Bild 3.15). Die Hierarchie kann unter anderem dazu benutzt werden, Identifizierungskennzeichen (Handle) von grafischen Elementen (Graphical objects) zu ermitteln und diese ggf. zu verändern. Die Hierarchie ist wie folgt aufgebaut:

- Root

  Das MATLAB Stammverzeichnis. Es beinhaltet alle Grafikfenster (Figures), die aktuell geöffnet sind.

- Figure objects

  Alle Grafikfenster. Jedes Grafikfenster kann als Element kein Achssystem, ein Achssystem oder mehrere Achssysteme beinhalten. Zusätzlich können andere das Grafikfenster betreffende Elemente wie Menüs (Menus) oder Werkzeugleisten (Toolbars) beinhaltet sein.

- Axes objects

  Achssysteme, um „Plot objects" anzuzeigen. Jedes Achssystem hat üblicherweise ein oder mehrere „Plot objects".

- Plot objects (im Beispiel ein „Line object")

  Grafische Elemente zur Datenvisualisierung, wie Linien („Line objects") oder Oberflächen („Surface objects").

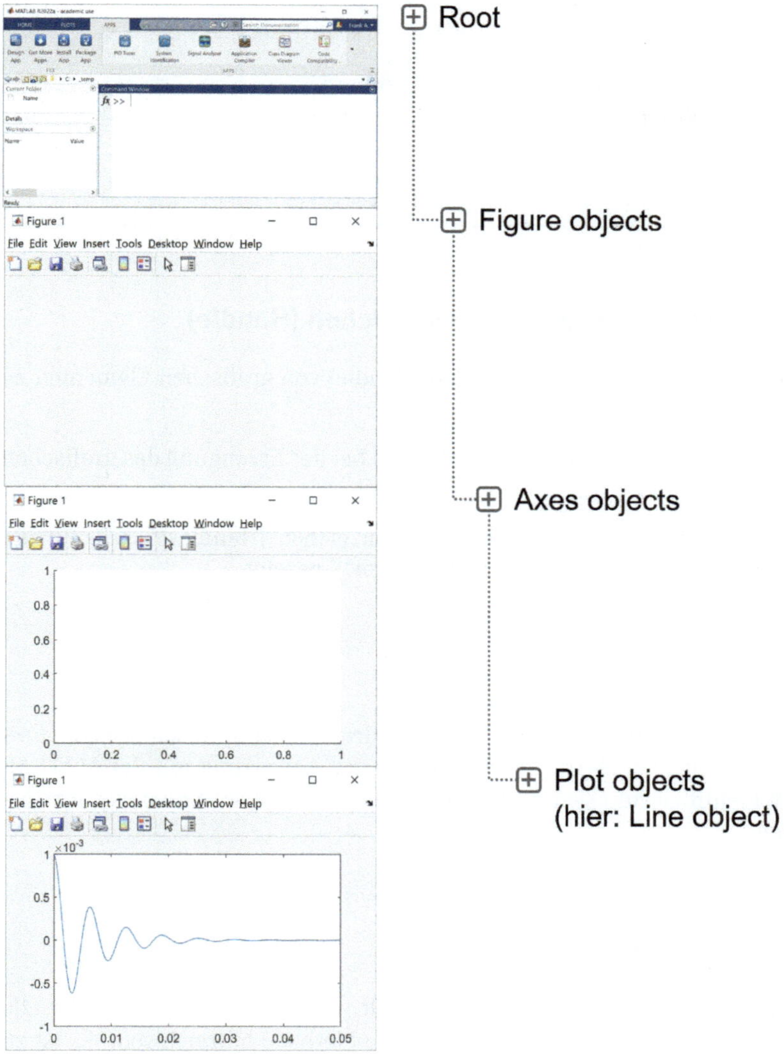

Root

Figure objects

Axes objects

Plot objects
(hier: Line object)

Bild 3.15 Hierarchie der grafischen Elemente

Ein Achssystem in MATLAB bezieht sich auf ein einzelnes grafisches Element, das X-Achse, Y-Achse, Achsbeschriftungen („xlabel" und „ylabel"), Titel („title") und „plot objects" beinhalten kann.

Die Hierarchie ist ähnlich eines Stammbaumes aufgebaut. Es gibt Eltern (parents) und kein Kind, ein Kind oder mehrere Kinder (children). Die Zusammenhänge sind in Tabelle 3.2 gezeigt. Im Beispiel hat jedes grafische Element ein Kind. „Parent" und „Children" sind auch Eigenschaften (Properties) grafischer Elemente.

Tabelle 3.2 Eltern (Parents) und Kinder (Children) in der Hierarchie

Grafische Elemente (Graphical objects)	Beispiel*	Eltern (Parents)	Kind(er) (Children)
Figure object(s)	HandleFigure	MATLAB root	Axes object(s)
Axes object(s)	HandleAxes	Figure object	Plot object(s)
Plot object(s)	HandlePlot	Axes object	

* Identifizierungskennzeichen (Handle)

3.1.6 Ermittlung von Identifizierungskennzeichen (Handle)

Es gibt drei Arten die Identifizierungskennzeichen (Handle) von grafischen Elementen zu ermitteln:

❶ Speichern des Identifizierungskennzeichens (Handle) bei der Erzeugung des grafischen Elementes

Dies wurde bereits im Abschnitt „Identifizierungskennzeichen (Handles)", z. B. für die Visualisierung des Zeitverlaufes (MATLAB Function „plot"), gezeigt.

```
HandlePlot=plot(t,x);
```

❷ Durch Navigation in der Objekthierarchie

Mit den Eigenschaften (Properties) „Parent" und „Children" eines grafischen Elementes und der MATLAB Function „get". Wird im Beispiel bei der Anweisung mit der MATLAB Function „plot" kein Identifizierungskennzeichen (Handle) erzeugt, so kann dies nachträglich ermittelt werden.

```
HandleAxes=axes;
plot(t,x);
HandlePlot=get(HandleAxes,'Children');
```

Wenn alle „plot objects" in einem Achssystem ermittelt werden sollen, um z. B. für alle Linien einzelne Eigenschaften zu verändern, kann diese Methode hilfreich sein. Es ist zu beachten, dass abhängig von der Anzahl an „plot objects" in einem Achssystem mehrere Identifizierungskennzeichen (Handle) zugewiesen werden. Wird im Beispiel eine zweite Linie, bei der die x-Werte halbiert sind, dargestellt (Bild 3.16, rote Linie), so liefert der Befehl mit „get" die beiden Identifizierungskennzeichen (Handle) für die beiden „line objects".

```
HandleAxes=axes;
plot(t,x);
hold on;
plot(t,0.5*x,'red')
HandlePlot=get(HandleAxes,'Children'),
HandlePlot =
  2x1 Line array:
  Line
  Line
```

Die Eigenschaften der zuerst erzeugten Linie (blaue Linie) können wie folgt abgefragt werden:

```
HandlePlot(2)
ans =
  Line with properties:
        Color: [0 0.4470 0.7410]
    LineStyle: '-'
    LineWidth: 0.5000
       Marker: 'none'
       MarkerSize: 6
    MarkerFaceColor: 'none'
          XData: [1x2001 double]
          YData: [1x2001 double]
Show all properties
```

❸ Suche mit der MATLAB Function „findobj" und dem Namen der Eigenschaft

Beispielhaft ist das für die in Bild 3.16 gezeigte Grafik mit zwei Linien gezeigt:

```
findobj('Type','Line')
ans =
    2x1 Line array:
    Line
    Line
```

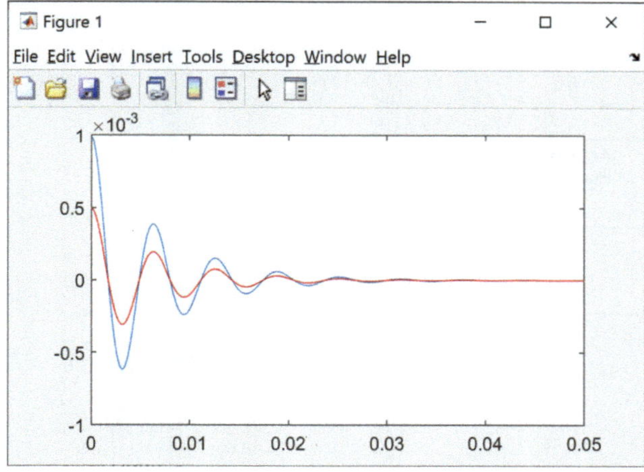

Bild 3.16 Zwei „plot objects" bzw. „line objects" in einem Achssystem (axes object)

3.1.7 Aktuelles Identifizierungskennzeichen (Handle)

Grafische Elemente werden immer in das aktuelle grafische Element gezeichnet. Dies soll an folgendem Beispiel erklärt werden, bei dem zunächst zwei Achssysteme erzeugt werden und anschließend mit „plot“ eine Linie gezeichnet wird.

```
HandleFigure=figure('Name','Zwei Achssysteme');
HandleAxes1=subplot(2,1,1);
HandleAxes2=subplot(2,1,2);
HandlePlot=plot(t,x);
```

Die aufgeführten Befehle führen zur in Bild 3.17 gezeigten Grafik. Das Achssystem, in das gezeichnet wird, ist immer das aktuelle Achssystem (current axes). Das aktuelle Achssystem ist das zuletzt aufgerufene Achssystem, im Beispiel das Achssystem mit dem Identifizierungskennzeichen „HandleAxes2“, also das untere Achssystem.

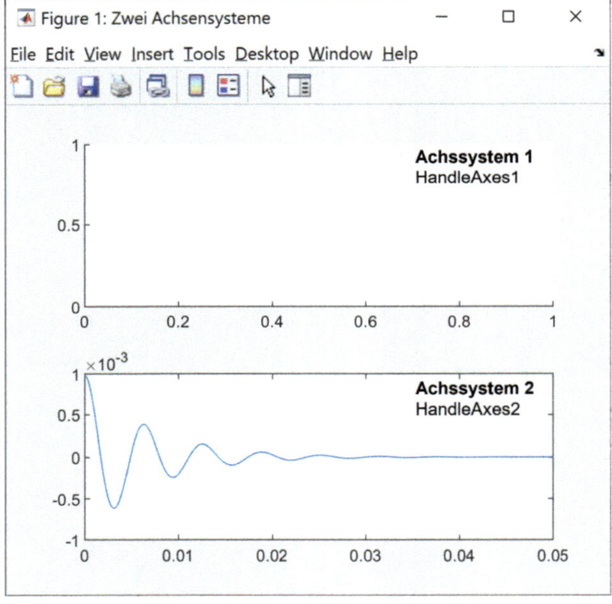

Bild 3.17 Zwei Achssysteme

Dieses kann auch mit

```
get(HandlePlot,'Parent')
```

ermittelt werden. Alternativ kann das aktuelle Achssystem mit der MATLAB Function „gca“ (get current axes) bestimmt werden.

```
gca
```

Entsprechend wird das aktuelle Grafikfenster mittels der MATLAB Function „gcf“ (get current figure) bestimmt. Im „Command Window“ ergibt sich für das Beispiel:

```
gcf
ans =
 Figure (1: Zwei Achssysteme) with properties:
   Number: 1
   Name: 'Zwei Achssysteme'
   Color: [0.9400 0.9400 0.9400]
   Position: [624 522 502 456]
   Units: 'pixels'
 Show all properties
```

3.1.8 Festlegung des Achssystems

Sind mehrere Achssysteme vorhanden, so soll eine Visualisierung in dem dafür vorgesehenen Achssystem erfolgen. Wie dies festgelegt wird, soll beispielhaft an dem in Bild 3.17 bereits eingeführten Grafikfenster mit zwei Achssystemen gezeigt werden. Die Aufgabe besteht darin, die erste Linie mit den berechneten Positionswerten im oberen Achssystem in Blau zu zeichnen. Die zweite Linie, bei der die x-Werte halbiert sind, soll im unteren Achssystem in Rot visualisiert werden. Dies erfolgt durch Hinzufügen des Identifizierungskennzeichens (Handle) für das Achssystem, in das die Linie gezeichnet werden soll, als zusätzlichen Eingabewert in der MATLAB Function „plot". Das Ergebnis zeigt Bild 3.18.

```
HandleFigure=figure('Name','Zwei Achssysteme');
HandleAxes1=subplot(2,1,1);
HandleAxes2=subplot(2,1,2);
HandlePlot1=plot(HandleAxes1,t,x);
HandlePlot2=plot(HandleAxes2,t,0.5*x,'red');
```

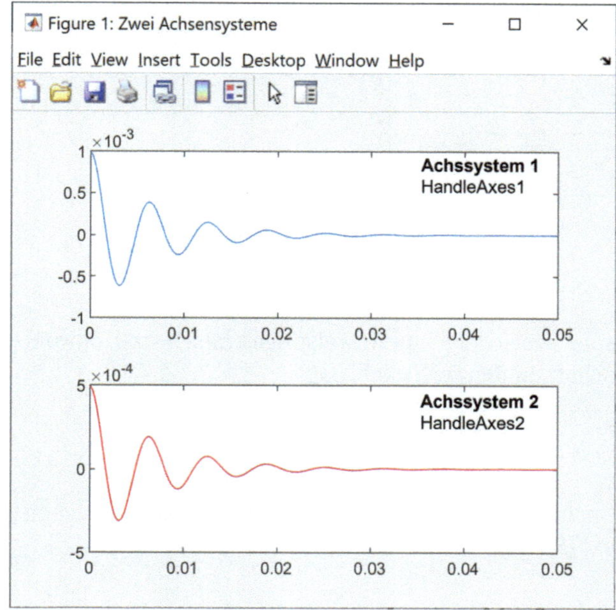

Bild 3.18 Festlegung des Achssystems

3.1.9 Achsbeschriftungen

Damit die in Achssystemen visualisierten Ergebnisse eindeutig sind, müssen diese beschriftet werden. Einige Eigenschaften von Achssystemen können leicht durch Verwendung spezialisierter MATLAB Functions verändert werden. Hierzu zählen:

- „title“ (Überschrift)
- „xlabel“ und „ylabel“ (Achsbeschriftung der X- und Y-Achse)
- „grid“ (Gitternetzlinien)

Für das bereits benutzte Beispiel soll die in Bild 3.19 gezeigte Achsbeschriftung erfolgen. Hierfür werden das Identifizierungskennzeichen (Handle) und die entsprechenden MATLAB Functions benutzt (Script 3.3).

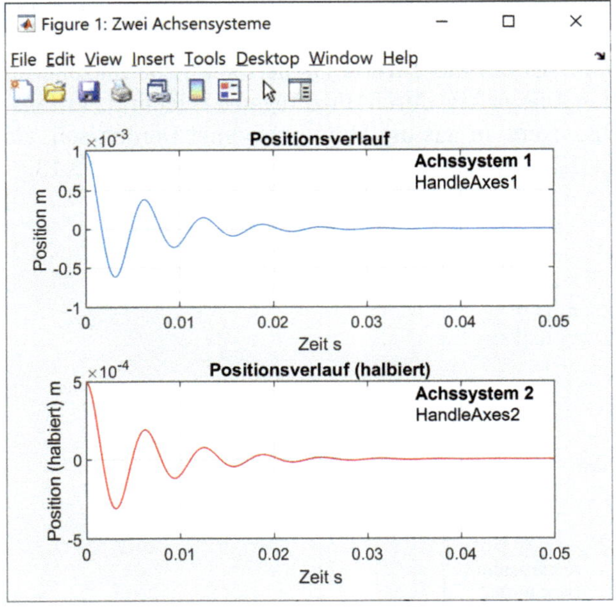

Bild 3.19 Achsbeschriftung

Bitte beachten Sie, dass beispielsweise folgende Anweisungen falsch sind, obwohl das Achssystem eine Eigenschaft namens „XLabel“ hat.

```
set(HandleAxes1,'XLabel','Zeit s');
HandleAxes1.XLabel='Zeit s';
```

Dies liegt daran, dass die Eigenschaft „XLabel“ ein Identifizierungskennzeichen repräsentiert und keinen Text (String).

Script 3.3 Achsbeschriftung mit dem Identifizierungskennzeichen (Handle) und der entsprechenden MATLAB Function (LabelingOfAxesSystems.m)

```
% Erzeugen des Grafikfensters
HandleFigure=figure('Name','Zwei Achssysteme');
% Erzeugen der Achssysteme
HandleAxes1=subplot(2,1,1);
HandleAxes2=subplot(2,1,2);
% Zeichnen der Zeitverläufe
HandlePlot1=plot(HandleAxes1,t,x);
HandlePlot2=plot(HandleAxes2,t,0.5*x,'red');
% Beschriftung der Achsen
xlabel(HandleAxes1,'Zeit s');
ylabel(HandleAxes1,'Position m');
xlabel(HandleAxes2,'Zeit s');
ylabel(HandleAxes2,'Position (halbiert) m');
% Titel
title(HandleAxes1,'Positionsverlauf');
title(HandleAxes2,'Positionsverlauf (halbiert)');
% Gitternetzlinien
grid(HandleAxes1);
grid(HandleAxes2);
```

3.2 Einführung in die Entwicklung grafischer Bedienoberflächen

Bei grafischen Bedienoberflächen gibt es zwei Phasen:

- Programmierung
- Nutzung

Bevor eine grafische Bedienoberfläche dem Nutzer zur Verfügung steht, muss diese erstellt (programmiert) werden. In MATLAB gibt es zwei Wege, eine grafische Bedienoberfläche zu programmieren:

- Programmierung mit MATLAB Anweisungen bzw. MATLAB Functions für grafische Bedienoberflächen im Editor (programmatic GUI construction).
- Benutzung einer interaktiven Entwicklungsumgebung. Diese ist ein Werkzeug (Tool) zur zeiteffizienten Erstellung einer grafischen Bedienoberfläche.

Zum Einstieg und für komplexere grafische Bedienoberflächen ist die Nutzung der interaktiven Entwicklungsumgebung vorteilhafter. Im weiteren Verlauf dieses Kapitels wird hauptsächlich dieser Weg behandelt. Zur allgemeinen Einführung wird nachfolgend allerdings zunächst auf einige Aspekte der direkten programmatischen Erstellung eingegangen.

3.2.1 Anwendungsbeispiel

Die Erstellung und die Vorteile einer grafischen Bedienoberfläche sollen im Folgenden am Beispiel eines Feder-Masse-Schwingers (Bild 3.20) dargestellt werden. Da nur eine einzelne Masse betrachtet wird, benutzt man auch den Begriff „Ein-Masse-Schwinger". Um ein System auf einem Computer analysieren zu können, ist ein mathematisches Modell erforderlich, das sämtliche Zusammenhänge beschreibt. Im hier betrachteten Fall sind es physikalische Zusammenhänge.

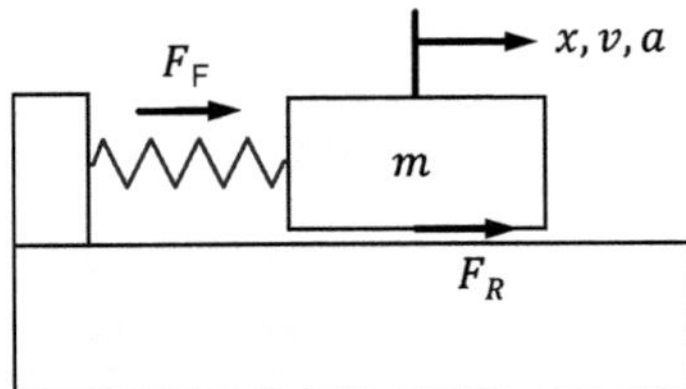

Bild 3.20 Schwingungsfähiges System (Ein-Masse-Schwinger)

Die Federkraft und die Reibkraft wirken auf die Masse. Dadurch ergibt sich die Bewegungsgleichung zu:

$$ma(t) = \sum F(t) = F_R(t) + F_F(t) \tag{3.1}$$

m	Masse	*Mass*	kg
a	Beschleunigung	*Acceleration*	m/s^2
t	Zeit	*Time*	s
F	Kraft	*Force*	N
F_R	Geschwindigkeitsproportionale Reibkraft	*Speed proportional friction force*	N
F_F	Federkraft	*Spring force*	N

Es soll angenommen werden, dass die Federkraft linear von der Auslenkung abhängt. Der Zusammenhang zwischen Position und Federkraft ist durch die Federsteifigkeit definiert. Des Weiteren wird davon ausgegangen, dass die Reibkraft proportional zur Geschwindigkeit der Masse ist. Der Proportionalitätsfaktor ist der Dämpfungskoeffizient.

$$F_F(t) = -cx \tag{3.2}$$

$$F_R(t) = -dv = -d\dot{x} \tag{3.3}$$

c	Federsteifigkeit	*Spring stiffness*	N/m
x	Position	*Position*	m
d	Dämpfungskoeffizient	*Damping coefficient*	Ns/m
v	Geschwindigkeit	*Velocity*	m/s

Daraus ergibt sich folgende Bewegungsgleichung (Differentialgleichung):

$$ma(t) = m\frac{d^2x}{dt^2} = m\ddot{x} = -d\dot{x} - cx \tag{3.4}$$

Nach Division durch die Federsteifigkeit folgt:

$$\frac{m}{c}\ddot{x} + \frac{d}{c}\dot{x} + \dot{x} = 0 \tag{3.5}$$

Sofern die Position und die Geschwindigkeit zum Zeitpunkt t = 0 definiert sind (Anfangsbedingungen), ergibt sich eine eindeutige Lösung. Für weitere Betrachtungen gilt für die Anfangsbedingungen:

$$\text{Position: } x(t_0) = x_0 \text{ für } t_0 = 0 \tag{3.6}$$

$$\text{Geschwindigkeit: } v(t_0) = \dot{x}(t_0) = 0 \tag{3.7}$$

Die Differentialgleichung beschreibt eine gedämpfte Schwingung. Gedämpfte Schwingungen treten in vielen Fachgebieten auf. Die verallgemeinerte Form der Schwingungsgleichung (Normalform) lautet:

$$\frac{1}{\omega_0^2}\ddot{x} + \frac{2D}{\omega_0}\dot{x} + x = 0 \tag{3.8}$$

ω_0	Kennkreisfrequenz	*Characteristic angular frequency*	rad/s
D	Dämpfungsgrad	*Damping grade*	

Damit ergeben sich die beiden charakteristischen Kenngrößen einer Schwingung

- Kennkreisfrequenz
- Dämpfungsgrad

aus den mechanischen Größen (Formel 3.5) zu:

$$\boxed{\omega_0 = \sqrt{\frac{c}{m}}} \tag{3.9}$$

$$\boxed{D = \frac{1}{2}d\frac{1}{\sqrt{c\,m}}} \tag{3.10}$$

Die Kreisfrequenz der Schwingung wird als Eigenkreisfrequenz bezeichnet und berechnet sich zu:

$$\boxed{\omega_N = \omega_0\sqrt{1 - D^2}} \tag{3.11}$$

ω_N	Eigenkreisfrequenz	*Natural angular frequency*	rad/s

Lenkt man die Masse aus der Ruheposition aus, so kann die Periodendauer der Schwingung bestimmt werden. Eigenkreisfrequenz, Eigenfrequenz und Periodendauer hängen über folgende Beziehungen zusammen:

$$\boxed{\omega_N = \frac{2\pi}{T}} \quad \boxed{f_N = \frac{1}{T}} \tag{3.12}$$

f_N	Eigenfrequenz	*Natural frequency*	Hz
T	Periodendauer	*Cycle time*	

Für das schwingungsfähige mechanische System gibt es eine analytische Lösung, die das zeitliche Verhalten der Position für die oben definierten Anfangsbedingungen (Formel 3.6 und Formel 3.7) beschreibt. Sie lautet:

$$x(t) = \underbrace{x_0 \frac{e^{-D\,\omega_0\,t}}{\sqrt{1-D^2}}}_{x_{Ein}} \sin\left\{\omega_0 \sqrt{1-D^2}\,t + \arccos(D)\right\} \quad \text{für } 0 < D < 1 \tag{3.13}$$

x	Position	*Position*	m
x_0	Auslenkung zum Zeitpunkt t = 0	*Expansion at time t = 0*	m
x_{Ein}	Hüllkurve	*Envelope*	m

Die Lösung setzt sich aus einer Überlagerung mehrerer Terme zusammen. Das Einschwingverhalten eines Ein-Masse-Schwingers mit einem Dämpfungsgrad von D = 0,1 zeigt Bild 3.21. Die beiden Hüllkurven sind mit ① und ② gekennzeichnet. Sie zeigen, wie die Schwingung abklingt, oder anders ausgedrückt, wie stark diese gedämpft ist.

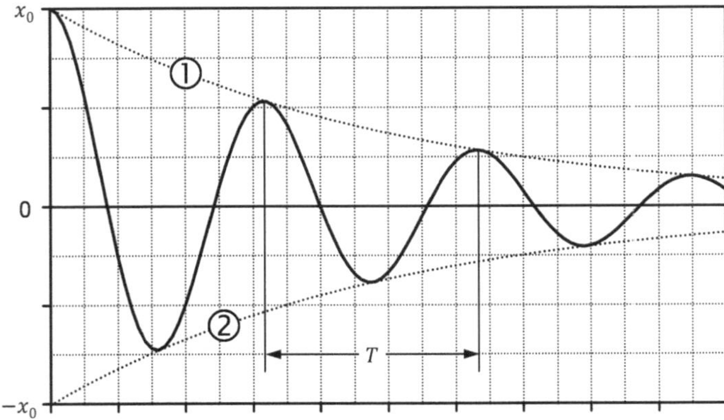

Bild 3.21 Sprungantwort eines Ein-Masse-Schwingers

Bild 3.22 zeigt eine grafische Bedienoberfläche zur Analyse des schwingungsfähigen Systems, die in MATLAB realisiert wurde. Sie ist gegliedert in:

- Eingabebereich für die mechanischen Daten ❶
- Ausgabebereich für die berechneten charakteristischen Daten der Schwingung ❷
- Bereich zur grafischen Visualisierung des Zeitverhaltens von Systemgrößen ❸
- Zurücksetzen der App auf die Startwerte (Reset) ❹

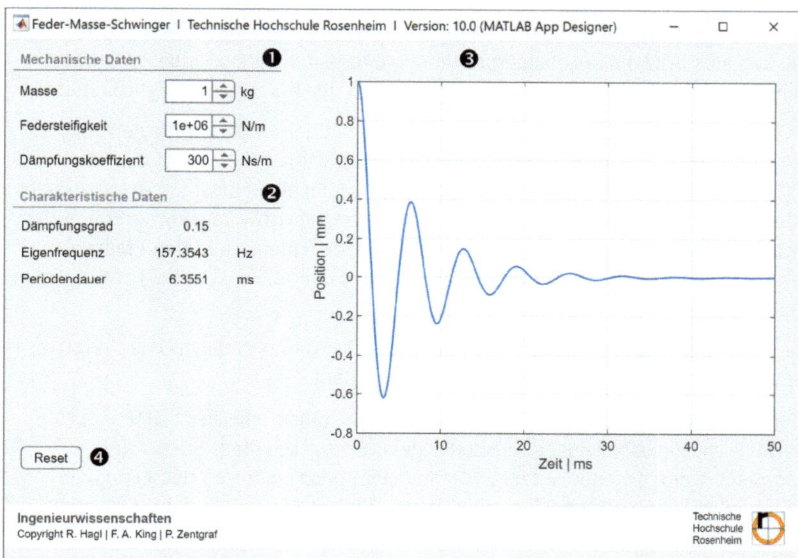

Bild 3.22 Grafische Bedienoberfläche zur Analyse und Visualisierung des Verhaltens eines Feder-Masse-Schwingers

Die gezeigte grafische Bedienoberfläche steht als MATLAB App (FederMasseSchwinger.mlapp) zum Download zur Verfügung und wird im zweiten Teil dieses Kapitels Schritt für Schritt aufgebaut.

3.2.2 Programmatic GUI

Um ein Grafikfenster (Figure object) interaktiv zu gestalten, muss dieses um grafische Bedienelemente ergänzt werden. Grafische Bedienelemente, sogenannte „UIcontrol objects", werden wie Achssysteme (Axes objects) einem Grafikfenster hinzugefügt. In Tabelle 3.3 sind einige grafische Bedienelemente exemplarisch aufgelistet und deren Aufgabe kurz beschrieben. Die dargestellten Symbole (Icons) werden im Abschnitt „Entwicklungsumgebung Guide" beschrieben. Bild 3.23 zeigt ein Grafikfenster, das um zwei „Pushbuttons" ergänzt wurde. Deren Aufgabe ist die Farbe der Linie in Blau oder Rot darzustellen. In Bild 3.23 ist zusätzlich der hierarchische Aufbau gezeigt. Grafische Bedienelemente besitzen wie andere grafische Elemente auch Eigenschaften (Properties) und Identifizierungskennzeichen. Die Eigenschaften können, wie bei grafischen Elementen bereits gezeigt, verändert werden. Dadurch kann z. B. das Aussehen und das Verhalten beeinflusst werden.

Tabelle 3.3 Arten (Styles) von grafischen Bedienelementen (UIcontrol objects)

Pushbutton	„Pushbuttons" sind Betätigungsschalter. Sie erzeugen Aktionen, wenn sie betätigt werden. So kann z. B. ein „OK-button" Einstellungen verändern und anschließend ein Dialogfeld schließen.
Slider	„Sliders" sind Schieberegler. Sie ermöglichen dem Benutzer numerische Werte in einem vom Programmierer der Benutzeroberfläche vorgegebenen Zahlenbereich mit einem „Schieber" zu ändern. So kann ein solches Element z. B. benutzt werden, um die Lautstärke einzustellen. Vorteilhaft ist, dass der Nutzer keine Zahlenwerte eingeben muss. Zur Bewegung des Schiebers hat der Nutzer drei Möglichkeiten: ▪ Klicken auf den Schieber und Bewegung, z. B. mit der Maus, auf die gewünschte Position, wodurch der Wert der Größe festgelegt wird. ▪ Klicken auf die Pfeiltasten an den Enden des Bedienelementes. Der Wert verändert sich schrittweise nach oben oder unten. Die Schrittweite ist programmierbar. ▪ Klicken in eines der beiden Felder zwischen dem Schieber und den Pfeiltasten. Der Wert verändert sich schrittweise nach oben oder unten. Die Schrittweite ist programmierbar. Die Position des Balkens zwischen dem maximalen und minimalen Wert zeigt an, bei welchem Wert im Wertebereich man sich befindet.
Check box	„Check boxes" sind Schalter. Sie besitzen zwei Zustände „checked" oder „not checked", vergleichbar mit „geschaltet" oder „nicht geschaltet". Sie werden eingesetzt, wenn sich der Nutzer zwischen einer oder mehreren unabhängigen Wahlmöglichkeiten entscheiden kann. Dieses Element kann z. B. für die Stummschaltung von Lautsprechern benutzt werden.
Radio button	„Radio buttons" sind in ihrer Funktion ähnlich wie „Check boxes". „Radio buttons" werden üblicherweise dann eingesetzt, wenn nur eine Wahlmöglichkeit aus einer Auswahl von Möglichkeiten besteht. Wird eine Möglichkeit gewählt, sind alle anderen zu deaktivieren. Durch Klicken auf einen „button" wird die gewünschte Möglichkeit ausgewählt. Der jeweilige Zustand wird angezeigt. Besteht nur eine Wahlmöglichkeit aus mehreren, sollten „Button groups" verwendet werden.
Edit box	„Edit boxes" sind Bereiche, in die der Nutzer Texte eingeben und in denen er sie modifizieren kann. Nutzer können auch numerische Werte eingeben. Damit kann z. B. die Eingabe von Parametern einer Berechnung erfolgen. Grundsätzlich werden die Eingaben als „String" interpretiert. Die Eingabe numerischer Werte erfordert daher eine Klassenumwandlung des „String" in eine numerische Variable. Hierfür wird die MATLAB Function „str2double" benutzt.
Static text	„Static text" wird zur Anzeige von vom Programmierer vorgegebenen Texten benutzt. Dieses Bedienelement wird üblicherweise eingesetzt, um andere Bedienelemente zu bezeichnen und dem Nutzer Orientierung innerhalb der Bedienoberfläche zu geben. Der Nutzer kann statische Texte nicht interaktiv verändern. Mit diesem Element können Werte angezeigt werden, z. B. die Lautstärke in %.

Pop-up menu	„Pop-up menus" öffnen eine Liste von vom Programmierer vorgegebenen Wahlmöglichkeiten, sobald der Nutzer auf den Pfeil des Bedienelements klickt. Er wählt eine der angebotenen Wahlmöglichkeiten aus. Dadurch wird eine Aktion ausgelöst, die vom Programmierer für die gewählte Möglichkeit vorgesehen ist.
List box	„List boxes" ermöglichen die Auflistung von Text in einem in der grafischen Bedienoberfläche vom Programmierer vorgegebenen Bereich.
Toggle button	„Toggle buttons" sind Umschalter. Sie erzeugen eine Aktion, wenn sie geklickt werden. Sie besitzen nur zwei Zustände „turned on" und „turned off", vergleichbar mit „eingeschaltet" und „ausgeschaltet". Bei jedem Klick wird in den jeweils anderen Zustand umgeschaltet. Welcher Zustand aktiv ist, wird in der grafischen Bedienoberfläche durch gedrückten oder nicht gedrückten Schalter angezeigt. Besteht nur eine Wahlmöglichkeit aus mehreren, sollten „Button groups" verwendet werden.
Table	Das Bedienelement „Table button" erzeugt eine Tabelle.
Axes	„Axes" ermöglicht in der grafischen Bedienoberfläche Grafiken oder Bilder anzuzeigen. Damit können z. B. Messwerte oder Berechnungswerte grafisch dargestellt werden.
Panel	„Panels" fassen mehrere Elemente einer grafischen Bedienoberfläche zu Gruppen zusammen. Sie unterstützen die Strukturierung und erlauben dem Programmierer die Bedienoberfläche hierarchisch aufzubauen. Die visuelle Gruppierung erlaubt dem Nutzer eine einfachere Orientierung und erhöht die Verständlichkeit.
Button group	„Button groups" sind in ihrer Funktion ähnlich wie „Panels", werden aber benutzt, wenn bei „Radio buttons" oder „Toggle buttons" nur eine einzige Wahlmöglichkeit besteht.
ActiveX®	„ActiveX components" erlauben ActiveX®-Bedienelemente in eine grafische Bedienoberfläche einzubinden.

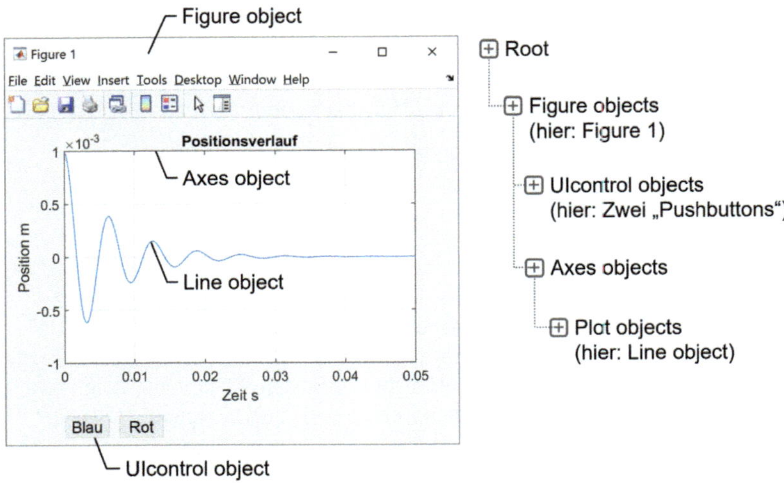

Bild 3.23 Grafische Bedienoberfläche mit zwei Bedienelementen („Pushbuttons“) für die Farbe der Linie und hierarchischem Aufbau der grafischen Elemente (Objects)

Einzelne der oben angegebenen grafischen Bedienelemente können mit der MATLAB Function „uicontrol“ erzeugt werden. Eingabeparameter für die Function sind eine Eigenschaft oder mehrere Eigenschaften des grafischen Bedienelementes. Die wichtigste Eigenschaft ist die Art des grafischen Bedienelementes (Style). Mögliche Arten zeigt Tabelle 3.4.

Tabelle 3.4 Arten (Styles) von uicontrol

	Object type	Style
Pushbutton	uicontrol	pushbutton
Slider	uicontrol	slider
Check box	uicontrol	checkbox
Radio button	uicontrol	radiobutton
Edit box	uicontrol	edit
Static text	uicontrol	text
Pop-up menu	uicontrol	popupmenu
List box	uicontrol	listbox
Toggle button	uicontrol	togglebutton

Die Anweisung für das linke Bedienelement lautet:

```
HandlePushButton1 = uicontrol('Style','Pushbutton','String','Blau');
```

Die Eigenschaft „String“ legt den Text fest, mit dem der „Pushbutton“ beschriftet wird. Bitte beachten Sie, dass die Position dadurch noch nicht mit Bild 4.23 übereinstimmt. Das

Bedienelement hat auch noch keine Funktion; es ist lediglich im Grafikfenster platziert. „HandlePushButton1“ ist das Identifizierungskennzeichen für das grafische Bedienelement. Weitere Bedienelemente werden in Zusammenhang mit der „interaktiven Entwicklungsumgebung“ detaillierter behandelt. Weitere MATLAB Functions zur Erzeugung grafischer Bedienelemente und deren Aufgabe zeigt Tabelle 3.5.

Tabelle 3.5 Weitere MATLAB Functions zur Erzeugung grafischer Bedienelemente

Object type	Grafisches Bedienelement
uitable	Tabelle
uipanel	Gruppierung von Bedienelementen
uimenu	Menüleiste
uicontextmenu	Kontextsensitive Menüleiste in einem grafischen Bedienelement
uitoolbar	Symbolleiste
uipushtool	Pushbutton in Symbolleiste
uitoggletool	Togglebutton in Symbolleiste

3.2.3 Platzierung grafischer Bedienelemente

Grafische Bedienelemente müssen im Grafikfenster an definierten Stellen platziert werden, so dass sich eine logische und ansprechende Anordnung ergibt. Die beiden wichtigsten Eigenschaften (Properties) hierfür sind „Units“ und „Position“.

Die Eigenschaft „Units“ legt fest, in welcher Einheit die Position angegeben wird. Es gibt folgende Möglichkeiten:

- normalized
- points
- pixels
- centimeters
- inches
- characters

Die Einstellung „normalized“ skaliert die Positionsangaben auf Anteile der Größe des Grafikfensters. Der zulässige Wertebereich ist daher zwischen 0.0 und 1.0. Diese Einstellung ist am zweckmäßigsten und wird im Folgenden ausschließlich verwendet. Die Festlegung kann z.B. bei der Erzeugung des grafischen Bedienelementes erfolgen. Für das linke Bedienelement geschieht dies mit:

```
HandlePushButton1 = uicontrol('Style','Pushbutton','Units',
'normalized','String','Blau');
```

Die Position und die Größe des grafischen Bedienelements wird in der Eigenschaft „Position“ definiert. Die X- und Y-Position definiert die linke untere Ecke des grafischen Bedienelementes. Die anderen beiden Parameter sind die Breite (Property: Width) und die Höhe (Property: Height). Ist die Einheit der „Units“ auf „normalized“ eingestellt, zeigt Bild 3.24 die Definitionen. Die Gesamtbreite und Gesamthöhe des Bereiches, in dem das grafische Bedienelement platziert wird, sind jeweils auf 1.0 normiert.

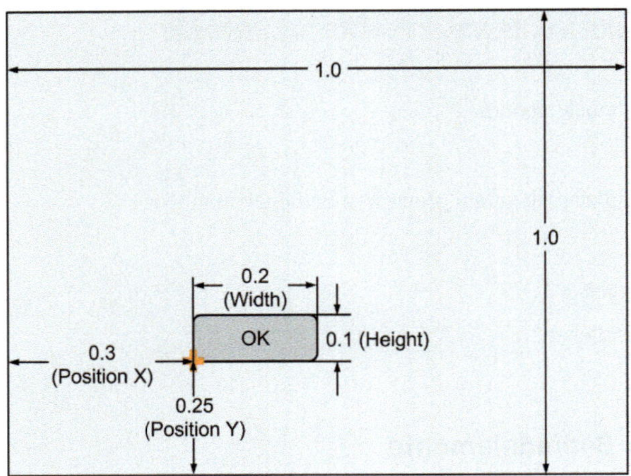

Bild 3.24 Definition der Position und der Größe eines grafischen Bedienelements in „Normalized units“

Möchte man beispielsweise die Position und Größe eines Elements wie in Bild 3.24 festlegen, so ist die Eigenschaft „Position“ auf folgenden Wert zu setzen:

```
[0.3 0.25 0.2 0.1]
```

Um beispielsweise das linke Bedienelement in Bild 3.23 zu definieren, muss die Eigenschaft „Position“ verändert werden. Hierfür kann z.B. die bereits von grafischen Elementen bekannte MATLAB Function „set“ benutzt werden:

```
set(HandlePushButton1,'Position',[0.13 0.02 0.1 0.07]);
```

3.2.4 Callback

Für viele grafische Bedienelemente muss nach Betätigung des grafischen Bedienelementes oder Abschluss der Eingabe durch den Nutzer automatisch eine Aktion ausgelöst werden. Hierüber wird die Software oder die Hardware, die gesteuert werden soll, beeinflusst. Erst dadurch entsteht eine interaktive Bedienoberfläche. Zur Definition der Aktion gibt es die Eigenschaft (Property) „Callback“. Sie dient dazu MATLAB Anweisungen, die nach abgeschlossener Eingabe automatisch abgearbeitet werden sollen, festzulegen. Grundsätzlich können hier viele MATLAB Anweisungen hintereinander eingetragen werden. Bei mehreren Anweisungen wird dort aus Übersichtlichkeitsgründen meist ein MATLAB Script oder besser eine MATLAB Function angegeben. In dem MATLAB Script oder der MATLAB Function stehen die Anweisungen, die nach Abschluss der Eingabe durch den Nutzer automatisch ausgeführt werden. Für das Beispiel aus Bild 3.23 können die „Callbacks“ für die beiden Bedienelemente wie folgt definiert werden

```
% Callback Pushbutton 1 (blaue Linie)
set(HandlePushButton1,...'Callback','HandlePlot.Color=[0 0.4470
0.7410]');
% Callback Pushbutton 2 (rote Linie)
set(HandlePushButton2,'Callback','HandlePlot.Color=[1 0 0]');
```

Hierbei wird die „dot notation“ benutzt. Bei Betätigung des linken Bedienelementes wird die Linie blau, und bei Betätigung des rechten Bedienelementes wird diese rot (Bild 3.25).

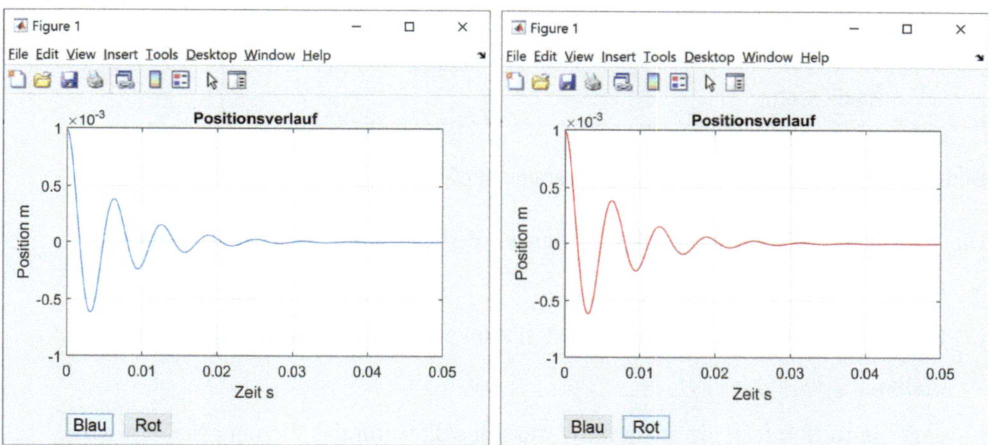

Bild 3.25 Beeinflussung der Farbe der Linie (IntroductionProgrammaticGUI.m)

3.2.5 Menüleiste

Mit der MATLAB Function „uimenu„ kann eine Menüleiste erzeugt werden. Um die Funktion zu beschreiben, soll das Beispiel um eine Menüleiste (Bild 3.26) erweitert werden, mit der an der Grafik folgende Einstellungen interaktiv veränderbar sind:

- Linienart (durchgezogen, gestrichelt, punktiert oder strichpunktiert)
- Linienstärke (0.5, 1.0, 2.0, 3.0 oder 4.0)
- Gitternetz (ein oder aus)

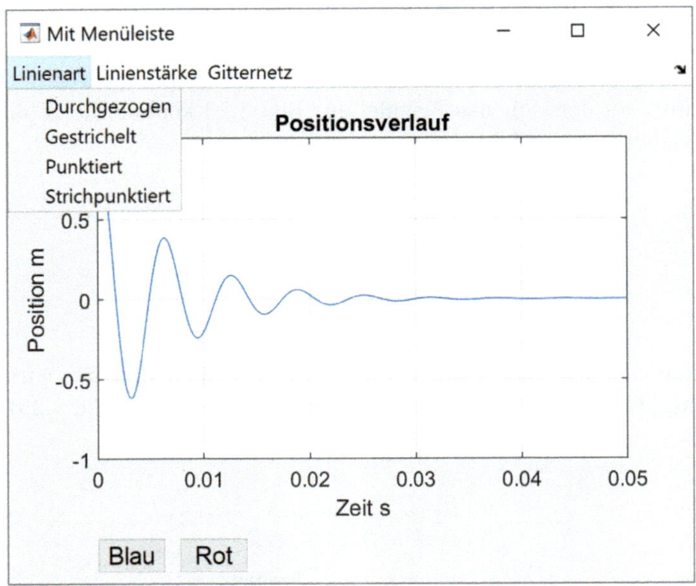

Bild 3.26 Menüleiste (IntroductionProgrammaticGUIMenu.m)

Die wichtigsten Eigenschaften des grafischen Bedienelementes „uimenu" sind:

- Item

  Legt den oder die Texte (Strings) fest, die im Menu angezeigt werden sollen.

- Callback

  Legt die Aktion fest, die ausgeführt werden soll, wenn das Element betätigt wird.

Menüleisten sind hierarchisch aufgebaut (Bild 3.27). Elemente auf der obersten Ebene (im Beispiel: Linienart, Linienstärke und Gitternetz) haben als Eltern (Parent) das „Figure object". Das Handle für die MATLAB Function ist damit das Handle des „Figure object". Im Beispiel ist kein Handle erforderlich, da es nur ein Grafikfenster gibt. Auf oberster Ebene muss meist keine Aktion ausgelöst werden. Darunterliegende Menüelemente haben als Eltern (Parent) das darüber liegende Bedienelement. Das Handle für die MATLAB Function ist damit das Handle des darüber liegenden Menüelementes. Script 3.4 zeigt die Anweisungen für die gewünschte Menüleiste.

```
⊞ Root
  ⊞ Figure objects
    Handle: HandleFigure
    ⊞ Uimenu object
      Linienart
      Handle: HandleMenuLineStyle
      ⊞ Uimenu object
        Durchgezogen
        Handle: HandleMenuLineStyleSolid
      ⊞ Uimenu object
        Gestrichelt
        Handle: HandleMenuLineStyleDashed
```

Bild 3.27 Hierarchische Struktur Menüleiste (Auszug)

Script 3.4 Auszug Erweiterung für Menüleiste (Linienart und Linienstärke)

```
% Menü Linienart erzeugen
HandleMenuLineStyle = uimenu(HandleFigure,'Label','Linienart');
HandleMenuLineStyleSolid = uimenu(HandleMenuLineStyle,...
'Label','Durchgezogen','Callback','HandlePlot.LineStyle=''-''; ');
HandleMenuLineStyleDashed = uimenu(HandleMenuLineStyle,...
'Label','Gestrichelt','Callback','HandlePlot.LineStyle=''--''; ');
HandleMenuLineStyleDotted = uimenu(HandleMenuLineStyle,...
'Label','Punktiert','Callback','HandlePlot.LineStyle='':''; ');
HandleMenuLineStyleDashedDotted = uimenu(HandleMenuLineStyle,...
'Label','Strichpunktiert','Callback','HandlePlot.LineStyle=''-.''; ');
% Menü Linenstärke erzeugen
HandleMenuLineWidth = uimenu(HandleFigure,'Label','Linienstärke');
HandleMenuLineWidth05 = uimenu(HandleMenuLineWidth,...
'Label','0.5','Callback','HandlePlot.LineWidth=0.5;');
HandleMenuLineWidth10 = uimenu(HandleMenuLineWidth,...
'Label','1.0','Callback','HandlePlot.LineWidth=1.0;');
HandleMenuLineWidth20 = uimenu(HandleMenuLineWidth,...
'Label','2.0','Callback','HandlePlot.LineWidth=2.0;');
HandleMenuLineWidth30 = uimenu(HandleMenuLineWidth,...
'Label','3.0','Callback','HandlePlot.LineWidth=3.0;');
HandleMenuLineWidth40 = uimenu(HandleMenuLineWidth,...
'Label','4.0','Callback','HandlePlot.LineWidth=4.0;');
```

Mit der MATLAB Function „uicontextmenu“ kann einem grafischen Element eine kontextsensitive Menüleiste hinzugefügt werden. Durch einen Klick mit der rechten Maustaste wird diese eingeblendet und kann benutzt werden. Im Beispiel soll das Achssystem um eine kontextsensitive Menüleiste zur Auswahl der Linienfarbe (Bild 3.28) erweitert werden. Die Erweiterung für die kontextsensitive Menüleiste zeigt Script 3.5. Das kontextsensitive Menü erscheint, nachdem ein Klick mit der rechten Maustaste in den Bereich des Achssystems erfolgt ist.

Script 3.5 Erweiterung für kontextsensitive Menüleiste im Achssystem zur Auswahl der Linienfarbe

```
% Kontextsensitives Menü Farbe im Achssystem erzeugen
HandleContextMenuColor = uicontextmenu;
set(HandleAxes,'uicontextmenu',HandleContextMenuColor);
HandleContextMenuColorBlue = uimenu(HandleContextMenuColor,...
'Label','Blau','Callback','HandlePlot.Color=[0 0.4470 0.7410];');
HandleContextMenuColorRed = uimenu(HandleCcntextMenuColor,...
'Label','Rot','Callback','HandlePlot.Color=[1 0 0];');
```

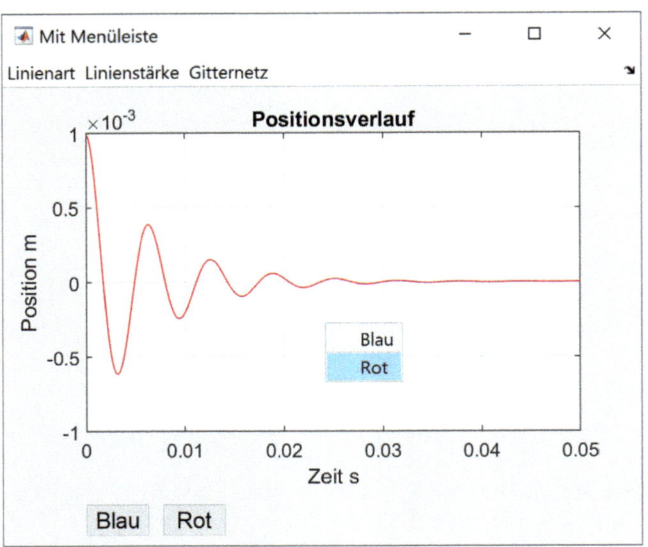

Bild 3.28 Kontextsensitive Menüleiste im Achssystem zur Auswahl der Linienfarbe (IntroductionProgrammaticGUIMenu.m)

3.2.6 Symbolleiste

Mit der MATLAB Function „uitoolbar" kann eine Symbolleiste erzeugt werden. Beim jeweiligen Symbol muss festgelegt werden, ob dieses ein „Pushbutton" oder „Togglebutton" sein soll. Das Beispiel soll um die in Bild 3.29 gezeigte Symbolleiste erweitert werden, mit der an der Grafik folgende Einstellungen interaktiv vorgenommen werden können:

- Symbol rotes Quadrat (Linie in roter Farbe)
- Symbol blaues Quadrat (Linie in blauer Farbe)
- Symbol Kreuz (Gitternetzlinien ein- oder ausblenden)

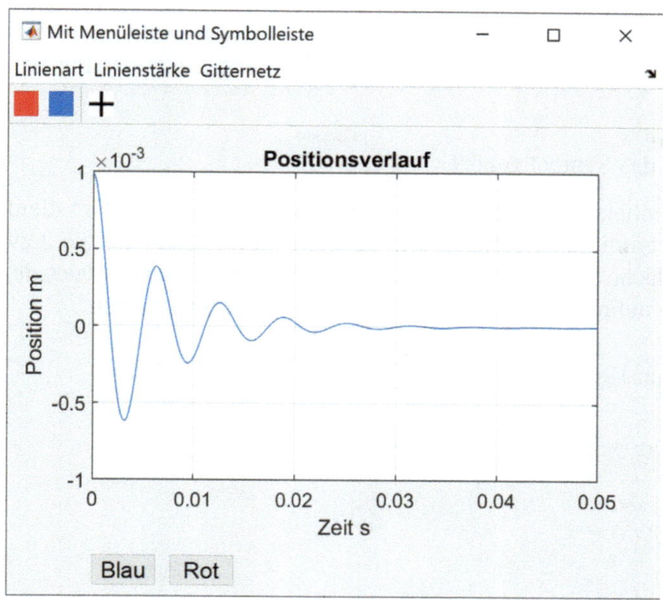

Bild 3.29 Symbolleiste mit zwei „Pushbuttons" für rote und blaue Linienfarbe und einem „Togglebutton" zum Ein- und Ausblenden der Gitternetzlinien (IntroductionProgrammaticGUI MenuSymbol.m)

Für die ersten beiden Symbole wird ein „Pushbutton" und für das dritte Symbol ein „Togglebutton" benötigt. Die wichtigsten Eigenschaften des grafischen Bedienelementes „uipushbutton" sind:

- Cdata

  Definiert das Symbol (Bild bzw. Icon), das dargestellt werden soll, als 16 × 16 × 3-Matrix. Jedem 16 × 16-Element ist die jeweilige RGB-Farbdefinition zugeordnet.

- ClickedCallback

  Legt die Aktion fest, die ausgeführt werden soll, wenn das Element angeklickt wird.

- Parent

  Handle zur Toolbar, zu der das Symbol gehört.

Die wichtigsten Eigenschaften des grafischen Bedienelementes „uitogglebutton" sind:

- Cdata

  Definiert das Symbol (Bild bzw. Icon), das dargestellt werden soll, als 16 × 16 × 3-Matrix. Jedem 16 × 16-Element ist die jeweilige RGB-Farbdefinition zugeordnet.

- OnCallback

  Legt die Aktion fest, die ausgeführt werden soll, wenn das Element „eingeschaltet" ist.

- OffCallback

  Legt die Aktion fest, die ausgeführt werden soll, wenn das Element „ausgeschaltet“ ist.

- Parent

  Handle zur Toolbar, zu der das Symbol gehört.

Die Erweiterung für die Symbolleiste zeigt Script 3.6. Die Eigenschaft „Separator“ dient dazu, vor dem Element eine Trennlinie einzufügen. Das gesamte Script für die in Bild 3.29 gezeigte grafische Bedienoberfläche befindet sich im Anhang (siehe *plus.hanser-fachbuch.de*) bei den weiterführenden Informationen zum Thema „Grafische Bedienoberflächen“.

Script 3.6 Erweiterung für Symbolleiste

```
% Symbolleiste
HandleToolBar = uitoolbar(HandleFigure);
% Color Data Definition für rotes Quadrat
ColorDataRed(1:16,1:16,1)=1;
ColorDataRed(1:16,1:16,2:3)=0;
% Push Button Definition für rotes Quadrat
HandleColorSymbolRed = ...
uipushtool('Parent''HandleToolBar''Cdata''ColorDataRed'...
      'ClickedCallback','HandlePlot.Color=[1 0 0];');
% Color Data Definition für blaues Quadrat
ColorDataBlue(1:16,1:16,1)=0;
ColorDataBlue(1:16,1:16,2)=0.4470;
ColorDataBlue(1:16,1:16,3)=0.7410;
% Push Button Definition für blaues Quadrat
HandleColorSymbolBlue = ...
uipushtool('Parent''HandleToolBar''Cdata''ColorDataBlue'...
'ClickedCallback', 'HandlePlot.Color=[0 0.4470 0.7410];');
% Color Data Definition für Gitternetzlinien
ColorDataGrid(1:16,1:16,1:3)=1;
ColorDataGrid(1:16,8:9,1:3)=0;
ColorDataGrid(8:9,1:16,1:3)=0;
% Toggle Button Definition für Gitternetzlinien
HandleGridSymbol = ...
uitoggletool('Parent''HandleToolBar''Cdata''ColorDataGrid'...
'OnCallback','HandleAxes.XGrid='on''; HandleAxes.YGrid=''on''; ''...
'OffCallback','HandleAxes.XGrid=''off''; HandleAxes.YGrid=''off''; ''...
'Separator','on');
```

3.2.7 Ablaufsteuerung

Bei grafischen Bedienoberflächen müssen abhängig von Nutzereingaben vordefinierte Anweisungen ablaufen. Die Anweisungen, die für ein grafisches Bedienelement ausgeführt werden sollen, können in einem MATLAB Script oder einer MATLAB Function definiert sein. Welche Anweisungen auszuführen sind, wird in der Eigenschaft (Property) „Callback“ eines grafischen Bedienelementes (z. B. UIcontrol object) festgelegt (siehe vorheriges Kapitel). Diese Anweisungen müssen abhängig von Ereignissen, die der Nutzer auslöst, ablaufen. Man spricht daher von einer ereignisbasierten Ablaufsteuerung. Das Diagramm in Bild 3.30 zeigt die Ablaufsteuerung, die hierfür generell erforderlich ist.

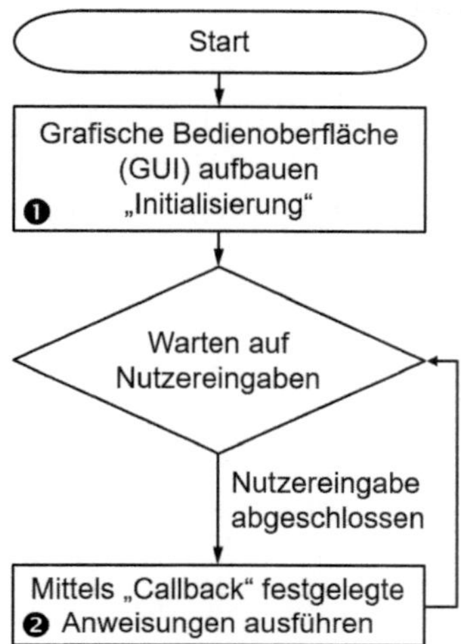

Bild 3.30 Ereignisbasierte Ablaufsteuerung (Event based control)

Bei der Entwicklung werden für die „Initialisierung" (❶) und die „Callbacks" Anweisungen bzw. Programme (❷) geschrieben. Während der „Initialisierung" werden insbesondere Anweisungen ausgeführt, die grafische Bedienelemente erzeugen und damit das Aussehen der grafischen Bedienoberfläche nach dem Start festlegen. Zusätzlich wird für jedes grafische Bedienelement über die Eigenschaft „Callback" festgelegt, was bei Nutzereingaben erfolgen soll. Die dazugehörigen Anweisungen werden jedoch erst ausgeführt, sobald für das betreffende grafische Bedienelement die Nutzereingabe abgeschlossen ist.

■ 3.3 Toolgestützte Entwicklung von grafischen Bedienoberflächen – App Designer

Zur Erstellung grafischer Bedienoberflächen gibt es eine Vielzahl interaktiver Entwicklungsumgebungen (development environments), die die Gestaltung und Programmierung stark vereinfachen. Typische Funktionalitäten interaktiver Entwicklungsumgebungen sind:

- Die Auswahl von grafischen Bedienelementen
- Die Positionierung und die Einstellung der Abmessungen der grafischen Bedienelemente (Layout)
- Die Festlegung weiterer Eigenschaften der grafischen Bedienelemente
- Unterstützung bei der Programmierung der Funktionalität.

In MATLAB stehen derzeit zwei interaktive Entwicklungsumgebungen zur Erstellung grafischer Bedienoberflächen zur Verfügung:

- App Designer
- GUIDE

Die neuere Entwicklungsumgebung für grafische Bedienoberflächen (Apps) ist App Designer. Sie löst nach und nach die Entwicklungsumgebung GUIDE (Graphical User Interface Development Environment) in weiten Bereichen ab. Im Folgenden wird die interaktive Erstellung grafischer Bedienoberflächen mit App Designer behandelt. App Designer ist objektorientiert aufgebaut, die Programmierung erfolgt daher objektorientiert. In App Designer gibt es zwei Ansichten (Views):

- **Design View**

  In dieser Ansicht werden die Platzierung und die Abmessungen der Bedienelemente (Layout) und die Eigenschaften der Bedienelemente (Typ des Bedienelementes, Größe, Schriftart, Schriftgröße, Wert, Text etc.) festgelegt.

- **Code View**

  In dieser Ansicht wird die Funktionalität festgelegt (programmiert).

Zum Eigenstudium der Erstellung grafischer Bedienoberflächen in MATLAB gibt es auf der Homepage von MathWorks hilfreiche Video Tutorials, z. B. für App Designer:

https://www.mathworks.com/videos/app-designer-overview-1510748719083.html?s_tid=srchtitle

Der Aufruf der interaktiven Entwicklungsumgebung erfolgt im „Command Window“ mit dem Befehl:

```
appdesigner
```

oder unter:

HOME ▸ **New** ▸ **App** ▸ **App Designer** (siehe Bild 3.31).

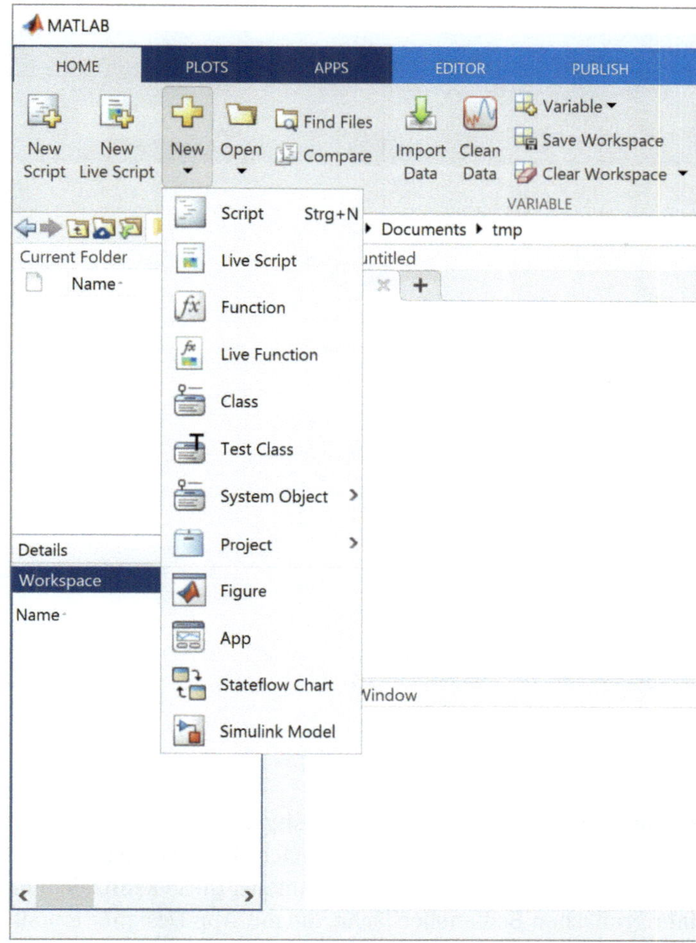

Bild 3.31 Start des App Designers

Es kann dann entschieden werden, ob eine neue App, eine Beispiel-App oder eine bestehende App geöffnet werden soll (Bild 3.32). Im Folgenden soll eine App vollständig neu aufgebaut werden, daher wird in Bild 3.32 „Blank App“ ausgewählt.

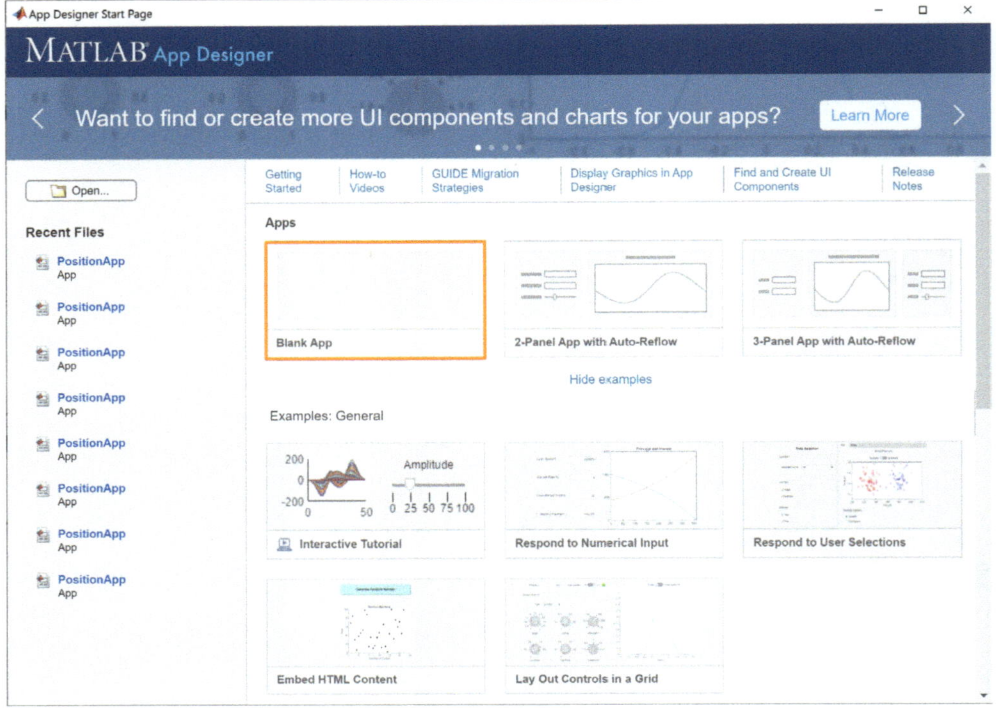

Bild 3.32 Auswahlmöglichkeiten beim Aufruf von App Designer

Dateien, in denen die Informationen einer mit MATLAB App Designer erstellten grafischen Bedienoberfläche (App) gespeichert sind, enden mit `.mlapp` nach dem Dateinamen. Die Endung `.mlapp` (MATLAB App) ist die „Extension" des Dateinamens. Diese kennzeichnet, dass es sich um die Datei einer grafischen Bedienoberfläche, die mit App Designer erstellt wurde, handelt.

3.3.1 Design View

Sofern eine „Blank App" geöffnet wurde, hat die Entwicklungsumgebung App Designer das in Bild 3.33 gezeigte Aussehen. Es wird der „Design View„ (①) angezeigt. Der „Code View" (②) zur Programmierung der Funktionalität wird erst später behandelt.

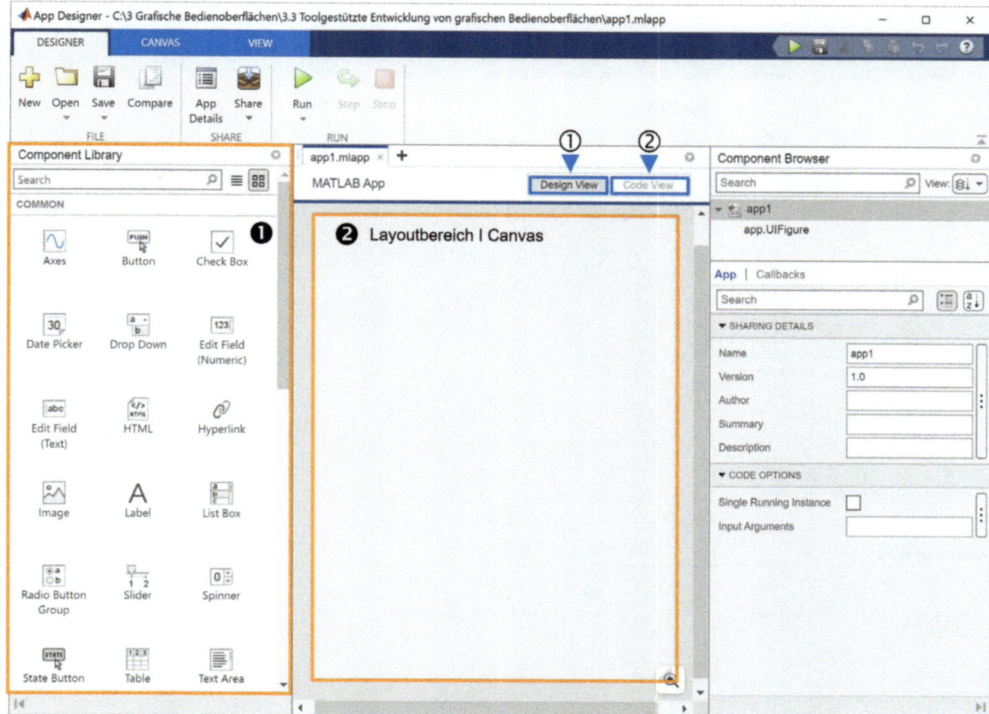

Bild 3.33 App Designer Hauptfenster

Zunächst soll auf die mit ❶ und ❷ markierten Bereiche in Bild 3.33 eingegangen werden:

❶ Component Library: Dieser Bereich ist die Bibliothek für alle verfügbaren grafischen Bedienelemente.

❷ Canvas (Leinwand): In diesem Bereich wird das grafische Layout der App festgelegt.

In Bild 3.34 sind alle aktuell verfügbaren grafischen Bedienelemente des App Designers dargestellt. Einige häufig genutzte grafische Bedienelemente des App Designers sind in Tabelle 3.6 beschrieben.

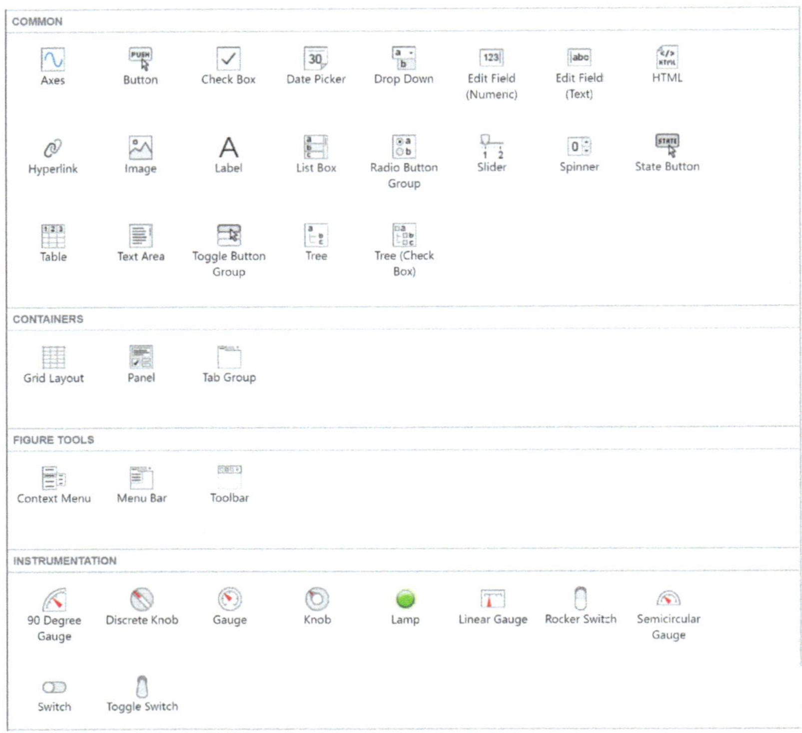

Bild 3.34 Grafische Bedienelemente im App Designer

Tabelle 3.6 Bedienelemente App Designer (Ausschnitt)

Button PUSH Button	„Button“ sind Betätigungsschalter. Sie führen Aktionen aus, wenn sie betätigt werden. So kann z. B. ein „OK-button“ Einstellungen verändern und anschließend ein Dialogfeld schließen.
Check Box Check Box	„Check Box“ sind Schalter. Sie besitzen zwei Zustände „checked“ oder „not checked“, vergleichbar mit „geschaltet“ oder „nicht geschaltet“. Dieses Element kann z. B. für die Stummschaltung von Lautsprechern benutzt werden.
Edit Field (numeric) 123 Edit Field (Numeric)	„Edit Fields“ sind Bereiche, in die der Nutzer Texte oder Zahlenwerte eingeben und modifizieren kann. „Edit Field (numeric)“ ist für die Eingabe numerischer Werte vorgesehen. In das Feld können z. B. Parameterwerte für eine Berechnung eingegeben werden. Im Gegensatz zum „Edit Field (Text)“ wird automatisch überprüft, ob die Eingabe ein numerischer Wert ist und im vorgegebenen Wertebereich (Limits) liegt. Andernfalls erfolgt automatisch eine Fehlermeldung in der App.

Edit Field (Text) abc Edit Field (Text)	„Edit Field (Text)“ ist für die Eingabe von Texten vorgesehen.
Spinner 0 Spinner	„Spinner“ ist eine Erweiterung von „Edit Field (numeric)“. Zusätzlich zur Eingabe eines numerischen Wertes können Werte vom Nutzer der App in vom Programmierer vorgegebenen Schritten verändert werden.
Label A Label	„Label“ wird zur Anzeige von vom Programmierer vorgegebenen Texten benutzt. Dieses Bedienelement wird üblicherweise eingesetzt, um andere Bedienelemente zu bezeichnen und dem Nutzer Orientierung innerhalb der Bedienoberfläche zu geben. Der Nutzer kann „Label“ nicht interaktiv verändern. Mit diesem Element können Werte angezeigt werden, z. B. die Lautstärke in %.
Drop Down a b Drop Down	„Drop Down“ öffnet eine Liste von vom Programmierer vorgegebenen Wahlmöglichkeiten, sobald der Nutzer auf das Bedienelement klickt. Er wählt eine der angebotenen Wahlmöglichkeiten aus. Dadurch wird eine Aktion ausgelöst, die vom Programmierer für die gewählte Möglichkeit vorgesehen ist.
Axes Axes	„Axes“ ermöglicht, in der grafischen Bedienoberfläche Grafiken anzuzeigen. Damit können z. B. Messwerte oder Berechnungswerte grafisch visualisiert werden.
Image Image	„Image“ ist für die Darstellung von Bildern in der grafischen Bedienoberfläche vorgesehen. Es kann auch für Icons verwendet werden.
Panel Panel	„Panel“ fassen mehrere Elemente einer grafischen Bedienoberfläche zu Gruppen zusammen. Sie unterstützen die Strukturierung und erlauben dem Programmierer, die Bedienoberfläche hierarchisch aufzubauen. Die visuelle Gruppierung erlaubt dem Nutzer eine einfachere Orientierung und erhöht die Verständlichkeit.

Grafische Bedienelemente für eine App können per „drag and drop“ aus der „Component Library“ an der gewünschten Stelle im Layoutbereich („Canvas“) platziert werden (Bild 3.35). Der Layoutbereich ist derjenige Bereich, der bei einer späteren Ausführung der App durch den Nutzer als grafische Bedienoberfläche angezeigt wird. In Bild 3.35 wurden exemplarisch einige Bedienelemente im Layoutbereich platziert. Das Bedienelement „Panel“ ist in der Bedienelemente-Bibliothek („Component Library“) weiter unten und daher in diesem Bild nicht sichtbar. Innerhalb des Bedienelementes „Panel“ wurde ein einziges Bedienelement vom Typ „Spinner“ platziert (IntroductionAppDesigner.mlapp).

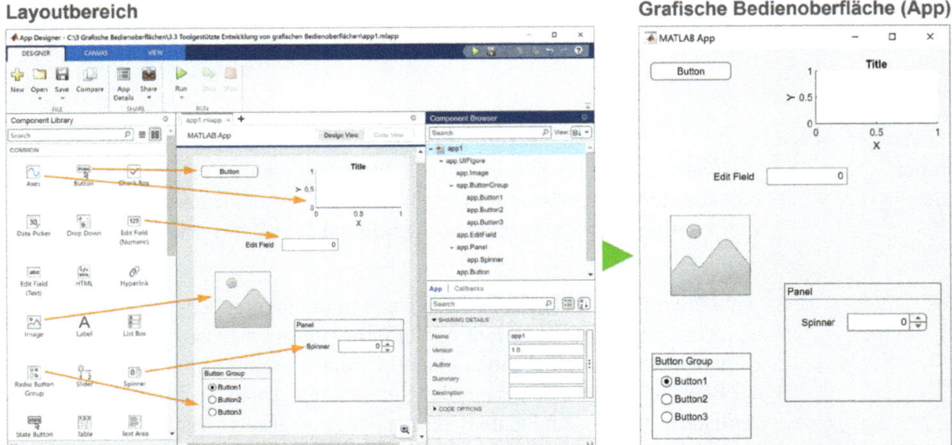

Bild 3.35 Auswahl Bedienelemente: Anzeige im Layoutbereich („Canvas“, links) und grafische Bedienoberfläche (App) nachdem diese gestartet wurde (rechts)

Wird diese Bedienoberfläche mit dem Dateinamen

```
IntroductionAppDesigner.mlapp
```

im App Designer gestartet („Run“), so erscheint die auf der rechten Seite des Bildes gezeigte Darstellung.

Im App Designer wird rechts neben dem Layoutbereich („Canvas“) der „Component Browser“ angezeigt. In Bild 3.36 ist der „Component Browser“ ❸ als Ausschnitt des App Designers gezeigt. Im „Component Browser“ sind alle Bedienelemente der App hierarchisch dargestellt. Die oberste Hierarchieebene ist `app.UIFigure` (Root). UIFigure steht für User Interface Figure. Alle grafischen Bedienelemente, wie z. B. `app.EditField`, `app.Panel` und `app.Button`, gehören hierzu und sind daher hierarchisch darunter angeordnet. Das Bedienelement „Spinner“ mit dem Variablennamen `app.Spinner` innerhalb des Panels ist eine Hierarchieebene unterhalb des „Panels“ mit dem Namen `app.Panel`. Innerhalb des „Component Browser“ kann navigiert und ein grafisches Bedienelement ausgewählt werden. Rechts unten im „Component Browser“ werden die zugehörigen Eigenschaften (Properties) des im „Component Browser“ oder dem Layoutbereich („Canvas“) selektierten grafischen Bedienelementes angezeigt ❹. In Bild 3.36 erfolgt dies für das grafische Bedienelement „Edit Field (Numeric)“.

Die grafische Bedienoberfläche (App) kann auch im „Command Window“ oder programmatisch gestartet werden. Hierzu gibt es mehrere Möglichkeiten. Die Anweisung

```
IntroductionAppDesigner;
```

startet die App. Alle Eigenschaften der App sind im Base Workspace nicht sichtbar. Die grafische Bedienoberfläche ist für den Anwender allerdings nicht gekapselt. Im Gegensatz dazu wird mit der Anweisung

```
app = IntroductionAppDesigner;
```

die App gestartet und alle Eigenschaften der App, die im Base Workspace sichtbar sein sollen (public properties), werden dort als Object mit dem Variablennamen app gespeichert (Bild 3.37). Dieser Weg soll im Folgenden benutzt werden, da er Anfängern ein besseres Verständnis der Arbeitsweise grafischer Bedienoberflächen und des App Designers ermöglicht.

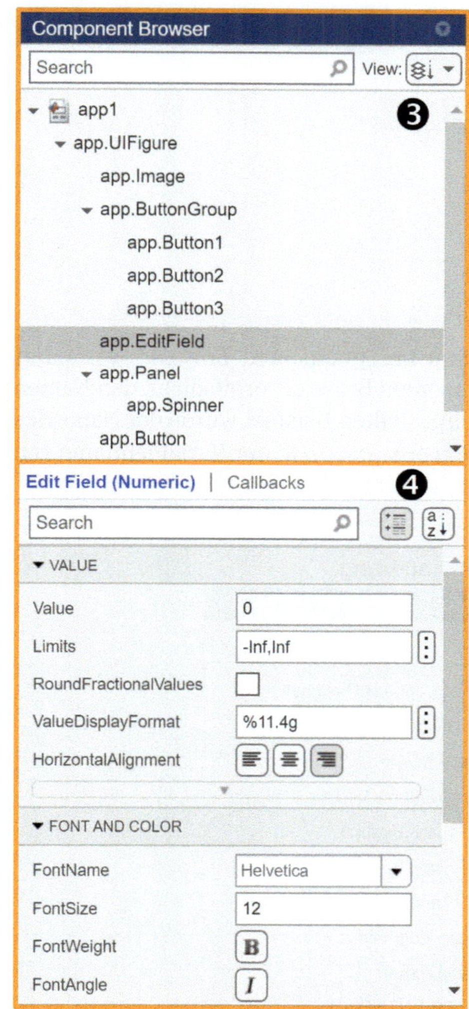

Bild 3.36 „Component Browser" (Ausschnitt aus dem rechten Bereich des App Designers)

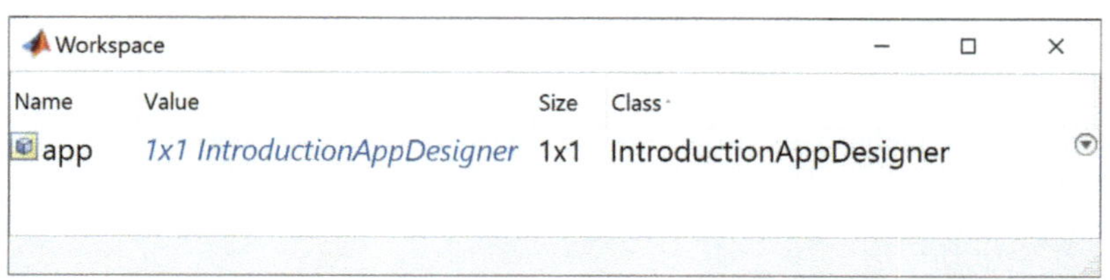

Bild 3.37 Eigenschaften der App im MATLAB Base Workspace

Die Abfrage im „Command Window" liefert alle grafischen Bedienelemente:

```
>> app
app =
  IntroductionAppDesigner with properties:
          UIFigure: [1×1 Figure]
             Image: [1×1 Image]
       ButtonGroup: [1×1 ButtonGroup]
           Button1: [1×1 RadioButton]
           Button2: [1×1 RadioButton]
           Button3: [1×1 RadioButton]
         EditField: [1×1 NumericEditField]
    EditFieldLabel: [1×1 Label]
             Panel: [1×1 Panel]
           Spinner: [1×1 Spinner]
      SpinnerLabel: [1×1 Label]
            Button: [1×1 Button]
            UIAxes: [1×1 UIAxes]
```

Der Name eines grafischen Bedienelementes kann im „Component Browser" verändert werden. Ein Doppelklick auf das Element im „Component Browser" ermöglicht, den Namen des Bedienelementes zu ändern (Bild 3.38). Im dargestellten Beispiel wurde der Name des Bedienelementes „Spinner" von `Spinner` auf `MasseSpinner` bzw. der Variablenname von `app.Spinner` auf `app.MasseSpinner` verändert.

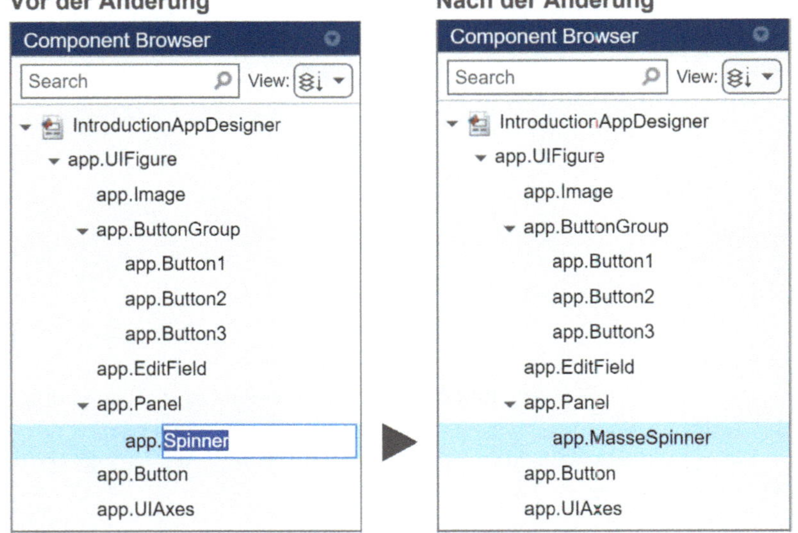

Bild 3.38 Veränderung des Namens eines grafischen Bedienelementes am Beispiel des Bedienelements „Spinner"

Im Folgenden wird auf die wesentlichen Aspekte bei der Erstellung einer grafischen Bedienoberfläche anhand des Anwendungsbeispiels aus Abschnitt 3.2.1 zur Analyse und Visualisierung eines mechanischen Feder-Masse-Schwingers (Bild 3.22) eingegangen (FederMasseSchwinger.mlapp).

3.3.2 Eigenschaften grafischer Bedienelemente

Jedem grafischen Bedienelement sind Eigenschaften, sogenannte „Properties“, zugeordnet. Wird im Layoutbereich auf ein Element geklickt oder es im „Component Browser“ ausgewählt, so werden rechts unten im „Component Browser“ automatisch die Eigenschaften für dieses grafische Bedienelement angezeigt. Die Anzeige ist nach Themen geordnet, zu denen Details ein- und ausgeblendet werden können (Symbol ▼).

Aus dem Anwendungsbeispiel wird beispielhaft das Bedienelement vom Typ „Spinner“ für die Anzeige und die Eingabe des Wertes der Masse näher betrachtet (FederMasse-Schwinger_Bedienelemente.mlapp). Bild 3.39 zeigt die „Properties“ am Beispiel des ausgewählten grafischen Bedienelementes `MasseSpinner`. Einige der angezeigten Eigenschaften des Bedienelementes „Spinner“ werden in Tabelle 3.7 vorgestellt.

Benutzereingaben können von den Bedienelementen automatisch überprüft werden. Bei einer fehlerhaften Eingabe von numerischen Werten durch den Nutzer, entweder einer Eingabe außerhalb des in der Eigenschaft „Limits“ definierten Wertebereiches oder eines nicht numerischen Wertes, wird automatisch eine Fehlermeldung erzeugt (Bild 3.40).

Zudem können Hilfetexte zu jedem Bedienelement für den Nutzer ergänzt werden. Beispielsweise erscheint der in Bild 3.41 gezeigte Hilfetext, wenn der Cursor über das Bedienelement „Spinner“ für die Masse bewegt wird. Dieser Text wird in der Eigenschaft „Tooltip“ definiert (siehe Bild 3.39). Dadurch ist es möglich, die Bedienung durch zusätzliche Hinweise für den Nutzer verständlicher zu gestalten oder Zusatzinformationen einzublenden.

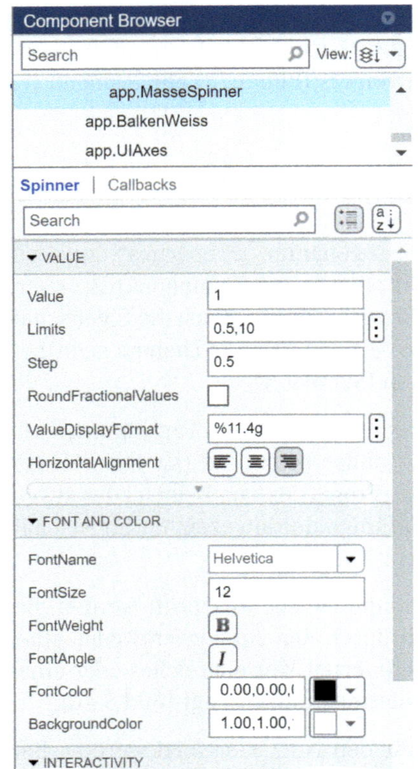

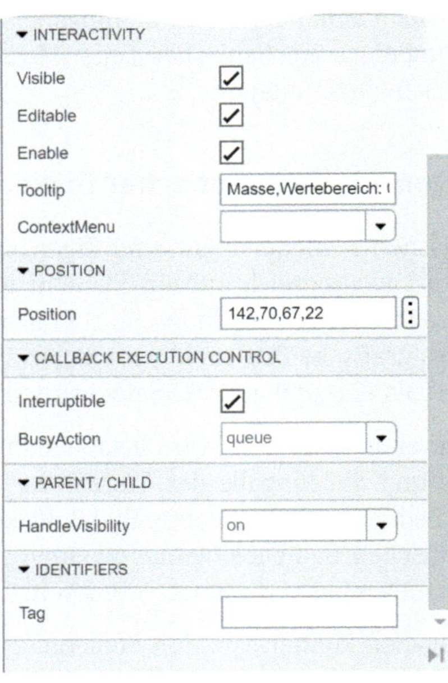

Bild 3.39 Properties eines grafischen Bedienelements im „Component Browser" am Beispiel eines „Spinner"-Bedienelements für die Anzeige und Eingabe des Wertes der Masse (nebeneinander dargestellt, FederMasseSchwinger_Bedienelemente.mlapp)

Tabelle 3.7 Ausgewählte Eigenschaften des grafischen Bedienelementes „Spinner", Beispiel: Masse

Property	Bedeutung	Beispiel
Label	Text	Masse
▼ Value		
Value	Anfangswert der im Bedienelement unmittelbar nach dem Start der App angezeigt wird	1
Limits	Wertebereichsgrenzen	[0.5 10]
Step	Schrittweite für Werteerhöhung oder Werteerniedrigung	0.5
HorizontalAlignment	Horizontale Ausrichtung der Schrift	rechtsbündig
▼ Font and Color		
FontSize	Schriftgröße	12
FontName	Schriftname	MS Sans Serif

Property	Bedeutung	Beispiel
FontWeight	Fett (bold) oder nicht fett	Nicht fett
FontAngle	Kursiv (italic) oder nicht kursiv	Nicht kursiv
BackgroundColor	Hintergrundfarbe in RGB-Anteilen [red green blue]	[1.0 1.0 1.0] weiß
▼ Interactivity		
Visible	Festlegung, ob das Bedienelement in der App für den Nutzer sichtbar ist oder nicht. So werden z. B. aktuell nicht sinnvolle Bedienelemente ausgeblendet (on: sichtbar, off: nicht sichtbar).	✓
Editable	Festlegung, ob das Bedienelement in der App für den Nutzer editierbar ist oder nicht.	✓
Enable	Festlegung, ob Eingaben durch den Nutzer für das Bedienelement möglich sind (enabled) oder nicht (disabled). Bedienelemente, in denen aktuell keine Eingaben zulässig sind, werden darüber gesteuert. Ist das Bedienelement „disabled", wird es in grauer Schrift angezeigt.	✓ (enabled)
Tooltip	Text der eingeblendet wird, sobald der Nutzer den Cursor über das Bedienelement bewegt. Ermöglicht Informationen anzuzeigen, um dem Nutzer die Bedienung zu erleichtern.	Masse Wertebereich 0.5kg … 10kg
▼ Position		
Position	Werte für die Position des grafischen Bedienelementes im Layoutbereich (x,y-Position), sowie der Breite und Höhe des Bedienelementes (width und height).	[x, y, width, height] [147 70 67 22]

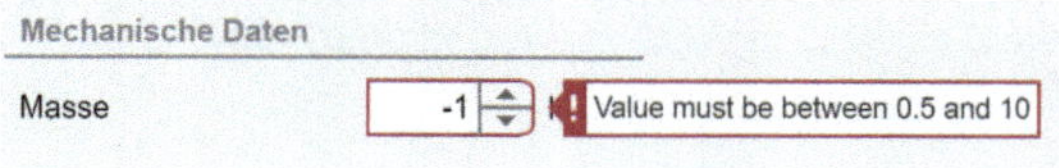

Bild 3.40 Automatische Fehlerbehandlung bei falscher Werteeingabe | Eigenschaft (Property): Limits

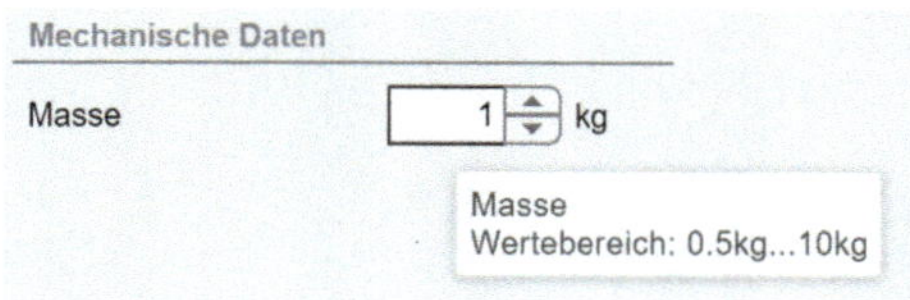

Bild 3.41 Zusätzliche Hinweise oder Zusatzinformation I Eigenschaft (Property): Tooltip

Wird die App so gestartet, dass alle Eigenschaften im MATLAB Base Workspace sichtbar sind,

```
app = FederMasseSchwinger;
```

so können die Eigenschaften im „Command Window“ (Name der Variable: `app.MasseSpinner`) angezeigt werden.

```
>> app.MasseSpinner
ans =
  Spinner (1) with properties:
                   Value: 1
      ValueDisplayFormat: '%11.4g'
    RoundFractionalValues: off
                    Step: 0.5000
                  Limits: [0.5000 10]
     LowerLimitInclusive: on
     UpperLimitInclusive: on
         ValueChangedFcn: [function_handle]
        ValueChangingFcn: ''
                Position: [142 70 67 22]
  Show all properties
         BackgroundColor: [1 1 1]
            BeingDeleted: off
              BusyAction: 'queue'
             ContextMenu: [0×0 GraphicsPlaceholder]
               CreateFcn: ''
               DeleteFcn: ''
                Editable: on
                  Enable: on
               FontAngle: 'normal'
               FontColor: [0 0 0]
                FontName: 'Helvetica'
                FontSize: 12
              FontWeight: 'normal'
        HandleVisibility: 'on'
     HorizontalAlignment: 'right'
           InnerPosition: [142 70 67 22]
           Interruptible: on
                  Layout: [0×0 matlab.ui.layout.LayoutOptions]
                  Limits: [0.5000 10]
     LowerLimitInclusive: on
           OuterPosition: [142 70 67 22]
                  Parent: [1×1 Panel]
                Position: [142 70 67 22]
    RoundFractionalValues: off
                    Step: 0.5000
                     Tag: ''
                 Tooltip: {2×1 cell}
                    Type: 'uispinner'
     UpperLimitInclusive: on
                UserData: []
                   Value: 1
         ValueChangedFcn: [function_handle]
        ValueChangingFcn: ''
      ValueDisplayFormat: '%11.4g'
                 Visible: on
```

Eine weitere Möglichkeit ist die Anzeige der Eigenschaften im Variableneditor des MATLAB-Hauptfensters: Ein Doppelklick im „Workspace Browser“ auf das Objekt der grafischen Bedienoberfläche (Variablenname: `app`) öffnet den Variableneditor. Zunächst sind die Eigenschaften der App auf der obersten Hierarchieebene sichtbar. Wird auf das grafische Bedienelement „Spinner“ geklickt, so werden ebenfalls dessen Eigenschaften angezeigt.

3.3.3 Layout der grafischen Bedienoberfläche

Die Nutzerfreundlichkeit und das Erscheinungsbild einer grafischen Bedienoberfläche (App) wird maßgeblich von deren Layout bestimmt. Ziel des Layouts ist eine übersichtliche und ansprechende Darstellung der App. Für diese Aufgabe gibt es als Unterstützung für den Ersteller:

- Layoutelemente zur Gliederung von Bedienelementen

  In der „Component Library“ stehen unterschiedliche Elemente zur Anordnung, Zusammenfassung und mehrseitigen Gliederung von grafischen Bedienelementen zur Verfügung (Bild 3.42, links). Tabellarische Anordnungen können mit „Grid Layout“ erzeugt werden. Mehrere Bedienelemente eines Themenbereichs sind mit einem „Panel“ zusammenfassbar. Auch eine mehrseitige Anordnung in Form umschaltbarer Tabs ist möglich („Tab Group“).

  Ein Beispiel für die Anwendung von „Panels“ zeigt Bild 3.42 (rechts) für das Anwendungsbeispiel. Hier wurden unter dem „Panel“ Mechanische Daten drei Spinner und mehrere Label-Elemente für die physikalischen Einheiten ergänzt. Das zweite „Panel“ Charakteristische Daten umfasst acht Elemente vom Typ „Label“ für die Textanzeige und spätere Werteausgabe.

- Orientierungslinien im Layoutbereich

  Wird ein Bedienelement bewegt, so werden für das Bedienelement automatisch orangefarbige Orientierungslinien eingeblendet (Bild 3.43). Damit kann das Bedienelement in Bezug zu anderen Bedienelementen ausgerichtet (aligned) werden. Eine mittige oder linksbündige Ausrichtung ist so beispielsweise möglich. Die Bedienelemente „Spinner“ (Werteeingabe) und „Label“ (Einheit) für die Federsteifigkeit wurden so horizontal zentriert.

- Tools im Register „Canvas“

  Die Toolleiste (Bild 3.44), die im Register „Canvas“ eingeblendet wird, besitzt unterschiedliche Teilbereiche zur Beeinflussung des Layouts:

  - Align (❶)

    Werden mindestens zwei Bedienelemente im Layoutbereich ausgewählt, so können diese über die Icons in der Toolleiste ausgerichtet werden. In Bild 3.44 erfolgt beispielsweise eine linksbündige Ausrichtung (Align left) der „Spinner“ für die Masse und die Federsteifigkeit. Nach erfolgter Ausrichtung ergibt sich das rechts unten gezeigte Layout. Das fett umrahmte Bedienelement ist jeweils das Bezugselement.

- Arrange (❷)

  Mehrere ausgewählte Bedien- oder Layoutelemente können mit Auswahl von „Same Size“ automatisch auf eine einheitliche Größe (Breite und/oder Länge) gebracht werden. Ebenfalls ist es möglich mehrere Elemente zu gruppieren, um diese z.B. gemeinsam verschieben oder anordnen zu können.

- Space (❸)

  Damit können die Abstände zwischen Bedienelementen beeinflusst werden, um z.B. eine gleichmäßige vertikale oder horizontale Verteilung mehrerer Bedienelemente zu erhalten.

Zusätzlich können im Register View einstellbare Gitternetze (Raster) in den Layoutbereich eingeblendet (Show grid) und die Bedienelemente automatisch an diesem Raster ausgerichtet werden (Snap to grid).

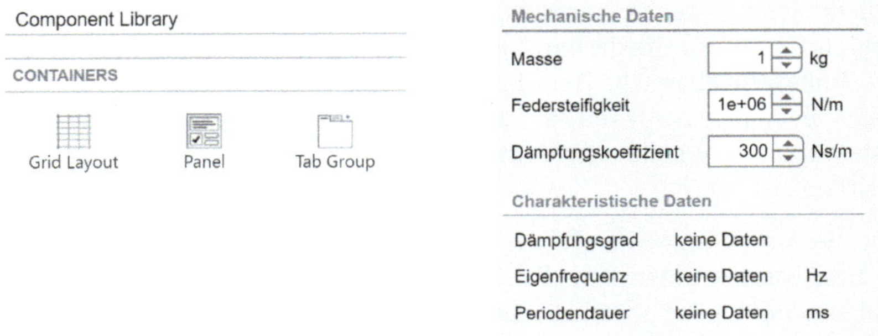

Bild 3.42 Container-Elemente zur Gliederung des Layouts und Anwendung eines „Panels“ für die Bereiche Mechanische und Charakteristische Daten (FederMasseSchwinger_Bedienelemente.mlapp)

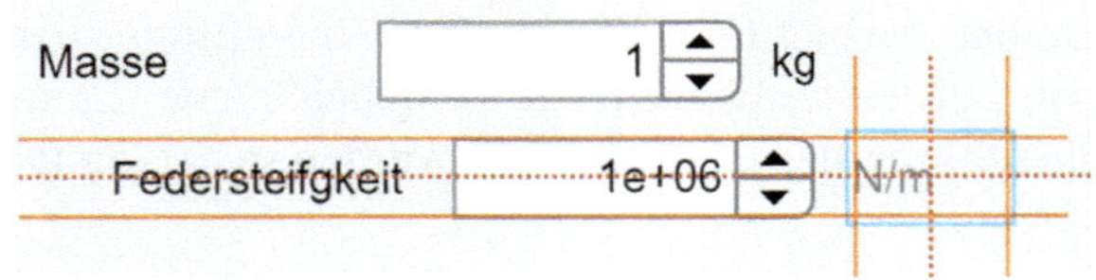

Bild 3.43 Orientierungslinien zur Layoutunterstützung

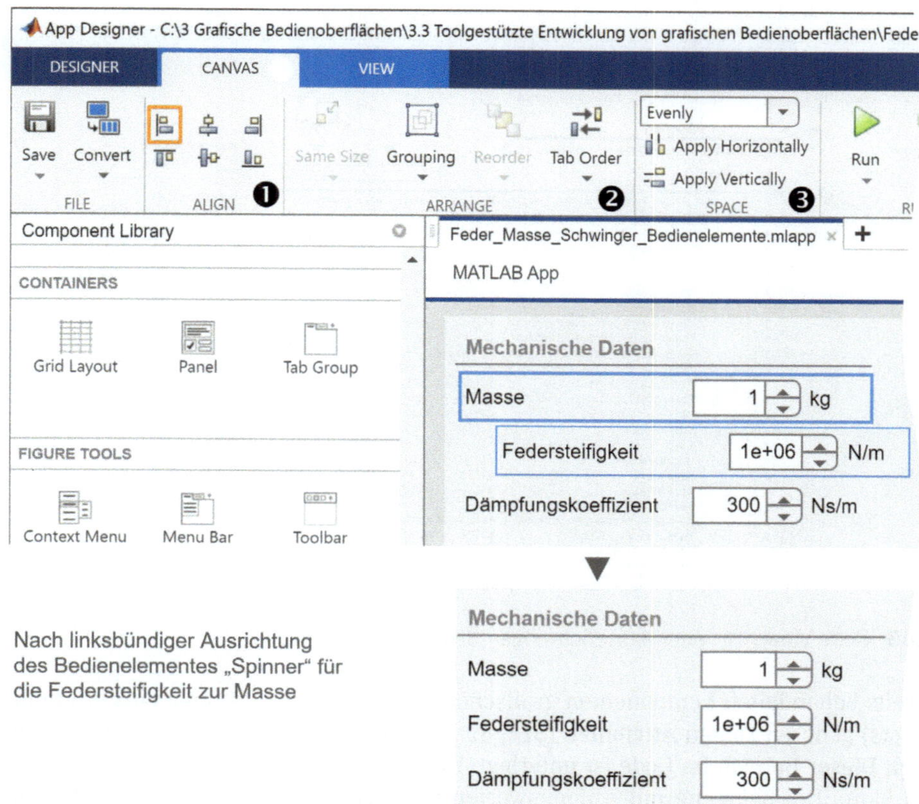

Bild 3.44 Layoutwerkzeuge im Register Canvas (FederMasseSchwinger_Bedienelemente.mlapp)

3.3.4 Code View

Sind alle für eine grafische Bedienoberfläche benötigten Bedienelemente angeordnet und ihre zugehörigen Eigenschaften („Properties") wie z. B. die Namen aller Bedienelemente, Anfangswerte, Wertebereichsgrenzen („Limits"), Schriftgrößen, ... konfiguriert, kann mit der Erstellung des im Hintergrund laufenden Programmcodes begonnen werden. Während im bisher behandelten „Design View" (①) in der Mitte der Layoutbereich der App angezeigt wird, erscheint dort im „Code View" (②) der Programmiercode (Bild 3.45).

Bei objektorientierter Programmierung werden die Objektvariablen (Attribute) und Objektfunktionen nicht getrennt. Die Attribute werden als „Properties" und die Objektfunktionen als „Methods" bezeichnet. Das Hinzufügen oder Ändern von „Properties" oder „Methods" einer App geschieht in der Ansicht „Code View" (②) im Hauptfenster des App Designers.

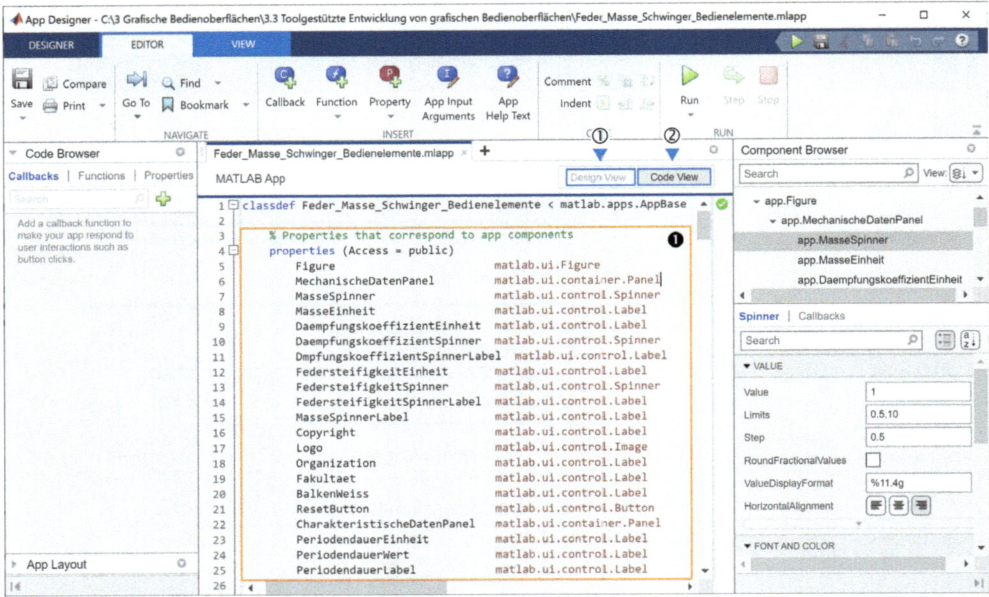

Bild 3.45 Code View (FederMasseSchwinger_Bedienelemente.mlapp)

Die bereits behandelten Komponenten grafischer Bedienelemente (Components of graphical objects) gehören zu den Attributen (`properties` ❶) und werden automatisch im Code angelegt. Dieser Bereich im Code ist unterlegt. Dies zeigt an, dass er dort nicht verändert werden kann. Die Belegung mit Anfangswerten der Eigenschaften grafischer Bedienelemente gehört zu den Objektfunktionen (`methods`) und findet sich im „Code View" weiter unten. Der Name der Funktion hierfür ist „createComponents". Die im „Design View" gesetzten Eigenschaften werden automatisch in Code umgesetzt. Auch dieser Bereich im Code ist abgesetzt dargestellt und kann dort nicht verändert werden. So wird z. B. der im „Design View" gesetzte Initialisierungswert und der Wertebereich für die Masse (Eigenschaft „Value" und „Limits" für das Bedienelement „Spinner") im Code wie dargestellt umgesetzt:

```
app.MasseSpinner.Value = 1;
app.MasseSpinner.Limits = [0.5 10];
```

Eine Anpassung der Anfangswerte der Eigenschaften grafischer Bedienelemente ist u. a. über den „Component Browser" im Hauptfenster rechts oder im Programmcode möglich.

Bis zu diesem Punkt hat die grafische Bedienoberfläche für den Nutzer noch keine Funktion. Für die Funktionalität müssen für die grafischen Bedienelemente noch die Properties und Methods programmiert werden. In diesem Zuge ist es wichtig sich nochmals die generelle Ablaufsteuerung einer grafischen Bedienoberfläche aus Bild 3.30 in Erinnerung zu rufen. Neben zentralen Eigenschaften der App (Properties) müssen insbesondere die Funktionalitäten beim Start („Initialisierung") sowie als Reaktion auf eine Benutzereingabe („Callbacks") erstellt werden.

Im Anwendungsbeispiel aus Abschnitt 3.2.1 soll eine grafische Bedienoberfläche erstellt werden, die aus Nutzereingaben für mechanische Daten eines Feder-Masse-Schwingers die zugehörigen charakteristischen Werte einer Schwingung berechnet und den Schwingungsverlauf grafisch als Kurve ausgibt (Bild 3.22).Eine Möglichkeit für die Realisierung der Ablaufsteuerung zeigt Bild 3.46. Hierzu sind im Wesentlichen drei Funktionalitäten zu programmieren:

- „Initialisierung" (❶)

  Beim Starten der Bedienoberfläche müssen Anfangswerte von Variablen und Properties gesetzt werden. Die Initialisierungsroutine ruft zudem eine Funktion auf, die eine Aktualisierung aller Bedienelemente zur Ausgabe der charakteristischen Daten und zur Visualisierung der Schwingung umsetzt.

- „Callback" zu Spinner-Elementen (❷)

  Nachdem ein Nutzer eine Werteingabe mit einem der „Spinner" abgeschlossen hat, liest ein „Callback" den neuen Eingabewert aus und veranlasst durch einen Funktionsaufruf eine Aktualisierung aller Bedienelemente.

- Funktion „Update Bedienelemente" (❸)

  Sowohl beim Start der Bedienoberfläche als auch nach jeder Werteingabe durch den Nutzer müssen die neuen Werte der charakteristischen Daten berechnet und angezeigt werden. Darüber hinaus ist es nötig, die Grafik zur Visualisierung der Schwingung mit den neuen Werten zu erzeugen. Um diese drei Aufgaben nur einmal programmieren zu müssen, werden diese in einer separaten Funktion (Function) gebündelt.

Die nötigen Schritte zur Programmierung dieser Funktionalitäten im „Code View" werden nachfolgend beispielhaft erläutert. Auf die Umsetzung einer Funktionalität zum Zurücksetzen auf die Startwerte wird hier verzichtet.

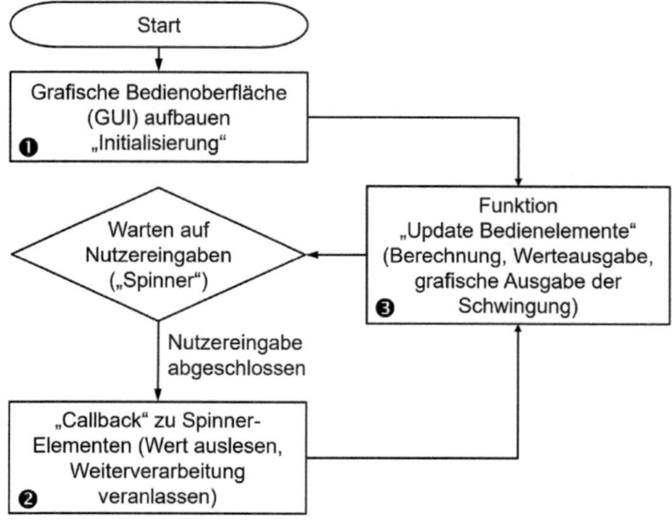

Bild 3.46 Ablaufsteuerung für das Anwendungsbeispiel Feder-Masse-Schwinger

3.3.5 Properties

Zusätzliche Properties können zur Speicherung wesentlicher Daten innerhalb der App bei der Erstellung hinzugefügt werden. Dies ist z.B. zur Verarbeitung der Daten in unterschiedlichen „Callbacks“ und „Functions“ sowie zum Datenaustausch hilfreich. Um zusätzliche Properties für Variablen hinzuzufügen, gibt es folgenden in Bild 3.47 gezeigten Ablauf:

❶ Register „Properties“ auswählen

❷ Das Plus-Zeichen ermöglicht das Hinzufügen von Properties:

Dabei kann ausgewählt werden, ob die hinzuzufügenden Properties „private“ oder „public“ sein sollen. Der Defaultwert ist „private“. Wird „private“ gewählt, sind die im Folgenden zu definierenden Variablen außerhalb der App, z.B. im „Base Workspace“, nicht sichtbar. Da im Folgenden gewünscht ist, dass diese im „Base Workspace“ von MATLAB sichtbar sind, wurde hier für das Anwendungsbeispiel „public“ gewählt.

❸ Es öffnet sich im Bereich des Codes automatisch ein Bereich, in dem die zusätzlichen Variablen eingetragen werden können. Hinter `properties` ist angegeben, dass außerhalb der App auf die Variablen zugegriffen werden kann (`Access = public`).

❹ Hinzufügen der zusätzlichen Properties:

Mehrere Properties sind zur Umsetzung des Anwendungsbeispiels aus Abschnitt 3.2.1 hilfreich. Neben der Masse m, der Federsteifigkeit c und der Kennfrequenz f_0 soll auch der Startwert x_0, der Zeitvektor t für die Grafik und der Positionsvektor x als Property angelegt werden. Diese geschieht exemplarisch durch Hinzufügen der folgenden Codezeilen im Codeabschnitt `properties`.

```
properties (Access = public)
    % Mechanische Daten
    m  % Masse [kg]
    c  % Federsteifigkeit [N/m]
    d  % Daempfungskoeffizient [Nm/s]

    % Berechnungsdaten
    x0 % Startwert Position (Auslenkung) [m]
    t  % Zeitvektor [s]
    x  % Positionsvektor [m]
end
```

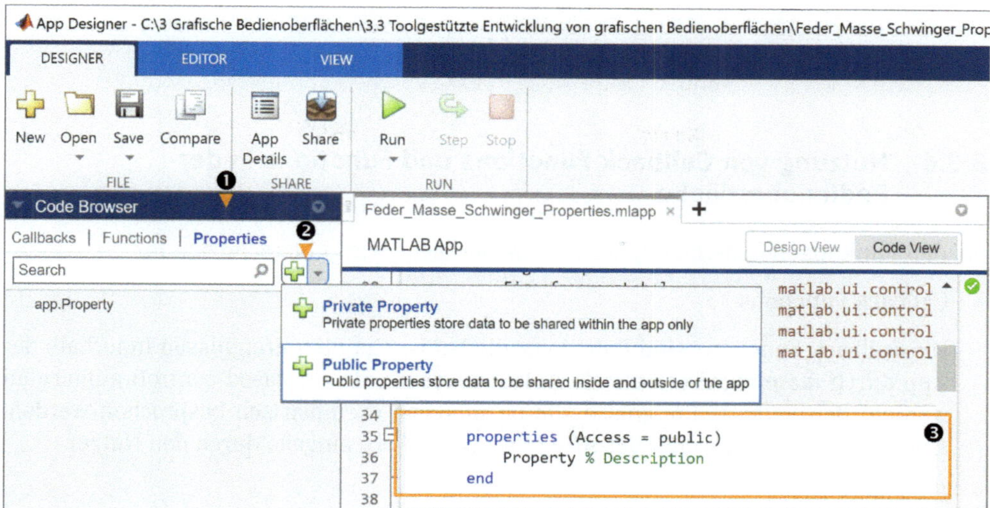

Bild 3.47 Ergänzung von Properties der App (FederMasseSchwinger_Properties.mlapp)

Wird die so veränderte App (FederMasseSchwinger_Properties.mlapp) mit

```
app = FederMasseSchwinger_Properties;
```

gestartet, sind zusätzlich zu den grafischen Bedienelementen, die drei hinzugefügten Variablen durch die Wahl von „public" (`Access = public`), z. B. im „Command Window", abfragbar. Die Variablen für die Masse, die Federsteifigkeit und die Kennfrequenz haben noch keinen Wert zugewiesen bekommen; daher wird `empty []` angezeigt.

```
>> app
app =
  FederMasseSchwinger_Properties with properties:
                                Figure: [1×1 Figure]
                  MechanischeDatenPanel: [1×1 Panel]
                          MasseSpinner: [1×1 Spinner]
                          MasseEinheit: [1×1 Label]
           DaempfungskoeffizientEinheit: [1×1 Label]
           DaempfungskoeffizientSpinner: [1×1 Spinner]
        DmpfungskoeffizientSpinnerLabel: [1×1 Label]
                FedersteifigkeitEinheit: [1×1 Label]
                FedersteifigkeitSpinner: [1×1 Spinner]
           FedersteifigkeitSpinnerLabel: [1×1 Label]
                     MasseSpinnerLabel: [1×1 Label]
                                      ...
                      DaempfungsgradWert: [1×1 Label]
                     DaempfungsgradLabel: [1×1 Label]
                                 UIAxes: [1×1 UIAxes]
                                      m: []
                                      c: []
                                      d: []
```

```
            x0: []
             t: []
             x: []
```

3.3.6 Nutzung von Callback Functions und Functions in der Bedienoberfläche

Bei den Funktionen („Methods“) der Bedienoberfläche wird unterschieden in:

- Callback Functions

  Die Callback Functions sind Functions, die bei bestimmten Ereignissen innerhalb der App durch die ereignisorientierte Ablaufsteuerung (Event based control) aufgerufen werden. Beispielhafte Ereignisse, die nachfolgend exemplarisch besprochen werden, sind der Start der App oder der Abschluss einer Werteeingabe durch den Nutzer.

- Functions

  Diese sind Functions innerhalb der App. Sie entsprechen den bekannten Functions in MATLAB. Dort werden z. B. für die App erforderliche Berechnungen oder Auswertungen von Daten durchgeführt.

Startup-Function-Callback

Beim Start der App müssen häufig Variablen direkt mit Werten belegt, Berechnungen oder andere Anweisungen ausgeführt werden. Dies erfolgt über eine Callback Function, die beim Start der App automatisch ausgeführt wird, der sogenannten StartupFct (Startup-Function). Die Erstellung des Startup-Function-Callbacks geschieht nach dem in Bild 3.48 gezeigten Ablauf, welcher analog für jede Callback Function übertragen werden kann:

❶ Auswahl der Komponente (z. B. im „Component Browser“), für die ein Callback erstellt werden soll. Im Beispiel der Startup-Function ist dies stets das oberste Element im Komponentenbaum.

❷ Register „Callback“ auswählen

❸ Durch betätigen des Plus-Zeichens öffnet sich ein Dialogfenster zum Hinzufügen einer Callback Function. Hier muss die Komponente, zu der die Callback Function gehört und der Callback-Typ ausgewählt sowie abschließend mit „Add Callback“ die Erstellung bestätigt werden. Der Fall des Startup-Function-Callbacks ist in Bild 3.49 abgebildet. Dieser erscheint nur im Menü, wenn der Startup-Function-Callback noch nicht im „Code View“ existiert.

❹ Hinzufügen des Programmcodes zum Callback

Im Codebereich wird automatisch die jeweilige Callback Function in einem editierbaren Bereich hinzugefügt. An dieser Stelle muss der Code ergänzt werden, der bei einem Aufruf des Callbacks durch eine zugehörige Nutzereingabe bzw. im Fall des Startup-Function-Callbacks durch Starten der App ausgeführt werden soll. Im Anwendungsbeispiel Feder-Masse-Schwinger werden zunächst die beim Start gültigen Werte in den Spinner-Elementen ausgelesen und den vorher erzeugten Properties `app.m`, `app.c`, `app.d` zugewiesen:

Listing 3.7 Startup-Function-Callback (FederMasseSchwinger.mlapp)

```
function startupFcn(app)
    % Auslesen Anfangswerte der Spinner
    app.m = app.MasseSpinner.Value;
    app.c = app.FedersteifigkeitSpinner.Value;
    app.d = app.DaempfungskoeffizientSpinner.Value;

    % Setzen Anfangswert Position (t=0) [m]
    app.x0 = 1e-3;
    % Erzeugen Zeitvektor [s]
    app.t = 0:1e-6:0.05;

    % App aktualisieren
    UpdateBedienelemente(app);
end
```

Beim Zugriff auf eine Variable der App muss vor dem in der Property definierten Namen immer `app.` stehen, da dies der vollständige Variablenname im App Object ist. So ist im Beispiel `m` bei der Wertezuweisung unzulässig. Es muss `app.m` verwendet werden.

Der Zugriff auf die Properties der Spinner-Elemente erfolgt dabei entsprechend der „dot notation“, z.B. mittels `app.NameBedienelement.Value`, um auf die Eigenschaft „Wert“ (`Value`) zuzugreifen. Neben dem Setzen des Anfangswerts (`app.x0`) und des Zeitvektors für die grafische Ausgabe (`app.t`) wird die Function `UpdateBedienelemente` aufgerufen. Diese wird nachfolgend noch erstellt. Generell muss beim Aufruf von Functions innerhalb der App das Objekt `app`, mit dem die Properties verknüpft sind, an die Function als Übergabeargument mitgegeben werden:

```
UpdateBedienelemente(app);
```

Wird die App mit

```
app = FederMasseSchwinger;
```

aus dem „Command Window“ gestartet, so haben die initialisierten Properties direkt nach dem Start jeweils den gewünschten Wert zugewiesen:

```
>> app
app =
  FederMasseSchwinger with properties:
                        Figure: [1×1 Figure]
                                ...
                        UIAxes: [1×1 UIAxes]
                             m: 1
                             c: 1000000
                             d: 300
                            x0: 1.0000e-03
                             t: [0 1.0000e-06 2.0000e-06 3.0000e-06 ... ]
```

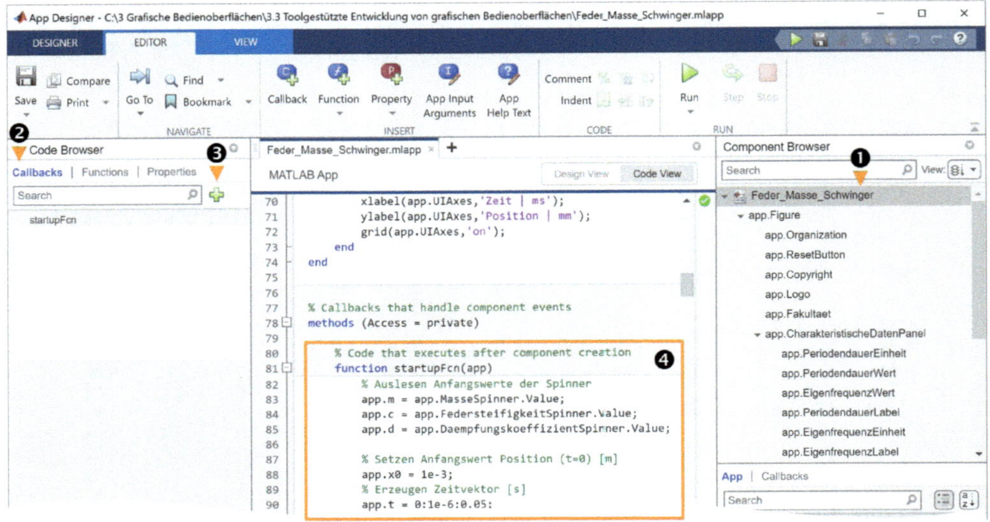

Bild 3.48 Callback Function anlegen am Beispiel des Startup-Function-Callbacks zur Zuweisung der Startwerte (FederMasseSchwinger.mlapp)

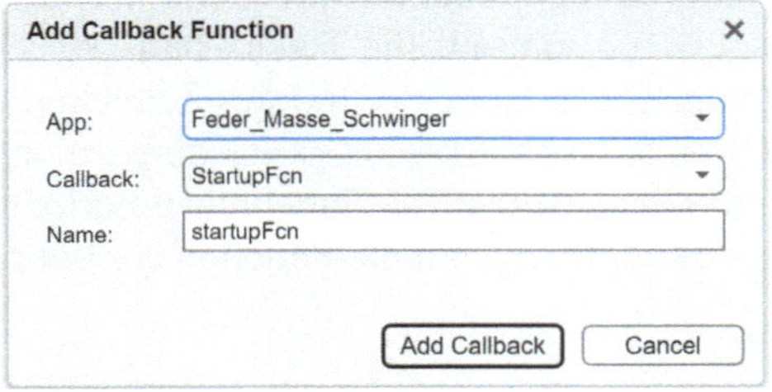

Bild 3.49 Dialogfenster zur Erstellung neuer Callback Functions

Functions

Neben Callbacks können auch Functions innerhalb der App erstellt werden. Auch die Erstellung von Functions soll exemplarisch anhand des Anwendungsbeispiels erläutert werden. Wie am Ende von Abschnitt 3.3.4 für das Anwendungsbeispiel dargestellt, soll die Berechnung der charakteristischen Werte, ihre Ausgabe auf der Bedienoberfläche sowie die Erzeugung der grafischen Darstellung der Schwingung in der Function `UpdateBedienelemente` zusammengefasst werden.

Die Erstellung einer Function erfolgt nach dem in Bild 3.50 gezeigten Schema:

❶ Register „Functions" auswählen

❷ Das Plus-Zeichen ermöglicht das Hinzufügen einer Function

Dabei kann ausgewählt werden, ob die hinzuzufügende Function „private" oder „public" sein soll. Der Defaultwert ist „private". Wird „private" gewählt, so ist die Function nur innerhalb der App aufrufbar.

❸ Anpassung des Namens der Function und Hinzufügen des Codes

Im Codebereich wird automatisch eine neue Function hinzugefügt, nachdem das Plus-Zeichen angeklickt wurde. Der Kopf der Function einschließlich des Namens kann wie bei einer gewöhnlichen Function in MATLAB frei angepasst werden. In Bild 3.50 wurde bereits der Funktionskopf einschließlich des Namens `UpdateBedienelemente` angepasst. Die Function hat dabei einen Übergabeparameter (`app`).

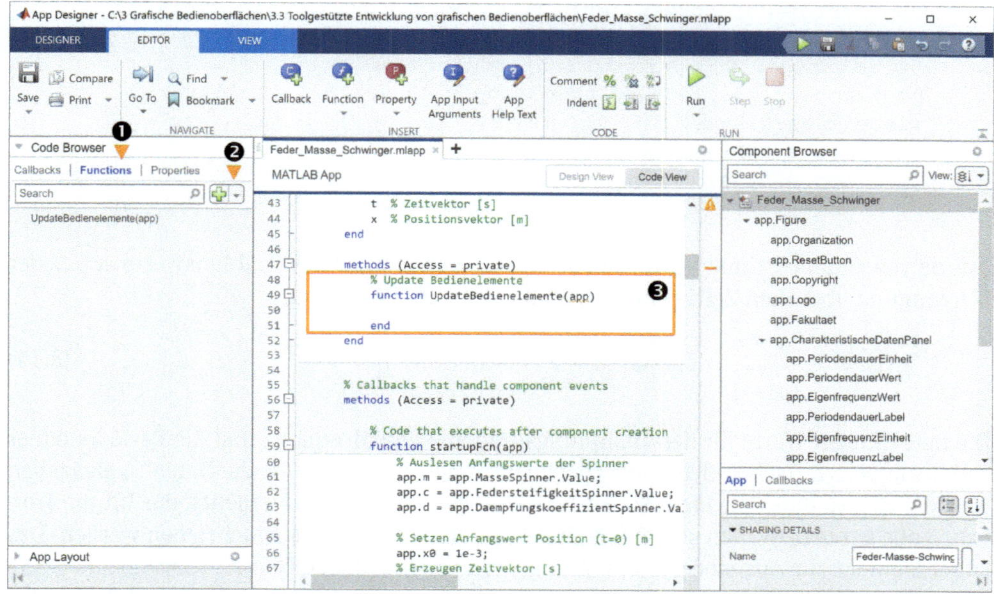

Bild 3.50 Erstellung einer Function im Anwendungsbeispiel (FederMasseSchwinger.mlapp)

Nach der Erstellung der Function kann deren Funktionalität programmiert werden. Im Fall des Anwendungsbeispiels werden anhand der in Abschnitt 3.2.1 gegebenen mathematischen Beziehungen zunächst wesentliche Kenngrößen, wie die Kennfrequenz, der Dämpfungsgrad, die Eigenfrequenz und die Periodendauer berechnet. Diese Werte werden nur lokal innerhalb der Function für die Werteausgabe und grafische Darstellung der Schwingung benötigt und daher nicht als Property, sondern als lokale Variablen der Function, angelegt:

Listing 3.8 Function UpdateBedienelemente (FederMasseSchwinger_Properties.mlapp)

```
function UpdateBedienelemente(app)
    % Kennfrequenz [Hz]
    omega0 = sqrt(app.c/app.m);
    % Dämpfungsgrad [-]
    D = 1/2*app.d*sqrt(1/(app.c*app.m));
    % Eigenfrequenz [Hz]
    fN = omega0*sqrt(1-D^2)/(2*pi);
    % Periodendauer [ms]
    T = 1/fN*1e3;
```

```
    % Berechnung Position [m]
    app.x = app.x0*(exp(-D*omega0*app.t)/sqrt(1-D^2)).*...
                        sin(omega0*sqrt(1-D^2)*app.t + acos(D));

    % Ausgabe charakteristischer Daten in Textfeldern
    app.DaempfungsgradWert.Text = num2str(D);
    app.EigenfrequenzWert.Text  = num2str(fN);
    app.PeriodendauerWert.Text  = num2str(T);

    % Erzeugung Grafik Positionsverlauf in [mm] und [ms]
    plot(app.UIAxes,1e3*app.t,1e3*app.x,'LineWidth',1.25);
    xlabel(app.UIAxes, 'Zeit | ms');
    ylabel(app.UIAxes,'Position | mm');
    grid(app.UIAxes,'on');
end
```

Aus den so vorab bestimmten Werten erfolgt die Berechnung der Positionswerte `app.x` der Schwingung über dem Zeitvektor `app.t` mit Hilfe der Beziehung

$$x(t) = x_0 \frac{e^{-D\,\omega_0\,t}}{\sqrt{1-D^2}} \cdot \sin\left\{\omega_0 \sqrt{1-D^2}\; t + \arccos(D)\right\} \tag{3.14}$$

Die berechneten Werte für den Dämpfungsgrad, die Eigenfrequenz und die Periodendauer sollen auf der grafischen Bedienoberfläche im Panel „charakteristische Daten“ ausgegeben werden. Hierzu muss die Eigenschaft `Text` des jeweiligen Label-Elements, das für die Werteausgabe genutzt werden soll, mit dem neu berechneten Wert überschrieben werden. Das Label-Element zur Ausgabe des Dämpfungsgrads trägt z. B. den Namen `DaempfungsgradWert`. Die auf der Bedienoberfläche angezeigte Ausgabe eines Elements vom Typ Label steht in der Eigenschaft `Text` als String, so dass zunächst eine Konvertierung des numerischen Werts in die entsprechende Zeichenkette mit dem Befehl `num2str` erfolgen muss:

```
app.DaempfungsgradWert.Text = num2str(D);
```

Die grafische Ausgabe der Werte im Positionsvektor über den Elementen des Zeitvektors kann wie gewohnt mit dem Befehl `plot` erfolgen. Ebenfalls können alle aus den vorigen Abschnitten bekannten Hilfsfunktionen zur Erstellung von Diagrammen (`xlabel`, `ylabel`, `grid` etc.) weiter genutzt werden. Es ist dazu lediglich das Achsensystem für die Ausgabe als erster Übergabeparameter anzugeben. Im obigen Fall erfolgt z. B. die Erzeugung der Grafik im Achsensystem `app.UIAxes`:

```
plot(app.UIAxes,1e3*app.t,1e3*app.x,'LineWidth',1.25);
xlabel(app.UIAxes, 'Zeit | ms');
ylabel(app.UIAxes,'Position | mm');
grid(app.UIAxes,'on');
```

Die Angabe des Achsensystems ist verpflichtend. Dies ermöglicht auf einfache Weise, auch mehrere Achsensysteme („Axes“) in einer grafischen Bedienoberfläche verwenden zu können.

Allgemeine Callback Functions

Bei den meisten Bedienoberfläche werden, neben dem Startup-Function-Callback, weitere Callback-Functions zur Umsetzung der Funktionalität der Bedienoberfläche verwendet. Diese ermöglichen z.B. eine Reaktion der App auf eine Eingabe des Nutzers. Beispielsweise muss häufig bei Eingabe eines neuen Zahlenwertes dieser Wert der dazugehörigen Property der App zugeordnet, ggf. Berechnungen und/oder Auswertungen durchgeführt und das Ergebnis in der App angezeigt werden. Hierfür müssen Callback Functions, die von der Ablaufsteuerung der App automatisch aufgerufen werden, sobald das Eingabeereignis durch den Nutzer abgeschlossen ist, programmiert werden.

Das Grundprinzip wird nachfolgend im Anwendungsbeispiel anhand der Veränderung des Wertes für die Masse im zugehörigen Spinner-Element gezeigt. Die Erstellung eines Callbacks erfolgt analog dem zu Beginn dieses Abschnitts für den Startup-Function-Callback dargestellten Ablauf (vgl. auch Bild 3.48):

❶ Auswahl der Komponente

Zunächst wird diejenige Komponente (z.B. im „Component Browser") ausgewählt, für die eine Callback Function erstellt werden soll. Im Anwendungsbeispiel der Masse muss in diesem Schritt der zugehörige Spinner ausgewählt werden, mit dem ein Nutzer die Masse verändern soll. Die Auswahl der Komponente kann dabei auch im Design View durch Anklicken des betreffenden Bedienelements erfolgen.

❷ Register „Callback" auswählen

❸ Durch Anklicken des Plus-Zeichens öffnet sich ein Dialogfenster zum Hinzufügen einer Callback Function (Bild 3.51). Hier können die Komponente, zu der die Callback Function gehört und der Callback-Typ ausgewählt werden. Im Dropdown-Menü „Callback" werden dabei alle für das gewählte Bedienelement verfügbaren Callback Functions angezeigt.

Im Anwendungsbeispiel muss die Reaktion der App auf eine abgeschlossene Veränderung der Masse im zugehörigen Spinner durch einen Nutzer programmiert werden. Hierzu wird der Callback „ValueChangedFct" („Value-Changed-Function") zur Komponente „Masse-Spinner" ausgewählt (Bild 3.51). Diese Callback Function wird direkt im Anschluss an die abgeschlossene Werteingabe eines Nutzers aufgerufen.

❹ Hinzufügen des Programmcodes zum Callback

Nach Bestätigen mit „Add Callback" im Dialogfenster wird der Codebereich zur Callback Function automatisch im „Code View" hinzugefügt. An dieser Stelle muss der Code ergänzt werden, der bei einem Aufruf des Callbacks (z.B. infolge einer Aktion des Nutzers) ausgeführt werden soll.

Bei der Erstellung neuer Callback Functions erscheinen im Dropdown-Menü nur diejenigen Callbacks, die für das gewählte Element erzeugt werden können. Wurde ein Callback-Typ für ein ausgewähltes Element bereits vorher erzeugt, erscheint dieser nicht mehr im Dropdown-Menü. Er ist dann bereits im „Code View" angelegt und ersichtlich. ■

Im Anwendungsbeispiel des Spinners für die Masse wird so die Callback Function

```
MasseSpinnerValueChanged(app, event)
```

erzeugt. In der Callback Function soll zunächst der vom Nutzer veränderte Wert des Spinners für die Masse ausgelesen und der zugehörigen Property der App (`app.m`) zugewiesen werden:

Listing 3.9 Value-Changed-Callback für Spinner (FederMasseSchwinger_Properties.mlapp)

```
function MasseSpinnerValueChanged(app, event)
    % Auslesen neuer Wert der Masse
    app.m = app.MasseSpinner.Value;
    % App aktualisieren
    UpdateBedienelemente(app);
end
```

Die nötigen Aktualisierungen der Berechnung und Ausgabe charakteristischer Werte sowie der grafischen Darstellung der Schwingung für den neu eingegebenen Wert der Masse übernimmt die zuvor erstellte Function `UpdateBedienelemente`.

Zur Umsetzung des Anwendungsbeispiels sind noch zwei analoge Value-Changed-Callbacks für die beiden Spinner zur Eingabe der Federsteifigkeit und des Dämpfungskoeffizientens zu ergänzen. Das vollständig umgesetzte Anwendungsbespiel findet sich in der bereitgestellten App FederMasseSchwinger.mlapp.

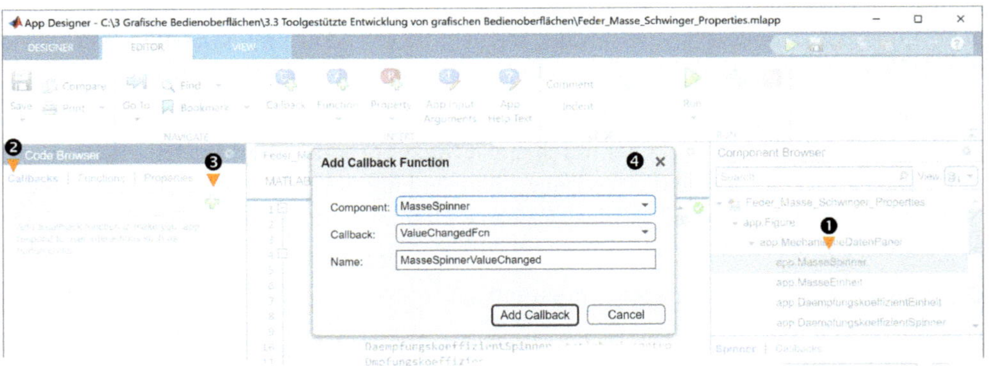

Bild 3.51 Erstellung einer Callback Function im Anwendungsbeispiel für den Spinner „MasseSpinner“

3.4 Abschließende Bemerkungen

3.4.1 Animation

Animation ist die schnelle Abfolge von Einzelbildern mit dem Ziel, dem Betrachter eine Bewegung zu veranschaulichen. Ab ca. 25 Einzelbildern pro Sekunde erkennt das menschliche Auge die Einzelbilder nicht mehr. Der Betrachter hat dadurch den Eindruck einer kontinuierlichen Bewegung. Schon lange wird diese Methode z.B. für Trickfilme benutzt. Zunächst wurden die Einzelbilder von Hand gezeichnet und anschließend in schneller Abfolge mit einer Filmkamera aufgenommen. Heute werden die Einzelbilder häufig im Rechner erzeugt. Zur Visualisierung der schnellen Bildabfolge werden meist Computer benutzt.

Auch bei technischen Aufgabenstellungen sind Computeranimationen hilfreich und stark verbreitet. So kann z.B. die Verformung von mechanischen Teilen bzw. Strukturen in Abhängigkeit von der Zeit bei sich ändernden Belastungen visualisiert werden. Die Darstellung erfolgt häufig nicht in Echtzeit. Sie kann langsamer (Zeitlupe) oder schneller (Zeitraffer) erfolgen.

MATLAB bietet die Möglichkeit, Berechnungsergebnisse zu animieren. Im Anwendungsbeispiel wird die Position in Abhängigkeit von der Zeit berechnet. Bei einer Eigenfrequenz der Schwingung von 100 Hz ist die Periodendauer der Schwingung 10 ms. Um die Bewegung der Masse für einen Betrachter zu veranschaulichen (Bild 3.52), muss diese verlangsamt werden und die Auslenkung stark vergrößert dargestellt werden.

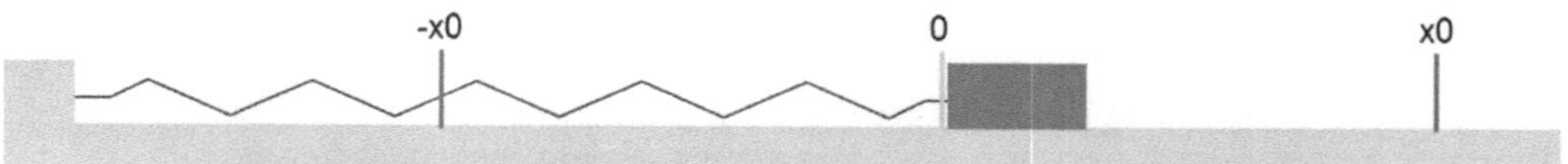

Bild 3.52 Animation der Bewegung der Masse in Zeitlupe

Es wird davon ausgegangen, dass die Positionen für den gesamten darzustellenden Zeitbereich vorab berechnet und in einer Variablen gespeichert wurden. Zur Erzeugung einer Animation wird dann in jedem Durchlauf einer Schleife eine Art „Momentaufnahme" erzeugt und ausgegeben (z.B. mit dem Befehl `plot`). Damit die Visualisierung für den Betrachter nicht zu schnell abläuft, kann zudem die MATLAB Function „pause" am Schleifenende verwendet werden, um eine kurze Unterbrechung des Programmablaufs zu erzwingen.

3.4.2 Eigenständige Applikationen

In MATLAB erstellte grafische Bedienoberflächen, die auf MATLAB Programmen aufbauen, können auch als eigenständige Applikation ablaufen (Bild 3.53). Andere gebräuchliche Programmiersprachen können integriert werden, sofern speziell hierfür freigegebene Bibliotheken benutzt werden. MATLAB muss nicht zwingend auf dem Rechner installiert sein, auf dem die App ablaufen soll. Eine lizenzgebührenfreie Anwendungsentwicklung und Bereitstellung von MATLAB Apps für den Anwender ist so möglich.

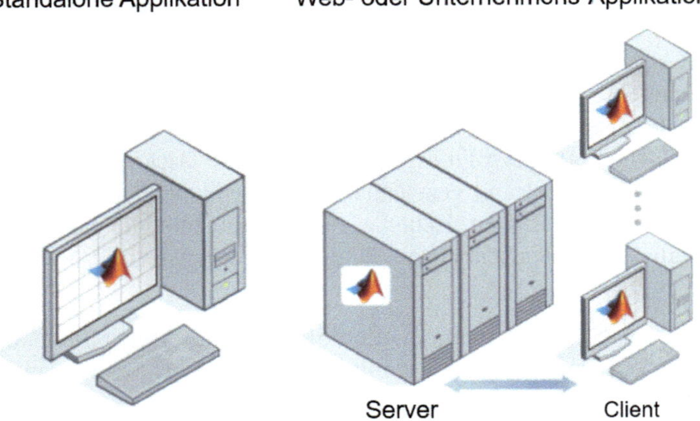

Bild 3.53 Eigenständige Applikationen (© The Math Works, Inc.)

Zur Erstellung eigenständiger Applikationen sind ggf. Add-on-Produkte, wie MATLAB® Compiler™ erforderlich. Grafische Bedienoberflächen, die mit dem App Designer erstellt wurden, können im Bereich „Share" (Bild 3.54) als Installationsroutine für andere MATLAB-Nutzer bereitgestellt werden oder als eigenständige Applikation, für deren Ausführung keine MATLAB-Lizenz notwendig ist. Letzteres kann entweder als Server-Applikation (Web App) oder als Standalone-Applikation für einzelne Rechner erfolgen.

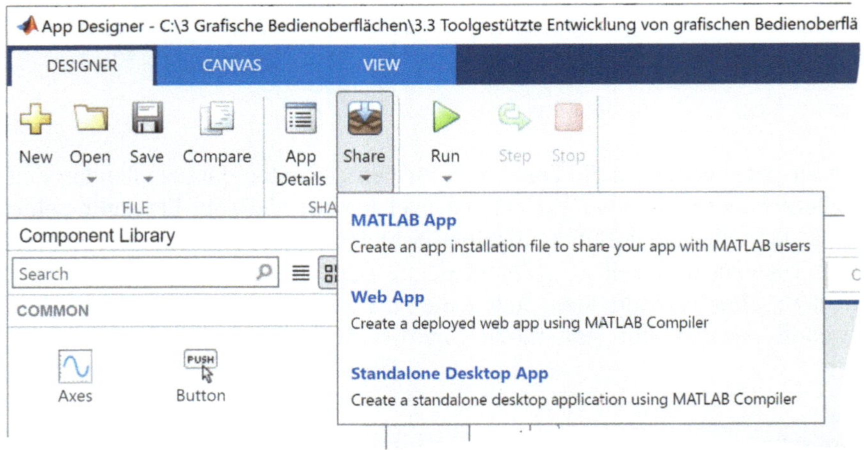

Bild 3.54 Erzeugung eigenständiger Applikationen aus dem App Designer

4 Zahlenformate

Computer sollen exakte Rechenergebnisse in kürzester Zeit liefern. Alle heute eingesetzten Computer arbeiten digital. Gleiches gilt für viele Kommunikationssysteme. Die Darstellung von Zahlen muss auf die digitale Arbeitsweise abgestimmt sein. In digital arbeitenden Systemen können keine unendlich langen Zahlen dargestellt werden, d. h., der Wertebereich ist begrenzt. Zur eindeutigen Definition der Zahlendarstellung und des Wertebereiches gibt es weltweit standardisierte Zahlenformate. Dadurch ist es möglich, dass Programme auf verschiedenen Rechnern ablaufen und Zahlen von einem zu einem anderen Rechner einfach übertragbar sind.

Bei Zahlen unterscheidet man mathematisch in:

- Ganze Zahlen, z. B. 8
- Reelle Zahlen, z. B. 2/3 = 0,666...
- Komplexe Zahlen, z. B. 2 + 3i

Für diese Zahlen gibt es unterschiedliche Zahlenformate, die im Folgenden behandelt werden.

4.1 Ganze Zahlen

Alle elektronischen Computer basieren auf einer Vielzahl von Schaltern. Ein einzelner Schalter ist ein elektronisches Bauelement, das Transistor genannt wird. Prozessoren der Firma Intel® mit vier Recheneinheiten (Quad-Core-Prozessoren) haben mehrere Milliarden Transistoren auf einer Siliziumfläche von 100 mm² bis 200 mm².

Ganze Zahlen (englisch: integer numbers) werden in Computern als Binärzahlen dargestellt. Eine einzelne Zahl bildet sich aus einer Folge von 1 und 0, wobei jede Stelle als Basis 2 benutzt. Die Zahlendarstellung ist damit an die digitale Arbeitsweise angepasst (Schalter ein: 1, Schalter aus: 0). Allgemein gilt für die Darstellung einer Zahl x als Binärzahl:

$$x = \sum_{n=0}^{m-1} b_n \cdot 2^n; \quad m = 1, 2, 3, \ldots \qquad \mathrm{b}_n = 0 \text{ oder } 1 \tag{4.1}$$

Andere Bezeichnungen für diese Zahlendarstellung sind Dualdarstellung, Darstellung im Dualsystem oder Darstellung im Zweiersystem. b_n sind die Binärkoeffizienten, welche nur die Schalterstellung 0 oder 1 als Wert annehmen können. Die ansonsten gebräuchlichen Dezimalzahlen nutzen als Basis 10 zur Darstellung einer Zahl x.

$$x = \sum_{n=0}^{m-1} d_n \cdot 10^n \; ; \; m = 1,2,3,\ldots \quad d_n = 0,1,2,\ldots 9 \tag{4.2}$$

Tabelle 4.1 zeigt eine Gegenüberstellung für $m = 4$.

Tabelle 4.1 Zahlendarstellung im Binärsystem und Dezimalsystem

	Binärsystem				Dezimalsystem			
Koeffizient	b_3	b_2	b_1	b_0	d_3	d_2	d_1	d_0
Wert der Ziffer	2^n				10^n			
	8	4	2	1	1.000	100	10	1

Insbesondere bei großen Werten von x ist der Schreibaufwand bei der Darstellung einer Zahl im Dezimalsystem deutlich geringer als im Binärsystem. Die Darstellung einer Zahl als Dezimalzahl oder Binärzahl zeigt Tabelle 4.2 für zwei Beispielzahlen.

Tabelle 4.2 Beispiele für $m = 4$

	Binärzahl			
Koeffizient	b_3	b_2	b_1	b_0
Dezimalzahl 3	0	0	1	1
	$0 \cdot 2^3 + 0 \cdot 2^2 + 1 \cdot 2^1 + 1 \cdot 2^0$			
	$0 \cdot 8 + 0 \cdot 4 + 1 \cdot 2 + 1 \cdot 1$			
Dezimalzahl 12	1	1	0	0
	$1 \cdot 2^3 + 1 \cdot 2^2 + 0 \cdot 2^1 + 0 \cdot 2^0$			
	$1 \cdot 8 + 1 \cdot 4 + 0 \cdot 2 + 0 \cdot 1$			

Zur Umrechnung einer Dezimalzahl in eine Binärzahl gibt es mehrere Methoden. Im Folgenden werden zwei Methoden am Beispiel der Dezimalzahl 11 vorgestellt:

- Divisionsmethode
- Subtraktionsmethode

Bei der Divisionsmethode werden ganzzahlige Divisionen durch 2 mit Rest (Modulo) benutzt. Ist die Zahl, die durch 2 geteilt wird, ungerade, so bleibt ein Rest von 1. Bei einer geraden Zahl bleibt kein Rest. Das Ergebnis wird so lange weiter durch 2 geteilt, bis die Division 0 ergibt und ein Rest von 1 bleibt (Tabelle 4.3). Die Restwerte ergeben die gesuchte Binärzahl. Das Ergebnis ist, dass der Dezimalzahl 11 die Binärzahl 1011 entspricht. In Tabelle 4.3 ist zusätzlich eine Überprüfung des Ergebnisses angegeben.

Tabelle 4.3 Divisionsmethode

		Ergebnis ganzzahlige Division	Rest	Koeffizient	Faktor	Überprüfung
11	/2 =	5	1	b_0	$2^0 = 1$	$1 \cdot 1 = 1$
5	/2 =	2	1	b_1	$2^1 = 2$	$1 + 1 \cdot 2 = 3$
2	/2 =	1	0	b_2	$2^2 = 4$	$3 + 0 \cdot 4 = 3$
1	/2 =	0	1	b_3	$2^3 = 8$	$3 + 1 \cdot 8 = 11$

Für die beiden Operationen können die MATLAB Functions „floor“ und „mod“ benutzt werden. Das Ergebnis der ersten Zeile in Tabelle 4.3 ergibt sich wie folgt:

```
n=floor(11/2)
n =
    5
mod(11,2)
ans =
    1
```

Bei der Subtraktionsmethode subtrahiert man jeweils die größtmögliche Zweierpotenz von der umzurechnenden Dezimalzahl (Tabelle 4.4). Wenn die nächstgrößte Zweierpotenz größer als die Differenz der vorherigen Subtraktion ist, so ist die Wertigkeit des nächsten Binärkoeffizienten 0. Andernfalls ist die Wertigkeit 1, und die Zweierpotenz wird abgezogen.

Tabelle 4.4 Subtraktionsmethode

		Ergebnis Subtraktion	Wertigkeit	Koeffizient	Faktor	Überprüfung
11	$-2^3 =$	3	1	b_3	$2^3 = 8$	$1 \cdot 8 = 8$
3	$-2^2 =$	< 0	0	b_2	$2^2 = 4$	$8 + 0 \cdot 4 = 8$
3	$-2^1 =$	1	1	b_1	$2^1 = 2$	$8 + 1 \cdot 2 = 10$
1	$-2^0 =$	0	1	b_0	$2^0 = 1$	$10 + 1 \cdot 4 = 11$

Die umgekehrte Reihenfolge der Bit bei der Divisions- und Subtraktionsmethode ist zu beachten.

Der Wertebereich positiver ganzer Zahlen, der dargestellt werden kann, errechnet sich in Abhängigkeit von der zur Verfügung stehenden Anzahl an Schaltern allgemein zu:

$$0\ldots\left(2^m - 1\right) \tag{4.3}$$

Bei vier Schaltern ($m = 4$) ist der Zahlenbereich von 0 bis 15 darstellbar.

Damit der bei einer binären Zahl hohe Schreibaufwand reduziert wird, ist es häufig zweckmäßig, von einem Zweiersystem in ein Sechzehnersystem (Basis 16) überzugehen.

$$x = \sum_{n=0}^{m-1} h_n \cdot 16^n \;;\; m = 1,2,3,\ldots \quad h_n = 0,1,2,\ldots 15 \tag{4.4}$$

Jeweils zusammenhängende, sich nicht überlappende Viererblöcke von Binärziffern werden zusammengefasst. Diese Darstellung wird Hexadezimaldarstellung genannt. Um die 16 Möglichkeiten zu beschreiben, werden die Ziffern 0 bis 9 und die Buchstaben A bis F verwendet.

Tabelle 4.5 zeigt für einen Viererblock die Darstellung als Dezimalzahl, Binärzahl und Hezadezimalzahl.

Um zu kennzeichnen, dass es sich um eine Hexadezimalzahl handelt, wird unter anderem der Index hex verwendet. Eine Hezadezimalzahl mit vier Viererblöcken ist:

$$x = A0F3_{hex} \;;\; m = 4 \tag{4.5a}$$

Diese Zahl lautet als Binärzahl:

$$\begin{matrix} x = 1010\,0000\,1111\,0011 \\ \quad A \quad 0 \quad F \quad 3 \end{matrix} \tag{4.5b}$$

Die Hexadezimalzahl wird in eine Dezimalzahl wie folgt umgewandelt:

$$x = \sum_{n=0}^{3} h_n \cdot 16^n = 10 \cdot 16^3 + 0 \cdot 16^2 + 15 \cdot 16 + 3 \cdot 1 = 41.203 \tag{4.5c}$$

Tabelle 4.5 Dezimalzahl, Binärzahl und Hexadezimalzahl

Dezimalzahl	Binärzahl				Hexadezimalzahl
	b_3	b_2	b_1	b_0	
0	0	0	0	0	0
1	0	0	0	1	1
2	0	0	1	0	2
3	0	0	1	1	3
4	0	1	0	0	4
5	0	1	0	1	5
6	0	1	1	0	6

Tabelle 4.5 Dezimalzahl, Binärzahl und Hexadezimalzahl *(Fortsetzung)*

Dezimalzahl	Binärzahl				Hexadezimalzahl
7	0	1	1	1	7
8	1	0	0	0	8
9	1	0	0	1	9
10	1	0	1	0	*A*
11	1	0	0	1	*B*
12	1	1	0	0	*C*
13	1	1	0	1	*D*
14	1	1	1	0	*E*
15	1	1	1	1	*F*

Der Wertebereich einer Zahl wird durch die Anzahl an Schaltern, die für eine Zahl zur Verfügung stehen, bestimmt. Übliche Anzahlen an Schaltern für eine Zahl bei Computern sind 8, 16, 32 und 64. Für die Anzahl an Schaltern wird der Begriff „Bit" verwendet. Er ist eine Wortkreuzung aus „binary" und „digit". Aus der Anzahl an Bit leitet sich auch die Bezeichnung eines Computers, z. B. 32-Bit-Computer, ab.

Stehen 16 Schalter (16 Bit) zur Verfügung, so können alle ganzen Zahlen von 0 bis $65.535\left(2^{16}-1\right)$ dargestellt werden. Dasjenige Bit, das die höchste Potenz kennzeichnet, wird als MSB (Most Significant Bit) bezeichnet (Tabelle 4.6). Das Bit mit der niedrigsten Potenz heißt LSB (Least Significant Bit).

Tabelle 4.6 Most Significant Bit (MSB) und Least Significant Bit (LSB)

Bit	15	14	13	12	11	10	9	8	7	6	5	4	3	2	1	0
Multi-plikations-faktor	2^{15}	2^{14}	2^{13}	2^{12}	2^{11}	2^{10}	2^{9}	2^{8}	2^{7}	2^{6}	2^{5}	2^{4}	2^{3}	2^{2}	2^{1}	2^{0}
	MSB															LSB

Zur Übersichtlichkeit werden acht aufeinanderfolgende Bit zu einem Byte zusammengefasst. Ein Byte entspricht 8 Bit. Bei 16 Bit ergeben sich 2 Byte, ein „Low Byte" und ein „High Byte" (Tabelle 4.7).

Tabelle 4.7 Byte

Bit	15	14	13	12	11	10	9	8	7	6	5	4	3	2	1	0
Multi-plikations-faktor	2^{15}	2^{14}	2^{13}	2^{12}	2^{11}	2^{10}	2^{9}	2^{8}	2^{7}	2^{6}	2^{5}	2^{4}	2^{3}	2^{2}	2^{1}	2^{0}
	High Byte								Low Byte							

Möchte man negative Zahlen darstellen, so wird ein Schalter benötigt, um das Vorzeichen festzulegen. Hierfür wird das MSB verwendet, das dann als Vorzeichenbit fungiert. Ist das Vorzeichenbit 0, handelt es sich um eine positive Zahl; bei 1 um eine negative Zahl. Zur Darstellung von positiven und negativen Zahlen wird das Zweierkomplement benutzt. Positive Zahlen werden in der Zweierkomplementdarstellung nicht verändert.

Negative Zahlen in Zweierkomplementdarstellung ergeben sich wie folgt aus einer positiven Zahl. Die positive Zahl wird als Binärzahl geschrieben (Schritt ❶), d. h., das Vorzeichen bleibt zunächst unberücksichtigt. Alle binären Stellen werden anschließend negiert (Schritt ❷) und zum Ergebnis der Wert 1 addiert (Schritt ❸). Negieren bedeutet, dass aus 1 eine 0 wird und umgekehrt. Umgesetzt in eine Schalterdarstellung wird aus „eingeschaltet" (1) dadurch „ausgeschaltet" (0), und aus „ausgeschaltet" (0) wird „eingeschaltet" (1). Die Darstellung der Dezimalzahl −4 im Zweierkomplement ergibt sich damit in den beschriebenen Schritten zu:

❶ 0100 (positive Zahl 4 als Binärzahl) (4.6a)

❷ 0100 (negierter Wert) (4.6b)
+0100

❸ 0100 (−4 im Zweierkomplement dargestellt) (4.6c)
↑Vorzeichenbit (1: negative Zahl, 0: positive Zahl)

Der Algorithmus für die Umrechnung einer positiven Zahl y in die entsprechende negative Zahl x im Zweierkomplement lautet:

$$x = 2^m - y \tag{4.7}$$

Für das obige Beispiel folgt ($m = 4$):

$$\mathrm{x} = 2^{\mathrm{m}} - 4 = 16 - 4 = 12 = 1100_{\mathrm{bin}} = \mathrm{C}_{\mathrm{hex}} \tag{4.8}$$

Die Umrechnungsvorschrift von einer negativen Zahl z in das Zweierkomplement lautet:

$$\mathrm{x} = 2^{\mathrm{m}} - |\mathrm{z}| \tag{4.9}$$

Für das Beispiel folgt:

$$\mathrm{x} = 2^{\mathrm{m}} - |\mathrm{z}| = 16 - |-4| = 12 = 1100_{\mathrm{bin}} = \mathrm{C}_{\mathrm{hex}} \tag{4.10}$$

Die Umrechnung einer im Zweierkomplement dargestellten negativen Zahl in die entsprechende positive Dezimalzahl kann wie folgt durchgeführt werden:

❶ 1100 (−4 im Zweierkomplement dargestellt) (4.11a)

❷ 0011 (negierter Wert) (4.11b)
+0100

❸ 0100 (positive Zahl 4) (4.11c)

Der Algorithmus für diese Umrechnung ist (x ist dabei die vorzeichenlose Zahl der Binärdarstellung):

$$\mathrm{y} = 2^{\mathrm{m}} - \mathrm{x} \tag{4.12}$$

Für das obige Beispiel ($x = 1100 = 12$) folgt:

$$y = 2^m - 12 = 16 - 12 = 4 = \ 0100 \tag{4.13}$$

Einen alternativen Weg zur Konvertierung zeigt Bild 4.1.

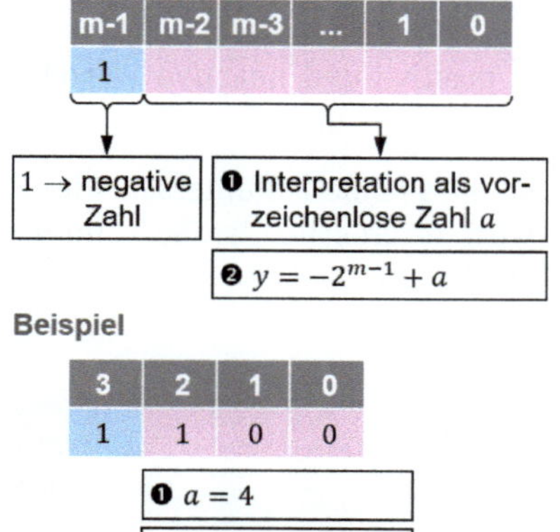

Bild 4.1 Konvertierung einer negativen Zahl im Zweierkomplement in eine Dezimalzahl (alternativ)

Für den Fall, dass 4 Bit zur Verfügung stehen, zeigt Tabelle 4.8 die Darstellung aller Zahlen des Wertebereiches im Zweierkomplement. Bit 3 ist in diesem Fall das Vorzeichenbit.

Tabelle 4.8 Darstellung im Zweierkomplement

Dezimalzahl	Zweierkomplement Bit				Vorzeichenlose Zahl	Hexadezimalzahl
	3	2	1	0		
0	0	0	0	0	0	0
1	0	0	0	1	1	1
2	0	0	1	0	2	2
3	0	0	1	1	3	3
4	0	1	0	0	4	4
5	0	1	0	1	5	5
6	0	1	1	0	6	6
7	0	1	1	1	7	7
−8	1	0	0	0	8	8
−7	1	0	0	1	9	9
−6	1	0	1	0	10	*A*
−5	1	0	1	1	11	*B*
−4	1	1	0	0	12	*C*
−3	1	1	0	1	13	*D*
−2	1	1	1	0	14	*E*
−1	1	1	1	1	15	*F*

↑ Vorzeichenbit (0: Positive Zahl, 1: Negative Zahl)

Der Wertebereich von positiven und negativen ganzen Zahlen, der dargestellt werden kann, errechnet sich, in Abhängigkeit von der zur Verfügung stehenden Anzahl an Bit, allgemein zu:

$$-2^{m-1} \ldots \left(2^{m-1} - 1\right) \quad (4.14)$$

Dabei wird üblicherweise davon ausgegangen, dass der positive und negative Wertebereich „symmetrisch" zu 0 ist. Bei 4 Bit ist der Wertebereich von −8 bis 7 darstellbar.

Vorteilhaft bei der Darstellung im Zweierkomplement ist, dass keine Fallunterscheidung, ob mit negativen oder mit positiven Zahlen gerechnet wird, erforderlich ist. So kann die Subtraktion auf eine Addition zurückgeführt werden (Tabelle 4.9).

Tabelle 4.9 Rechenoperation

	Addition			
	4	3	2	1
2	0	0	1	0
3	0	0	1	1
2 + 3 = 5	0	1	0	1

	Subtraktion			
	4	3	2	1
2	0	0	1	0
3	1	1	0	1
2 + (−3) = −1	1	1	1	1

4.2 Gleitkommazahlen und Festkommazahlen

Für die meisten Aufgaben ist der Wertebereich ganzer Zahlen nicht ausreichend. Es sind häufig sehr große und sehr kleine Werte zu verarbeiten. So ist ein Meter über die Wellenlänge des Lichts definiert. Ein Meter ist die Strecke, die das Licht im Vakuum in einer Zeit von 1 / 299.792.458 Sekunden zurücklegt. Somit ist ein sehr kleiner Wert zu verarbeiten ($3{,}335610^{-9}$). Der Grund für die Definition des Meters über ein Zeitintervall ist, dass die Zeitmessung sehr genau ist. Möchte man einen Geldbetrag von 10 Millionen Euro mit Centwert und Vorzeichen darstellen, ist ein Zahlenwert von ($10 \cdot 10^{6+2+1} = 10^{10}$) erforderlich. 32 Bit reichen hierfür bereits nicht aus ($2^{32} = 4{,}295010^{9}$).

Um große Zahlenbereiche auf Computern verarbeiten zu können, benutzt man Gleitkommazahlen (Fließkommazahlen oder englisch: Floating point numbers). Die darzustellende Zahl wird in zwei Teile zerlegt. Sie setzt sich zusammen aus der Mantisse *mx* und dem Exponenten *ex* zur Basis *b*. Die allgemeine Darstellung von Gleitkommazahlen ist:

$$x = mx \cdot b^{ex} \quad (4.15)$$

Um eine Austauschbarkeit von Daten und von Programmen sicherzustellen, wurden in der IEEE 754 Standardformate für Gleitkommazahlen definiert (IEEE: Institute of Electrical and Electronics Engineers). Als Basiswert (*b*) wird 2 verwendet. Sowohl die Mantisse als auch der Exponent werden als Binärzahl dargestellt. Die Darstellung lautet:

$$x = s \cdot m \cdot 2^e \tag{4.16}$$

x	Darzustellende Zahl	*Displayed number*
s	Vorzeichenfaktor	*Sign factor*
m	Mantisse	*Mantissa*
e	Exponent	*Exponent*

Das Vorzeichen der Zahl wird über s definiert. Es gilt:

$$s = (-1)^S \tag{4.17}$$

S	Vorzeichenbit	*Sign bit*

Für positive Zahlen ist $S = 0$ $(\rightarrow s = 1)$ und für negative $S = 1$ $(\rightarrow s = -1)$. Statt des Exponenten e wird im IEEE-Format ein „Biased Exponent“ benutzt:

$$E = e + B \tag{4.18}$$

E	„Biased Offset“	*Biased offset*
B	Bias (Nullpunktverschiebung)	*Bias*

Der „Biaswert“ B ist eine Konstante, die der Nullpunktverschiebung dient. Der „Biaswert“ berechnet sich aus der Anzahl an Bit für den Exponenten zu:

$$B = b^{r-1} - 1 \tag{4.19}$$

r	Anzahl an Bit für den Exponenten	*Number of bit for the exponent*

In Bild 4.2 ist die Nullpunktverschiebung für $r = 8$ dargestellt $(B = 127)$.

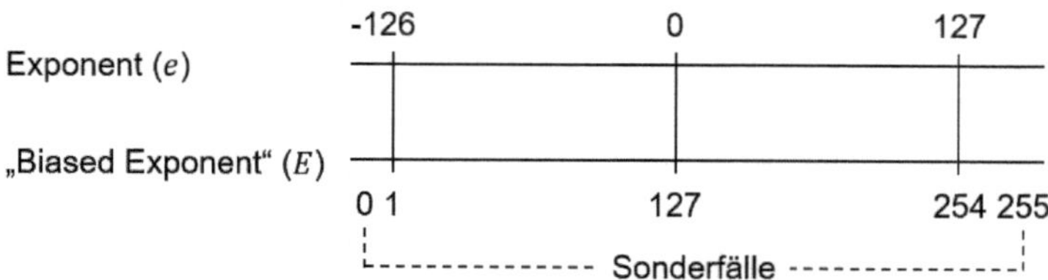

Bild 4.2 Nullpunktverschiebung Exponent

Der Biaswert B dient dazu, dass negative Exponenten durch eine vorzeichenlose Zahl (E) gespeichert werden können. Auf eine Darstellung des Exponenten im Zweierkomplement wird bewusst verzichtet. Dadurch ist kein Vorzeichenbit erforderlich. Das „eingesparte Bit“ erhöht den Wertebereich bzw. die Genauigkeit.

Die Mantisse m wird normalisiert. Es gilt:

$$1 \leq m < 2 \tag{4.20}$$

Die Mantisse m ergibt sich aus:

$$m = 1 + \frac{M}{2^p} \tag{4.21}$$

p	Anzahl an Bit für die Mantisse	*Number of bits for the mantissa*

Die Mantisse beginnt links immer mit 1. Dieses Bit braucht daher nicht gespeichert zu werden. Damit gewinnt man ein zusätzliches Bit Genauigkeit. An das Bitmuster der Mantisse ist damit bei der Rückrechnung ins Dezimalsystem links eine 1 anzufügen.

$$m = 1{,}M \tag{4.22}$$

Die beiden wichtigsten IEEE-Formate und deren Eigenschaften sind in Tabelle 4.10 dargestellt. Den Aufbau des 32-Bit- und des 64-Bit-Formates zeigt Bild 4.3.

Tabelle 4.10 Zahlenformate für Gleitkommazahlen (IEEE 754)

		32-Bit-Format single precision	64-Bit-Format double precision
Bit/Zahl		32	64
Zahlenformat*		single, float	double
Vorzeichenbit	s	Stelle: 32	Stelle: 64
Mantisse	m	23 Bit Stelle: 9 bis 31	52 Bit Stelle: 12 bis 63
	p	23	52
Exponent	E	8-Bit Stelle: 1 bis 8	11-Bit Stelle: 1 bis 11
	r	8	11
Wertebereich Exponent		$-126 \leq e \leq 127$	$-1022 \leq e \leq 1023$
Bias	B	127	1023
Größter Wert		$(1\text{-}2^{-24}) \cdot 2^{128} \approx 3{,}4028\ 10^{38}$	$(1\text{-}2^{-53}) \cdot 2^{1024} \approx 1{,}7977\ 10^{308}$
Kleinster Wert		$2^{-23} \cdot 2^{-126} = 2^{-149}$ $\approx 1{,}4013\ 10^{-45}$	$2^{-52} \cdot 2^{-1022} = 2\text{-}1074$ $\approx 4{,}9407\ 10^{-324}$
Zahlenauflösung		$2^{-(23+1)} \approx 5{,}9605\ 10^{-8}$ ca. 8 Dezimalstellen	$2^{-(52+1)} \approx 1{,}1102\ 10^{-16}$ ca. 16 Dezimalstellen
Speicherbedarf/Zahl		4 Byte	8 Byte

* Häufig verwendete Bezeichnungen in Programmiersprachen

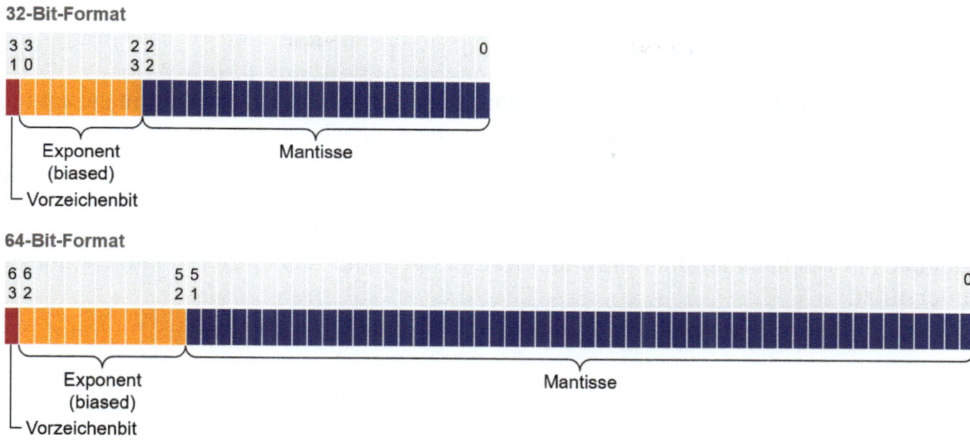

Bild 4.3 32-Bit- und 64-Bit-Format

Sofern in der verwendeten MATLAB Version das Add-on „Fixed-Point Designer" lizenziert ist, ermöglicht MATLAB auch das Arbeiten mit Festkommazahlen (englisch: Fixed point numbers). Dies hat vor allem Bedeutung in der Steuergeräteentwicklung. In Serienprodukten werden aus Wirtschaftlichkeitsgründen häufig kostengünstige Prozessoren, die keine Gleitkommaverarbeitung unterstützen, eingesetzt. Mit der MATLAB Function „fi" kann ein Datentyp für eine Festkommazahl erzeugt werden (Class: embedded.fi). So kann z.B. das Verhalten der Software auf einem kostengünstigen Prozessor am PC virtuell mit MATLAB nachgebildet werden. Dies kann z.B. genutzt werden, um festzustellen, ob die Berechnungsgenauigkeit eines Programms auf einem für die Serie geplanten Prozessor ausreichend ist, auch wenn diese Hardware noch gar nicht zur Verfügung steht (virtuelles System).

Beispielhaft soll die Erzeugung einer Variablen als Festkommazahl für π gezeigt werden. Die Konstante π soll mit maximal möglicher Genauigkeit in 8 Bit gespeichert werden. Es handelt sich um eine positive Zahl, sodass kein Vorzeichenbit erforderlich ist. Die Zahl 3 lässt sich mit 2 Bit darstellen, wodurch 6 Bit für die Nachkommastellen zur Verfügung stehen. Eine Variable, die diese Eigenschaften besitzt, kann wie folgt erzeugt werden. Die Datenausgabe wurde nicht unterdrückt, um zu zeigen, was erzeugt wird.

```
z=fi(pi,0,8,6)
z =
    3.1406
        DataTypeMode: Fixed-point: binary point scaling
        Signedness: Unsigned
        WordLength: 8
        FractionLength: 6
```

Die 0 gibt an, dass es sich um eine vorzeichenlose Zahl handelt. Eine 1 würde bedeuten, dass die Zahl vorzeichenbehaftet ist. Mit der 8 wird definiert, dass insgesamt 8 Bit zur Verfügung stehen. Die Anzahl der Bit für die Nachkommastellen ist durch die 6 festgelegt.

Die Ungenauigkeit die dadurch entsteht, dass π mit 8 Bit dargestellt wird, ist:

$$\Delta = \pi - 3{,}1406 = 3{,}1416 - 3{,}1406 = -9{,}926510^{-4} \quad (4.23)$$

Würde man z. B. nur 4 Bit für die Nachkommastellen verwenden, so würde man bei π unnötigerweise Genauigkeit verschenken. Die Ungenauigkeit wäre dann:

$$\Delta = \pi - 3{,}1250 = 3{,}1416 - 3{,}1250 = 0{,}0166 \quad (4.24)$$

Die Umwandlung von Programmen, die mit Gleitkommazahlen aufgebaut wurden, in Programme mit Festkommazahlen wird in MATLAB durch das Add-on „Fixed Point Designer" unterstützt.

4.3 Zahlenformate in MATLAB

In MATLAB kann das Zahlenformat für jede Variable definiert werden. Dies erfolgt bei der Variablenzuweisung durch Angabe eines Datentyps (Class). Es stehen die in Tabelle 4.11 gezeigten Zahlenformate zur Verfügung. Zusätzlich ist die untere und obere Grenze des Wertebereiches angegeben.

Tabelle 4.11 Zahlenformate und Wertebereiche

			min	max
Gleitkommazahlen		double	$2{,}2251\ 10^{-308}$	$1{,}7977\ 10^{308}$
		single	$1{,}1755\ 10^{-38}$	$3{,}4028\ 10^{38}$
Ganze Zahlen				
	vorzeichen-behaftet	int64	-9223372036854775808 (-2^{63}) $\approx -9{,}2234\ 10^{18}$	9223372036854775807 $(2^{63}-1)$ $\approx 9{,}2234\ 10^{18}$
		int32	-2147483648 (-2^{31}) $\approx -2{,}1475\ 10^{9}$	2147483647 $(2^{31}-1)$ $\approx 2{,}1475\ 10^{9}$
		int16	-32768 (-2^{15})	32767 $(2^{15}-1)$
		int8	-128 (-2^{7})	127 $(2^{7}-1)$
	vorzeichen-los	uint64	0	18446744073709551615 (2^{64}) $\approx 1{,}8447\ 10^{19}$
		uint32	0	4294967295 (2^{32}) $\approx 4{,}295\ 10^{9}$
		uint16	0	65535 (2^{16})
		uint8	0	255 (2^{8})

Wird kein Zahlenformat angegeben, wird einer Variablen automatisch das Zahlenformat „double“ zugeordnet.

Um Zahlen anstatt im Zahlenformat „double“ in einem anderen Zahlenformat zu speichern, muss das Zahlenformat bei der Variablendefinition angegeben werden. Beispiele und das Ergebnis im „Workspace“ zeigt Bild 4.4.

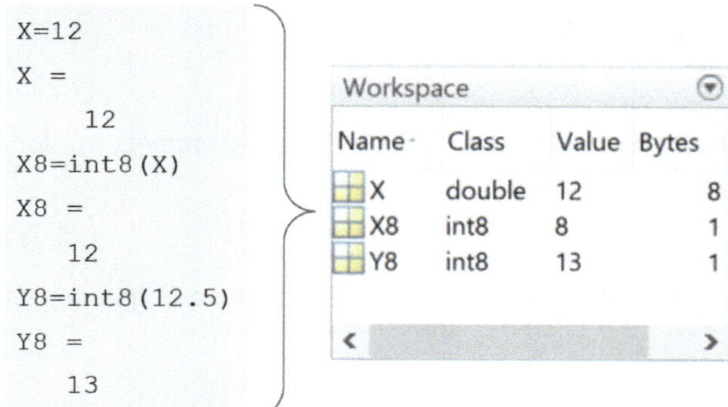

Bild 4.4 Festlegung des Zahlenformats für Variablen

Wird nicht für alle Variablen das Zahlenformat „double“ verwendet, sondern das Zahlenformat auf den Wertebereich der jeweiligen Variable angepasst, kann der Speicherbedarf reduziert werden, bzw. es können mehr Werte gespeichert werden. Dies soll am Beispiel einer Speicherung von Messwerten verdeutlicht werden. Es soll davon ausgegangen werden, dass die Messwerte einen Wertebereich von 8 Bit [-128 bis 127] haben. Für das Abspeichern der Messwerte ist ein Byte, d. h. das MATLAB Zahlenformat „int8“, ausreichend. Wird dieses zur Messwertspeicherung anstatt des MATLAB Zahlenformats „double“ (8 Byte/Messwert) benutzt, ist nur 1/8 des Speicherplatzes erforderlich, bzw. es können 8-mal so viele Messwerte gespeichert werden.

Der Wertebereich kann durch die MATLAB Functions „realmax“ und „realmin“ bei Gleitkomma-Variablen bzw. „intmin“ und „intmax“ bei Integer-Variablen abgefragt werden.

```
realmax('double')
ans =
   1.7977e+308
realmin('single')
ans =
   1.1755e-38
intmin('int8')
ans =
   -128
```

4.4 Über- oder Unterschreitung des Wertebereiches

Bei einer Über- oder Unterschreitung des Wertebereiches kommt es in MATLAB nicht automatisch zu einer Fehlermeldung. Dies soll an folgender Berechnungsformel gezeigt werden:

$$y = x^2 - x(x-1) - (x-1) \tag{4.25a}$$

Das Ergebnis ist unabhängig vom Wert von *x* mathematisch immer 1.

$$y = x^2 - x^2 + x - x + 1 = 1 \tag{4.25b}$$

Als Wertebereich soll beispielhaft eine vorzeichenlose 8-Bit-Zahl angenommen werden. Der damit darstellbare Wertebereich ist:

$$0 \ldots 255 \tag{4.26}$$

Für Zahlen von 1 bis 15 ergibt sich ein mathematisch korrektes Ergebnis. Im Folgenden ist dies für die Zahl 15 gezeigt.

```
x=uint8(15);
y=x^2-x*(x-1)-(x-1)
y =
   1
```

Ab der Zahl 16 ergibt sich mathematisch ein falsches Ergebnis.

```
x=uint8(16);
y=x^2-x*(x-1)-(x-1)
y =
   0
```

Grund hierfür ist, dass es beim Quadrieren der Zahl 16 zu einem Überlauf des Wertebereiches kommt. Mathematisch ergibt sich:

$$16^2 = 256 \tag{4.27}$$

Da diese Zahl mit dem im Beispiel in MATLAB vorgegebenen Wertebereich nicht dargestellt werden kann, begrenzt MATLAB das Berechnungsergebnis auf den Maximalwert des Wertebereiches. Das Ergebnis ist:

```
x^2
ans =
   255
```

Für die Einzelberechnung

```
-(x-1)
ans =
   0
```

wird der untere Grenzwert des Wertebereiches unterschritten, weshalb MATLAB das Berechnungsergebnis auf den Minimalwert des Wertebereiches setzt.

Dadurch, dass keine Fehlermeldung bei Überschreitung oder Unterschreitung des Wertebereiches (Overflow oder Underflow) erzeugt wird, gibt es keinen Programmabbruch. Abhängig von der Berechnungsaufgabe kann dies sinnvoll sein oder nicht. Dies soll hier nicht weiter diskutiert werden. Es soll nur der Effekt dargestellt werden. Das Gesamtergebnis der MATLAB Berechnung lässt sich wie folgt erklären:

```
y=x^2
y =
   255
y=x^2-x*(x-1)
y =
   15
y=x*x-x*(x-1)-(x-1)
y =
   0
```

Die MATLAB Berechnungsergebnisse für Werte zwischen 0 und 32 sind:

```
x=uint8(0:31);
y=x.^2-x.*(x-1)-(x-1)
y =
 Columns 1 through 11
   0    1    1    1    1    1    1    1    1    1    1
 Columns 12 through 22
   1    1    1    1    1    0    0    0    0    0    0
 Columns 23 through 32
   0    0    0    0    0    0    0    0    0    0
```

4.5 Auflösungsgrenzen bei Berechnungen

Die Grenzen der Auflösung bei Gleitkommaberechnungen sollen für das Beispiel aus Gleichung (4.25) gezeigt werden. Mit der MATLAB Function „eps“ kann die Auflösung für eine 64-Bit-Gleitkommazahl (class: double) wie folgt abgefragt werden:

```
eps
ans =
   2.2204e-16
```

Das Ergebnis ergibt sich aus 2^{-52}.

Für einen Wert von 10^9 ist das MATLAB Ergebnis mathematisch korrekt.

```
x=1e9;
y=x.^2-x.*(x-1)-(x-1)
y =
   1
```

Für einen Wert von 10^{10} ist das MATLAB Ergebnis mathematisch falsch.

```
x=1e10;
y=x.^2-x.*(x-1)-(x-1)
y =
   7169
```

Wird die Zahlenausgabe von 64-Bit-Zahlen im „Command Window“ auf die wissenschaftliche Schreibweise mit 15 Nachkommastellen (Long scientific notation) eingestellt, kann die Entstehung des Ergebnisses veranschaulicht werden. Im Folgenden sind die MATLAB Ergebnisse für die Teilrechnungen und die Gesamtrechnung gezeigt:

```
format longE
x^2
ans =
   1.000000000000000e+20
x*(x-1)
ans =
   9.999999998999999e+19
x-1
ans =
   9.999999999000000e+09
x^2-x*(x-1)
ans =
   1.000000716800000e+10
y=x^2-x*(x-1)-(x-1)
y =
   7169
```

Dies liegt nicht an einem Fehler in MATLAB, sondern an der begrenzten Zahlenauflösung. Eine Verbesserung ist erzielbar, wenn die Anzahl der durchzuführenden Multiplikationen minimiert wird. Ist statt zwei Multiplikationen nur noch eine erforderlich, ergibt sich ein auch mathematisch richtiges Ergebnis:

```
x=1e10;
y=x*(x - (x-1) - 1) + 1
y =
   1
```

Im obigen Beispiel handelt es sich um eine Berechnung mit ganzen Zahlen (integer numbers). Wird die Berechnung für einen Wert von $x = 10^{10}$ mit der ursprünglichen Berechnungsformel und vorzeichenbehafteten ganzen Zahlen mit 64 Bit durchgeführt, ergibt sich wiederum ein mathematisch falsches Ergebnis.

```
x=int64(1e10)
x =
10000000000
y=x^2-x*(x-1)-(x-1)
y =
   -9999999999
```

Dies liegt daran, dass sich beim ersten und beim zweiten Berechnungsteil ein Berechnungsergebnis ergibt, das außerhalb des Wertebereichs einer 64-Bit-Zahl mit Vorzeichen liegt, und dann standardmäßig die Wertebereichsgrenzen verwendet werden.

```
x^2
ans =
   9223372036854775807
-x*(x-1)
ans =
-9223372036854775808
-(x-1)
ans =
   -9999999999
```

Für einen Wert von $x = 10^9$ ist das Ergebnis mathematisch korrekt, da der Wertebereich in keiner Teilberechnung verlassen wird.

```
x=int64(1e9)
x =
   1000000000
y=x^2-x*(x-1)-(x-1)
y =
   1
```

4.6 Komplexe Zahlen

Die Verarbeitung von komplexen Zahlen wird, ähnlich wie die Verarbeitung von Matrizen, in MATLAB sehr vereinfacht. Variablen können als komplexe Zahlen wie folgt definiert werden:

```
x=4+2i
x =
   4.0000 + 2.0000i
```

Die Verarbeitung erfolgt wie bei nicht komplexen Zahlen, z. B.:

```
y=x^2
y =
   12.0000 +16.0000i
z=0+i
z =
   0 + 1.0000i
u=z*z
u =
   -1
```

Komplexe Zahlen werden im „Workspace Browser“ als Class „double (complex)“ angegeben.

5 Numerische Integration

Zur Lösung von Aufgaben bei der Produktentwicklung ist, wie in vielen anderen Bereichen, häufig eine mathematische Beschreibung erforderlich. Für die meisten mathematischen Modelle dynamischer Systeme werden im Ingenieurbereich gewöhnliche Differentialgleichungen mit Ableitungen nach der Zeit benutzt. Wie bereits in der Einführung dargestellt, lassen sich die Gleichungen oft nicht analytisch lösen. In diesen Fällen nutzt man zur Lösung numerische Integrationsverfahren.

Sind einzelne Größen in Abhängigkeit von der Zeit von Interesse, so berechnen numerische Verfahren eine Lösung zu bestimmten Zeitpunkten (Bild 5.1). Das Berechnungsergebnis ist immer eine Näherungslösung, d.h. nie ein exakter Wert. Ist die Abweichung vom exakten Wert der Größe klein genug, ist dies ausreichend, um die gewünschten Informationen über das System zu erhalten.

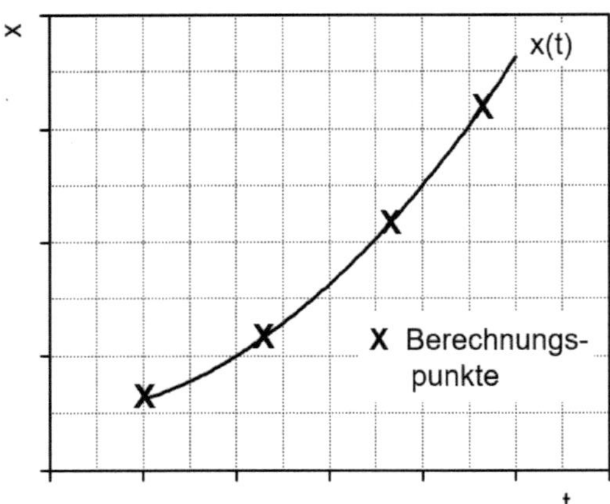

Bild 5.1 Zeitlicher Verlauf einer Größe x (durchgezogene Linie) und Berechnungszeitpunkte der numerischen Integration (mit X mariert)

Zwischen den Berechnungspunkten der numerischen Integration ist keine Information über den Verlauf der Berechnungsgröße vorhanden. Der Abstand zwischen Berechnungspunkten wird Schrittweite genannt. Wird die Schrittweite verkleinert, ergeben sich mehr Berechnungspunkte und meist eine Erhöhung der Berechnungsgenauigkeit. Die Berechnungszeit steigt allerdings an. Die wichtigsten Anforderungen an Verfahren der numerischen Integration sind daher:

- Hohe Berechnungsgenauigkeit bzw. geringer Berechnungsfehler der Näherungslösung
- Niedrige Berechnungszeit

Diese beiden Anforderungen sind konträr. Soll die Berechnungsgenauigkeit gesteigert werden, erhöht sich die Berechnungszeit. Daher muss immer ein Kompromiss zwischen kleiner Schrittweite und kurzer Berechnungszeit gefunden werden. Die Berechnungsgenauigkeit wird nur so hoch gewählt, wie sie für die jeweilige Berechnungsaufgabe erforderlich ist. Dadurch wird automatisch die Berechnungszeit sinnvoll begrenzt.

5.1 Mathematische Problemstellung

Numerische Integrationsverfahren liefern Näherungslösungen für Differentialgleichungen erster Ordnung.

$$\dot{x}(t) = f(x(t), u(t)); \; x(t_0) = x_0, \; t_0 : t = 0 \tag{5.1}$$

x	Berechnungsgröße	*Calculation variable*	
t	Zeit	*Time*	s
u	Eingangsgröße	*Input variable*	
x_0	Berechnungsgröße zum Zeitpunkt t_0	*Calculation variable at time point t_0*	

Bei bekanntem Anfangswert zum Zeitpunkt t_0 kann die Gleichung für $t > t_0$ eindeutig gelöst werden. Ist der Anfangswert unbekannt, gibt es keine eindeutige Lösung. Mathematisch wird dieser Zusammenhang daher als Anfangswertproblem bezeichnet.

Wird das Modell durch Differentialgleichungen höherer Ordnung beschrieben, sind diese in einzelne Differentialgleichungen erster Ordnung aufzuteilen. Am Beispiel des bekannten Feder-Masse-Schwingers (Bild 5.2) mit geschwindigkeitsproportionaler Reibkraft soll das Vorgehen exemplarisch dargestellt werden.

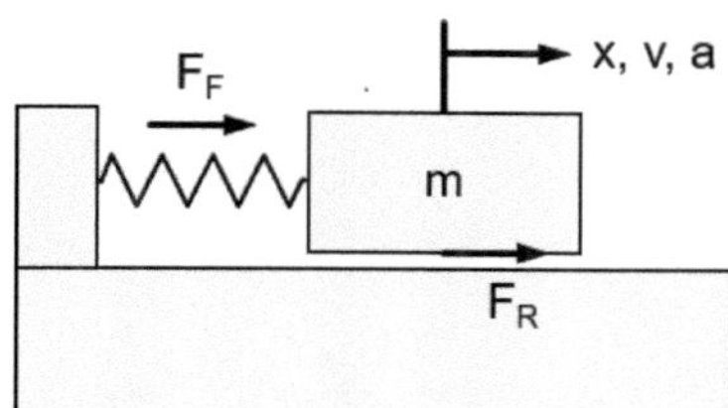

Bild 5.2 Schwingungsfähiges System (Ein-Masse-Schwinger)

Die Bewegungsgleichung (Differentialgleichung) lautet:

$$m\,\ddot{x} = F_R + F_F = -d\,\dot{x} - c\,x \; ; \; x(t_0) = x_0 \tag{5.2a}$$

$$\frac{m}{c}\,\ddot{x} + \frac{d}{c}\,\dot{x} + x = 0 \; ; \; x(t_0) = x_0 \tag{5.2b}$$

m	Masse	*Mass*	kg
x	Position	*Position*	m
F_R	Geschwindigkeitsproportionale Reibkraft	*Speed proportional friction force*	N

F_F	Federkraft	*Spring force*	N
t	Zeit	*Time*	s
c	Federkonstante	*Spring constant*	N/m
d	Dämpfungskoeffizient	*Damping coefficient*	Ns/m

Die Differentialgleichung zweiter Ordnung muss in Differentialgleichungen erster Ordnung aufgespalten werden. Durch Nutzung der Geschwindigkeit als weitere Größe ergeben sich zwei Differentialgleichungen erster Ordnung.

$$\dot{x} = v \tag{5.3a}$$

$$\dot{v} = -\frac{d}{m} v - \frac{c}{m} x \tag{5.3b}$$

Üblicherweise ist es hilfreich, für jede Differentialgleichung eine sogenannte „Zustandsgröße" einzuführen. Im Beispielfall ist die Position die Zustandsgröße 1 ($x_1 = x$) und die Geschwindigkeit die Zustandsgröße 2 ($x_2 = v$). Die beiden Differentialgleichungen erster Ordnung lauten dann:

$$\dot{x}_1 = x_2 \tag{5.4a}$$

$$\dot{x}_2 = -\frac{d}{m} x_2 - \frac{c}{m} x_1 \tag{5.4b}$$

Mit den charakteristischen Kenngrößen eines Ein-Masse-Schwingers folgt:

$$\dot{x}_1 = x_2 \tag{5.5a}$$

$$\dot{x}_2 = -2\, D\, \omega_0\, x_2 - \omega_0^2\, x_1 \tag{5.5b}$$

ω_0	Kennkreisfrequenz	*Characteristic angular frequency*	rad/s
D	Dämpfungsgrad	*Damping grade*	

Für die charakteristischen Kenngrößen gilt:

$$\omega_0 = \sqrt{\frac{c}{m}} \tag{5.6a}$$

$$D = \frac{1}{2} d \frac{1}{\sqrt{c\, m}} \tag{5.6b}$$

$$f_0 = \frac{\omega_0}{2\, \pi} \tag{5.6c}$$

$$T = \frac{2\, \pi}{\omega_0 \sqrt{1 - D^2}} \tag{5.6d}$$

f_0	Kennfrequenz	*Characteristic frequency*	Hz
T	Periodendauer	*Period time*	s

5.2 Explizites Euler-Verfahren

Das Euler-Verfahren ist das einfachste und bekannteste Lösungsverfahren zur numerischen Berechnung gewöhnlicher Differentialgleichungen. Beim expliziten Euler-Verfahren wird ausgehend vom Wert der Berechnungsgröße x zu einem Zeitpunkt t_k die Berechnungsgröße zu einem späteren Zeitpunkt $t_k + h$ durch eine Annäherung ermittelt. Dabei wird die Steigung der Kurve zum Zeitpunkt t_k benutzt, um den neuen Wert zum Zeitpunkt $t_k + h$ zu berechnen (Bild 5.3). Der Zeitabstand von einem Berechnungspunkt zum jeweils folgenden ist die Schrittweite. Zunächst wird davon ausgegangen, dass die Schrittweite konstant ist.

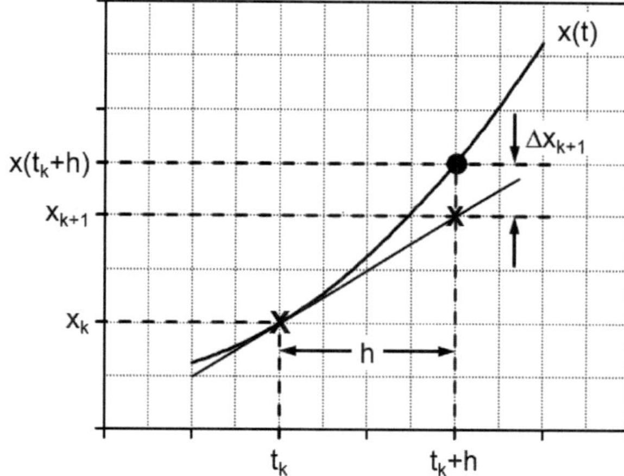

Bild 5.3 Prinzip des Euler-Verfahrens

Die exakte Ableitung der Funktion zum Zeitpunkt t_k lautet:

$$\dot{x}(t_k) = f(x(t_k), u(t_k)) \tag{5.7a}$$

Eine Annäherung für die Ableitung ist:

$$\dot{x}(t_k) = \frac{x(t_k + h) - x(t_k)}{h} \tag{5.7b}$$

h	Schrittweite	*Step width*	s

Durch Umformung der Gleichung und Einsetzen von Gl. (5.7a) folgt:

$$x(t_k + h) = x(t_k) + h\,\dot{x}(t_k) \tag{5.7c}$$

$$x(t_k + h) = x(t_k) + h\,f(x(t_k), u(t_k)) \tag{5.7d}$$

Zur Reduzierung des Schreibaufwandes werden im Weiteren folgende Abkürzungen verwendet:

$$x_k \quad = x(t_k) \tag{5.8a}$$

$$x_{k+1} = x(t_k + h) \tag{5.8b}$$

Die Berechnungsvorschrift lautet damit:

$$x_{k+1} = x_k + h\, f(x_k, u_k);\ k = 1,2,3,\ldots \tag{5.9}$$

Der Term $f(x_k, u_k)$ wird Funktionsauswertung genannt. Die Funktion selbst beschreibt die Abhängigkeit der zeitlichen Ableitung von x und u. Sie muss im Fall des expliziten Euler-Verfahrens einmalig zum Zeitpunkt x_k ausgewertet (berechnet) werden. Damit kann bei bekanntem Wert der Berechnungsgröße zum Zeitpunkt t_k (x_k) und einer Funktionsauswertung zu diesem Zeitpunkt $f(x_k, u_k)$ der Wert der Berechnungsgröße zum Zeitpunkt t_{k+1} (x_{k+1}) näherungsweise bestimmt werden.

Das Verfahren soll am Beispiel folgender Differentialgleichung erster Ordnung betrachtet werden:

$$\dot{x} + c\,x = 0\ ;\ x(t_0) = x_0 \tag{5.10a}$$

$$\dot{x} = f(x) = -\,c\,x \tag{5.10b}$$

Diese Differentialgleichung beschreibt z. B. einen thermischen Abkühlvorgang eines erwärmten Körpers, der in eine kältere Umgebung gebracht wird. Es handelt sich um einen exponentiellen Einschwingvorgang (Bild 5.4). Die Funktionsauswertung (Ableitung) ist nur abhängig von der Berechnungsgröße x.

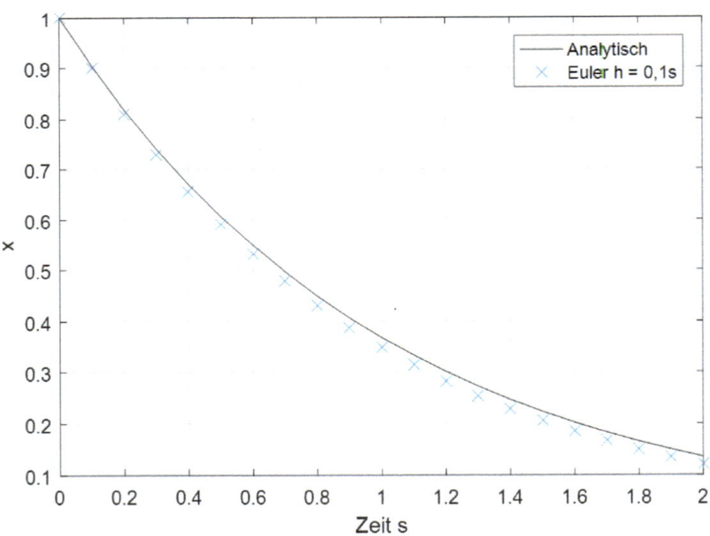

Bild 5.4 Berechnungspunkte für Differentialgleichung erster Ordnung (EulerSystem1Ordnung.m)

Mit dem expliziten Euler-Verfahren lautet die numerische Berechnungsvorschrift:

$$x_{k+1} = x_k + h\, f(x_k) = x_k - h\, c\, x_k = (1 - h\, c)\, x_k \tag{5.11}$$

In diesem einfachen Fall existiert eine analytische Lösung. Sie lautet:

$$x(t) = x_0\, e^{-c\,t}\ ;\ x(t_0) = x_0 \tag{5.12}$$

Dadurch ist es möglich, die numerische (näherungsweise) Lösung mit der analytischen (exakten) Lösung zu vergleichen. Für einen Vergleich wird $c = 1$ gewählt. Bei einer Schrittweite von $h = 0{,}1\,s$ ist die numerische Lösung für die ersten 10 Zeitschritte in Tabelle 5.1 gezeigt. Der Berechnungsfehler ergibt sich durch Vergleich mit der analytischen Lösung. In Bild 5.4 sind die numerisch berechneten Punkte (mit X gekennzeichnet) im Vergleich zur analytischen Lösung grafisch dargestellt.

Tabelle 5.1 Vergleich numerische Lösung mit analytischer Lösung

Zeitschritt	Zeit	Numerisch Mit Euler	Analytisch	Berechnungsfehler	
				Absolut	Relativ
1	0	1	1	0	0
2	0,1	0,90000	0,90484	0,00484	0,53 %
3	0,2	0,81000	0,81873	0,00873	1,07 %
4	0,3	0,72900	0,74082	0,01182	1,60 %
5	0,4	0,65610	0,67032	0,01422	2,12 %
6	0,5	0,59049	0,60653	0,01604	2,64 %
7	0,6	0,53144	0,54881	0,01737	3,17 %
8	0,7	0,47830	0,49659	0,01829	3,68 %
9	0,8	0,43047	0,44933	0,01886	4,20 %
10	0,9	0,38742	0,40657	0,01915	4,71 %
11	1,0	0,34868	0,36788	0,01920	5,22 %

Je kleiner die Schrittweite gewählt wird, umso kleiner wird der Berechnungsfehler. Ist die Schrittweite zu groß, so wird der Berechnungsfehler schnell sehr groß. Die Berechnung kann instabil werden. Ein Integrationsverfahren ist instabil, wenn die numerische Lösung gegen unendlich geht, obwohl die analytische Lösung endlich ist. Das Ergebnis der numerischen Berechnung hat dann keinen Bezug mehr zum realen Verhalten des Systems.

Für die gewählte Differentialgleichung erster Ordnung ist aus der analytischen Lösung bekannt, dass für $t \rightarrow \infty$ die Lösung gegen null läuft ($x \rightarrow 0$). Dies bedeutet bei der numerischen Lösung, dass für $k \rightarrow \infty$ die Lösung auch gegen null laufen sollte. Aus der Berechnungsvorschrift

$$x_{k+1} = (1 - h\,c)\; x_k \tag{5.13}$$

folgt, dass sich auf keinen Fall der Berechnungswert von einem Berechnungsschritt zum nächsten vergrößern darf. Dies führt zu:

$$(1 - h\,c) \geq 0 \tag{5.14a}$$

$$h \leq \frac{1}{c} \tag{5.14b}$$

Der Grenzfall $h = 1/c$ bedeutet, dass die numerische Lösung nicht gegen unendlich geht, d. h. gerade nicht instabil wird. Allerdings geht die Lösung für diesen Grenzfall auch nicht gegen null. Die numerische Integration liefert für diese Schrittweite somit eine Lösung, die mit dem realen Verhalten nicht übereinstimmt, und damit „falsche" Berechnungsergebnisse. Die Bedingung $h = 1/c$ ist lediglich eine Minimalanforderung, die jedoch bei weitem nicht ausreichend ist (notwendig, aber nicht hinreichend), um aussagefähige Berechnungsergebnisse zu erhalten.

Der Einfluss der Schrittweite auf das Berechnungsergebnis ist für den Ein-Masse-Schwinger aus Bild 5.2 in Bild 5.5 dargestellt. Dabei wurden für das schwingungsfähige System die in Tabelle 5.2 gezeigten Werte benutzt.

Tabelle 5.2 Kenngrößen

Masse	m	1	kg
Federsteifigkeit	c	98696	N/m
Dämpfungskoeffizient	d	125,7	Ns/m
Kennkreisfrequenz	ω_0	314,2	rad/s
Kennfrequenz	f_0	50	Hz
Dämpfungsgrad	D	0,2	
Periodendauer	T	20,4	ms
Anfangsbedingung Position	x_0	0,001	m

Bereits ab einer Schrittweite von $h = 0{,}5\,\mathrm{ms}$ kommt es zu nicht akzeptablen Abweichungen vom tatsächlichen Verhalten. Bei dieser Schrittweite werden in einer Schwingungsperiode ca. 40 Werte berechnet. Für eine Schrittweite von 1 ms kommt es zu sehr hohen Abweichungen zur analytischen Lösung. Wird als Schrittweite 2 ms gewählt, wird das numerische Integrationsverfahren instabil. Es werden nur noch ca. 10 Werte in einer Schwingungsperiode berechnet.

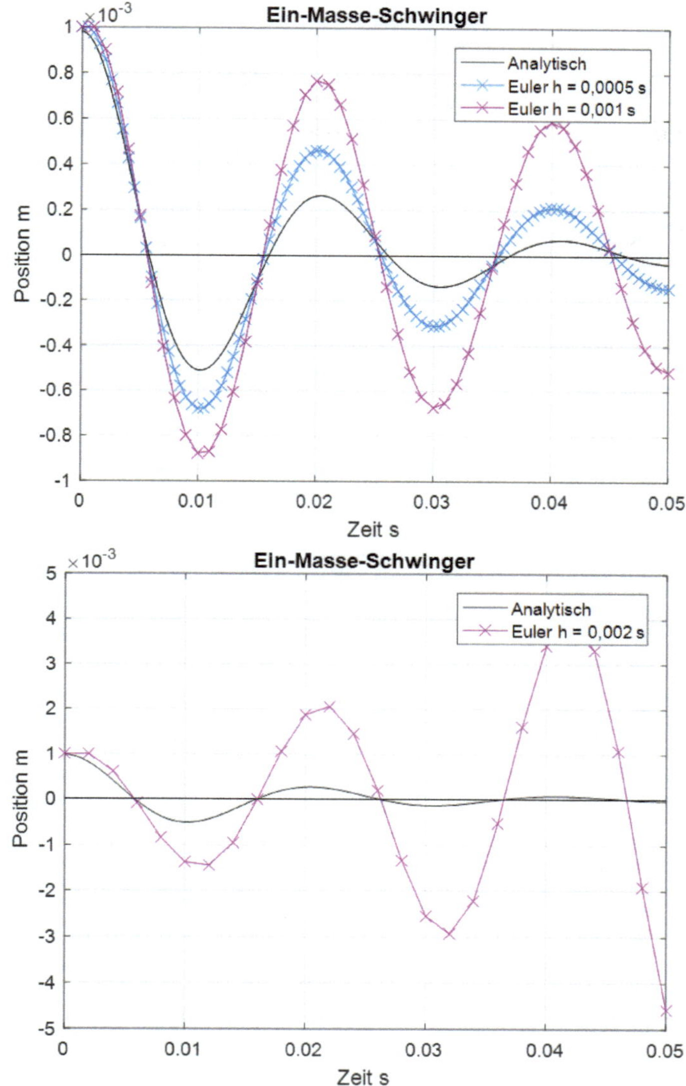

Bild 5.5 Einfluss der Schrittweite (EulerSystem2OrdnungSchrittweite1.m und EulerSystem2OrdnungSchrittweite2.m)

Die im Kapitel 3 behandelte Bedienoberfläche für den Ein-Masse-Schwinger (Bild 3.22) wurde um verschiedene numerische Integrationsverfahren erweitert, um den Einfluss der Schrittweite und des gewählten numerischen Verfahrens unter anderem im Vergleich zur analytischen Lösung zu untersuchen (Bild 5.6). Die Auswahl des Lösungsverfahrens erfolgt im Drop-down-Menü „Verfahren". Sie finden die grafische Bedienoberfläche bei den Programmen zu diesem Abschnitt unter folgendem Filenamen:

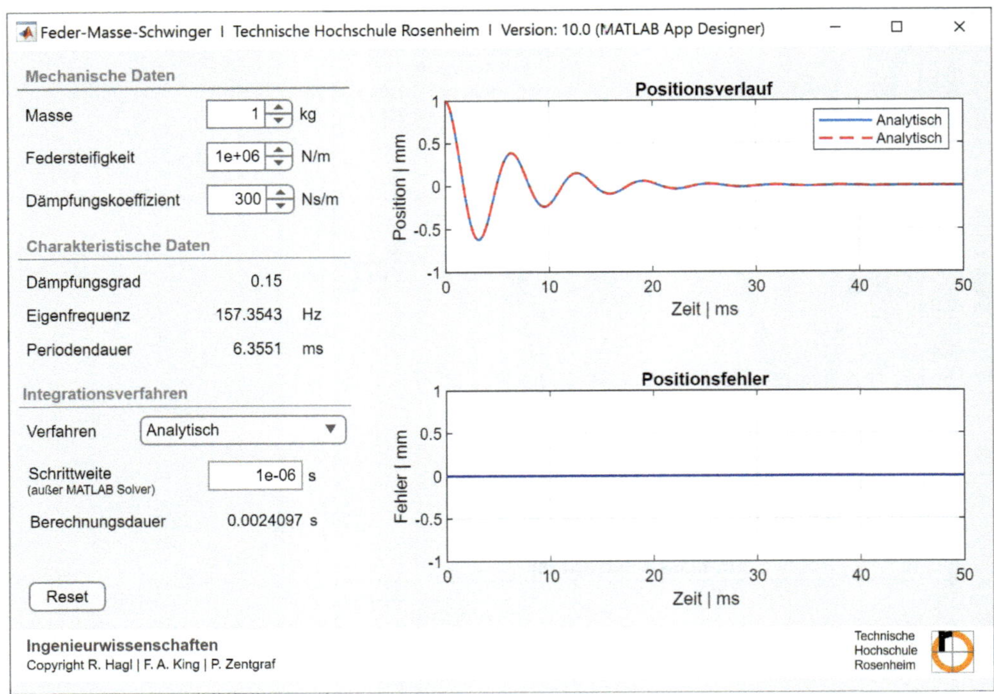

Bild 5.6 Grafische Bedienoberfläche für Ein-Masse-Schwinger zur Untersuchung von numerischen Integrationsverfahren

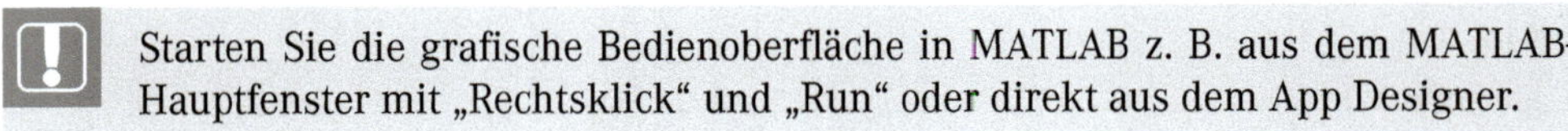

Beim expliziten Euler-Verfahren erfolgt für die Berechnung des Wertes x_{k+1} die Funktionsauswertung zum Zeitpunkt t_k. Soll die Funktionsauswertung zum Zeitpunkt t_{k+1} erfolgen, so lautet die Berechnungsvorschrift:

$$x_{k+1} = x_k + h\,f\left(x_{k+1}, u_{k+1}\right)\ ;\ k = 1,2,3,\ldots \qquad (5.15)$$

Der zu bestimmende Wert x_{k+1} steht nun auf der linken und auf der rechten Seite der Gleichung. Es handelt sich um eine sogenannte implizite Gleichung. Aus diesem Grund heißt das Verfahren implizites Euler-Verfahren. Weitere Informationen hierzu finden sich in [2].

5.3 Runge-Kutta-Verfahren

Runge-Kutta beschreibt eine Klasse numerischer Integrationsverfahren. Das gängigste Verfahren ist das Runge-Kutta-Verfahren vierter Ordnung. Hierbei sind vier Funktionsauswertungen erforderlich. Die Werte k_1 bis k_4 sind die vier berechneten Veränderungen der Variable x relativ zum Wert x_k. Die Berechnungen in der Mitte des Zeitintervalls werden doppelt so stark gewichtet wie diejenigen an den beiden Rändern.

$$\left.\begin{aligned} ❶\quad & k_1 = h\,f\left(x_k, u_k\right) \\ ❷\quad & k_2 = h\,f\left(x_k + \frac{h}{2}k_1, u_{k+0,5}\right) \\ ❸\quad & k_3 = h\,f\left(x_k + \frac{h}{2}k_2, u_{k+0,5}\right) \\ ❹\quad & k_4 = h\,f\left(x_k + h\,k_3, u_{k+1}\right) \end{aligned}\right\} \tag{5.16}$$

$$❺\quad x_{k+1} = x_k + \frac{1}{6}\left(k_1 + 2k_2 + 2k_3 + k_4\right) \tag{5.17}$$

Die Genauigkeit der numerischen Berechnung mit unterschiedlichen Integrationsverfahren bei gleicher Schrittweite zeigt Bild 5.7. Man erkennt, dass sich das Integrationsverfahren deutlich auf das Berechnungsergebnis und damit die Berechnungsgenauigkeit auswirkt.

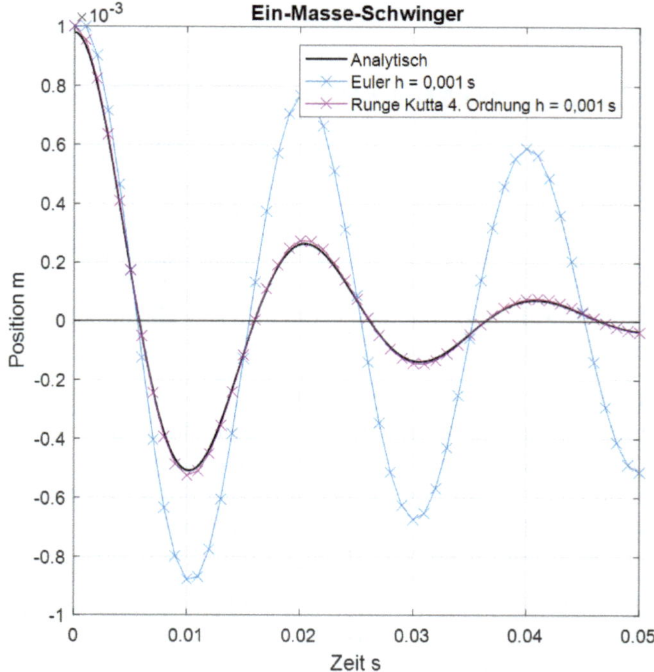

Bild 5.7 Vergleich Runge-Kutta-Verfahren vierter Ordnung mit dem expliziten Euler-Verfahren bei gleicher Schrittweite (VergleichIntegrationsverfahrenSystem2Ordnung.m)

5.4 Berechnungsgenauigkeit und Berechnungsdauer

Bei der numerischen Integration gibt es zwei die Berechnungsgenauigkeit bestimmende Fehleranteile (Bild 5.8).

- Diskretisierungsfehler

  Sind die Fehler, die sich durch die Approximation in jedem Zeitschritt ergeben (lokaler Fehler) und sich aufsummieren (globaler Fehler).

- Rundungsfehler

  Dieser Fehler resultiert aus der begrenzten Rechengenauigkeit des zur Berechnung verwendeten Computers. Der Rundungsfehler ergibt sich durch den begrenzten Wertebereich von Zahlen auf Computern (siehe Kapitel 4 „Zahlenformate").

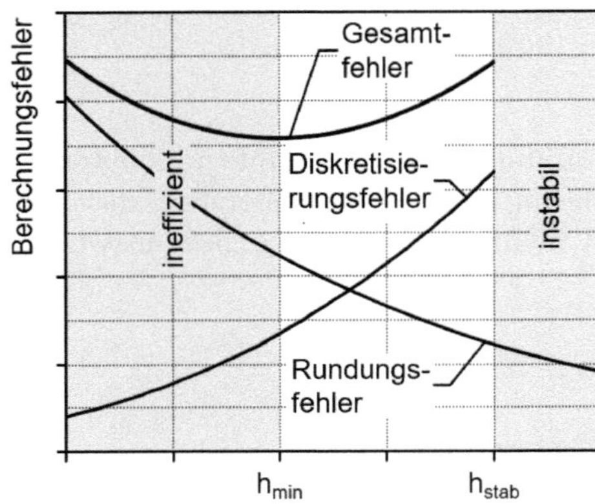

Bild 5.8 Berechnungsfehler bei der numerischen Integration

Je kleiner die Schrittweite gewählt wird, umso kleiner wird der Diskretisierungsfehler. Gleichzeitig steigt jedoch der Rundungsfehler. Der Berechnungsfehler (Gesamtfehler) hat ein Minimum für $h = h_{min}$. Für $h < h_{min}$ steigt der Berechnungsfehler an. Dieser Bereich ist zusätzlich noch ineffizient, da die Berechnungszeit zunimmt. Für $h > h_{stab}$ wird das numerische Integrationsverfahren instabil. Abhängig von der erforderlichen Genauigkeit ist daher die Schrittweite im Bereich $h_{min} \leq h \ll h_{stab}$ zu wählen.

Ein Unterscheidungsmerkmal numerischer Integrationsverfahren ist, welchen Einfluss die Schrittweite auf den lokalen und auf den globalen Fehler hat. Der lokale Fehler ist der Diskretisierungsfehler von einem Zeitschritt zum nächsten Zeitschritt. Der lokale Fehler summiert sich über alle Berechnungsschritte auf. Der globale Fehler ist der Berechnungswert der numerischen Integration am Ende der Berechnung, verglichen mit dem exakten Wert aus der analytischen Berechnung. Rundungsfehler bleiben hier unberücksichtigt.

Für die beiden eingangs behandelten Integrationsverfahren zeigt Tabelle 5.3 den lokalen und globalen Fehler in Abhängigkeit von einer Veränderung der Schrittweite. Zur Beurteilung des Verfahrens wird üblicherweise die Ordnung des Fehlers angegeben: $O\left(h^p\right)$. Der Berechnungsfehler ist proportional zu h^p. Wird z.B. beim Runge-Kutta-Verfahren die Schrittweite halbiert, so wird der globale Fehler auf 1/16 reduziert.

Tabelle 5.3 Lokaler und globaler Fehler einiger Integrationsverfahren

Integrationsverfahren	Lokaler Fehler	Globaler Fehler
Euler	$O(h^2)$	$O(h)$
Runge-Kutta vierter Ordnung	$O(h^5)$	$O(h^4)$

Die Berechnungszeit wird beeinflusst durch

- die Anzahl und Art der Berechnungsoperationen in einem Integrationsschritt und
- die Schrittweite.

Daher ist die Schrittweite bei gegebenem Integrationsverfahren so zu wählen, dass die Genauigkeitsanforderungen, die zur Lösung einer Aufgabe erforderlich sind, gerade noch eingehalten werden. Eine erste grobe Abschätzung liefert das Verhältnis der Schrittweite in Bezug zur niedrigsten Zeit, die das System charakterisiert.

$$\varkappa_\mathrm{h} = \frac{\mathrm{T}_\mathrm{min}}{\mathrm{h}} \tag{5.18}$$

T_{min}	Niedrigste charakteristische Zeit des Systems	*Lowest characteristic time of the system*	s
$\varkappa_h$	Verhältnis niedrigste charakteristische Zeit des Systems relativ zur Schrittweite	*Ratio lowest characteristic time of the system relative to time step width*	

Bei Integrationsverfahren mit mittlerer Genauigkeit, wie z. B. dem Runge-Kutta-Verfahren vierter Ordnung, ist ein guter Startwert:

$$\varkappa_\mathrm{h} \geq 20 \tag{5.19}$$

Für den Ein-Masse-Schwinger ist die charakteristische Zeit des Systems die Periodendauer. Sie beträgt für das Beispielsystem (Tabelle 5.2) ca. 20 ms. Daraus ergibt sich als Startwert für die Schrittweite $h = 1\,\mathrm{ms}$.

Ob die gewählte Schrittweite bzw. die Berechnungsgenauigkeit ausreicht, kann durch erneute Berechnung mit kleinerer Schrittweite (z. B. halbe Schrittweite) abgeschätzt werden. Die Berechnungsergebnisse mit kleinerer Schrittweite werden für alle Berechnungspunkte mit der vorangegangenen Berechnung verglichen. Ist die Abweichung in allen Punkten so klein, dass sie für die Berechnungsaufgabe ausreicht, ist die Schrittweite passend gewählt.

Den Einfluss des Zeitschrittverhältnisses auf das Berechnungsergebnis bei Verwendung des Runge-Kutta-Verfahrens vierter Ordnung zeigt Bild 5.9 für den Ein-Masse-Schwinger mit den Kenngrößen aus Tabelle 5.2.

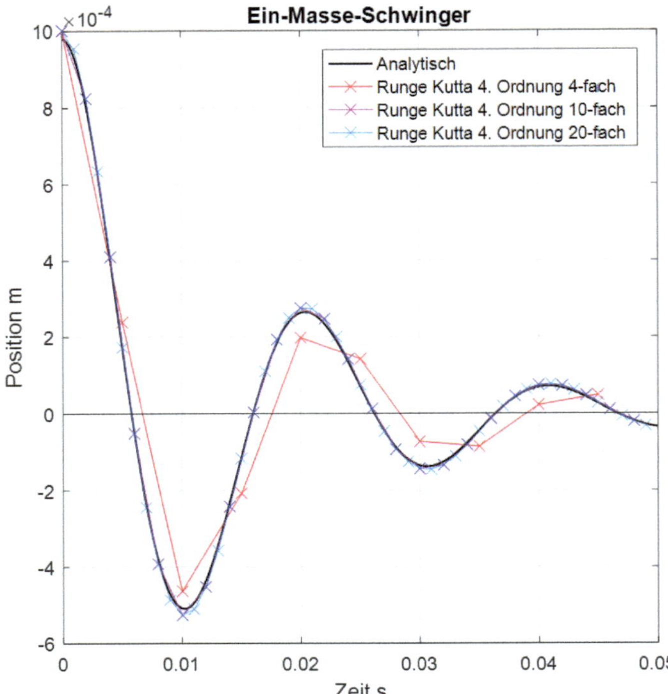

Bild 5.9 Einfluss des Zeitverhältnisses (Zeitschritt verhaeltnisSystem2Ordnung RK4.m)

5.5 Einschritt- und Mehrschrittverfahren

Die bislang betrachteten numerischen Integrationsverfahren nutzen zur Berechnung des neuen Wertes x_{k+1} nur den vorangegangenen Wert x_k. Diese Verfahren werden als Einschrittverfahren bezeichnet. Teilweise erfolgen zur Ermittlung des neuen Wertes mehrere Funktionsauswertungen in einem Zeitintervall $t_k < t < t_{k+1}$ (siehe Runge-Kutta-Verfahren). Durch Verfahren, bei denen viele Funktionsauswertungen erforderlich sind, wird insbesondere bei komplexeren Systemen viel Rechenzeit beansprucht.

Mehrschrittverfahren nutzen zur Berechnung des neuen Wertes x_{k+1} nicht nur einen zeitlich zurückliegenden Berechnungsschritt x_k, sondern mehrere (x_{k-1}, x_{k-2}, etc.). Häufig kann dadurch die Berechnungsgenauigkeit ohne starke Erhöhung der Berechnungszeit erheblich gesteigert werden. Eine grundsätzliche Eigenschaft von Mehrschrittverfahren ist, dass beim Start der Berechnung Werte aus der Vergangenheit erforderlich sind, die nicht zur Verfügung stehen. Mehrschrittverfahren benötigen daher zum Start ein Einschrittverfahren, mit einer an das Mehrschrittverfahren angepassten Berechnungsgenauigkeit. Zu den Mehrschrittverfahren zählen z. B.:

- Mittelpunktsregel
- Adams-Bashforth-Verfahren zweiter Ordnung

Weiterführende Informationen finden sich in [2].

5.6 Verfahren mit variabler Schrittweite

Die Wahl einer passenden Schrittweite ist teilweise schwierig. Numerische Integrationsverfahren mit variabler Schrittweite passen abhängig von der gewünschten Berechnungsgenauigkeit die Schrittweite von einem zum nächsten Berechnungspunkt automatisch an. Bei Überschreitung einer vorgegebenen Berechnungstoleranz erfolgt eine Erniedrigung der Schrittweite. Ist die Berechnungsgenauigkeit deutlich zu hoch, wird die Schrittweite erhöht. Diese Verfahren sind prädestiniert für Systeme, bei denen es Zeitabschnitte mit schneller Änderung des Wertes ($dx/dt >> 0$) und Zeitabschnitte mit langsamer Änderung des Wertes ($dx/dt \approx 0$) gibt. Bei schnellen Änderungen ist die Schrittweite vergleichsweise klein und bei langsamen Änderungen vergleichsweise groß. Die Berechnungsgenauigkeit wird bei Verfahren mit variabler Schrittweite vom Nutzer vorgegeben.

Für das Beispielsystem aus Bild 5.2 soll die prinzipielle Arbeitsweise gezeigt werden. Die verwendeten Kenngrößen sind in Tabelle 5.4 angegeben. Im gewählten Berechnungszeitraum von 0 ms bis 50 ms sind Bereiche mit schnellen und langsamen Änderungen (Bild 5.10) enthalten.

Tabelle 5.4 Kenngrößen

Kennfrequenz	f_0	200	Hz
Dämpfungsgrad	D	0,2	
Periodendauer	T	5,1	ms

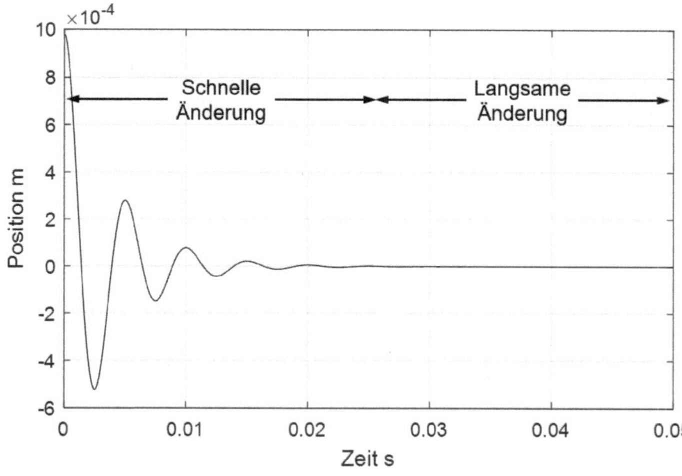

Bild 5.10 Positions-Zeit-Verlauf

Bild 5.11 zeigt die Funktionsweise des Verfahrens. Die charakteristischen Kenndaten der Berechnung mit variabler Schrittweite zeigt Tabelle 5.5. Über die relative und absolute Fehlertoleranz wird die Berechnungsgenauigkeit vorgegeben.

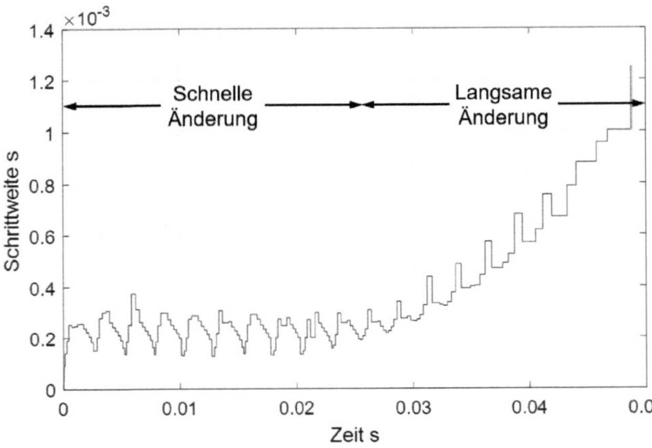

Bild 5.11 Verlauf Schrittweite

Tabelle 5.5 Charakteristische Kenndaten der Berechnung

Relative Fehlertoleranz	$1\ 10^{-3}$
Absolute Fehlertoleranz	$1\ 10^{-6}$
Numerisches Integrationsverfahren (MATLAB Solver)	ode23
Berechnungspunkte	175
Minimale Schrittweite	$5{,}0661\ 10^{-8}$
Maximale Schrittweite	$1{,}2\ 10^{-3}$

Würde die Berechnung mit der kleinsten Schrittweite durchgeführt, wären ca. 98 695 Berechnungsschritte und damit die ca. 5600-fache Berechnungszeit erforderlich. Mit der größten Schrittweite ergäben sich ca. 42 Berechnungspunkte, bei allerdings verringerter Genauigkeit.

5.7 Steife Systeme

Systeme mit sehr schnellen und sehr langsamen Veränderungen bezeichnet man als steife Systeme. Das Steifigkeitsmaß ist das Verhältnis der größten zur kleinsten Zeitkonstante:

$$\varkappa_S = \frac{T_{max}}{T_{min}} \tag{5.20}$$

Mit expliziten Integrationsverfahren ist die Schrittweite durch die kleinste Zeitkonstante des Systems bestimmt, obwohl diese für den Systemanteil mit der deutlich größeren Zeitkonstante nicht erforderlich ist. Gleichzeitig ist für das langsame Teilsystem, bis es den eingeschwungenen Zustand erreicht, ein im Vergleich zum schnellen Teilsystem langes Zeitintervall notwendig. Für das schnelle Teilsystem ist das nicht erforderlich. Die kleine Schrittweite in Kombination mit dem langen Zeitintervall, das für das langsame Teilsystem erforderlich ist, führt zu hohen Berechnungszeiten.

Ein Beispiel für ein steifes System, bestehend aus zwei Teilsystemen, ist:

$$\dot{x}_1 = -\frac{1}{T_1}x_1 + \frac{1}{T_1}x_2 \; ; \; x_1(0) = 0; \;\; T_1 = 1\,\mathrm{s} \tag{5.21a}$$

$$\dot{x}_2 = -\frac{1}{T_2}x_2 + \frac{1}{T_2}u \; ; \; x_2(0) = 0 \; ; \; T_2 = 0{,}02\,\mathrm{s} \tag{5.21b}$$

Die beiden Differentialgleichungen 1. Ordnung haben stark unterschiedliche Dynamik, die durch die Zeitkonstanten T_1 und T_2 beschrieben ist. Das Steifigkeitsmaß ist 50. Für die Eingangsgröße

$$u(t) = \begin{cases} 0; & t < 0 \\ 1; & t \geq 0 \end{cases} \tag{5.22}$$

ist das Verhalten in Bild 5.12 dargestellt.

Für derartige Systeme gibt es spezielle Integrationsverfahren. Weiterführende Informationen finden sich in [2].

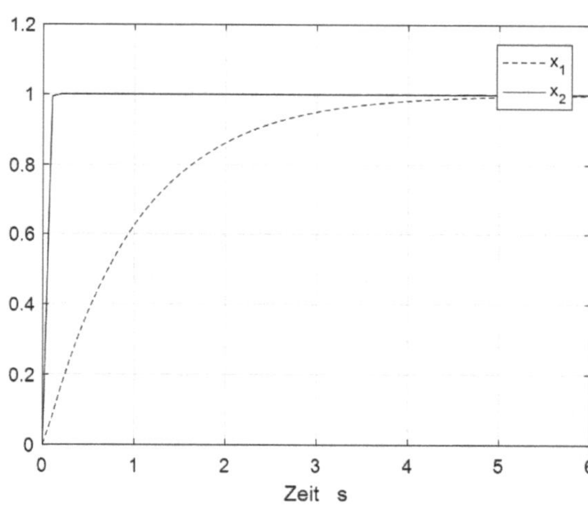

Bild 5.12 System mit Teilsystemen stark unterschiedlicher Dynamik (steifes System)

5.8 Numerische Integration mit MATLAB

Zur numerischen Lösung einer gewöhnlichen Differentialgleichung ist zunächst zu entscheiden, welches Lösungsverfahren (Verfahren der numerischen Integration) benutzt werden soll. Lösungsverfahren werden in MATLAB durch Functions, die mit „ode“ (ordinary differential equation) beginnen, gefolgt von einer oder mehreren Zahlen, festgelegt. Für einige der unterstützten Lösungsverfahren zeigt Tabelle 5.6 eine Zuordnung zur Bezeichnung in MATLAB. Lösungsverfahren werden in MATLAB „solver“ genannt. Die Verfahren ode1, ode2, ode4, ode45, ode23 und ode113 sind zur Lösung von nicht steifen Systemen bestimmt.

Tabelle 5.6 Auszug Lösungsverfahren in MATLAB (solver)

MATLAB Solver	Integrationsverfahren	Schrittverfahren	System	Genauigkeit	Anwendungsempfehlung
ode1	Euler (explizit)	Einschritt	Nicht steif	Sehr gering	Nur für den Einstieg geeignet.
ode2	Heun	Einschritt		Sehr gering	Nur für den Einstieg geeignet.
ode4	Runge-Kutta 4. Ordnung	Einschritt		Mittel	Meist geeignet.
ode45	Dormand-Prince Integrator ①	Einschritt		Mittel	Meist geeignet.
ode23	Bogacki-Shampine Integrator ②	Einschritt		Gering	Meist geeignet bei keinen hohen Genauigkeitsanforderungen.
ode113	Adams-Bashforth-Moulton	Mehrschritt		Niedrig bis hoch	Geeignet für hohe Genauigkeiten und rechenzeitintensive Funktionsauswertungen.
ode15s	NDF ③, optional auch mit BDF-Verfahren ④	Mehrschritt	Steif	Niedrig bis mittel	Falls bei steifen Systemen ode45 zu keinem befriedigenden Ergebnis führt.
ode23s	Modifizierte Rosenbrock-Formel	Einschritt	Steif	Niedrig	Für wenig steife Systeme geeignet. Bei geringen Genauigkeitsanforderungen häufig effizienter als ode15s.
ode23t	Basierend auf Trapezregel	Einschritt	Moderat steif	Niedrig	Für moderat steife Systeme, falls Lösung ohne numerische Dämpfung notwendig ist.
ode23tb	TR-BDF2-Verfahren	Mehrschritt	Steif	Niedrig	Bei geringen Genauigkeitsanforderungen, um steife Systeme zu lösen. Häufig effizienter als ode15s.

① basiert auf explizitem Runge-Kutta-Verfahren 4. Ordnung, ② basiert auf explizitem Runge-Kutta-Verfahren 2. Ordnung, ③ NDF Numerical Differentiation Formulas, ④ BDF Backward Differentiation Formulas (Gear-Verfahren)

Exemplarisch soll die Nutzung von MATLAB Lösungsalgorithmen für den solver „ode45" gezeigt werden. Die MATLAB Anweisungen lauten:

```
TSPAN = [T0 TFINAL];
[TOUT,XOUT] = ode45(Odefun,TSPAN,X0)
```

Mit der ersten Anweisung wird festgelegt, in welchem Zeitintervall die numerische Lösung erfolgen soll. Der Zeitpunkt, an dem die Berechnung beginnt, ist durch die Variable T0 definiert. Die Berechnung endet beim Zeitpunkt, der durch die Variable TFINAL definiert ist. Die zweite Anweisung löst ein Differentialgleichungssystem mit Differentialgleichungen erster Ordnung der Form:

$$\dot{x}(t) = f\left(x(t), u(t)\right) \tag{5.23}$$

Odefun ist ein „Function Handle“ (siehe Abschnitt 2.1.10).

Um Lösungsergebnisse zu bestimmten Zeitpunkten T0, T1, T2,…TFINAL zu erhalten, ist TSPAN wie folgt zu definieren:

```
TSPAN = [T0 T1 T2 ... TFINAL];
```

Die Zeitpunkte müssen dabei kontinuierlich zu- oder abnehmen. Für eine konstante Schrittweite ist die Definition:

```
TSPAN = T0:H:TFINAL;
```

Die Variable H ist die gewünschte Schrittweite.

Die Anfangsbedingungen für die Zustandsgrößen werden in der Variablen X0 festgelegt. X0 ist ein Vektor, dessen Länge (length) mit der Anzahl an Zustandsgrößen bzw. der Ordnung n des Differentialgleichungssystems übereinstimmt.

$$X0 = \begin{pmatrix} x_1(t_0) \\ x_2(t_0) \\ x_3(t_0) \\ \vdots \\ x_i(t_0) \end{pmatrix} \; ; \; i = 1 \ldots n \tag{5.24}$$

Jede Zeile in der Ergebnisvariablen XOUT entspricht den Berechnungsergebnissen der numerischen Integration zu den Berechnungszeitpunkten einer Zustandsgröße.

Zeile 1 (row 1) Berechnungsergebnisse für Zustandsgröße x_1

Zeile 2 (row 2) Berechnungsergebnisse für Zustandsgröße x_2

…

Zeile n (row n) Berechnungsergebnisse für Zustandsgröße x_n

TOUT ist ein Spaltenvektor, in dem die Berechnungszeitpunkte gespeichert sind.

Die Anweisung zur Berechnung kann um die Variable Options erweitert werden:

```
[TOUT,XOUT] = ode45(Odefun,TSPAN,X0,Options)
```

In der Variable Options werden zusätzliche Eigenschaften des Lösungsverfahrens festgelegt. Hierzu zählen z. B. die Toleranz für den relativen und den absoluten Fehler. Der Befehl zur Beeinflussung der Eigenschaften („properties“) des Lösungsverfahrens (solver) ist:

```
options = odeset ('Name1',Value1,'Name2',Value2,....)
```

Name1, Name2 sind die „Properties“ und Value1, Value2 die dazugehörigen Werte. Für „Properties“, die nicht aufgeführt sind, werden die Standardeinstellungen verwendet.

- ‚RelTol‘ Property Name für relative Fehlertoleranz

  Standardeinstellung RelTol: 10-3 (0,1 %)

- ‚AbsTol‘ Property Name für absolute Fehlertoleranz

  Standardeinstellung AbsTol: 10-6

Beide Toleranzen gelten für die Berechnung aller Zustandsgrößen. Der geschätzte Fehler in jedem Integrationsschritt i erfüllt:

$$e(i) \leq \max \begin{pmatrix} \mathrm{RelTol} * |f(i)| \\ \mathrm{AbsTol}(i) \end{pmatrix} \tag{5.25}$$

Odefun ist ein „Function Handle“. Er wird benutzt, um Functions indirekt aufzurufen. Wie in Abschnitt 2.1.10 gezeigt, ist die Syntax:

```
HandleFunction = @Funktionsname;
```

Als Beispiel für die Nutzung eines MATLAB Lösungsalgorithmus „solver“ soll der aus Bild 5.2 bekannte Ein-Masse-Schwinger verwendet werden. Die Gl. (5.2) wird um einen Wert für die Anfangsbedingung der Position ergänzt.

$$\frac{m}{c}\,\ddot{x} + \frac{d}{c}\,\dot{x} + x = 0\,;\; x(t_0) = 0{,}001,\; \dot{x}(t_0) = 0 \tag{5.26}$$

Es handelt sich um eine Differentialgleichung zweiter Ordnung. Die entsprechenden Differentialgleichungen erster Ordnung lauten:

$$\dot{x}_1 = x_2 \tag{5.27a}$$

$$\dot{x}_2 = -\frac{d}{c}\,x_2 - \frac{m}{c}\,x_1 \tag{5.27b}$$

Die Lösung soll für die in Tabelle 5.7 gezeigten Kenngrößen berechnet werden.

Tabelle 5.7 Kenngrößen

Masse	m	1	kg
Federsteifigkeit	c	39,48	N/m
Dämpfungskoeffizient	d	1,2	Ns/m

Als „solver“ wird ode45 verwendet. Die Differentialgleichungen erster Ordnung werden in der Function „DGLEinMasseSchwinger“ definiert (Script 5.1). In der Variable dx sind die Ableitungen der Zustandsgrößen zum Berechnungszeitpunkt gespeichert. Diese Function wird vom solver bei jeder Funktionsauswertung aufgerufen. Script 5.2 zeigt die Anweisungen für die numerische Integration mit konstanter Schrittweite. Die grafische Visualisierung der Berechnungsergebnisse zeigt Bild 5.13.

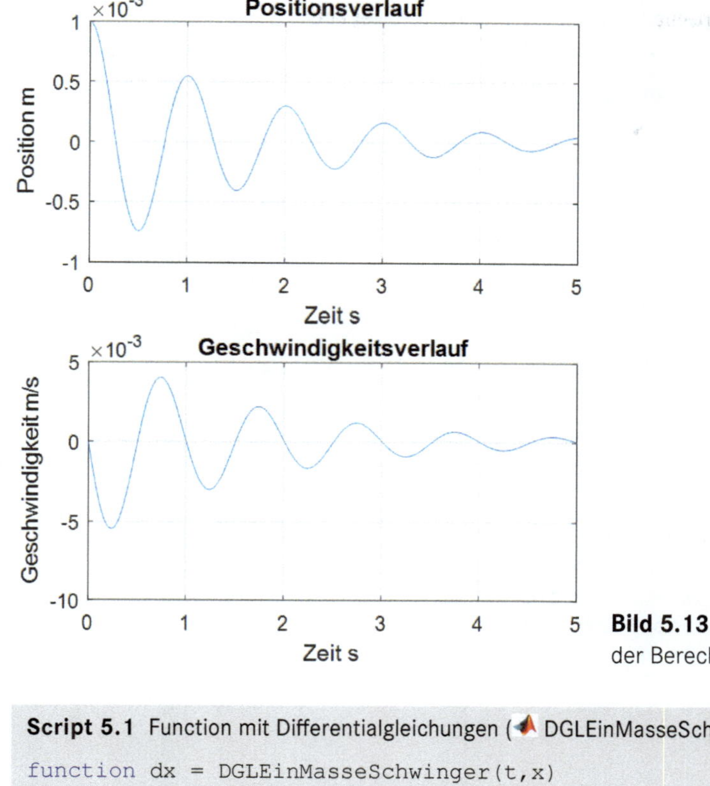

Bild 5.13 Grafische Visualisierung der Berechnungsergebnisse

Script 5.1 Function mit Differentialgleichungen (DGLEinMasseSchwinger.m)

```
function dx = DGLEinMasseSchwinger(t,x)

%% Mechanische Daten
% Masse m
m = 1;
% Federsteifigkeit N/m
c = 39.48;
% Dämpfungskoeffizient Ns/m
d = 1.2;
%% Funktionsauswertungen für Differentialgleichungen erster Ordnung
% Zustandsgröße 1 (Position)
dx(1) = x(2);
% Zustandgröße 2 (Geschwindigkeit)
dx(2) = -d/m*x(2) - c/m*x(1);
%% Spaltenvektor durch Transponieren erzeugen
dx = dx';
```

Script 5.2 Script für numerische Integration mit MATLAB solver ode45 (EinMasseSchwinger.m und DGLEinMasseSchwinger.m)

```
%% Initialisierung Zustandsgrößen zum Zeitpunkt t = 0
% Position
x1_0 = 2;
% Geschwindigkeit
x2_0 = -0.5;
% Zustandsvektor
x_0 = [x1_0 x2_0];
%% Festlegung des Zeitbereiches und der Schrittweite für die
%% numerische Berechnung
% Startzeitpunkt
TStart = 0;
% Endzeitpunkt
TEnde = 5;
% Schrittweite
H = 0.01;
% Berechnungszeitpunkte als Vektor definieren
Zeitvektor = TStart:H:TEnde;
%% Numerische Lösung für die Differentialgleichung
% Berechnung mit numerischen Integrationsverfahren ode45
[t,x]= ode45(@DGLEinMasseSchwinger,Zeitvektor,x_0);
%% Grafische Visualisierung
% Positions-Zeitverlauf
subplot(2,1,1)
plot(t,x(:,1))
xlabel('Zeit s')
ylabel('Position m')
title('Positionsverlauf')
grid on
% Geschwindigkeits-Zeitverlauf
subplot(2,1,2)
plot(t,x(:,2))
xlabel('Zeit s')
ylabel('Geschwindigkeit m/s')
title ('Geschwindigkeitsverlauf')
grid on
```

Wird im obigen Script der Zeitvektor ohne Schrittweite angegeben, so erfolgt die Berechnung mit variabler Schrittweite:

```
Zeitbereich = [TStart TEnde];
```

Erfolgt zusätzlich keine Angabe von „Options", so geschieht die numerische Integration mit den Standardeinstellungen für die Fehlertoleranz:

- Relative Fehlertoleranz: 10e-3
- Absolute Fehlertoleranz: 10e-6

Die Anweisung zur Ausführung der Berechnung lautet:

```
[t x] = ode45(@DGLEinMasseSchwinger,Zeitbereich,x_0);
```

Die charakteristischen Kenndaten dieser Berechnung mit variabler Schrittweite zeigt Tabelle 5.8.

Tabelle 5.8 Charakteristische Kenndaten der Berechnung mit Standardeinstellung für die Fehlertoleranz

Berechnungspunkte	153
Minimale Schrittweite	0,0012725
Maximale Schrittweite	0,051673

Sollen die Standardeinstellungen für die relative und die absolute Fehlertoleranz verändert werden, z. B. die relative Fehlertoleranz auf 0,01 und die absolute Fehlertoleranz auf 0,0001, so lauten die Anweisungen zur Ausführung der Berechnung:

```
Options = odeset('RelTol',1e-2,'AbsTol',1e-4);
[t x] = ode45(@DGLEinMasseSchwinger,Zeitbereich,x_0,Options);
```

Die charakteristischen Kenndaten dieser Berechnung zeigt Tabelle 5.9.

Tabelle 5.9 Charakteristische Kenndaten der Berechnung

Berechnungspunkte	73
Minimale Schrittweite	0,020168
Maximale Schrittweite	0,099099

6 Zeitgesteuerte Systeme (Simulink)

Zur modellbasierten Beschreibung, zur Simulation und zur Analyse dynamischer Systeme wird von MathWorks das Programmpaket Simulink angeboten. Es setzt auf MATLAB auf („Add-on") und ist unabhängig vom Anwendungsgebiet. Beispiele für Anwendungsgebiete sind:

- Technische Systeme
- Biologische Systeme
- Finanzsysteme

Simulink ist eine interaktive grafische Entwicklungsumgebung, basierend auf einer Bibliothek grafischer Symbole. Ein grafisches Symbol repräsentiert z. B. eine mathematische Beschreibung, eine Funktion oder eine Logik. Einzelne Symbole werden vom Nutzer ausgewählt und damit Schritt für Schritt das zu modellierende System grafisch aufgebaut. Bei der Modellierung gibt es grundsätzlich zwei Möglichkeiten zur Beschreibung eines Systems:

- Blockorientierte Modellierung

  Beschreibung des Systems mit Blöcken nach dem Prinzip Ursache → Wirkung. Der Signalfluss geht von einem oder mehreren Eingängen zu einem oder mehreren Ausgängen (Beschreibung des Ein-/Ausgangsverhaltens). Für den Signalfluss gibt es nur eine Richtung. Diese Art der Modellierung nutzt, unabhängig vom physikalischen System, immer die gleichen Blöcke. Sie ist abstrakter als die physikalische Modellierung und in der Regelungstechnik sehr verbreitet. Modelle, die Teilsysteme aus unterschiedlichen Fachgebieten beinhalten, nutzen eine einheitliche Beschreibungsform.

- Physikalische Modellierung (objektorientierte Modellierung)

  Beschreibung des Systems als ein Netzwerk. Die Verbindungen einzelner Netzwerkkomponenten entsprechen dem physikalischen Aufbau realer Systeme. Das Ein-/Ausgangsverhalten muss wie beim Zusammenbau realer Komponenten nicht explizit festgelegt werden. An den Schnittstellen zwischen den Komponenten wird Energie ausgetauscht. Es gibt zwei Arten von Variablen: Potenzial- und Flussvariablen. Das Produkt aus Potenzial- und Flussvariablen ist die Leistung. Die Beschreibung erfolgt mit Zustands- und Erhaltungsgleichungen (bestehend aus Differentialgleichungen und algebraischen Gleichungen, DAE-System). Arbeitet man immer im gleichen Fachgebiet, ist diese Art der Modellierung einfacher, da keine Abstraktion erfolgen muss. Man benutzt bekannte grafische Symbole wie z. B. bei mechanischen Systemen Federn und Dämpfer oder bei elektronischen Systemen Schaltzeichen für Widerstände und Kondensatoren.

Beide Möglichkeiten sollen am Beispiel des bereits in Kapitel 3 und Kapitel 5 benutzten Ein-Masse-Schwingers gezeigt werden (Bild 6.1).

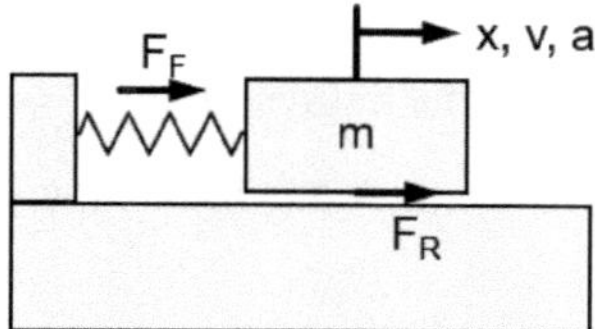

Bild 6.1 Schwingungsfähiges System (Ein-Masse-Schwinger)

Die Bewegungsgleichung lautet:

$$m\,\ddot{x} = F_R + F_F = -d\,\dot{x} - c\,x \tag{6.1}$$

m	Masse	*Mass*	kg
x	Position	*Position*	m
F_R	Geschwindigkeitsproportionale Reibkraft	*Speed proportional friction force*	N
F_F	Federkraft	*Spring force*	N
d	Dämpfungskoeffizient	*Damping coefficient*	Ns/m
c	Federsteifigkeit	*Spring stiffness*	N/m

Diese Differentialgleichung zweiter Ordnung stellt das mathematische Modell dar. Zur numerischen Integration (siehe Abschnitt 5.1 „Mathematische Problemstellung") und zur blockorientierten Modellierung wird die Differentialgleichung zweiter Ordnung in zwei Differentialgleichungen erster Ordnung aufgespalten:

$$\dot{x} = v \tag{6.2a}$$

$$\dot{v} = -\frac{d}{m}\,v - \frac{c}{m}\,x \tag{6.2b}$$

In Bild 6.2 sind beide Möglichkeiten der grafischen Modellierung für das Beispielsystem gezeigt. Bei der blockorientierten Modellierung entspricht ein grafisches Symbol einem Block und bei der physikalischen Modellierung einem Objekt.

Beide Möglichkeiten werden in Simulink unterstützt und sind in einem Gesamtmodell miteinander kombinierbar. Gleiches gilt für die physikalische Modellierung verschiedener Fachgebiete (Domänen) in einem Gesamtmodell (Multi-Domänen-Simulation), z.B. von mechanischen und elektrischen Systemen, wie diese in mechatronischen Systemen auftreten.

Die physikalische Modellierung ist nicht als Standard in Simulink enthalten. Hierfür gibt es separate Toolboxen, wie:

- Simscape

  Stellt Grundbausteine zur physikalischen Modellierung von mechanischen, hydraulischen, elektrischen und anderen Systemen (Domänen) zur Verfügung

- SimMechanics

  Add-on für Simscape mit stark erweiterter Bibliothek für mechanische Systeme

- SimHydraulics

  Add-on für Simscape mit stark erweiterter Bibliothek für hydraulische Systeme

- SimElectronics

  Add-on für Simscape mit stark erweiterter Bibliothek für elektronische Systeme

Die Add-ons enthalten Symbole (Objekte) für deutlich komplexere Systeme als Simscape.

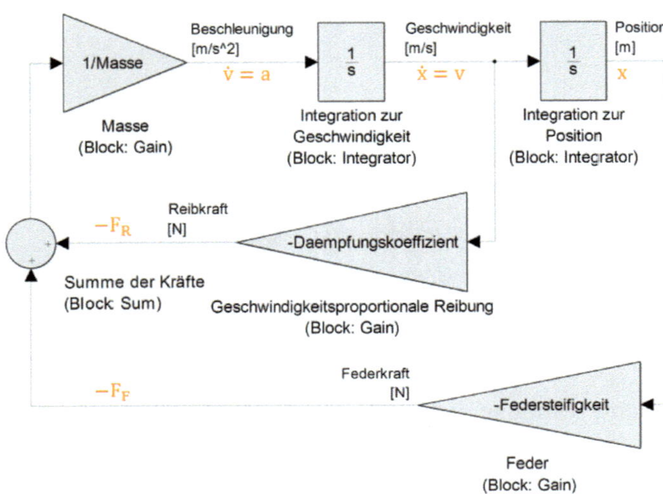

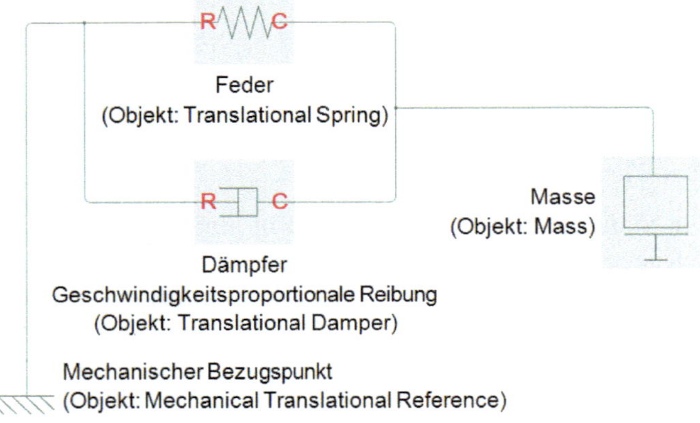

Bild 6.2 Blockorientierte Modellierung (oben) und physikalische Modellierung (unten) am Beispiel eines Ein-Masse-Schwingers

In diesem Kapitel wird im Wesentlichen eine Einführung in die blockorientierte Modellierung gegeben, da diese zum Standardfunktionsumfang von Simulink gehört. Am Ende des Kapitels wird exemplarisch für ein mechanisches System gezeigt, wie sich dieses in SimMechanics physikalisch modellieren lässt. Dabei wird auch auf die Kopplung von Teilsystemen, die physikalisch modelliert wurden, mit Teilsystemen, die blockorientiert modelliert wurden, eingegangen.

Der Signalfluss zwischen Blöcken bzw. die Verbindungen zwischen Objekten werden interaktiv festgelegt. Ein hierarchischer Aufbau von Modellen wird unterstützt, was insbesondere bei komplexen Systemen sehr hilfreich ist. In das Simulink Modell kann MATLAB Programmcode, aber auch Programmcode anderer Programmiersprachen, wie z. B. C oder C++, eingebunden werden. Zur numerischen Simulation des erstellten Modells stehen in Simulink verschiedene numerische Lösungsverfahren zur Verfügung. Sämtliche in MATLAB vorhandenen Funktionen zur Analyse und Ergebnisvisualisierung können genutzt werden. Mithilfe optionaler Toolboxen ist es möglich, Code (z. B. in C oder HDL) für Mikroprozessoren, Computer und FPGAs zu erzeugen. Simulink unterstützt unterschiedliche Zahlenformate in der Simulation und bei der Codegenerierung.

Von MathWorks gibt es im Internet hilfreiche Schulungsunterlagen zu Simulink, die zum Eigenstudium geeignet und vorgesehen sind.

Einführungsvideo in Englisch

http://www.mathworks.de/products/simulink/

■ 6.1 Modellerstellung

Durch die Vielzahl grafischer Symbole können mit Simulink einfach und schnell grafische Modelldarstellungen eines Systems erzeugt, geändert und verwaltet werden. Simulink kann aus dem „Command Window“ durch Eingabe der folgenden Anweisung gestartet werden:

```
simulink
```

Eine andere Möglichkeit ist die Benutzung des Simulink Icons in der MATLAB Taskleiste (in Bild 6.3 mit ❶ markiert).

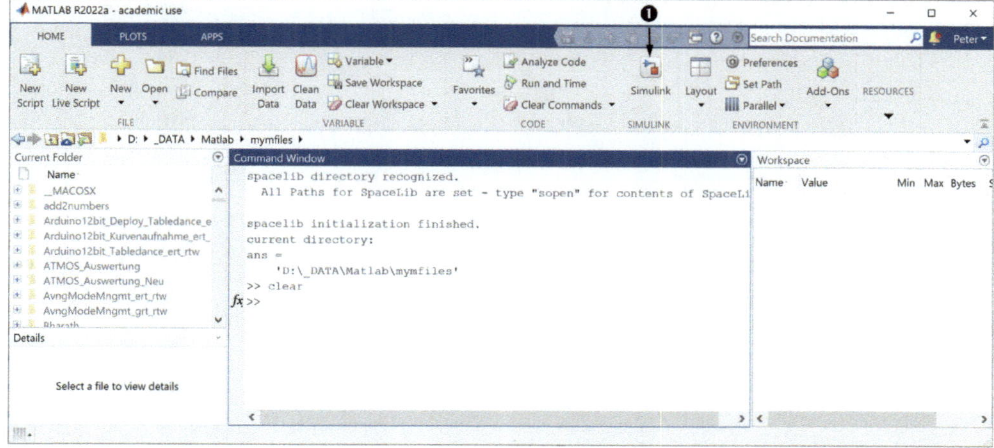

Bild 6.3 Start von Simulink mit Icon der MATLAB Taskleiste

Eine weitere Möglichkeit in der MATLAB Taskleiste ist:

▸ New ▸ Simulink Model (siehe Bild 6.4, mit ❶ markiert):

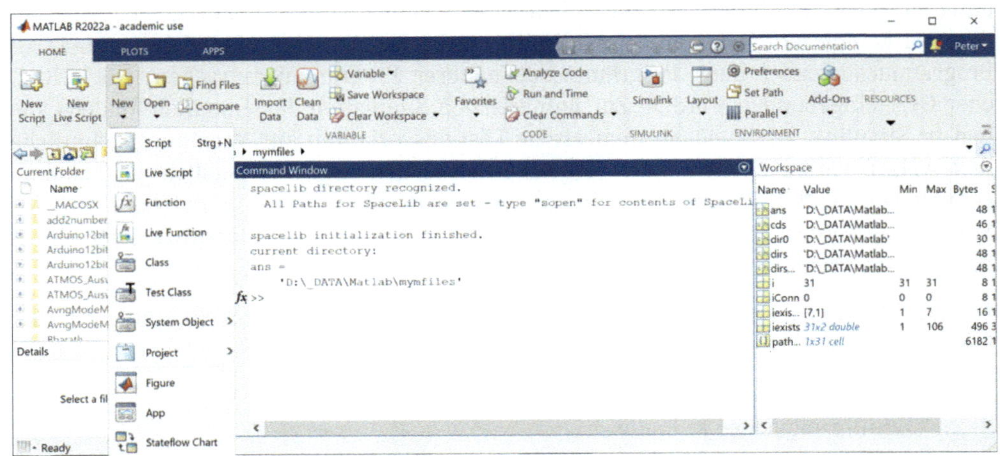

Bild 6.4 Start von Simulink in der MATLAB Taskleiste

In allen Fällen wird die Simulink Start Page geöffnet (Bild 6.5). Wird darin „Blank Chart“ mittels Klicks auf die linke Maustaste ausgewählt, wird ein Simulink Modell mit dem Namen „untitled“ geöffnet, welches noch keine grafischen Symbole enthält (Bild 6.6).

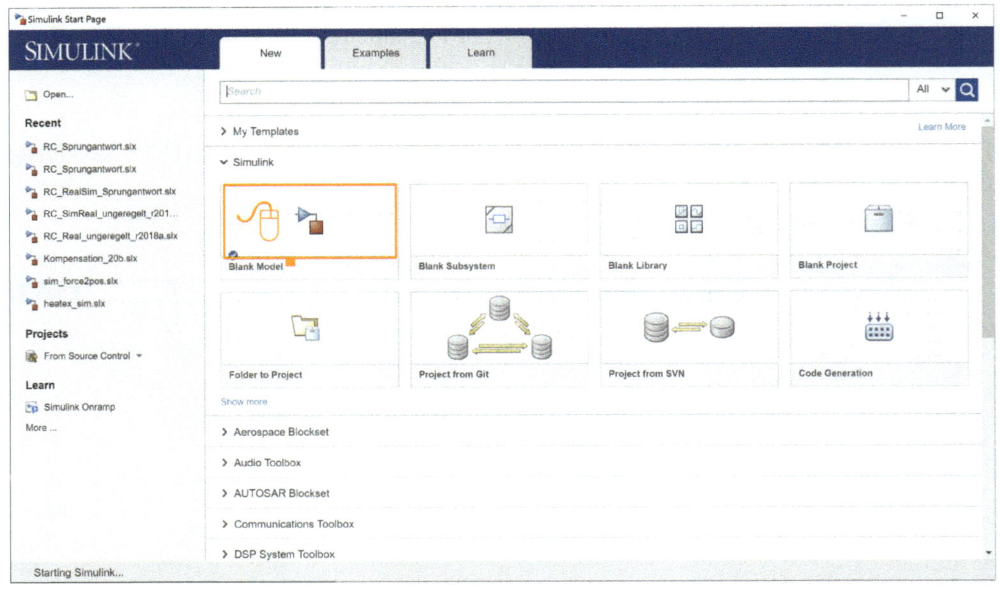

Bild 6.5 Simulink Start Page

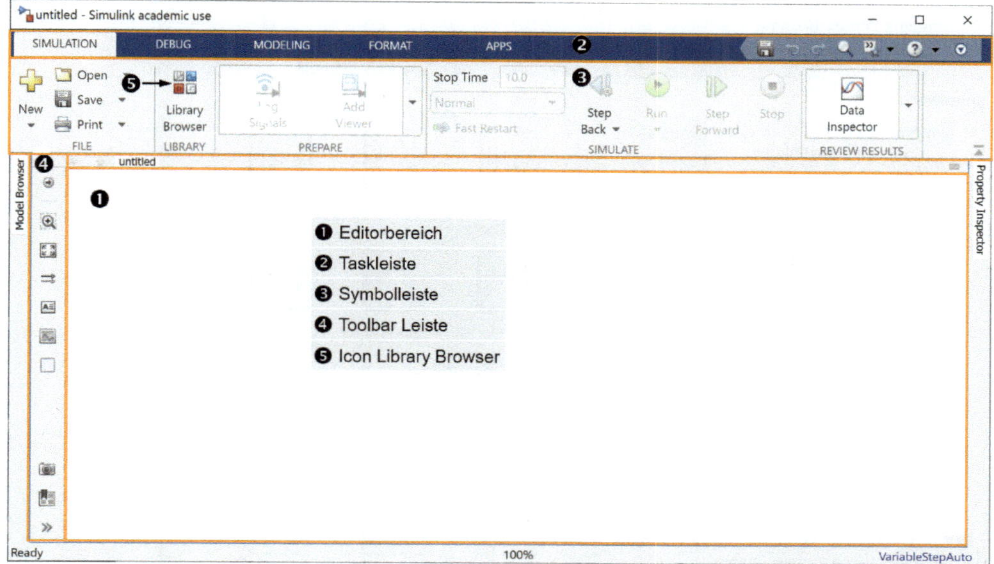

Bild 6.6 Simulink Modell und Simulink Editor

Im mit ❶ gekennzeichneten, noch leeren Bereich erfolgt die grafische Erstellung des zu modellierenden Systems (Simulink Editor). Um das Modell mit vordefinierten grafischen Elementen aufbauen zu können, muss in der Symbolleiste (❸) der Simulink „Library Browser" gestartet werden. Dieser wird durch Klick auf das mit ❺ gekennzeichnete Icon geöffnet. Der Library Browser (Bild 6.7) ist eine Bibliothek, die nach Themengebieten untergliedert ist. Jedes Themengebiet enthält grafische Symbole (Blöcke) mit unterschiedlichen Funktionen. Alle Blöcke können individuell konfiguriert und verändert werden. Dabei ist zu beachten, dass nur diejenigen Themengebiete angezeigt werden, die in der verwendeten MATLAB Version lizenziert sind.

Beispiele für Themengebiete und darin enthaltene Blöcke sind:

- Zeitkontinuierliche dynamische Blöcke (Continuous), wie z. B. Integration oder Verzögerung
- Mathematische Operationen (Math Operations), wie z. B. für Summe oder Multiplikation
- Signalverbindungen (Signal Routing), wie z. B. Schalter

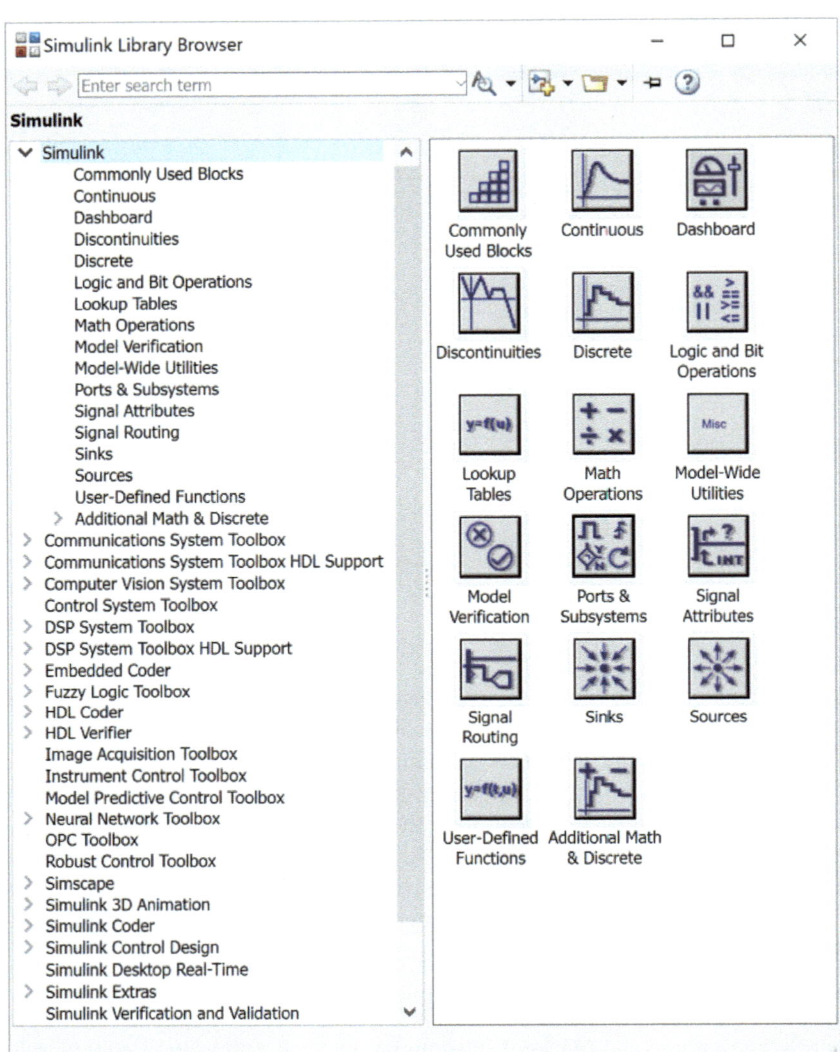

Bild 6.7 Library Browser

In Bild 6.8 wurde Math Operations ausgewählt. Im rechten Teil des Library Browsers sind die verfügbaren Blöcke für mathematische Operationen dargestellt. Wird die Maus über einen Block bewegt, so wird eine Kurzbeschreibung zu diesem Block eingeblendet.

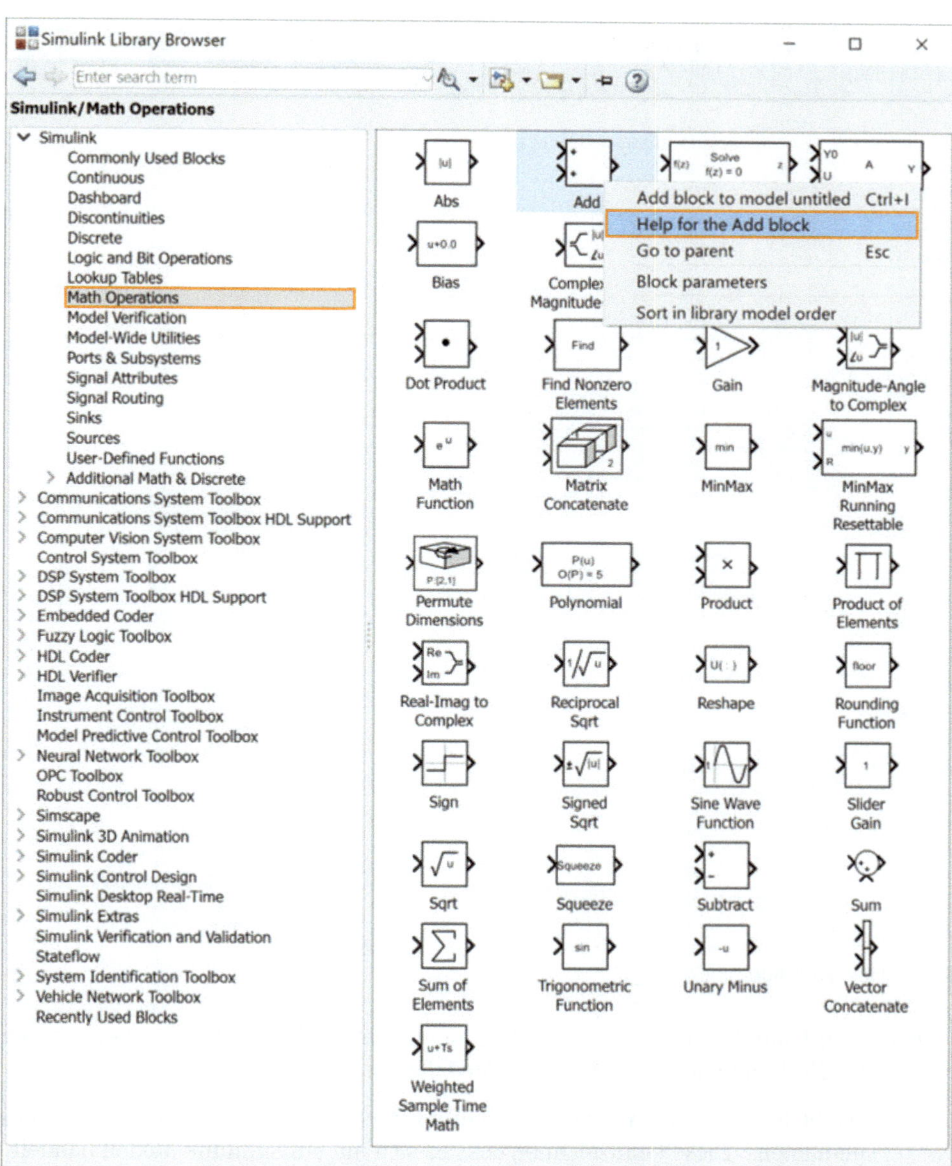

Bild 6.8 Library Browser für das Themengebiet mathematische Operationen

Durch Betätigung der rechten Maustaste über einem Block öffnet sich ein Auswahlfeld (Bild 6.8), in dem eine detaillierte Beschreibung des Blocks (im Beispiel „Add block“) unter:

Help for the Add block

abrufbar ist (Bild 6.9).

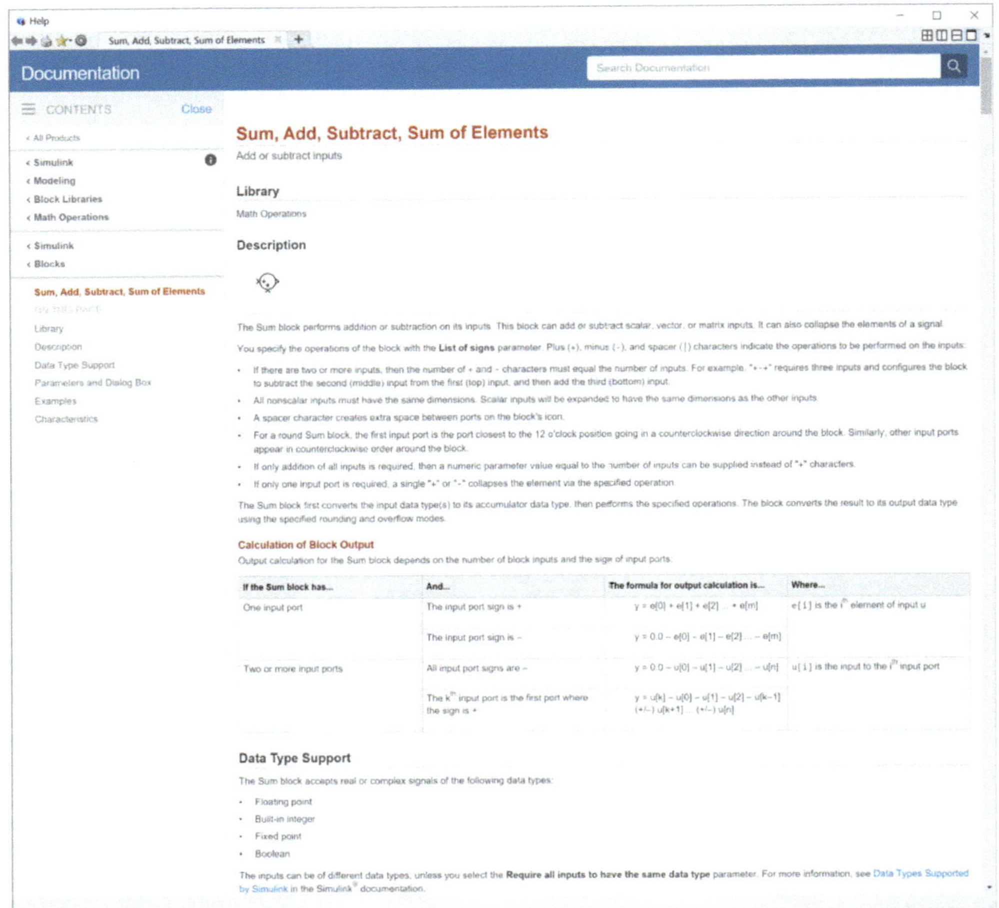

Bild 6.9 Help zum Add block

Ein Modell wird durch schrittweise Platzierung einzelner Blöcke im Editorbereich von Simulink erstellt. Dateinamen von Simulink Modellen enden mit:

> □.slx (□ steht für den Dateinamen des Simulink Modells. slx ist die „Extension" des Dateinamens. Diese kennzeichnet, dass es sich um ein Simulink Modell handelt)

Ein älteres Dateiformat für Simulink Modelle ist □.mdl. Ab MATLAB RevisionR2012b ist □.slx die Standardeinstellung (Default).

Bevor mit der Platzierung von Blöcken begonnen wird, ist es sinnvoll, anstatt des Modellnamens „untitled.slx" einen „sprechenden" Modellnamen zu vergeben. Dies erfolgt unter:

> ▸ File ▸ Save As…

Für den im Folgenden beschriebenen Modellaufbau wird als Dateiname „Modellaufbau" verwendet. Bild 6.10 zeigt die Auswahl und Platzierung zweier Blöcke sowie deren Verbindung mit einer Signalleitung in einzelnen Schritten. Aus dem Bereich „Commonly Used

Blocks“ der Library wird zunächst ein Gain-Block (Verstärker) ausgewählt und anschließend im Editorbereich per drag and drop platziert (❶). Während der Verschiebung des Blocks aus der Library in den Editor muss die linke Maustaste betätigt und gehalten werden. Der Gain-Block multipliziert das Eingangssignal mit einem vorgebbaren Wert (der Verstärkung) und gibt das Ergebnis aus.

$$x_A = K\, x_E \tag{6.1}$$

x_A	Ausgangssignal	*Output signal*
K	Verstärkung	*Gain*
x_E	Eingangssignal	*Input signal*

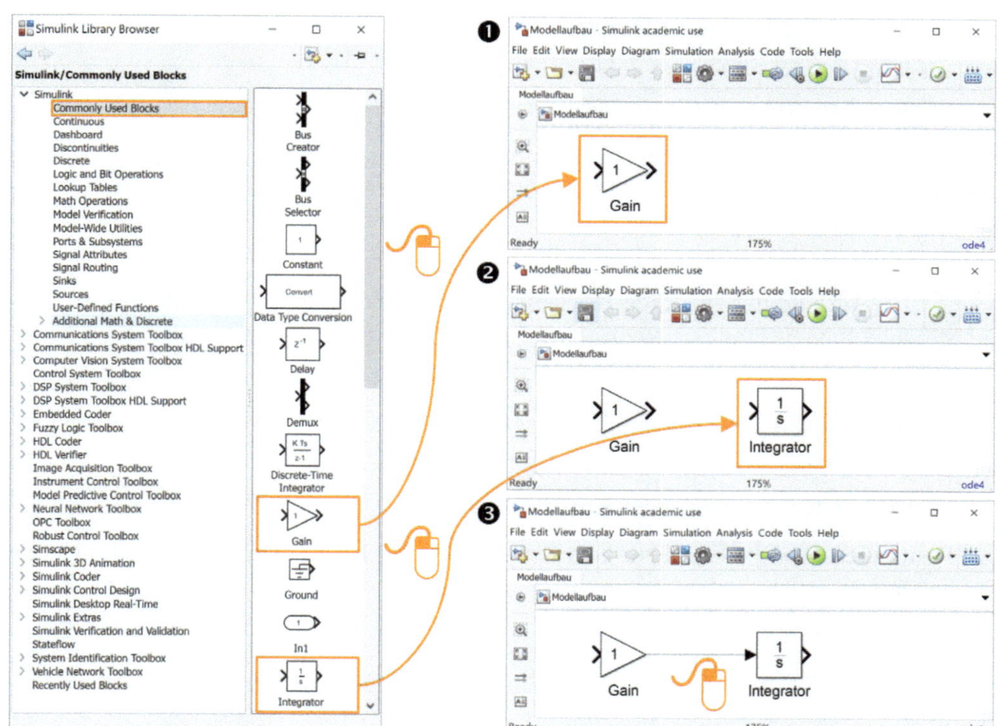

Bild 6.10 Modellaufbau (Auswahl, Blockplatzierung und Signalleitungen)

Der wichtigste Blockparameter wird unmittelbar nach der Platzierung im Editorbereich unterhalb des Blockes blau unterlegt eingeblendet (Bild 6.11). Soll der voreingestellte Wert verändert werden, kann der gewünschte Wert hier eingegeben werden. Der voreingestellte Wert des Gain-Blockes für die Verstärkung (Gain) ist 1. Erfolgt keine Eingabe, wird für den Block der voreingestellte Wert verwendet. Für die beiden Blöcke in Bild 6.10 wurden die Voreinstellungen benutzt.

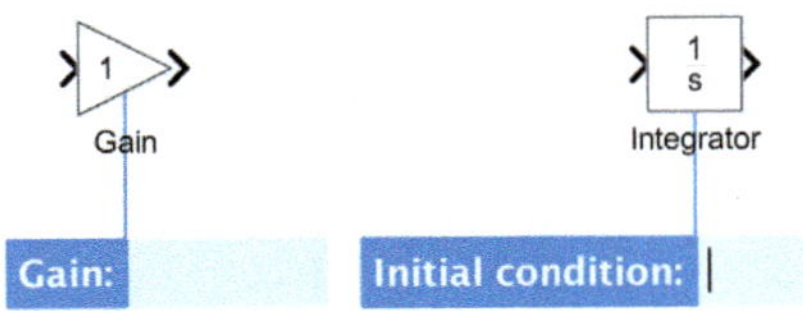

Bild 6.11 Einblendung des wichtigsten Blockparameters nach der Platzierung

Entsprechend wird danach ein Integrator-Block ausgewählt und platziert (❷). Der Ausdruck $\frac{1}{s}$ im Block entspricht der Laplace-Transformierten eines Integrators. Sofern Laplace-Transformationen nicht bekannt sind, kann man sich stattdessen auch ein Integralzeichen vorstellen. Das Verhalten des Blockes zwischen dem Eingang und dem Ausgang ist mathematisch beschrieben durch:

$$x_A = x_0 + \int_0^t x_E \, d\tau \;\; ; \;\; x_A(t=0) = x_0 \tag{6.2}$$

x_0	Anfangsbedingung des Ausgangssignals bei t = 0	*Initial condition of output signal at t = 0*

Die Voreinstellung für die Anfangsbedingung (Initial condition) des Ausgangssignals zum Zeitpunkt $t = 0$ ist $x_0 = 0$. Die beiden Blöcke werden anschließend miteinander verbunden (❸).

Die Verbindung zwischen Blöcken, d.h. die Erstellung von Signalleitungen, erfolgt in mehreren Schritten. ■

1. Positionierung der Maus über dem Ausgang des Blocks, von dem die Verbindungslinie ausgehen soll
2. Betätigung der linken oder rechten Maustaste
3. Positionierung der Maus über dem Eingang des Blocks, zu dem die Verbindungslinie gehen soll
4. Loslassen der Maustaste

Die Größe der Blöcke im Editor ist in der Simulink Taskleiste wie folgt beeinflussbar:

View ▸ Zoom ▸ Normal View (100 %)

View ▸ Zoom ▸ Fit to View

Die erste Eingabefolge setzt die Größe der Blöcke auf den Simulink internen Standardwert (100 %). Die zweite Befehlsfolge passt die Größe der Blöcke so an, dass gerade noch alle Blöcke im Editorbereich sichtbar sind. Die Fit-to-View-Funktion kann auch mit dem in Bild 6.12 mit ❶ markierten Icon ausgelöst werden. Dadurch wird die Größe der Blöcke automatisch an den zur Verfügung stehenden Editorbereich angepasst. Gleiches wird erreicht, indem die Maus im Editorbereich platziert und die Leertaste gedrückt wird.

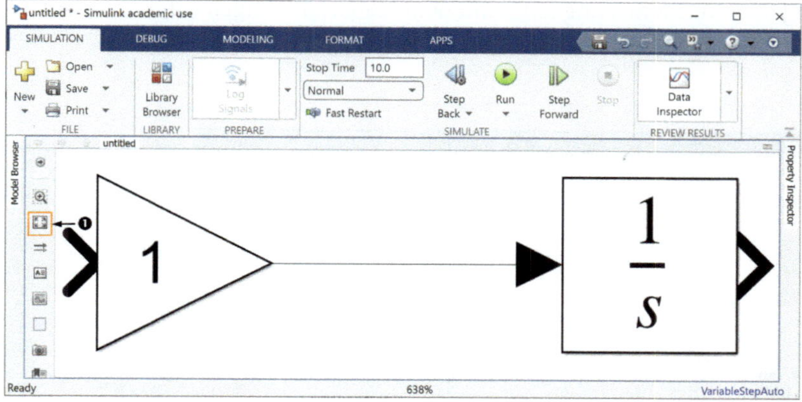

Bild 6.12 Größeneinstellung

Mit dem im Bild 6.13 mit ❷ markierten Icon kann eine Vergrößerung (Zoom) erfolgen. Mit gedrückter linker Maustaste wird der zu vergrößernde Bereich im Modell ausgewählt (Bild 6.13, oben). Lässt man die Maus los, wird dieser Bereich vergrößert (Bild 6.13, unten).

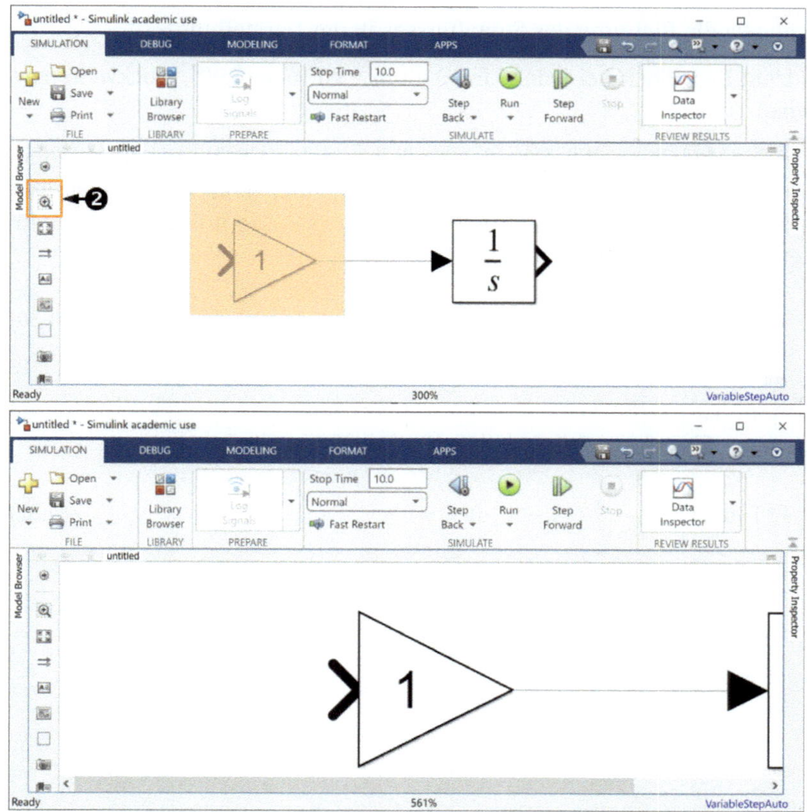

Bild 6.13 Zoom

Eine Vergrößerung oder Verkleinerung kann mit dem Mausrad erfolgen (Bild 6.14), sofern die Maus im Bereich des Modells platziert ist.

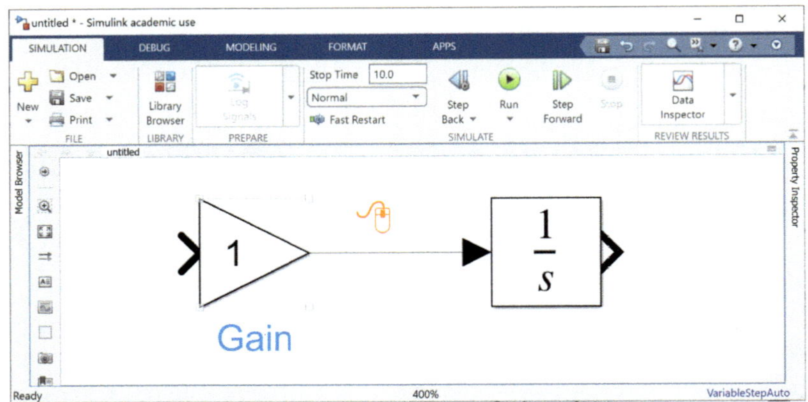

Bild 6.14 Vergrößerung oder Verkleinerung mit Mausrad

Wichtige Möglichkeiten zur Beeinflussung der Darstellung von Blöcken sind (Bild 6.15):

- Flip Block (verändert die Richtung des Signalflusses in der Darstellung)
- Rotate Block (dreht den Block bei jeder Eingabe um $+90^0$ oder -90^0; clockwise bzw. counterclockwise)

Weitere Schritte bei der Modellerstellung werden am Beispiel der Abkühlung eines Wohnraumes erklärt. Der Wohnraum hat zum Beginn der Simulation eine Raumtemperatur $T = T_0$. Die Außentemperatur ist T_A. Der Abkühlvorgang wird durch folgende Differentialgleichung erster Ordnung beschrieben:

$$\dot{T} + \frac{1}{c}(T - T_A) = 0 \; ; \; T(t=0) = T_0 \tag{6.3a}$$

$$\dot{T} = f(T) = \frac{1}{c}(T_A - T) \tag{6.3b}$$

$$T = T_0 + \int_0^t f(T)\,dt = T_0 + \frac{1}{c}\int_0^t (T_A - T)\,dt \tag{6.3c}$$

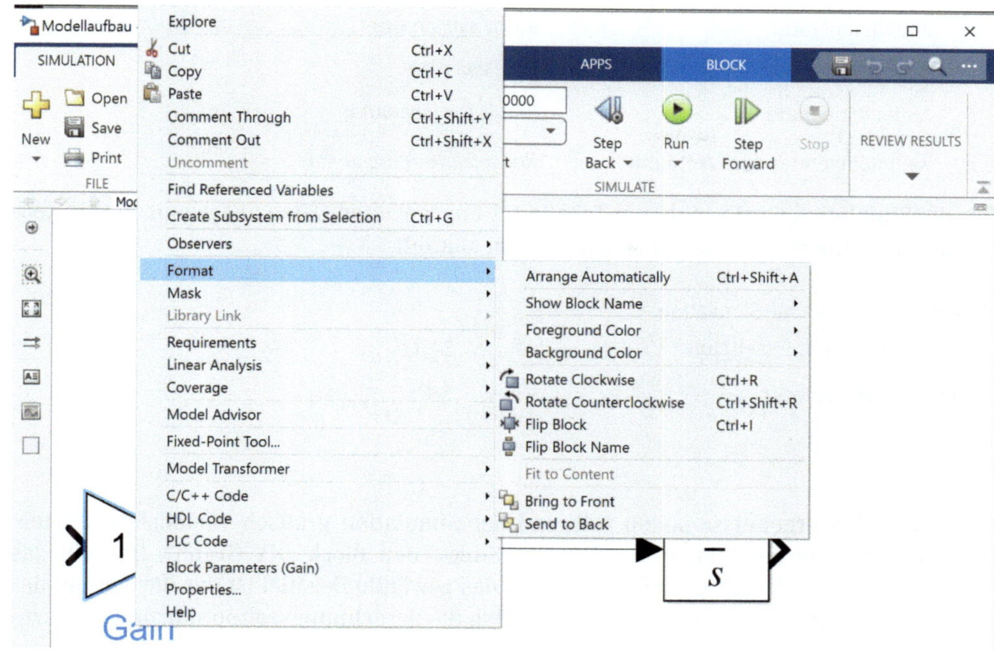

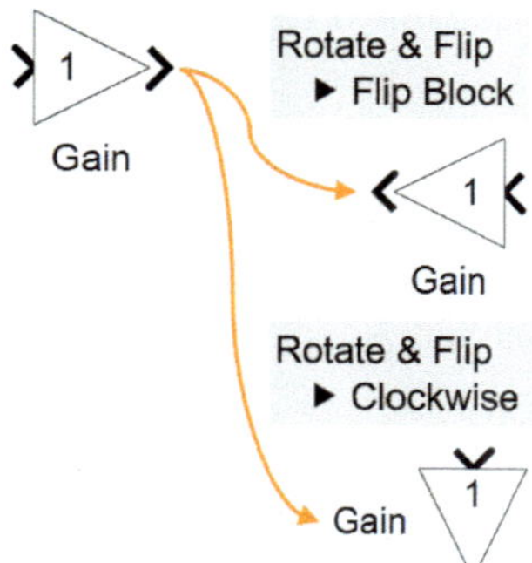

Bild 6.15 Beeinflussung der Blockdarstellung

x_0	Raumtemperatur	*Room temperature*	°C
c	Zeitkonstante	*Time constant*	s
T_A	Außentemperatur	*Ambient temperature*	°C
T_0	Raumtemperatur zum Zeitpunkt $t = 0$	*Room temperature at time* $t = 0$	°C

Für die Simulation wird von den in Tabelle 6.1 angegebenen Daten ausgegangen. Die Zeitkonstante definiert, wie schnell sich der Raum abkühlt.

Tabelle 6.1 Daten für Simulation

Raumtemperatur zum Zeitpunkt $t = 0$	T_0	24 °C
Umgebungstemperatur	T_A	5 °C
Zeitkonstante	c	2 h

Die Simulationsergebnisse sollen während der Simulation grafisch visualisiert werden. Hierfür gibt es in der Library im Bereich „Sinks“ den Block „XY Graph“. Er stellt das Y-Signal über dem X-Signal grafisch dar. Für das gewählte Beispiel ist das der Verlauf der Raumtemperatur über der Zeit. Zusätzlich sollen die Berechnungszeitpunkte und die dazugehörige Raumtemperatur im MATLAB Workspace gespeichert werden. Die Speicherung von Simulationswerten erfolgt durch den Block „To Workspace“. Tabelle 6.2 gibt eine Übersicht der für das Modell erforderlichen Blöcke.

Tabelle 6.2 Erforderliche Blöcke

	Variable	Themengebiet	Block	Wert
Außentemperatur	T_A	Sources	Constant	5
Temperaturdifferenz	ΔT	Math Operations	Sum	
Zeitkonstante	c	Math Operations	Gain	1/7200
Raumtemperatur zum Zeitpunkt $t = 0$	T_0	Continuous	Integrator	24
Zeit	t	Sources	Clock	
Visualisierung		Sinks	XY Graph	
Speicherung im Workspace	t und T	Sinks	To Workspace	

Das Modell des Beispielsystems nach Platzierung aller Blöcke und Herstellung der Signalleitungen zeigt Bild 6.16. Es ist sinnvoll, die Blöcke mit Bezeichnungen des zu modellierenden Systems zu benennen (Bild 6.17).

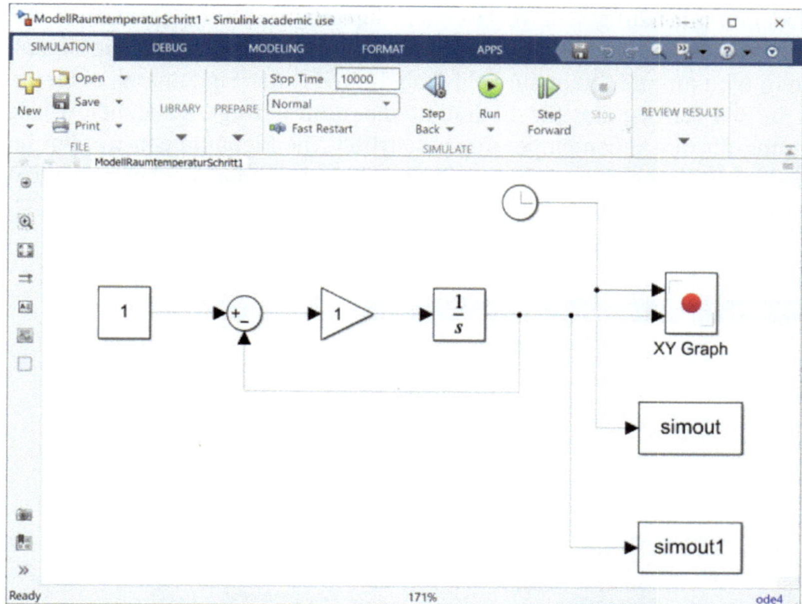

Bild 6.16 Modell des Beispielsystems nach Platzierung aller Blöcke und Herstellung der Signalleitungen

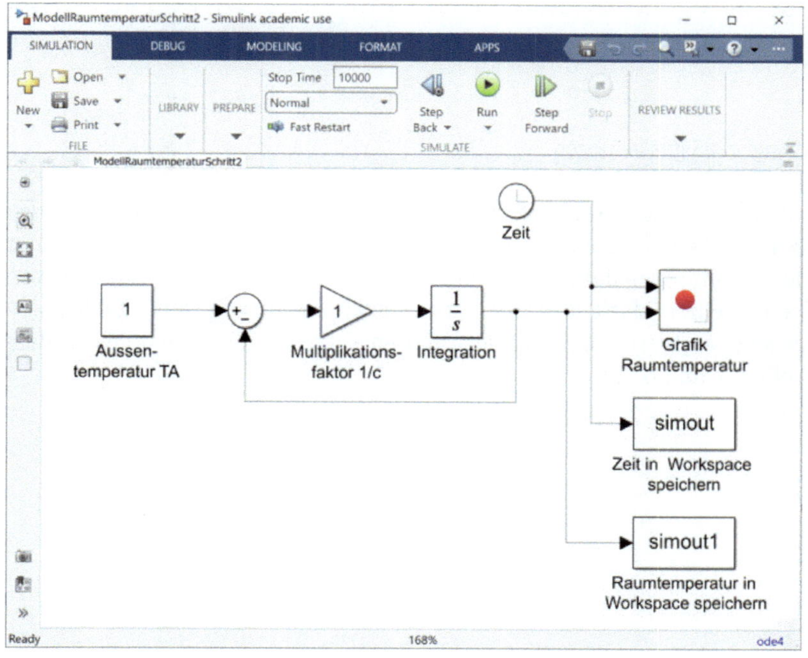

Bild 6.17 Modell mit Bezeichnungen des zu modellierenden Systems

Bei komplexen Modellen mit häufig sehr verzweigten Signalleitungen ist es sinnvoll, die Signalleitungen mit Namen des Signales zu beschriften. Ein Doppelklick auf die Signalleitung zeigt diese in Blau an und öffnet ein Feld (Label), in das der Signalname eingetragen werden kann. In Bild 6.18 ist dies für die Raumtemperatur gezeigt. Zusätzlich wurde auch die Signalleitung für die Außentemperatur beschriftet. Die Signalnamen werden im Folgenden zunächst nicht mehr verwendet, da sie bei diesem einfachen Beispiel nicht unbedingt erforderlich sind.

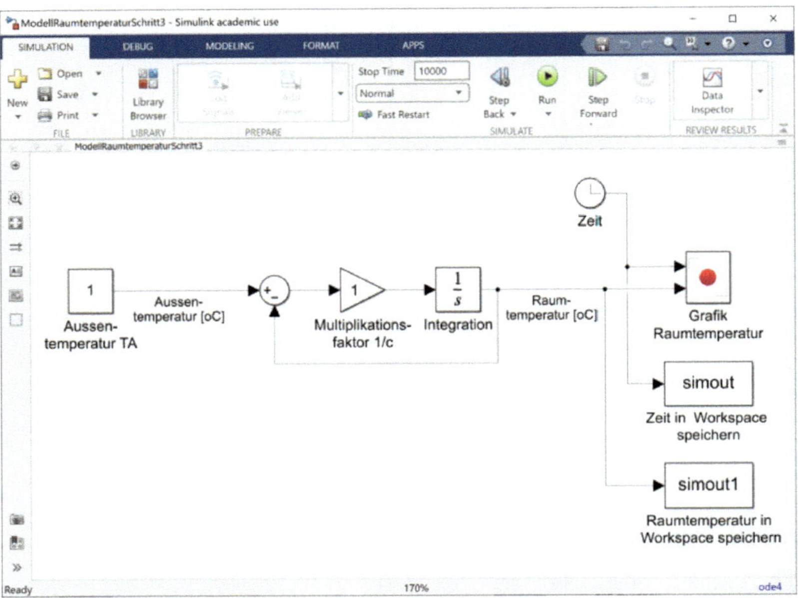

Bild 6.18 Beschriftung von Signalleitungen

Im nächsten Schritt werden die Parameter der Blöcke und damit deren Verhalten festgelegt. Nach Doppelklick auf einen Block erscheint eine Eingabemaske, in der alle Parameter und deren aktuelle Einstellungen dargestellt sind. In dieser Maske können Parameter verändert werden. Die einzelnen Masken für die verwendeten Blöcke zeigen die Bilder 6.19 bis 6.22. Die eingegebenen Werte sind markiert und entsprechen den Daten des Modellbeispiels (vgl. Tabelle 6.1 und 6.2).

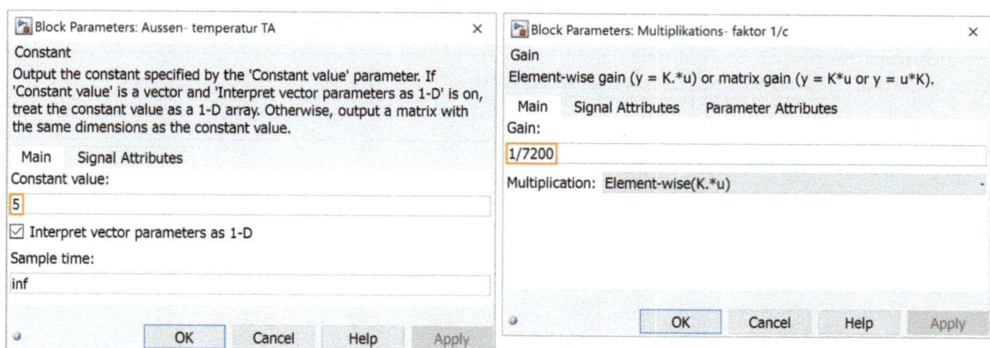

Bild 6.19 Eingabemasken und Parameter (Teil 1)

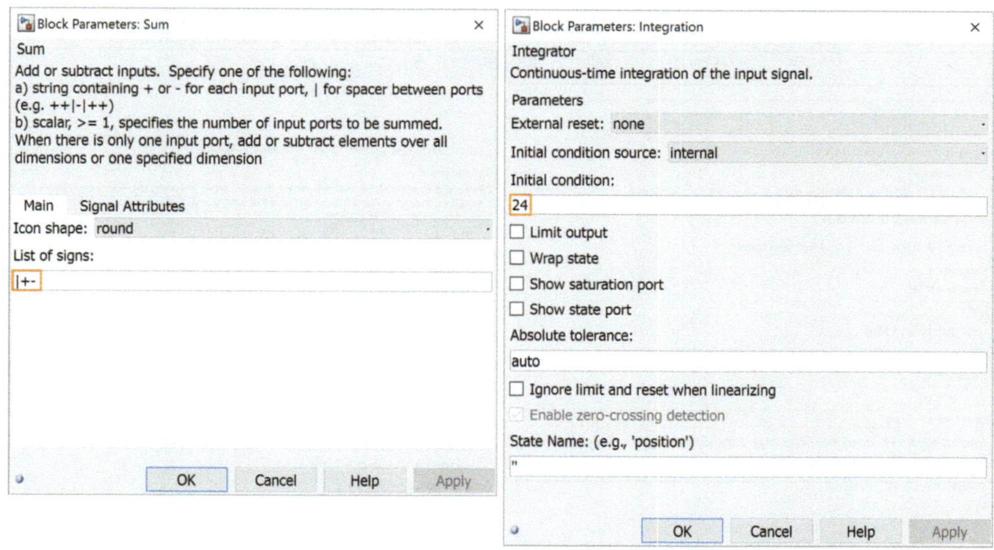

Bild 6.20 Eingabemasken und Parameter (Teil 2)

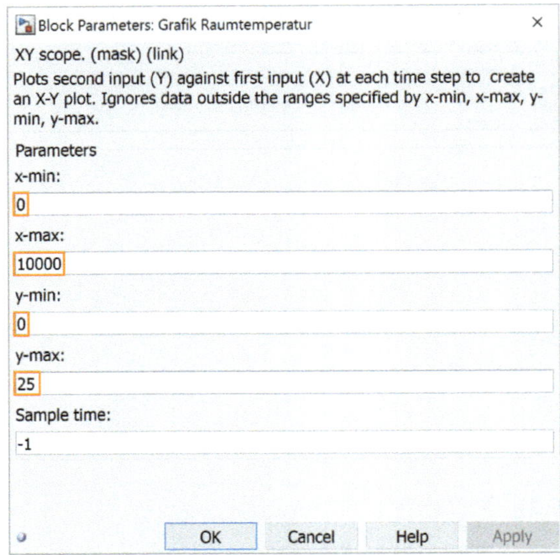

Bild 6.21 Eingabemasken und Parameter (Teil 3)

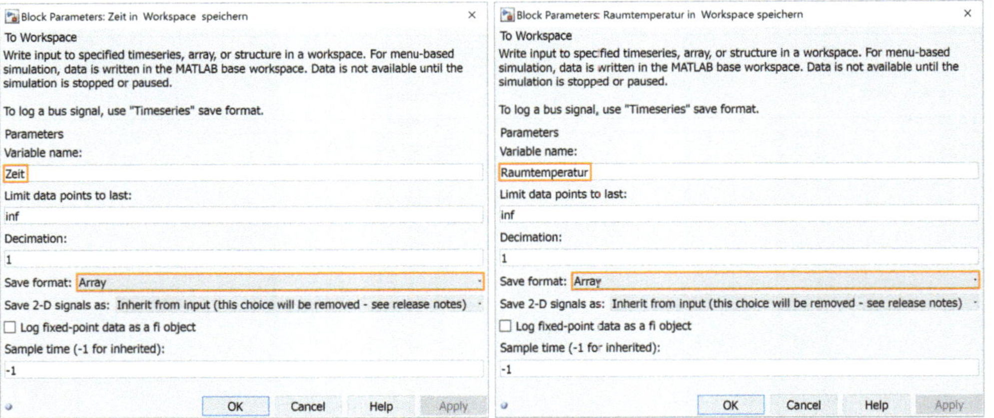

Bild 6.22 Eingabemasken und Parameter (Teil 4)

Für einige Simulationen ist der Anfangswert (Block parameter: Initial condition) des Integrators ungleich 0 (im Beispiel: 24 °C). Manchmal ist es zweckmäßiger oder leichter verständlich, den Anfangswert als weiteres Eingangssignal für den Integrator zu definieren. Dazu muss im Popup-Menü für Initial Condition Source „external“ gewählt werden (Bild 6.23, links). In Bild 6.23 (rechts) ist das alternative Modell gezeigt. Der Anfangswert selbst wird mit einem Constant-Block gesetzt. Dieser Alternativvorschlag wird nicht für die nächsten Schritte verwendet.

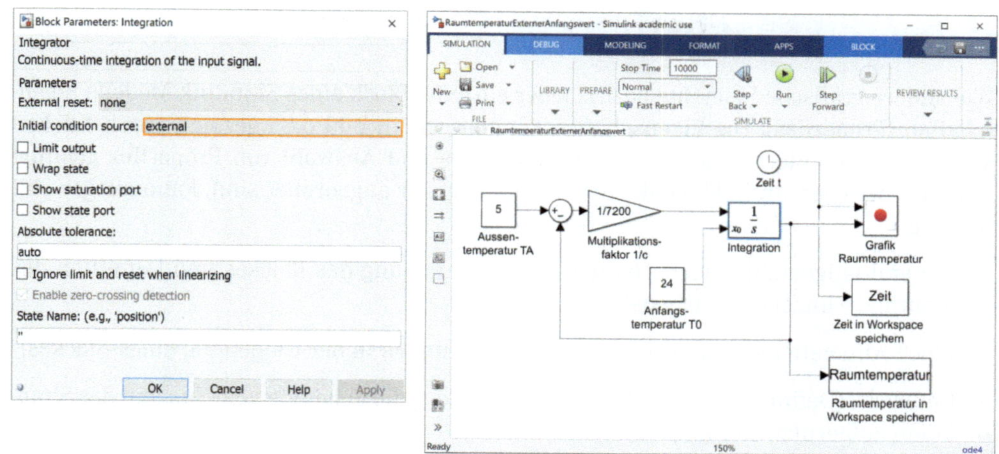

Bild 6.23 Alternative: Integrator mit externem Anfangswert (Initial Condition) (RaumtemperaturExternerAnfangswert.slx)

Das Modell nach Parametereingaben zeigt Bild 6.24. Als Filename wird im Weiteren

ModellRaumtemperatur.slx

verwendet.

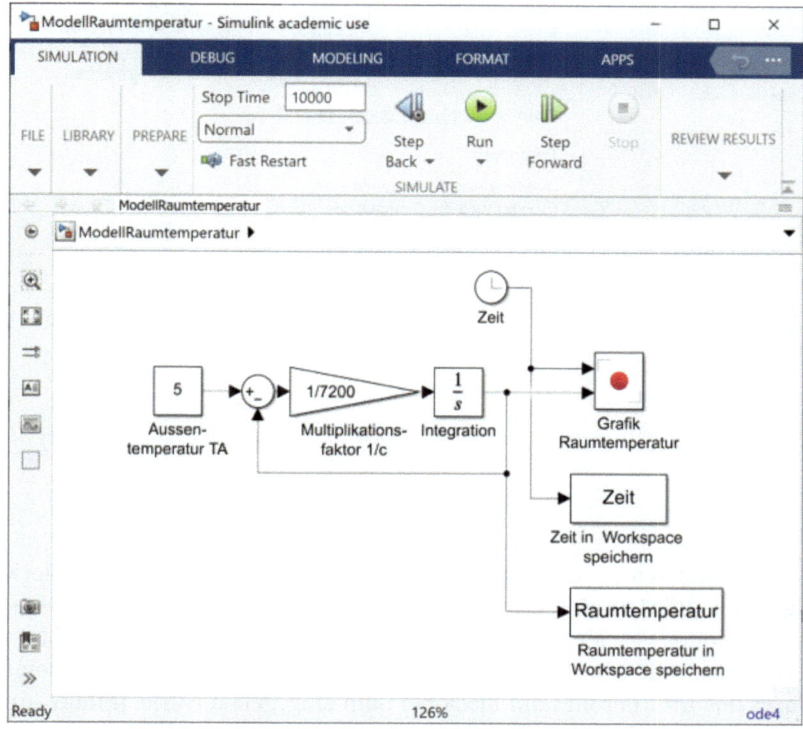

Bild 6.24 Modell nach Parametereingaben (ModellRaumtemperatur.slx)

6.2 Eigenschaften von Blöcken

Wie andere grafische Elemente besitzt jeder einzelne Block eines Simulink Modells Eigenschaften (Properties). Die Eigenschaften können, wie in Bild 6.25 gezeigt, durch Klicken innerhalb eines Blockes auf die rechte Maustaste und Auswahl von Properties geöffnet werden. Zwischen drei Möglichkeiten, die als Register angeordnet sind, kann ausgewählt werden:

- General (allgemeine Eigenschaften, wie Beschreibung des Blockes und Definition des Identifizierungskennzeichens)
- Block Annotations (zum Anfügen von Anmerkungen in der Umgebung eines Blockes)
- Callbacks (Definition von Callbacks eines Blockes, die abhängig vom Zustand der Simulation aufgerufen werden)

Zur Erklärung der drei Möglichkeiten soll der Gain-Block, der den Reziprokwert der Zeitkonstante als Multiplikationsfaktor hat, benutzt werden. Die Definition allgemeiner Blockeigenschafen erfolgt im Register „General“. In Bild 6.25 ist eine Beschreibung des Blockes (Description) und ein Identifizierungskennzeichen (Tag) eingefügt.

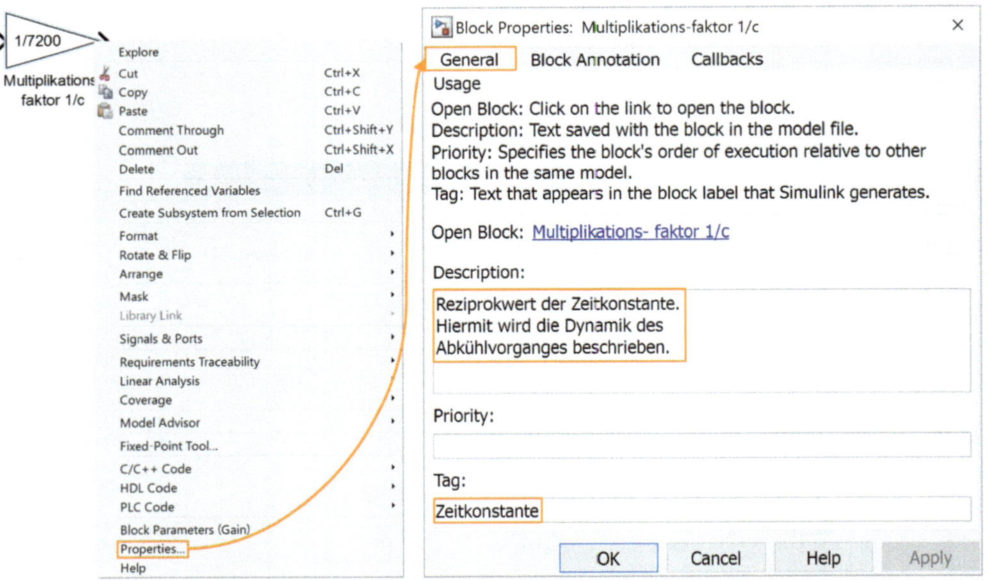

Bild 6.25 Allgemeine Blockeigenschaften (Register: „General“)

Zum Anfügen von Anmerkungen in der Umgebung eines Blockes wird das Register „Block Annotations“ ausgewählt. Wird in der Listbox z.B. Gain (Multiplikationsfaktor) ausgewählt, mittels des Pushbuttons >> als anzuzeigende Anmerkung in das rechte Feld übernommen und anschließend mit dem Pushbutton „Apply“ oder „OK“ aktiviert, erscheint unterhalb des Blockes der Text, der im Gain-Block bei Gain eingegeben wurde (Bild 6.26). Es können auch mehrere Eigenschaften ausgewählt werden, die dann in der festgelegten

Reihenfolge untereinander dargestellt werden. Vorteilhaft ist insbesondere bei langen Texten, dass der Block verkleinert werden kann (wie auf der rechten Seite von Bild 6.26 geschehen) und wichtige Parameter eines Blockes außerhalb sichtbar sind, ohne dass der Block geöffnet werden muss.

Im Register „Callbacks“ gibt es auf der linken Seite ein Feld (Bild 6.27), in dem die Art des Callbacks (Callback Function) ausgewählt werden kann. Danach sind im Eingabefeld auf der rechten Seite Anweisungen für die ausgewählte Callback Function definierbar. Hier können wie im „Command Window“ oder im Editor MATLAB Anweisungen eingegeben werden. In Bild 6.27 wurde die Callback Function ausgewählt, die von Simulink beim Öffnen automatisch abläuft (Opening Function, OpenFcn). Mit dem Pushbutton „OK“ oder „Apply“ werden die Änderungen gespeichert. Es erscheint ein Stern hinter der Callback Function. Dieser zeigt an, dass die Function nicht mehr leer ist. Das MATLAB Script auf der rechten Seite ist für unterschiedliche Aufgaben nutzbar, wie:

- Variablendefinition
- Aufruf von Auswerte- oder Visualisierungsfunktionen von MATLAB
- Generierung einer grafischen Bedienoberfläche

Als Beispiel wurde in Bild 6.27 (links) die Definition der Variablen für die Zeitkonstante gewählt. Auf der rechten Seite des Bildes ist die erforderliche Veränderung der Blockparameter und das daraus resultierende Erscheinungsbild des Gain-Blocks gezeigt.

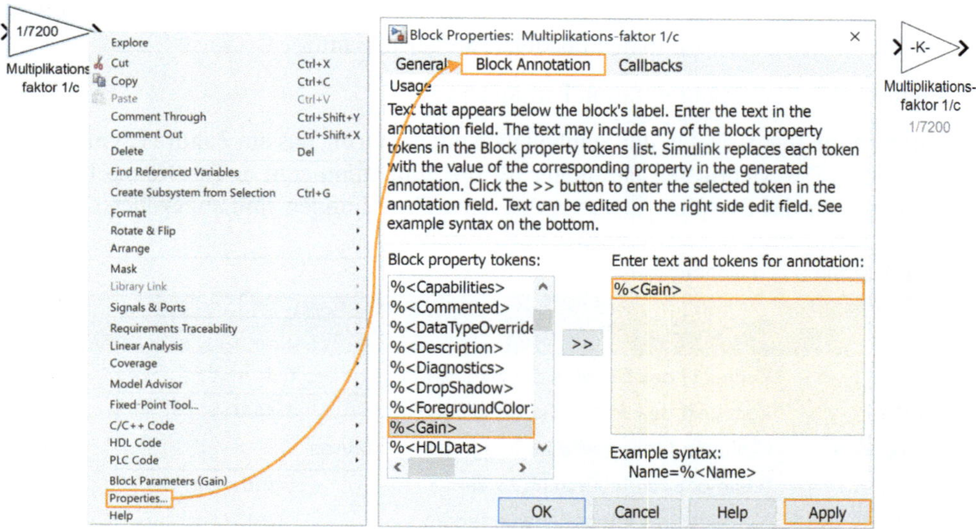

Bild 6.26 Anmerkungen (Register: „Block Annotation“)

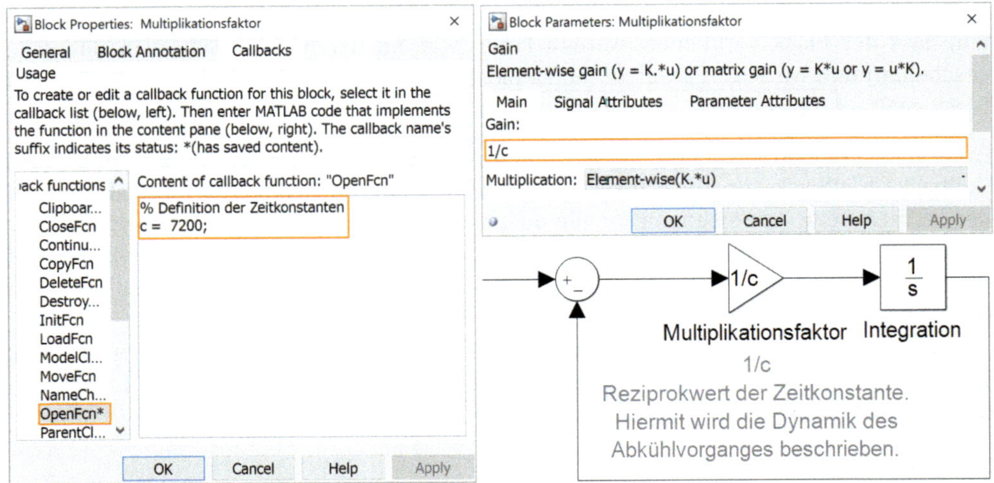

Bild 6.27 Callback am Beispiel der Open Function (RaumtemperaturPropertiesOpenFcn.slx)

6.3 Simulation

Bevor die Simulation ausgeführt werden kann, müssen die Parameter der Simulation festgelegt werden. Dies erfolgt im Simulink Editor in der Eingabemaske „Configuration Parameters“ (Bild 6.28). Sie wird in der Taskleiste aufgerufen mit:

Simulation ▸ Model Configuration Parameters

Alternativ kann der Aufruf in der Symbolleiste mit dem Icon, das ein Zahnrad symbolisiert (❶), erfolgen. Die wichtigsten Parameter für die Simulation sind in Tabelle 6.3 beschrieben, und die für das Beispielsystem verwendeten Einstellungen sind angegeben.

Tabelle 6.3 Simulationsparameter

Parameter	Beschreibung	Wert für Beispielsystem	Einheit
Start time	Zeitpunkt des Beginns der Simulation	0	s
Stop time	Zeitpunkt des Endes der Simulation	10000	s
Solver options	Optionen für numerische Integrationsverfahren		
Type	Feste oder variable Schrittweite	Fixed-step	
Solver	Numerisches Integrationsverfahren	ode4①	
Fixed-step size	Schrittweite für feste Schrittweite	10	s

① Runge-Kutta 4. Ordnung

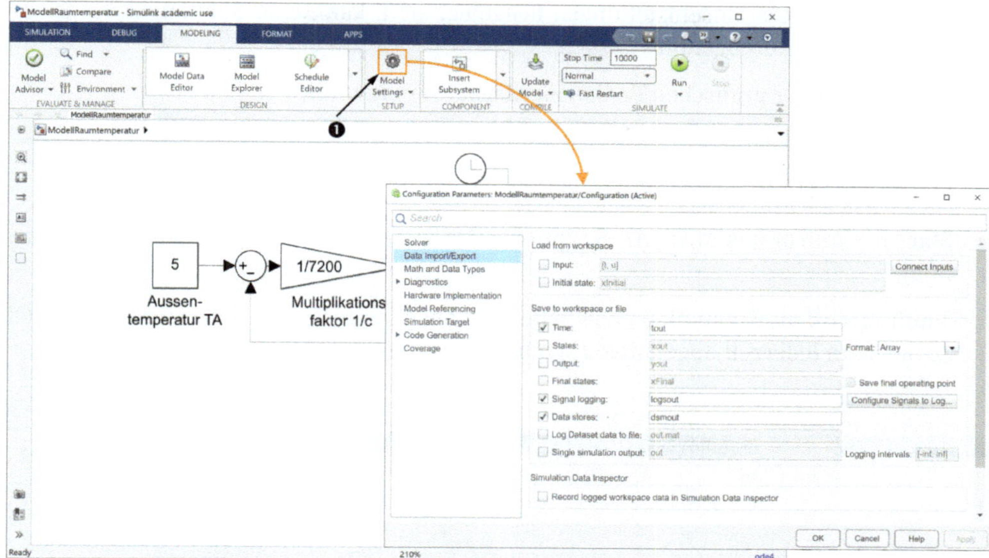

Bild 6.28 Configuration Parameters (Festlegung der Parameter für die Simulation)

Folgende Simulationsmodi stehen zur Verfügung:

- Normal (Standard)

  Das Modell wird interpretiert simuliert, d. h., das eingegebene Modell wird unmittelbar nach dem Start der Simulation Schritt für Schritt abgearbeitet.

- Accelerator

  Steigert die Geschwindigkeit der Modellausführung durch Erzeugung von kompiliertem Code. Unter Kompilierung versteht man die Umsetzung des vom Programmierer erzeugten Codes (im Fall von Simulink ist der Code das grafisch aufgebaute Modell) in einen vom jeweiligen Computer abhängigen ausführbaren Code (Maschinencode). Erst nach dem Kompilierungsvorgang erfolgt die Abarbeitung des Maschinencodes. Dateien mit ausführbarem Code (executable code) verwenden daher in der Fileextension häufig die Abkürzung □.exe. Die Abarbeitung von kompilierten Programmen ist deutlich schneller als die interpretierende Abarbeitung. Im Simulationsmodus „Accelerator“ bleiben wie beim Simulationsmodus „Normal“ alle Modellparameter veränderbar. Der Kompiliervorgang benötigt allerdings auch Zeit, wodurch der Accelerator-Modus nur bei langen Simulationszeiten vorteilhaft ist.

- Rapid Accelerator

  Ist schneller als der Accelerator-Modus, da von Simulink unabhängiger ausführbarer Code (Executable Code) erzeugt wird. In diesem Simulationsmodus können nicht alle Modellparameter verändert werden.

Nachdem alle Simulationseinstellungen festgelegt sind, kann eine Simulation auf unterschiedliche Weise durchgeführt werden:

- Interaktiv in der grafischen Bedienoberfläche von Simulink
- Im MATLAB Folder
- Start im MATLAB Command-Window
- Start per Aufruf aus MATLAB Script oder MATLAB Function (Programmatic Simulation)

In Simulink wird die Simulation mit ▸ in der Symbolleiste gestartet (siehe Markierung Bild 6.29). Sie kann jederzeit angehalten (Symbol ||) oder gestoppt (Symbol ■) werden.

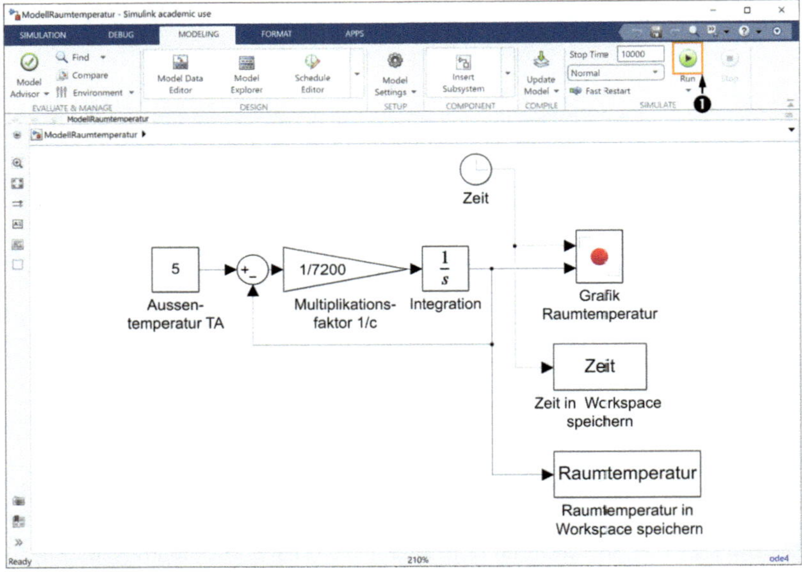

Bild 6.29 Starten der Simulation in Simulink

Aus dem MATLAB Folder wird die Simulation durch Selektion des Filenames des Modells, Drücken der rechten Maustaste und anschließende Selektion von Run im Popup-Menü gestartet. Ein Start im MATLAB Command-Window erfolgt allgemein bzw. für das Beispielsystem für die Raumtemperatur aus Bild 6.24 mit:

Allgemein

```
sim(ModellName)
```

Beispiel

```
sim('ModellRaumtemperatur')
```

Ein Beispiel für eine „Programmatic Simulation" zeigt Script 6.1. Mit dem MATLAB Script werden die Simulationsparameter (Configuration Parameters) beeinflusst, die Simulation gestartet und Simulationsergebnisse einzelnen Variablen im Workspace zugewiesen. Zunächst werden die Simulationsparameter in einer Structure Array Variablen mit dem Namen „Simulation" definiert. Im Vergleich zu den in Bild 6.28 gezeigten Einstellungen werden die Schrittweite (10 s → 50 s) und die Simulationsdauer (10 000 s → 20 000 s) erhöht. Die Simulation wird mit der MATLAB Function „sim" gestartet. Darin werden der Dateiname des zu simulierenden Systems (ModellRaumtemperatur) und exemplarisch einige Parameter für diese Simulation angegeben.

Script 6.1 Beeinflussung der Simulationsparameter und Starten der Simulation (ScriptSimulation.m)

```
%% Simulationsparameter (Configuration parameters) festlegen
% Numerisches Integrationsverfahren (Solver): ode4
(Runge-Kutta 4. Ordnung)
Simulation.NumerischesIntegrationsverfahren = 'ode4';
% Feste Schrittweite (FixedStep): 50s
Simulation.Schrittweite = 50;
% Simulationsdauer (Stop Time): 20000s
Simulation.Ende = 20000;
%% Simulation starten
SimulationOutput = ...
 sim('ModellRaumtemperatur',...
   'Solver',Simulation.NumerischesIntegrationsverfahren,...
   'FixedStep',num2str(Simulation.Schrittweite),...
   'StopTime',num2str(Simulation.Ende));
%% Simulationsergebnisse für die Zeit, und die Raumtemperatur, im
Workspace speichern
Zeit = SimulationOutput.get('Zeit');
Raumtemperatur = SimulationOutput.get('Raumtemperatur');
```

Die Ergebnisse der Simulation werden in einem einzelnen Objekt gespeichert. Als Name für das Objekt wurde beispielhaft „SimulationOutput" gewählt. Nach Beendigung der Simulation ist im Workspace diese Variable der Class

Simulink.SimulationOutput

vorhanden. Daher erscheinen z.B. die Ergebnisse der beiden „To Workspace"-Blöcke des Modells im MATLAB Workspace nicht.

Wird gewünscht, dass die Ergebnisse der „To Workspace"-Blöcke im MATLAB Workspace einzeln, wie z.B. beim Start des Modelles in Simulink, vorhanden sind, müssen die Werte aus dem Simulink Ergebnisobjekt ausgelesen und der gewünschten Workspace-Variablen zugewiesen werden. In Script 6.1 ist dies beispielhaft gezeigt (letzte beide Zeilen).

6.4 Visualisierung und Weiterverarbeitung der Simulationsergebnisse

Simulationsergebnisse können wie folgt visualisiert und weiterverarbeitet werden:

- Durch Einfügen von Blöcken zur Visualisierung aus dem Bereich „Sinks“ der Library in das Simulink Modell, wie z.B. „XY Graph“, „Scope“ und „Display“.
- Durch Übergabe von Simulationsergebnissen in den MATLAB Workspace. Dies erfolgt durch Einfügen des Blocks „To Workspace“ in das Simulink Modell. Eine Weiterverarbeitung der Ergebnisdaten mit MATLAB Functions, wie z.B. plot, ist dann möglich.
- Durch Markierung von abzuspeichernden Größen an den Signalleitungen (Signal Logging und Streaming) und Auswertung der abgespeicherten Größen (Simulationsergebnisse) nach der Simulation (z.B. mit dem Simulation Data Inspector).

Die ersten beiden Varianten wurden im Beispielsystem benutzt. Der Block mit dem Namen „Grafik Raumtemperatur“ zeigt den zeitlichen Verlauf der Raumtemperatur während der Simulation (Bild 6.30). Die beiden Blöcke

- Zeit im Workspace speichern
- Raumtemperatur im Workspace speichern

speichern die Simulationsergebnisse für die Zeit und die Raumtemperatur im Workspace. Nach Simulationsende können diese Variablen benutzt werden, um die Simulationsergebnisse z.B. grafisch zu visualisieren. Exemplarisch ist dies mit einem MATLAB Script in Bild 6.30 gezeigt.

Die Ergebniswerte können in MATLAB weiterverarbeitet werden. So kann z.B. die Raumtemperatur am Ende der Simulation ermittelt werden.

```
Raumtemperatur(end)
ans =
   9.7377
```

Mit dem Block „Scope“ können Simulationsergebnisse sehr einfach grafisch visualisiert werden. In Bild 6.31 ist anstatt der bislang benutzten Blöcke zur Visualisierung ein Scope-Block eingebaut, mit dem die Größen

- Raumtemperatur
- Temperaturdifferenz

dargestellt werden. Zusätzlich ist ein Block zur Berechnung der Temperaturdifferenz (Raumtemperatur - Außentemperatur, $T - T_A$) eingebaut. Ein Doppelklick auf den Scope-Block öffnet das separate Scope-Fenster auf der rechten Seite. Sobald Simulationsergebnisse verfügbar sind, werden die Größen dort gezeigt.

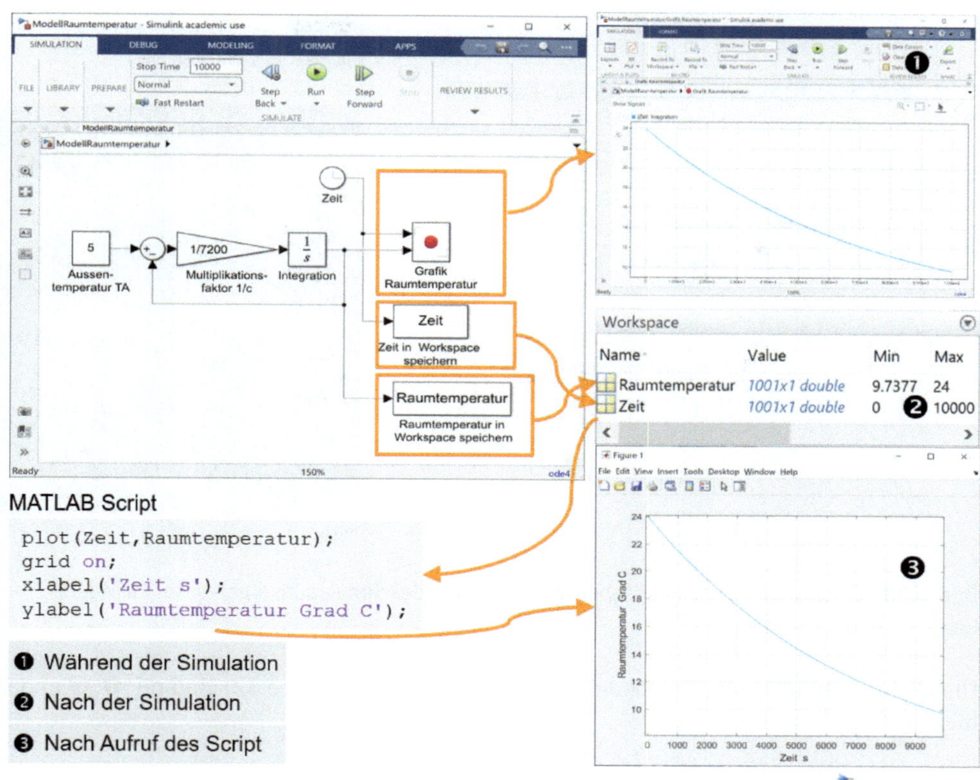

Bild 6.30 Visualisierung der Simulationsergebnisse (ModellRaumtemperatur.slx und GrafikRaumtemperatur.m)

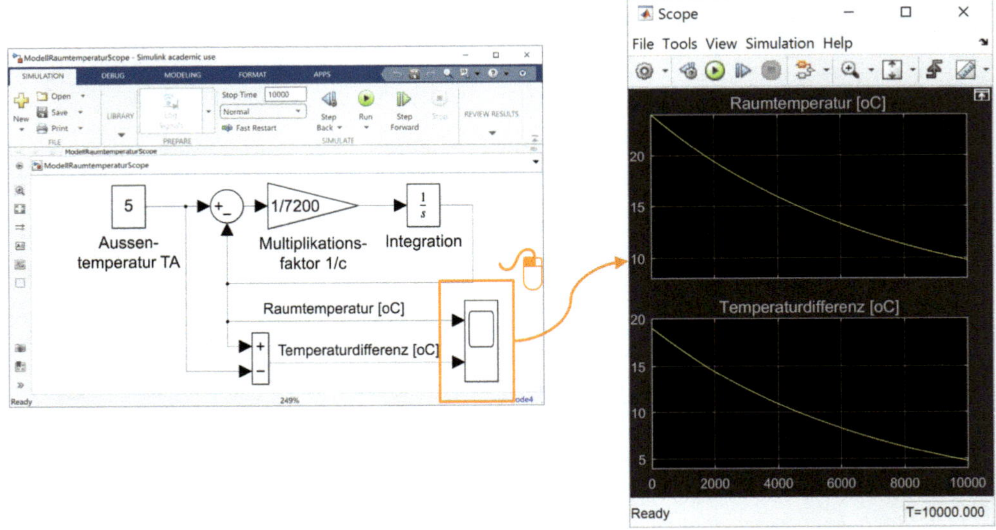

Bild 6.31 Block „Scope" zur grafischen Visualisierung der Simulationsergebnisse (ModellRaumtemperaturScope.slx)

Die wichtigsten Icons der Symbolleiste des Scope-Fensters (Bild 6.32) sind mit ❶, ❷ und ❸ markiert.

Bild 6.32 Symbolleiste des Scope-Fensters

Mit ❶ werden die Scope-Parameter ausgewählt. Für die Auswahl „Configuration Properties" und „Style" zeigt Bild 6.33 die Einstellmöglichkeiten. Mit der Auswahl „Layout" wird die Anordnung einzelner Grafiken festgelegt.

Mit ❷ werden Autoskalierungen der X-Achse, der Y-Achse oder beider Achsen ausgewählt. Mit ❸ werden Messfunktionen, wie „Cursor Measurements", „Signal Statistics", „Bilevel Measurements" oder „Peak Finder", wie diese ähnlich an Oszilloskopen verfügbar sind, ausgewählt.

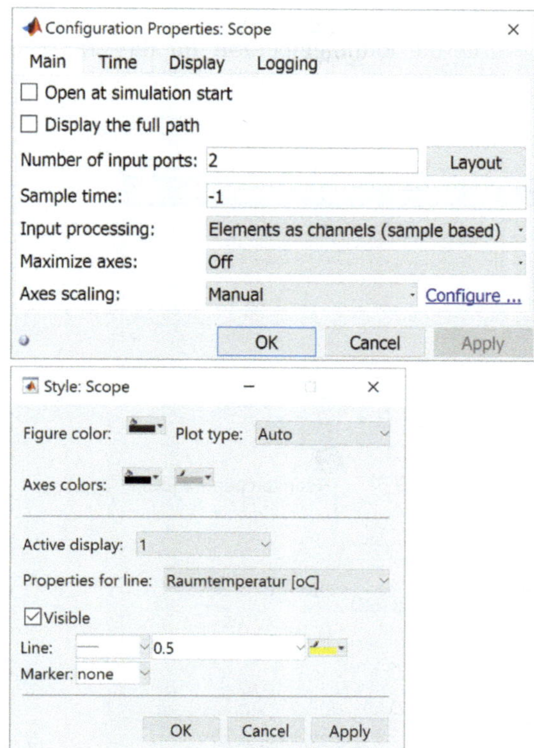

Bild 6.33 „Configuration Properties" und „Style"

Eine weitere Möglichkeit Simulationsergebnisse abzuspeichern ist „Signal Logging". Die Auswahl eines Signals, das abgespeichert werden soll, und dessen grafische Darstellung ist wie folgt:

❶ Die Signallinie mit der linken Maustaste anwählen. An der Signallinie erscheinen drei hellblaue Punkte.

❷ Bewegt man die Maus über die hellblauen Punkte, erscheint eine Auswahlleiste mit Icons. Darin wird auf das gezeigte Icon „Enable Data Logging" geklickt (Bild 6.34).

❸ Ein Icon an der Signallinie zeigt anschließend an, dass das ausgewählte Signal durch Auswahl von „Log Selected Signal" geloggt wird (wie in Bild 6.34 an der Signallinie für die Temperaturdifferenz).

❹ Klick auf „Data Inspector" öffnet das dazugehörige Fenster. Die Signale, die angezeigt bzw. ausgewertet werden sollen, werden dort festgelegt. Sobald neue Simulationsergebnisse zur Verfügung stehen, wird das Icon „Simulation Data Inspector" gelb unterlegt dargestellt (Bild 6.35).

❺ Klick auf „Simulation Data Inspector" öffnet das dazugehörige Fenster. Die Signale, die angezeigt bzw. ausgewertet werden sollen, werden dort festgelegt.

Für jede erneute Simulation werden die Ergebnisdaten automatisch in einem eigenen Datensatz abgespeichert (Run 1, Run 2, ...). Das Aussehen des „Simulation Data Inspectors" nach vier Simulationsläufen mit unterschiedlichen Parametern für die Zeitkonstante c (Run 1: $c = 5000\,\text{s}$, Run 2: $c = 6000\,\text{s}$, Run 3: $c = 7000\,\text{s}$ und Run 4: $c = 8000\,\text{s}$) zeigt Bild 6.36. Für alle vier Simulationsläufe wurde die Raumtemperatur für die grafische Anzeige ausgewählt.

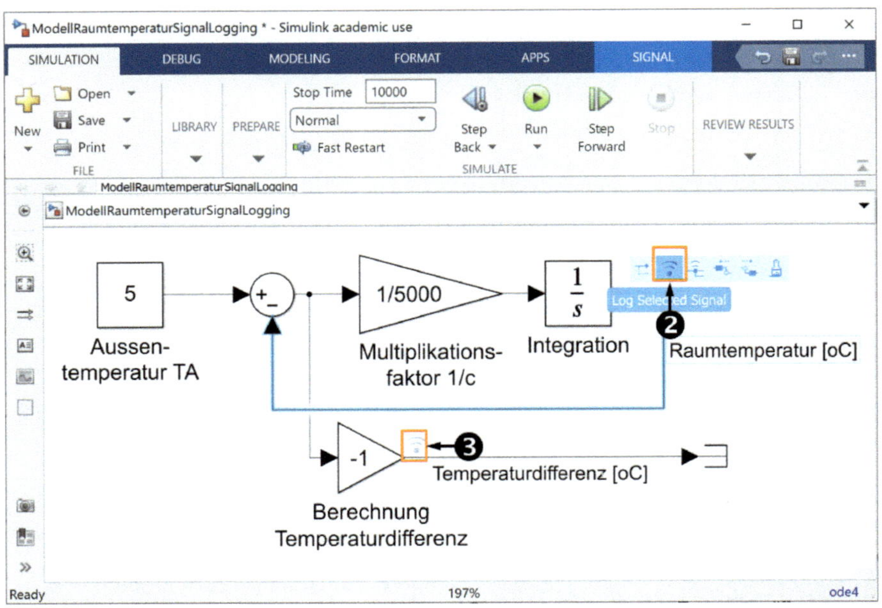

Bild 6.34 Auswahl eines Signals für „Signal Logging“ (ModellRaumtemperaturSignalLogging.slx)

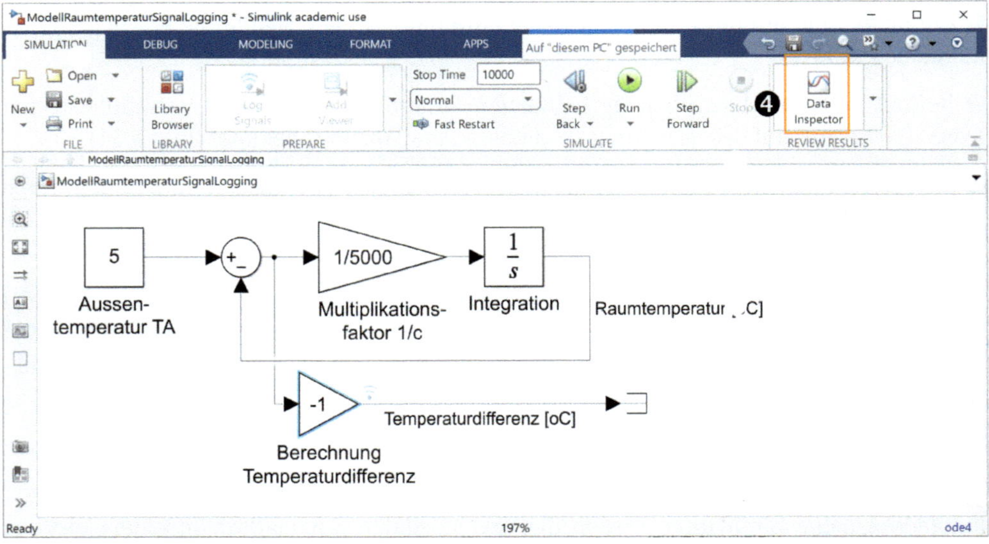

Bild 6.35 Datenübertragung und Aufruf des Data Inspectors

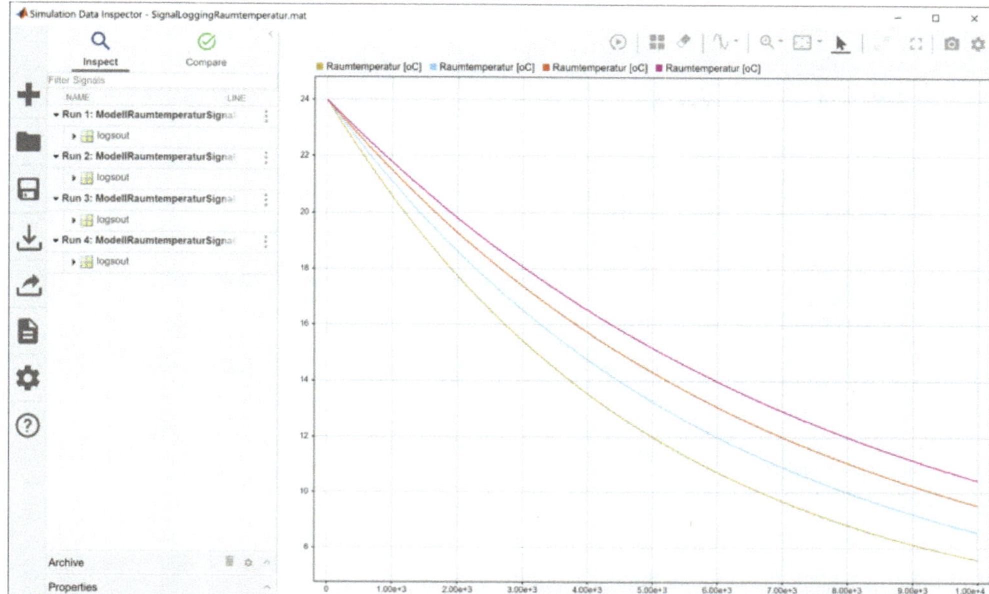

Bild 6.36 Simulation Data Inspector

Die Darstellung der Signale ist interaktiv veränderbar, und die Signalverläufe können mit „Measure and Trace" wie bei einem Oszilloskop ausgewertet werden. Im Register „Compare" des „Simulation Data Inspector" ist ein Vergleich der Signale unterschiedlicher Simulationsläufe miteinander möglich. Die Simulationsergebnisse können als .mat-Datei auf der Festplatte gespeichert werden und stehen damit einer späteren Auswertung zur Verfügung (im Beispiel: SignalLoggingRaumtemperatur.mat).

Alternativ kann für einzelne Signale anstatt „Signal Logging" die Möglichkeit „Streaming" genutzt werden. Dies ist hilfreich, um Systeme interaktiv zu testen und zu optimieren. Bei der Nutzung von „Streaming" werden keine Daten im Hauptspeicher des Computers abgelegt, wodurch sich der Speicherbedarf reduziert. Streaming kann nur im Simulationsmodus „Normal" verwendet werden.

6.5 Dashboard-Blöcke

Zur Einstellung von Parametern oder Variablen der Simulation und zur Visualisierung der Simulationsergebnisse innerhalb eines Simulink Modells gibt es im Simulink Library Browser in der Rubrik „Dashboard" eine Auswahl von grafischen Bedienelementen (Bild 6.37). Diese Rubrik steht ab Release R2015a zur Verfügung und kann in Modellen, die im slx-Format gespeichert sind, benutzt werden.

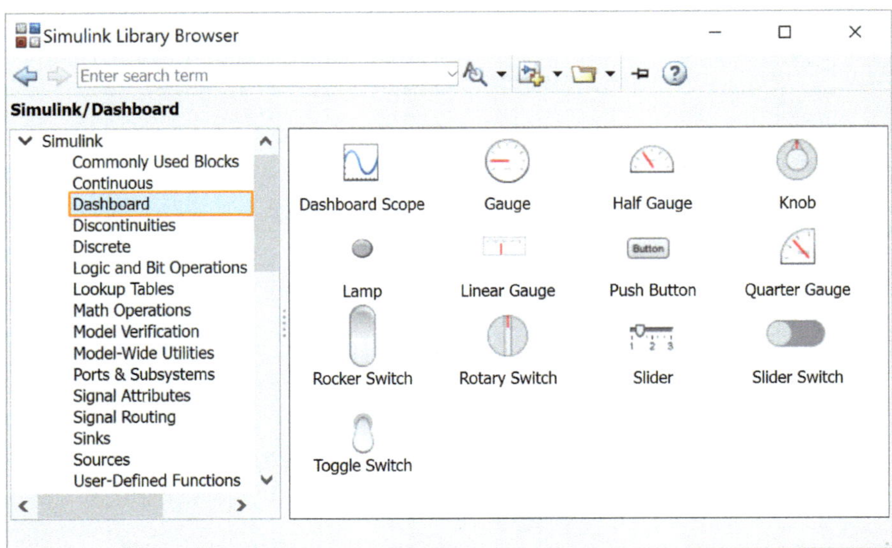

Bild 6.37 Dashboard-Blöcke im Simulink Library Browser

Die Blöcke zur Einstellung von Parametern bzw. Variablen sind in Tabelle 6.4 beschrieben. Tabelle 6.5 zeigt die Blöcke zur Visualisierung während der Simulation.

Tabelle 6.4 Blöcke zur Einstellung von Parametern bzw. Variablen

Dashboard-Block	Funktion
Knob	Drehknopf
Slider	Schieberegler
Push Button	Drückknopf
Rotary Switch	Drehschalter
Rocker Switch	Ein-/ Aus Schalter
Slider Switch	Ein-/ Aus Schiebeschalter
Toggle Switch	Umschalter

Tabelle 6.5 Blöcke zur Visualisierung während der Simulation

Dashboard-Block	Funktion
Dashboard Scope	Anzeige von Signalen in Abhängigkeit von der Zeit
Gauge	Anzeige von Werten als Zeiger auf einem runden Ziffernblatt
Half Gauge	Anzeige von Werten als Zeiger auf einem halbrunden Ziffernblatt
Quarter Gauge	Anzeige von Werten als Zeiger auf einem viertel Ziffernblatt
Linear Gauge	Anzeige von Werten als Zeiger auf einer linearen Skala
Lamp	Lampe, deren Farbe abhängig von Zuständen parametrierbar ist.

Exemplarisch soll für den Abkühlvorgang das Simulink Modell um eine grafische Bedienoberfläche erweitert werden. Das erweiterte Simulink Modell zeigt Bild 6.38. Während der Simulation wird mittels des Sliders im Bereich „Parameter" die Außentemperatur leicht verändert. Im Bild ist das Aussehen am Ende der Simulation gezeigt.

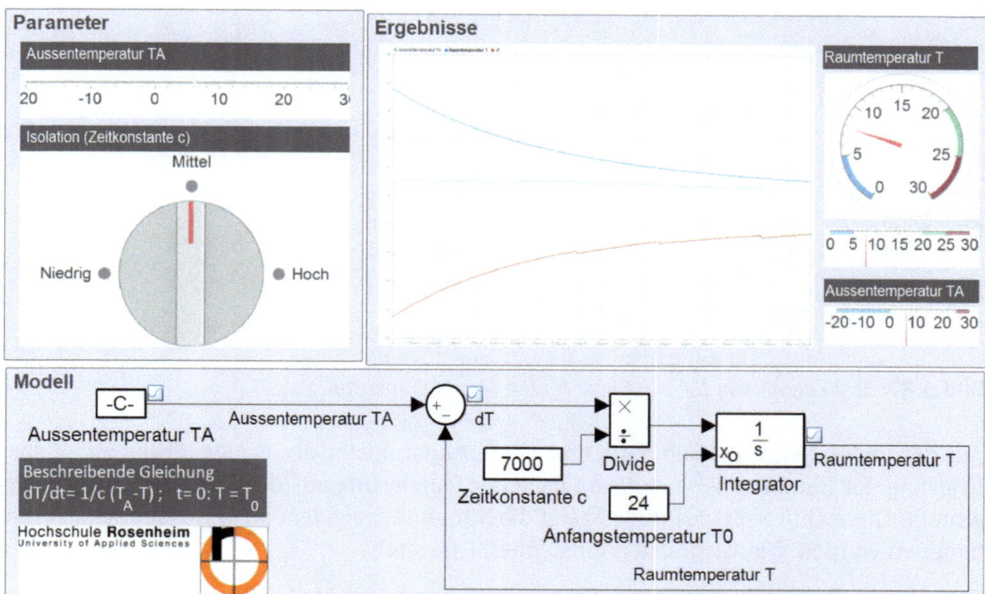

Bild 6.38 Grafische Bedienoberfläche in einem Simulink Modell am Beispiel des Abkühlvorganges eines Raumes (DashboardRaumtemperatur.slx)

Die Integration der Dashboard-Blöcke

- zur Beeinflussung der Außentemperatur (Slider) und zur
- Anzeige der aktuellen Raumtemperatur auf einem runden Ziffernblatt (Gauge)

soll detaillierter behandelt werden. Für die anderen Blöcke gilt Entsprechendes.

Auf der linken Seite von Bild 6.39 sind die Blockparameter des Slider-Blocks zur Beeinflussung der Außentemperatur direkt nach der Platzierung aus der Simulink Library dargestellt. Die rechte Seite des Bildes zeigt die Situation, nachdem alle Einstellungen vorgenommen wurden. Die wichtigsten Einstellbereiche sind:

❶ Nach dem Doppelklick auf den Dashboard-Block wird im Modell der Simulink Block und der Parameter ausgewählt, mit dem der Slider-Block verknüpft wird. Im Beispiel ist das der Constant-Block für die Außentemperatur. Der einzige Blockparameter ist Value (Wert). Die Verknüpfung (Connect) erfolgt über die Aktivierung des entsprechenden Radio Buttons.

❷ Festlegung des minimalen und maximalen Wertes des Sliders und des Ziffernabstandes (Tick Interval).

❸ Festlegung für das Label.

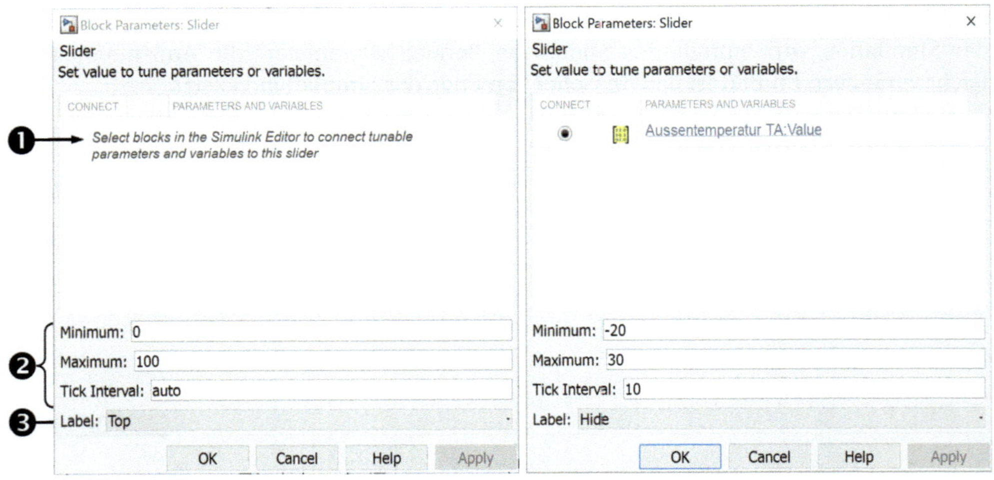

Bild 6.39 Blockparameter für den Slider für die Außentemperatur

Auf der linken Seite von Bild 6.40 sind die Blockparameter des Gauge-Blocks zur Visualisierung der Raumtemperatur direkt nach der Platzierung aus der Simulink Library dargestellt. Die rechte Seite des Bildes zeigt die Situation, nachdem alle Einstellungen vorgenommen wurden. Die wichtigsten Einstellbereiche sind:

❶ Nach dem Doppelklick auf den Dashboard-Block wird im Modell das Signal, mit dem der Gauge-Block verknüpft wird, ausgewählt. Im Beispiel ist dies das Signal für die Raumtemperatur. Die Verknüpfung (Connect) erfolgt über die Aktivierung des entsprechenden Radio Buttons.

❷ Festlegung des minimalen und maximalen Wertes der Anzeige und des Ziffernabstandes (Tick Interval).

❸ Festlegung einzelner Anzeigebereiche, die farblich hervorgehoben werden sollen.

❹ Festlegung für das Label.

MathWorks Webinar zum Thema Dashboard-Blöcke
https://de.mathworks.com/videos/dashboard-block-library-99897.html?s_tid=srchtitle ■

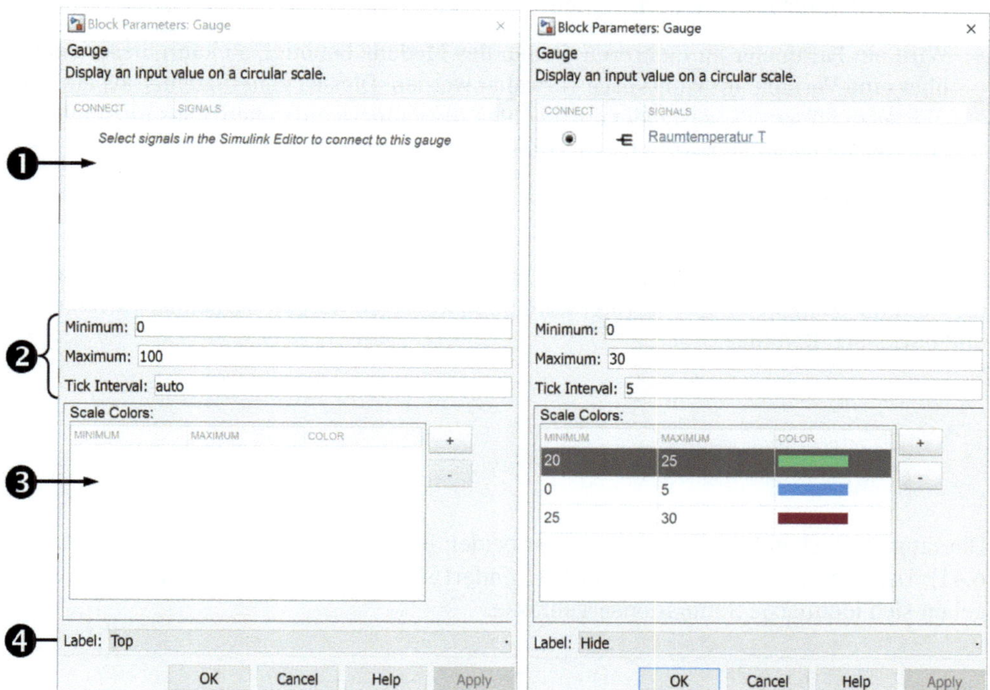

Bild 6.40 Blockparameter für Gauge Raumtemperatur

6.6 Externe Beeinflussung von Blockparametern

Parameter von Blöcken eines Simulink Modells können, wie bereits bekannt, im Simulink Editor oder über entsprechende Dashboard-Blöcke beeinflusst werden. Eine andere Möglichkeit ist die externe Beeinflussung. So können in Blöcken statt Zahlenwerten auch Variablennamen oder Formeln zur Berechnung eines Zahlenwertes eingegeben werden.

Ein Modellaufbau mit Variablennamen ist immer zu empfehlen und hat folgende Vorteile:

- Die Simulation und die Modellparameter können von einem MATLAB Script oder einer MATLAB Function gesteuert werden.
- Wird ein Parameter an mehreren Stellen des Modells benötigt, so kann dieser zentral über eine Variable im Workspace verwaltet werden. Dies ist zeiteffizienter als einzelne Blöcke zu öffnen. Es vermeidet auch Fehler, die dadurch entstehen, dass nicht alle Blöcke gleiche Parameterwerte haben (Datenkonsistenz).
- Für Simulationsmodelle können einfach grafische Bedienoberflächen realisiert werden.

Dies soll exemplarisch am Beispielsystem für die Blöcke mit dem Namen „Außentemperatur TA“ und „Zeitkonstante c“ gezeigt werden. In MATLAB werden die beiden Variablen TA und c wie folgt definiert.

```
% Außentemperatur Grad
TA = 5;
% Zeitkonstante s
c = 7200;
```

Die Eingabemasken für die Parameter der beiden Blöcke werden wie folgt verändert (Bild 6.41). Das Simulink Modell aus Bild 6.31 ändert sich wie in Bild 6.42 dargestellt. Es ergeben sich identische Simulationsergebnisse.

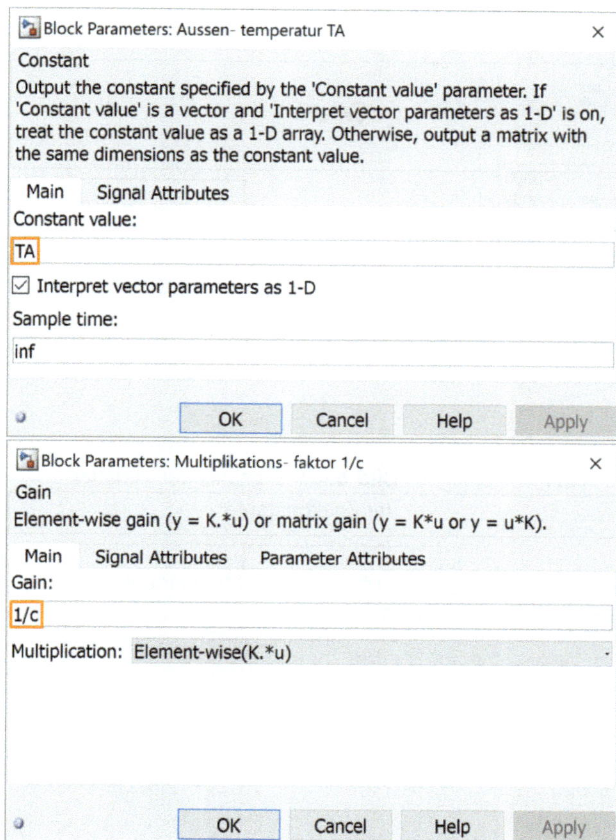

Bild 6.41 Parameter (ModellRaumtemperatur ExterneParameterScope.slx)

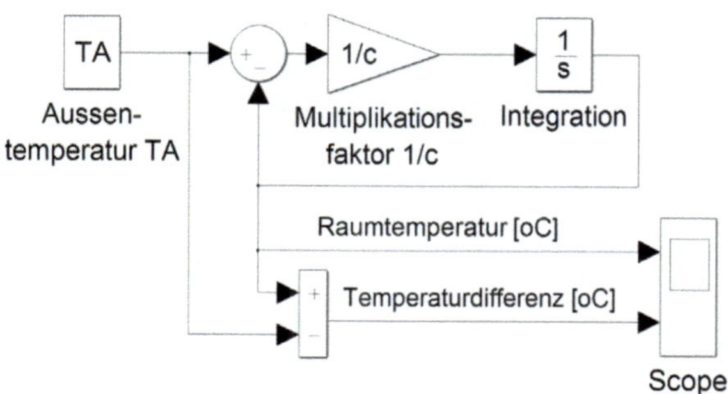

Bild 6.42 Modell nach Eingabe von Variablen in den Blockparametern (ExterneBeeinflussungBlockParameter.m und ModellRaumtemperaturExterneParameterScope.slx)

Als Beispiel soll der Einfluss der Zeitkonstante auf das Systemverhalten simuliert und visualisiert werden. Ein MATLAB Script für diese Aufgabe zeigt Script 6.2. Die Simulation erfolgt für Werte der Zeitkonstante von c=5.000 s, 6.000 s, 7.000 s und 8.000 s. Das Ergebnis der Variation der Zeitkonstante zeigt Bild 6.43.

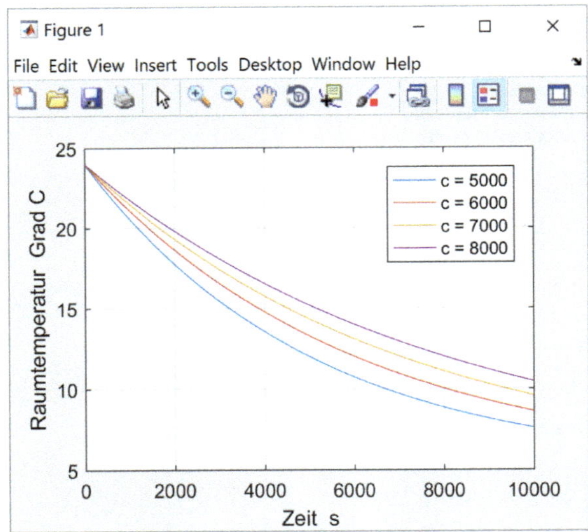

Bild 6.43 Ergebnis der Variation der Zeitkonstante

Script 6.2 MATLAB Script zur Variation der Zeitkonstante c (ScriptRaumtemperaturVariationKonstante.m und ModellRaumtemperaturExterneParameter.slx)

```
%% Initialisierung
% Home
home;
% Außentemperatur
TA = 5;
% Variationswerte für Zeitkonstante c
Variationswerte = 5000:1000:8000;
% Anzahl Variationswerte
AnzahlVariationen = length(Variationswerte);
%% Simulationsparameter (Configuration parameters) festlegen
% Numerisches Integrationsverfahren (Solver): ode3
Simulation.NumerischesIntegrationsverfahren = 'ode3';
% Feste Schrittweite (FixedStep): 50s
Simulation.Schrittweite = 50;
% Simulationsdauer (Stop Time): 10000s
Simulation.Ende = 10000;
%% Variationschleife
for i = 1:AnzahlVariationen
 % Zeitkonstante für die aktuelle Simulation zuweisen
 c = Variationswerte(i);
 % Display der aktuellen Zeitkonstante im Command Window
 disp(['Zeitkonstante: ' num2str(c) 's']);
 % Simulation starten
 SimulationOutput = ...
 sim('ModellRaumtemperaturExterneParameter',...
     'Solver',Simulation.NumerischesIntegrationsverfahren,...
     'FixedStep',num2str(Simulation.Schrittweite),...
     'StopTime',num2str(Simulation.Ende));
 % Ergebnismatrizen vorbelegen (Erste Simulation)
 if i == 1
```

```
  AnzahlZeitpunkte = length(SimulationOutput.get('Zeit'));
  t = zeros(AnzahlZeitpunkte,AnzahlVariationen);
  T = zeros(AnzahlZeitpunkte,AnzahlVariationen);
  end
  % Speichern der Berechnungszeitpunkte
  t(:,i) = SimulationOutput.get('Zeit');
  % Speichern der Simulationsergebnisse für die Raumtemperatur
  T(:,i) = SimulationOutput.get('Raumtemperatur');
  % Pause für XY Graph Visualisierung
  pause(1)
end
%% Visualisierung
plot(t,T)
grid on
xlabel('Zeit s')
ylim ([5 25])
ylabel('Raumtemperatur Grad C')
legend('c = 5000','c = 6000','c = 7000','c = 8000')
```

6.7 Hierarchisches Modell und Verbesserung der Übersichtlichkeit

Um in komplexen Systemen den Überblick zu behalten, ist eine hierarchische Gliederung des Systems und damit des Modells erforderlich. Gleichzeitig erlauben hierarchische Modelle die Wiederverwendung von Teilen des Modells in anderen Modellen. Hierarchisch aufgebaute Modelle sind damit auch ein wesentlicher Faktor für die zeitliche und wirtschaftliche Effizienz bei Entwicklungsprojekten. Dies erfolgt in Simulink durch Teilsysteme (Subsystems). In einem Subsystem werden logisch zusammengehörige Blöcke zusammengefasst. Ein Subsystem wird im Simulink Editor in folgenden Schritten erzeugt (Bild 6.44):

❶ Der Bereich des Modells, für das ein Subsystem erzeugt werden soll, wird mit der linken Maustaste selektiert (Bild 6.44, oben). Der selektierte Bereich wird dabei hellblau unterlegt. Wird die Maustaste losgelassen, erscheinen neben dem Bereich drei hellblaue Punkte.

❷ Bewegt man die Maus über die hellblauen Punkte, erscheint eine Auswahlleiste mit Icons. Darin wird auf das Icon „Create Subsystems“ geklickt (Bild 6.44, mittig).

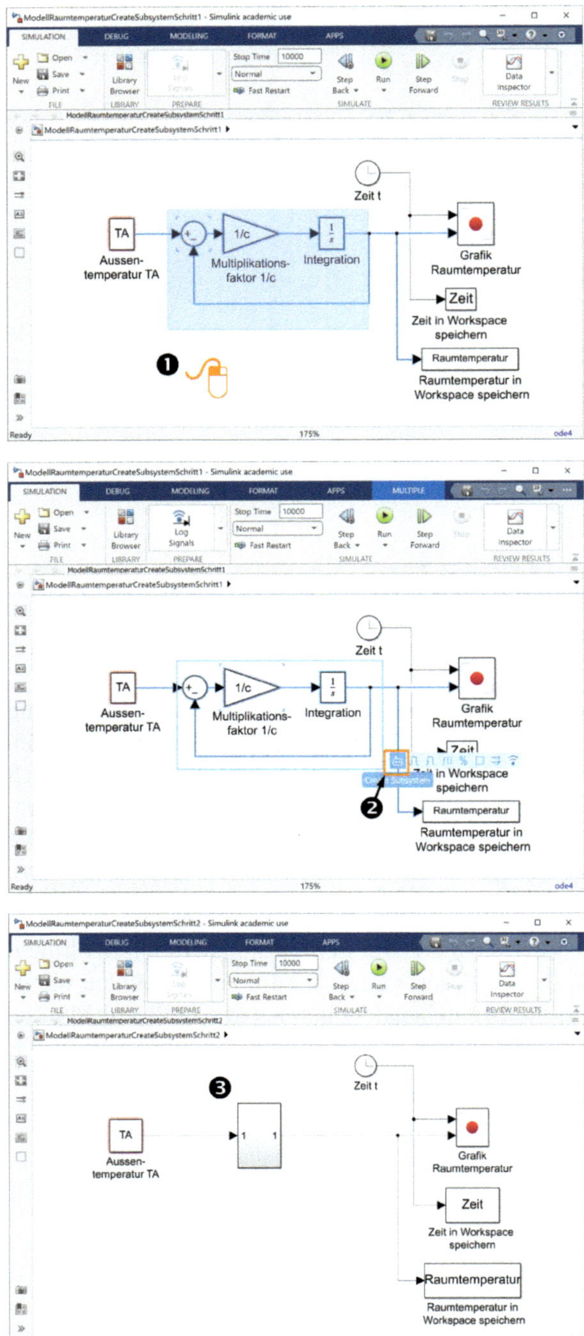

Bild 6.44 Erzeugung eines Subsystems

Eine alternative Möglichkeit ist:

Mit der rechten Maustaste auf einen Block oder eine Verbindungslinie im selektierten Bereich gehen. Es erscheint automatisch eine Auswahl. In der Auswahl ist „Create Subsystem from Selection" zu wählen.

❸ Das Subsystem wird automatisch erzeugt, und das Modell verändert sich wie in Bild 6.44, unten gezeigt.

Durch Doppelklick auf ein Subsystem wird das darin verwendete Modell des Teilsystems angezeigt (Bild 6.45, oben). Die Ein- und Ausgänge des Subsystems werden zweckmäßigerweise mit Namen von Signalen des modellierten Systems (Bild 6.45, mittig) versehen. Gleiches gilt für den Namen des Subsystems (Bild 6.45, unten).

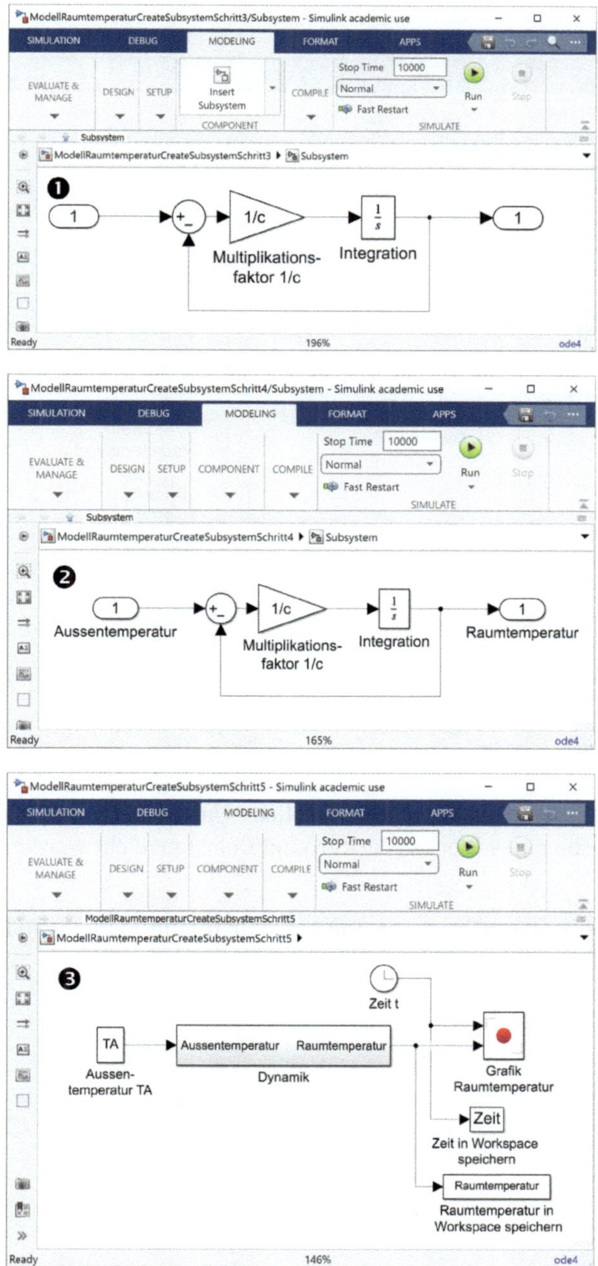

Bild 6.45 Subsystem

Die Modellhierarchie (Bild 6.46) kann durch folgende Eingaben angezeigt werden:

View ▸ Model Browser ▸ Show Model Browser

Alternativ kann auch auf das mit ❶ markierte Symbol geklickt werden. Damit wird die Orientierung im Modell, insbesondere bei komplexen Modellen mit sehr vielen Teilsystemen, sehr vereinfacht. Ein Teilsystem wird durch Klick auf den Namen im Model Browser angezeigt.

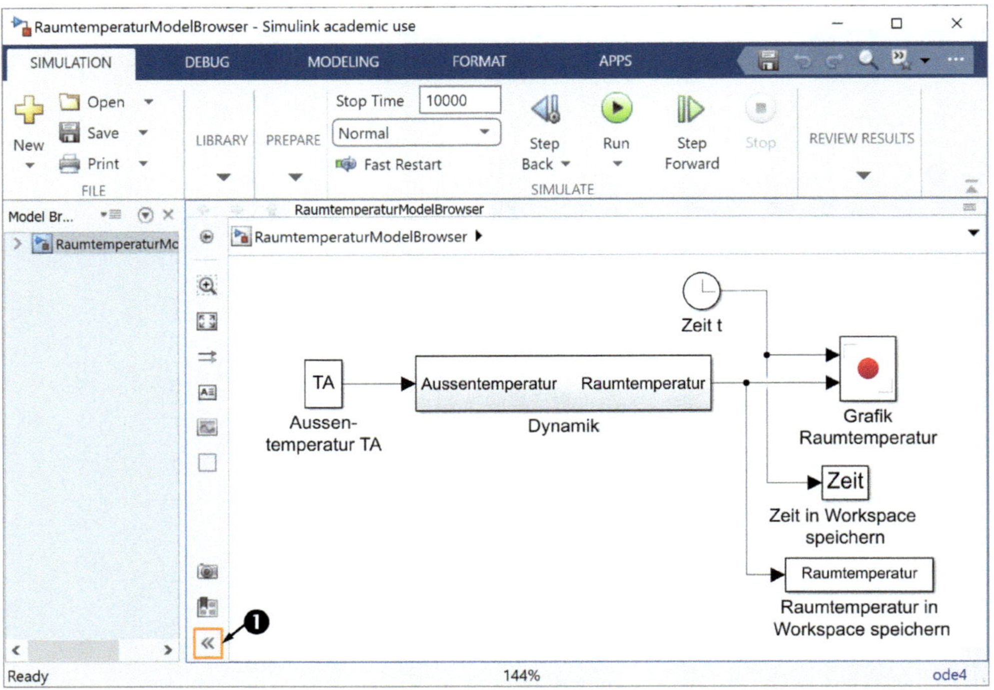

Bild 6.46 Hierarchische Gliederung eines Modells

Eine weitere Verbesserung der Übersicht kann durch eine farbliche Unterscheidung mittels Veränderung der Hintergrundfarbe eines Blocks (Background Color) erreicht werden (Bild 6.47).

Der Block „Model Info“ unterstützt die Darstellung von Informationen zum Modell (Bild 6.48). Das Ergebnis der Eingaben ist der Textbereich im Bild 6.47 (links).

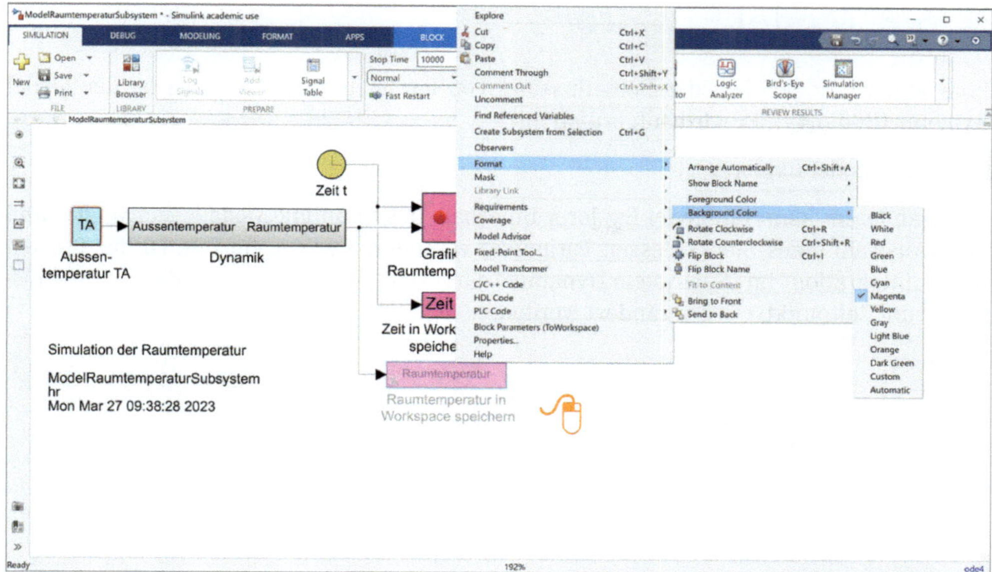

Bild 6.47 Veränderung der Hintergrundfarbe (ModellRaumtemperaturSubsystem.slx)

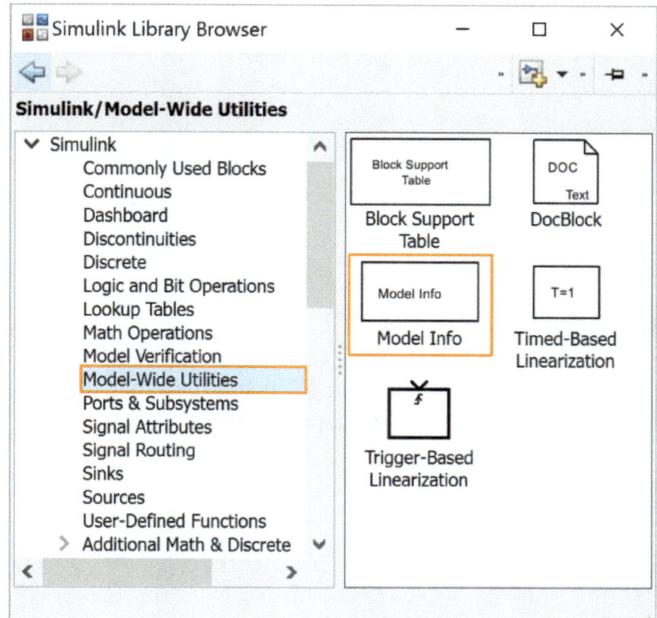

Bild 6.48 Informationen zum Modell (Simulink Library Browser)

6.8 Model Explorer

Eine weitere Möglichkeit der Beeinflussung von Parametern des Modells ist der Model Explorer (Bild 6.49). Er wird aufgerufen mit:

View ▸ Model Explorer

Unter anderem kann im Model Explorer innerhalb des Simulink Modells „navigiert“ und nach Auswahl eines Blocks dessen Parameter verändert werden. Im Bild ist das für den Block „Integration“ im „Subsystem Dynamik“ dargestellt. Damit kann z. B. die Raumtemperatur zum Zeitpunkt $t = 0$ verändert werden.

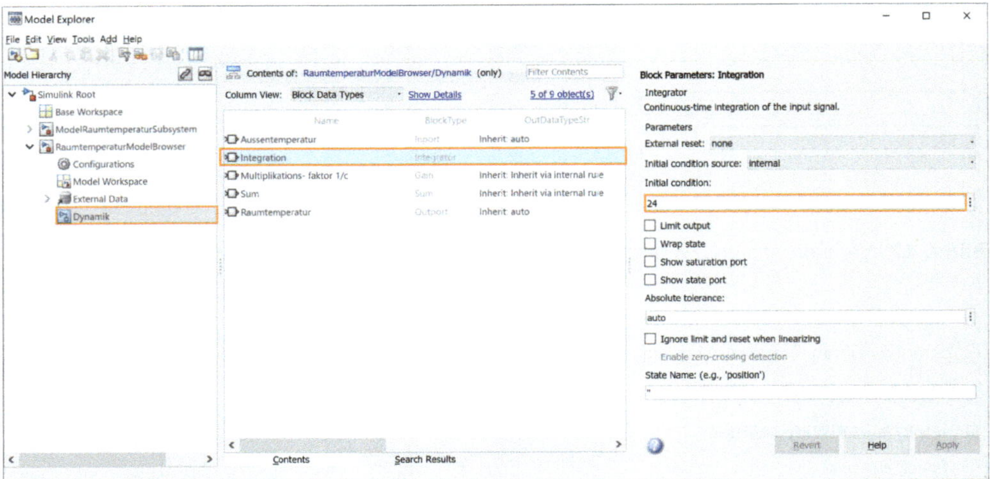

Bild 6.49 Model Explorer

6.9 Physikalische Modellierung

Der bereits mehrfach benutzte Feder-Masse-Schwinger (Bild 6.50) soll mit einer physikalischen Modellierung in Simulink unter Nutzung von Simscape aufgebaut werden.

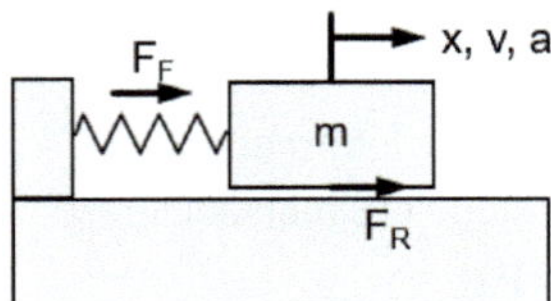

Bild 6.50 Schwingungsfähiges System (Ein-Masse-Schwinger)

Die Bewegungsgleichung lautet:

$$m\,\ddot{x} = F_R + F_F = -d\,\dot{x} - c\,x \tag{6.4}$$

m	Masse	*Mass*	kg
x	Position	*Position*	m
F_R	Geschwindigkeitsproportionale Reibkraft	*Speed proportional friction force*	N
F_F	Federkraft	*Spring force*	N
d	Dämpfungskoeffizient	*Damping coefficient*	Ns/m
x	Federkonstante	*Spring constant*	N/m

Sofern in der benutzten MATLAB Version Simscape und weitere Toolboxen, wie z. B. SimDriveline, SimElectronics etc., lizenziert sind, hat der Simulink Library Browser das in Bild 6.51 gezeigte Aussehen. In der „Foundation Library" befinden sich die physikalischen Grundbausteine, z. B. für elektrische und mechanische Systeme. Es wurden mechanische Systeme (Mechanical) selektiert (Bild 6.52). Die Unterverzeichnisse sind auf der rechten Seite dargestellt.

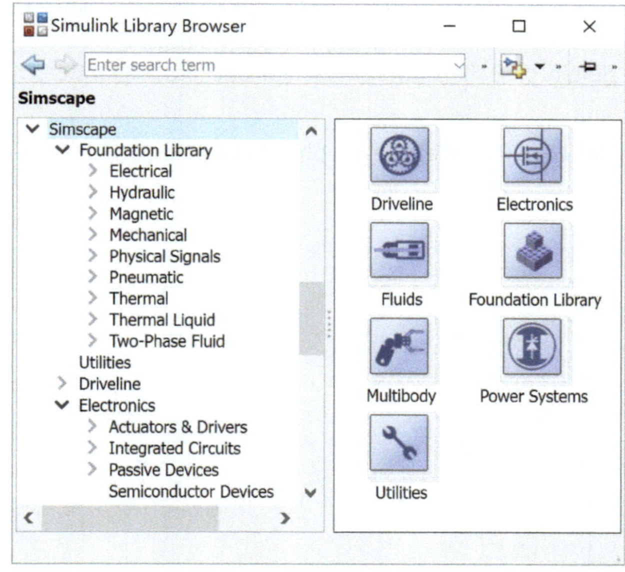

Bild 6.51 Simulink Library Browser, Simscape und Toolboxen

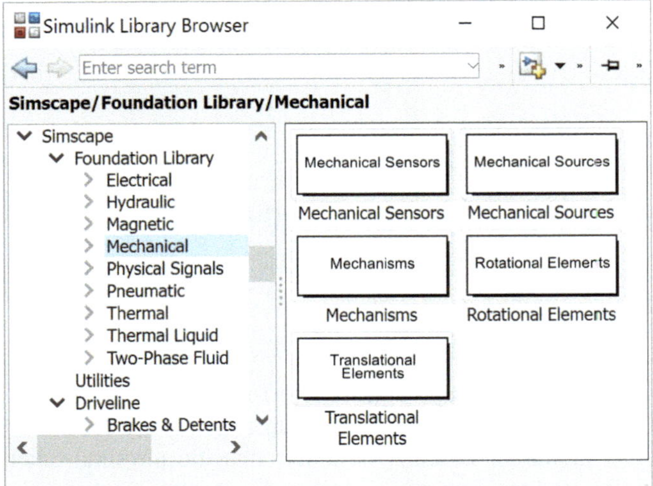

Bild 6.52 Foundation Library mit Unterverzeichnissen für mechanische Systeme

Im Verzeichnis „Utilities" (Bild 6.53) finden sich Blöcke, die für alle physikalischen Modelle Gültigkeit haben. Dazu zählen z. B.:

- Blöcke zur Konvertierung von Größen physikalischer Modelle in Größen blockorientierter Modelle und umgekehrt („PS-Simulink Converter" und „Simulink PS Converter"). Diese stellen die Schnittstellen zwischen physikalischen und blockorientierten Modellen dar.
- Einstellungen für das numerische Lösungsverfahren im physikalischen Modell („Solver Configuration").

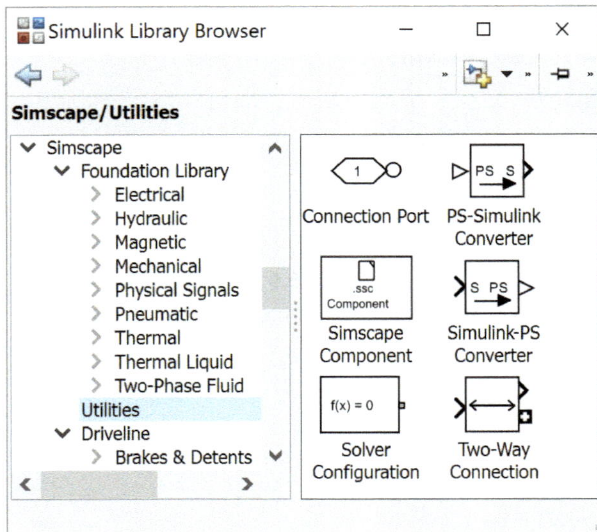

Bild 6.53 Utilities

In den Verzeichnissen „Driveline" und „Electronics" finden sich Bibliothekserweiterungen für Komponenten eines Antriebsstranges und elektronische Komponenten. Diese werden zur physikalischen Modellierung des Beispielsystems im Folgenden nicht verwendet.

Die Kernelemente des mechanischen Systems sind:

- Masse
- Feder
- Dämpfer

Der Dämpfer wird dabei zur Modellierung der geschwindigkeitsproportionalen Reibung benutzt. Die zur Modellierung erforderlichen Symbole (Bild 6.54) finden sich unter:

Simscape ▸ Foundation Library ▸ Mechanical ▸ Translational Elements

Die Zuordnung zu den Kernelementen zeigt Tabelle 6.6.

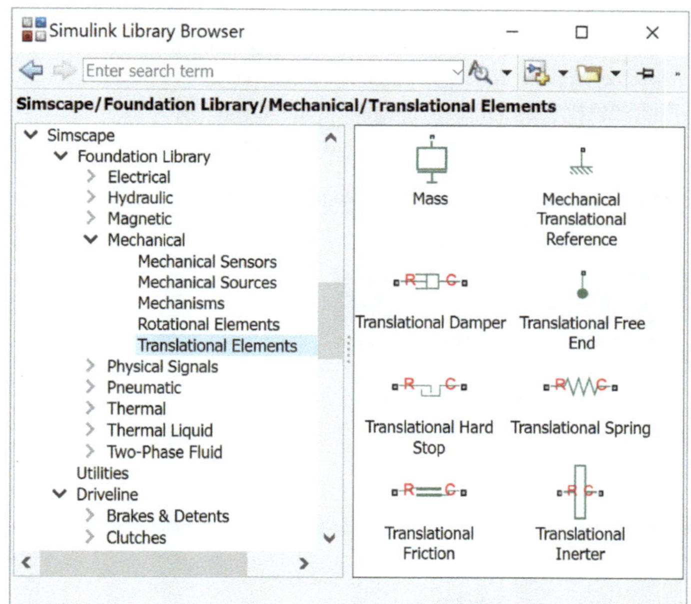

Bild 6.54 Simscape-Symbole für lineare mechanische Bewegungen

Tabelle 6.6 Zuordnung der Kernelemente zu Simscape-Symbolen (Objekten)

Kernelement	Simscape-Symbol (Objekt)
Masse	Mass
Feder	Translational Spring
Dämpfer	Translational Damper

Die Potenzial- und Flussgrößen bei der physikalischen Modellierung zeigt Tabelle 6.7. Vergleichend sind die Größen bei der blockorientierten Modellierung nach dem Wirkprinzip Ursache → Wirkung für mechanische und elektrische Systeme dargestellt. Eine Potenzialgröße wird in Simscape als „Across Variable“ und eine Flussgröße als „Through Variable“ bezeichnet. Die Bezeichnung orientiert sich daran, wie die Größe gemessen wird. So wird die Kraft bei mechanischen Systemen oder der Strom bei elektrischen Systemen seriell (d. h. „in Reihe“) gemessen, die Geschwindigkeit oder die Spannung parallel.

Das mit Simscape erstellte physikalische Modell des Ein-Masse-Schwingers aus Bild 6.50 zeigt Bild 6.55. Die Funktion der Symbole ist in Tabelle 6.8 beschrieben. Die im Modell mit „Leistungsberechnung" und „Visualisierung physikalisches Modell" bezeichneten Blöcke sind bereits aus der blockorientierten Modellierung bekannt. Der einfache Übergang zwischen physikalischer und blockorientierter Modellierung in einem Modell ist ersichtlich. Gleiches gilt in umgekehrter Richtung.

Tabelle 6.7 Größen in physikalischen und blockorientierten Modellen

Modellierung	Beschreibung	Mechanisch linear	Mechanisch rotatorisch	Elektrisch
Physikalisch	Potenzialgröße *Across Variable*	Geschwindigkeit	Winkelgeschwindigkeit	Spannung
	Flussgröße *Through Variable*	Kraft	Drehmoment	Strom
Blockorientiert	Ursache →	Kraft	Drehmoment	Spannung
	Wirkung	Geschwindigkeit	Winkelgeschwindigkeit	Strom

Modellierung	Beschreibung	Hydraulisch	Pneumatisch	Magnetisch
Physikalisch	Potenzialgröße *Across Variable*	Druck	Druck und Temperatur	Durchflutung
	Flussgröße *Through Variable*	Volumenstrom	Volumenstrom und Wärmestrom	Magnetischer Fluss

Modellierung	Beschreibung	Thermisch Festkörper	Thermisch Flüssigkeiten
Physikalisch	Potenzialgröße *Across Variable*	Temperatur	Temperatur und Druck
	Flussgröße *Through Variable*	Wärmestrom	Wärmestrom und Volumenstrom

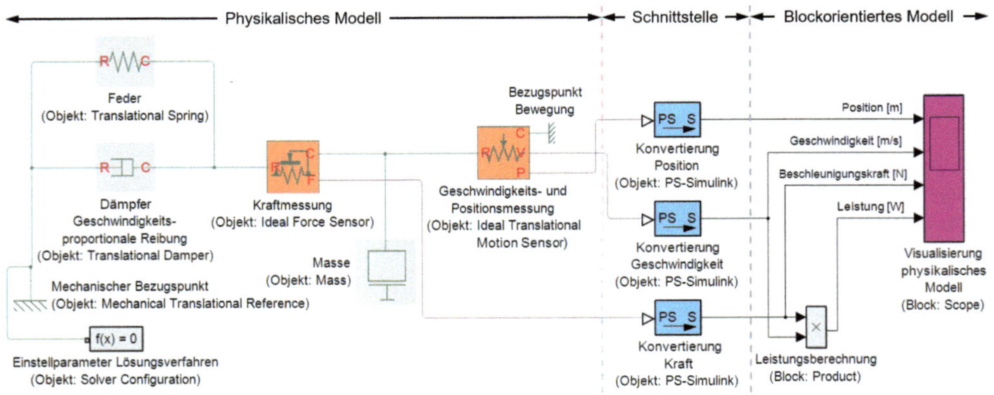

Bild 6.55 Modell des Ein-Masse-Schwingers

Die Eingabe von Parametern erfolgt identisch zu der bei der blockorientierten Modellierung. Bild 6.56 zeigt dies exemplarisch für die Feder (Translational Spring). Im Register „Parameters" wird die Federsteifigkeit (Spring rate) und im Register „Variables" die Anfangsauslekung (Deformation) festgelegt. Die Ergebnisvisualisierung im Scope zeigt Bild 6.57.

Tabelle 6.8 Funktion der Symbole

	Symbolname	Beschreibung
❶	Masse	Model einer linear bewegten Masse
	Feder	Modell einer Feder
	Dämpfer	Modell eines Dämpfers (geschwindigkeitsproportionale Reibung)
	Mechanischer Bezugspunkt	Block, der den mechanischen Nullpunkt definiert
	Bezugspunkt Bewegung	
	Kraftmessung	Modell eines idealen Sensors zur Messung der Kraft (Kraftfluss, serielle Messung)
	Geschwindigkeits- und Positionsmessung	Modell eines idealen Sensors zur Messung der Geschwindigkeit und Position zwischen zwei Punkten (Parallele Messung)
	Einstellparameter Lösungsverfahren	Einstellungen für das numerische Lösungsverfahren (Solver) im physikalischen Modell
❷	Konvertierung Position	Konvertierung von Größen im physikalischen Modell in Größen des blockorientierten Modells für Kraft, Geschwindigkeit und Position (Schnittstelle zwischen physikalischer und blockorientierter Modellierung)
	Konvertierung Geschwindigkeit	
	Konvertierung Kraft	
❸	Leistungsberechnung	Berechnung der Leistung (P = F v)
	Visualisierung physikalisches Modell	Darstellung der Zeitverläufe für Position, Geschwindigkeit, Beschleunigungskraft und Leistung

❶ Physikalisches Modell ❷ Schnittstelle ❸ Blockorientiertes Modell

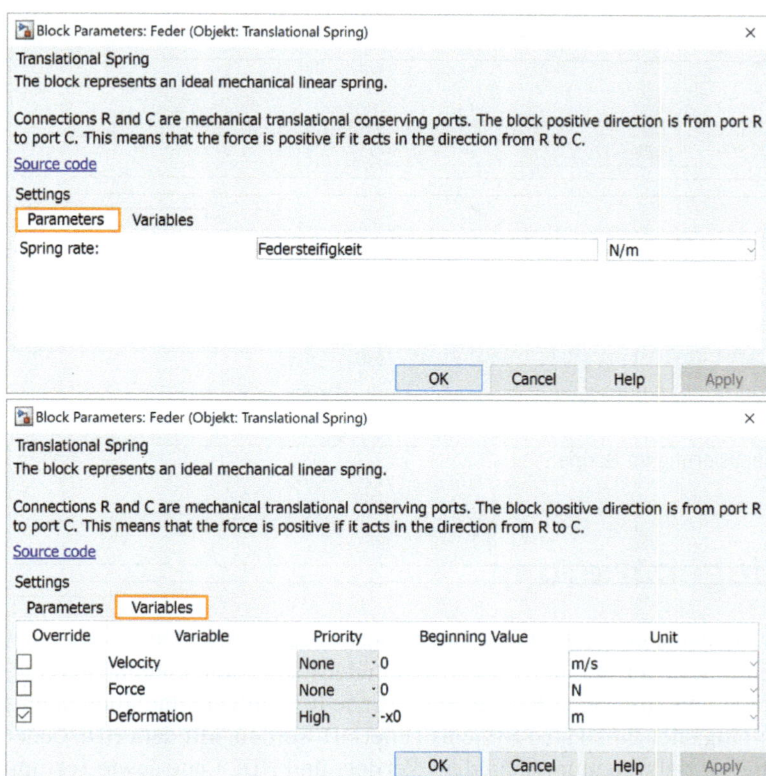

Bild 6.56 Blockparameter Feder

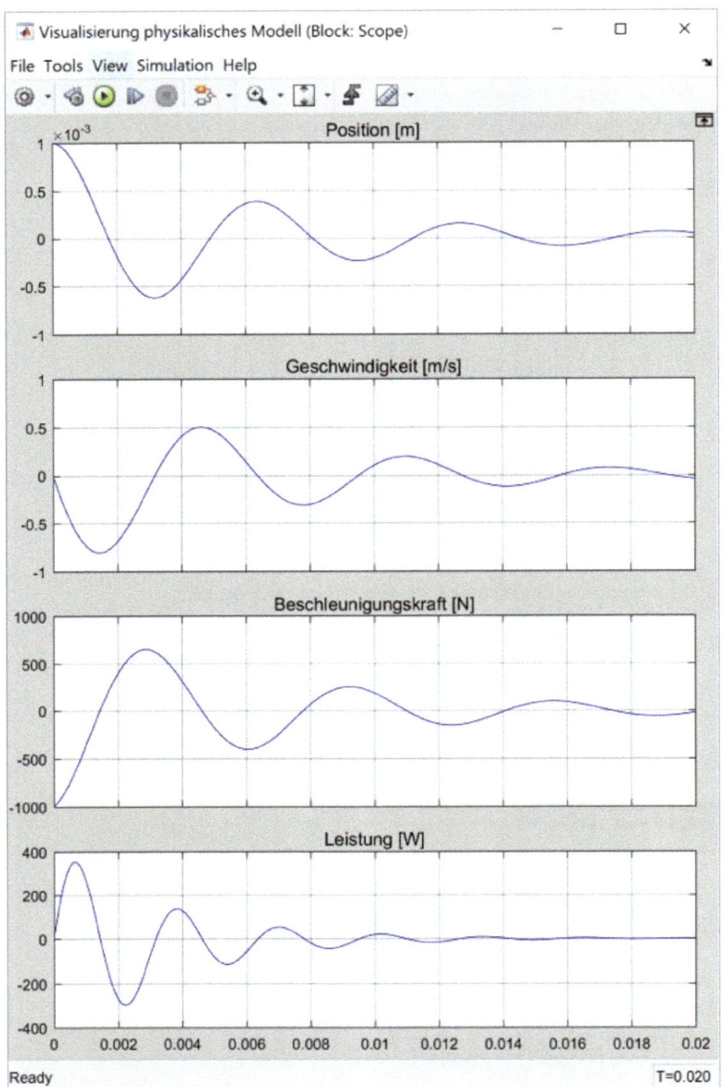

Bild 6.57 Ergebnisvisualisierung im Scope

6.10 Codegenerierung

In Simulink erstellte Modelle können für die Codegenerierung konfiguriert und vorbereitet werden. Mit dem Simulink Coder und dem Embedded Coder (beide sind optional als Add-on-Produkte erhältlich) kann aus einem Modell C/C++-Code für Echtzeitsimulationen, das Rapid Control Prototyping oder Embedded Systems generiert werden. Mit dem HDL Coder können synthetisierbarer, zielsystemunabhängiger Verilog- und HDL-Code sowie Testumgebungen für die Code-Validierung in externen HDL-Simulatoren generiert werden.

7 Ereignisdiskrete Systeme (Stateflow)

Die Steuerung von Systemen erfolgt heute zum weit überwiegenden Anteil mit digital arbeitenden Elektroniken. Hierzu zählen insbesondere Computer und hochintegrierte digitale Schaltkreise wie:

- FPGA (Field Programmable Gate Arrays)
- PLD (Programmable Logic Devices)
- ASIC (Application Specific Integrated Circuit), wobei hier nur die digitale Variante betrachtet wird.

Bei digitalen Systemen sind einzelne Größen nicht zu jedem Zeitpunkt veränderbar, sondern nur in regelmäßigen oder unregelmäßigen zeitlichen Abständen. Sie sind zeitdiskret. Die Größen können aufgrund der digitalen Arbeitsweise vom Wertebereich her auch nicht beliebig fein aufgelöst werden. Daher sind die Größen zusätzlich wertediskret. Im Extremfall stehen sie nur als Schaltsignal (ein oder aus) bzw. als Wahrheitswert (wahr oder falsch) dem digitalen System zur Verfügung oder werden von diesem entsprechend ausgegeben. Systeme, bei denen wertediskrete Ereignisse, die zu bestimmten Zeitpunkten abgefragt werden, das dynamische Verhalten beeinflussen, werden als ereignisdiskrete Systeme bezeichnet.

Ein Beispiel hierfür ist die Regelung der Raumtemperatur. Die gewünschte Raumtemperatur wird vorgegeben. Es erfolgt eine Messung der tatsächlichen Raumtemperatur. In regelmäßigen zeitlichen Abständen wird der Messwert in einen digitalen Wert gewandelt. Anschließend erfolgt ein Vergleich zwischen der gewünschten und der tatsächlichen Raumtemperatur (Sollwert w_T und Istwert x_T). Im einfachsten Fall wird bei zu großer Unter- oder Überschreitung der tatsächlichen zur gewünschten Raumtemperatur die Heizung oder Kühlung so lange eingeschaltet, bis die Differenz zwischen beiden Werten eine vorgegebene Toleranz unterschreitet (Bild 7.1). Dies kann mittels einer Hystereseregelung erfolgen.

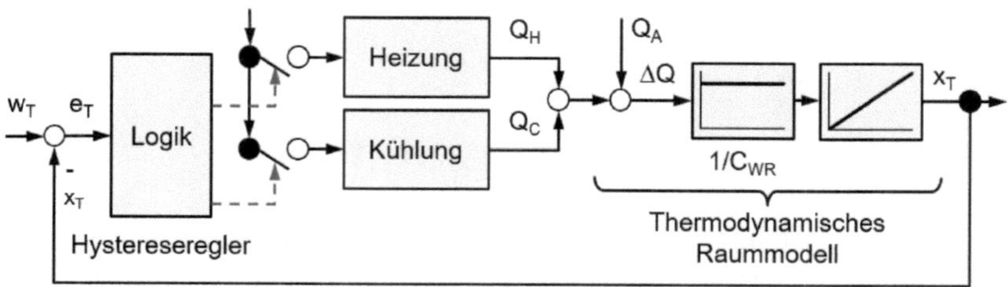

Bild 7.1 Regelung der Raumtemperatur (Hystereseregler)

Die Ausgangsgröße des Reglers (Stellsignal) hat bei dieser einfachsten Form der Temperaturregelung drei Betriebsmodi bzw. Zustände (Tabelle 7.1). Die Heizungs- und Kühlungssteuerung besitzt jeweils zwei Zustände (ein oder aus).

Tabelle 7.1 Zustände des Stellsignals

Zustand Stellsignal	Beschreibung	Zustand Heizung	Zustand Kühlung
0	Heizung und Kühlung aus	0	0
1	Heizung an und Kühlung aus	1	0
2	Heizung aus und Kühlung an	0	1

Häufig eingesetzte Geräte in der Automatisierungstechnik zur Steuerung ereignisdiskreter Systeme sind:

- Speicherprogrammierbare Steuerungen (SPS) bzw. Programmable Logic Controls (PLC)
- Prozessleitsysteme

Bild 7.2 zeigt eine speicherprogrammierbare Steuerung.

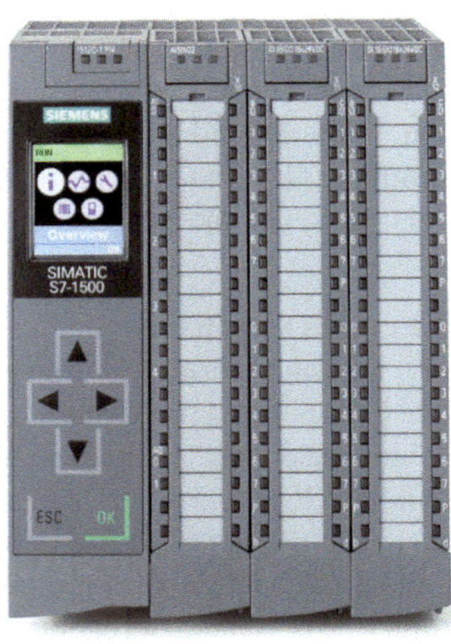

Bild 7.2 Speicherprogrammierbare Steuerung (© Siemens AG, S7, 2016)

Zur Simulation ereignisdiskreter Systeme und Entwicklung von Logikfunktionen für elektronische Steuergeräte ist in der MATLAB Entwicklungsumgebung innerhalb von Simulink das Add-on Stateflow vorgesehen.

7.1 Entwicklungsumgebung Stateflow

In Stateflow gibt es zur Beschreibung ereignisdiskreter Systeme auf Basis von Zustandsautomaten grafische und tabellarische Darstellungen. Die in Tabelle 7.2 gezeigten vier Möglichkeiten stehen zur Verfügung. Diese sind miteinander kombinierbar und werden in diesem Kapitel einzeln beschrieben.

Tabelle 7.2 Beschreibungsmöglichkeiten für ereignisdiskrete Systeme in Stateflow

Deutsch	*Englisch*	Darstellungsform
Flussdiagramm	*Flow chart*	Grafisch (Diagramm)
Zustandsdiagramm	*State chart*	
Wahrheitstabelle	*Truth table*	Tabellarisch
Zustandsübergangstabelle	*State transition table*	

Ein Zustand entspricht einem Betriebsmodus. Der Übergang von einem Betriebsmodus in einen anderen Betriebsmodus wird bei Zustandsautomaten mit Transitionen und Knotenpunkten beschrieben. Bei Zuständen in ereignisdiskreten Systemen wird wie folgt unterschieden (Bild 7.3):

- Exklusive Zustände

  Aus einer Auswahl von Zuständen ist in einer Hierarchieebene zu einem Zeitpunkt nur einer aktiv, sofern der hierarchisch überlagerte Zustand aktiv ist.

- Parallele Zustände

  In einer Hierarchieebene sind zu einem Zeitpunkt alle Zustände aktiv, sofern der hierarchisch überlagerte Zustand aktiv ist.

Die aktiven parallelen Zustände werden nicht zwangsweise zeitlich parallel ausführt. Insbesondere bei softwarebasierten Realisierungen erfolgt die Programmbearbeitung zeitlich hintereinander, allerdings mit relativ kurzem zeitlichen Abstand, der dadurch meist vernachlässigt werden kann. Die zeitliche Reihenfolge der Ausführung kann vorgegeben werden.

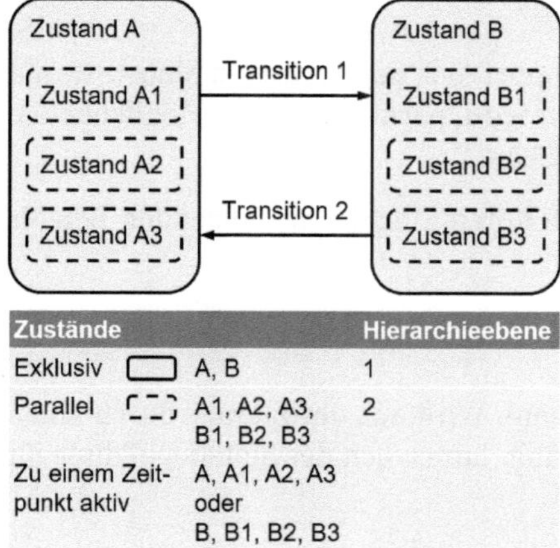

Zustände			Hierarchieebene
Exklusiv	▭	A, B	1
Parallel	⬚	A1, A2, A3, B1, B2, B3	2
Zu einem Zeitpunkt aktiv		A, A1, A2, A3 oder B, B1, B2, B3	

Bild 7.3 Ereignisdiskrete Systeme mit exklusiven und parallelen Zuständen

Von MathWorks gibt es im Internet hilfreiche Schulungsunterlagen zu Stateflow.

Einführungsvideo in Englisch
http://de.mathworks.com/products/stateflow/

In einem Simulink Modell können ein oder mehrere ereignisdiskrete Systeme und damit Beschreibungsmöglichkeiten von Stateflow eingebaut werden. Sofern in der benutzten MATLAB Version Stateflow lizenziert ist, ist Stateflow im Simulink Library Browser aufgeführt (Bild 7.4, links). Wird dort Stateflow ausgewählt, werden rechts die Elemente in der Stateflow Bibliothek angezeigt. Exemplarisch wird das Element Chart (Diagramm) gewählt. Wie von Simulink Blöcken aus Kapitel 6 bekannt, kann das Element per drag and drop in ein geöffnetes Simulink Modell (Bild 7.4, rechts) platziert werden. Ist der Model Browser im Simulink Modell geöffnet (markiertes << Symbol in der Toolbar-Leiste; Bild 7.4, rechts), erscheint das platzierte Element in der Hierarchie (im Beispiel unterhalb von untitled als Chart).

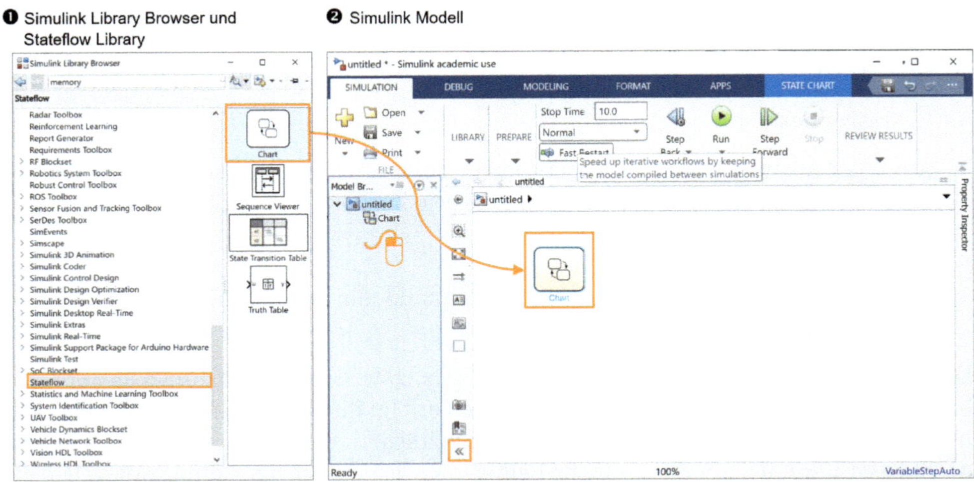

Bild 7.4 Stateflow im Simulink Library Browser und Platzierung eines Stateflow Charts in einem Simulink Modell

Zur Bearbeitung kann der Stateflow Editor durch Doppelklick mit der linken Maustaste auf das Chart Icon geöffnet werden. Der Stateflow Editor wird, nachdem andere Möglichkeiten zum Starten von Stateflow gezeigt wurden, beschrieben.

Stateflow kann aus dem „Command Window" auch durch Eingabe des folgenden Befehls gestartet werden:

```
stateflow
```

Es wird die Stateflow Library geöffnet (Bild 7.5, oben). Wird aus der Library durch einen Doppelklick auf die linke Maustaste Chart ausgewählt, öffnet sich der Stateflow Editor für ein Chart (Bild 7.5, unten).

Eine weitere Möglichkeit ist die Benutzung des Icons in der MATLAB Taskleiste (in Bild 7.6 mit ❶ markiert).

New ▸ Stateflow Chart

Es wird die Simulink Start Page geöffnet (Bild 7.7). Wird darin „Blank Chart" mittels Klick auf die linke Maustaste ausgewählt, wird der Stateflow Editor für ein Chart geöffnet.

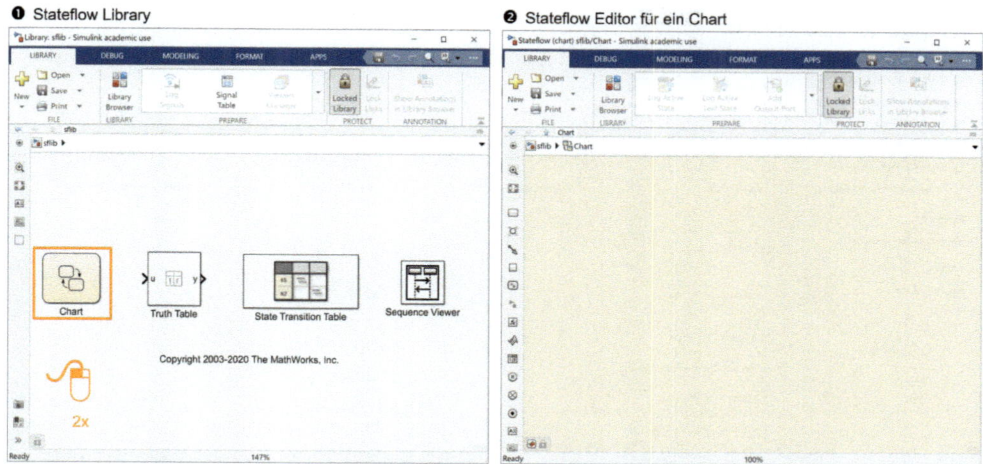

Bild 7.5 Stateflow Library und Stateflow Editor für ein Chart

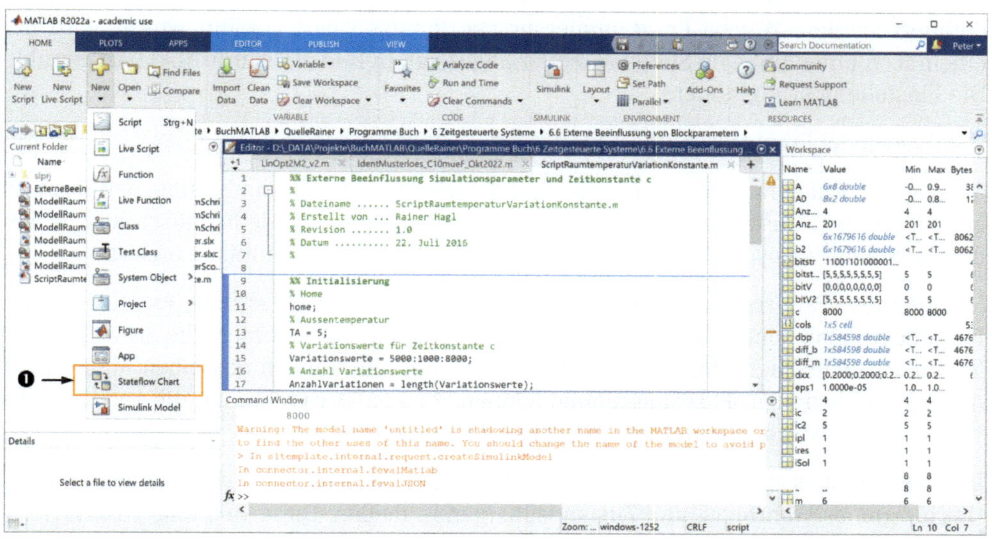

Bild 7.6 Stateflow Library und Stateflow Editor für ein Chart

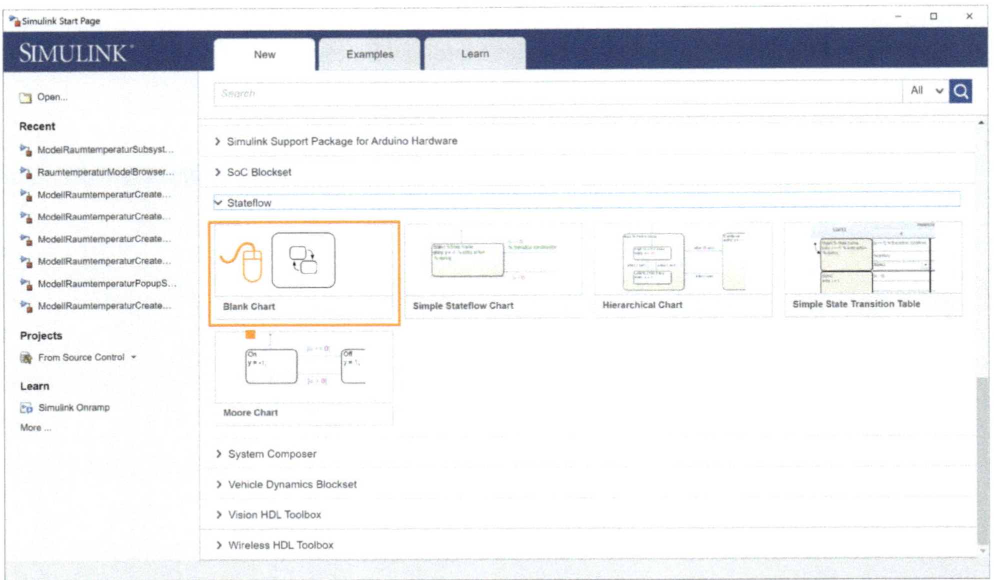

Bild 7.7 Simulink Start Page

In Stateflow können Zustände und Aktionen in der Programmiersprache MATLAB oder C definiert werden. Welche Programmiersprache für das Chart gewählt wurde, wird mit einem Icon unten links im Stateflow Editor angezeigt. In Bild 7.5 wurde MATLAB gewählt. Die Einstellung erfolgt unter:

File ▸ Model Properties ▸ Chart Properties

Mittels des Stateflow Editors können Flussdiagramme und Zustandsautomaten grafisch erstellt werden. Zustände, Transitionen und Knotenpunkte werden grafisch ausgewählt und im Stateflow Layoutbereich, entsprechend zu Blöcken in Simulink, platziert.

Mithilfe des „Pattern Wizard" können häufig verwendete Logikverläufe erstellt werden. Flussdiagramme können in grafische Funktionen positioniert werden, die an vielen Stellen im Zustandsdiagramm und in anderen Zustandsdiagrammen desselben Modells zur Anwendung kommen. Flussdiagramme können verwendet werden, um die Logik für die Transitionen zwischen einzelnen Zuständen zu entwickeln.

In Stateflow ist es auch möglich, ein ereignisdiskretes System tabellarisch zu beschreiben. Hierfür gibt es Wahrheits- und Zustandsübergangstabellen. Diese sind eine strukturierte Umgebung für das Modellieren von Zustandsautomaten.

Um Simulink und MATLAB Functions aufzurufen, können in Stateflow bedingungs- und zeitbasierte ereignisdiskrete Systeme aufgebaut werden. Ereignisse können an Simulink übergeben werden, um Subsysteme zu aktivieren. Stateflow enthält ereignis- und zeitbasierte Operatoren (vor, nach, an/um und wiederkehrend), mit denen eine Logik für Zustandsübergänge festlegt werden kann.

7.2 Beispielsystem

Für die Regelung der Raumtemperatur soll als thermodynamisches Modell für den Raum folgender Zusammenhang benutzt werden:

$$\dot{x}_T = \frac{1}{C_{WR}}\left(Q_H + Q_C + Q_E\right) = \frac{1}{C_{WR}} Q_R \tag{7.1}$$

x_T	Raumtemperatur (Istwert)	*Room temperature (actual value)*	°C
C_{WR}	Wärmekapazität Raum	*Heat capacity room*	J/K
Q_H	Wärmemenge Heizung	*Heat supplied*	J
Q_C	Wärmemenge Kühlung	*Cooling load*	J
Q_A	Wärmemenge Kühlung	*Ambient heat quantity*	J
Q_R	Wärmemenge Kühlung	*Total heat quantity room*	J
T_0	Raumtemperatur zum Zeitpunkt $t = 0$	*Room temperature at time* $t = 0$	°C

Negative Wärmemengen entsprechen einer Kühlung. Die Temperaturdifferenz zwischen Sollwert und Istwert ist die Regelabweichung.

$$e_T = w_T - x_T \tag{7.2}$$

w_T	Gewünschte Raumtemperatur (Sollwert)	*Desired room temperature (reference value)*	°C
e_T	Regelabweichung Temperatur	*Control error temperature*	°C

Für die Simulation wird von den in Tabelle 7.3 angegebenen Bedingungen für das Ein- und Ausschalten der Heizung und Kühlung ausgegangen. Die Regelabweichung zum Einschalten ist für die Heizung und die Kühlung betragsmäßig gleich. Die Hysterese zum Ausschalten ist für beide Regler identisch.

Tabelle 7.3 Ein- und Ausschaltbedingungen für die Heizung und die Kühlung

Heizung ein	$e_T > e_{on}$
Heizung aus	$e_T > e_{on} - e_{hys}$
Kühlung ein	$e_T < -e_{on}$
Kühlung aus	$e_T > -e_{on} + e_{hys}$

e_{On}	Einschaltwert (Betragswert)	*Switch-on value (absolute value)*	K
e_{Hys}	Hysteresewert	*Hysteresis value*	K

7.3 Flussdiagramme

Flussdiagramme beschreiben ereignisdiskrete Systeme mittels Knotenpunkten und Übergangsbedingungen. Sie besitzen typischerweise einen einzigen Startpunkt und Endpunkt. Der Weg durch das Flussdiagramm legt die Aktionen, die ausgeführt werden, fest. Flussdiagramme werden vor allem für Systeme benutzt, bei denen keine vorausgegangenen Ein- und Ausgangssignale gespeichert werden müssen.

Die einzelnen Elemente von Flussdiagrammen in Stateflow sind in Bild 7.8 gezeigt. Im Flussdiagramm gibt es immer einen Startpunkt, bei dem die Abarbeitung beginnt. Dieser Startpunkt muss im Flussdiagramm einmalig vorhanden sein und wird in Stateflow „Default transition“ genannt. Knotenpunkte werden in Stateflow „Nodes“ genannt. Knotenpunkte im Flussdiagramm, in denen die Abarbeitung verzweigt oder zusammengeführt wird, heißen in Stateflow „Connective junctions“. Die „Transitions“ sind in Stateflow die Übergangsbedingungen und stellen ein Segment des möglichen Ausführungspfades dar. Der Endpunkt des Flussdiagrammes wird in Stateflow als „termination junction“ bezeichnet. Er ist der letzte Knotenpunkt der Abarbeitung, in dem alle möglichen Ausführungspfade zusammenlaufen.

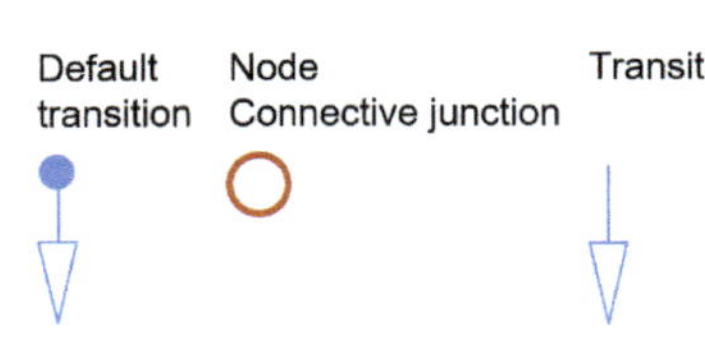

Bild 7.8 Grundelemente von Flussdiagrammen in Stateflow

An einer Transition kann die Bedingung definiert werden, die erfüllt sein muss, damit ein Zweig durchlaufen wird. Dort werden auch Aktionen definiert, die ausgeführt werden, wenn der Zweig durchlaufen wird. In Stateflow erfolgt dies im „Transition Label“. Die Definition ist wie folgt:

- Bedingung (Condition)

  Logische Abfrage, die in [ ] gesetzt ist.

  Ist das Ergebnis der Abfrage wahr (true), wird der Ablaufpfad, der damit verbunden ist, durchlaufen.

- Bedingte Aktionen (Condition Actions)

  Anweisung oder Anweisungen, die in { } gesetzt ist oder sind.

  Die Anweisung oder die Anweisungen werden ausgeführt, sofern der Ablaufpfad, der damit verbunden ist, durchlaufen wird.

Eine einzelne Transition kann beides beinhalten, sowohl Bedingungen als auch bedingte Aktionen. Eine detailliertere Erklärung erfolgt im Abschnitt 7.3.1 „Modellerstellung“.

Bild 7.9 zeigt die einzelnen Begriffe am Beispiel des Teilsystems Heizungssteuerung. Dabei wird davon ausgegangen, dass der Regler ohne Hysterese betrieben wird und der betragsmäßige Einschaltwert auf eine Regelabweichung von e_{on}=1 K festgelegt ist.

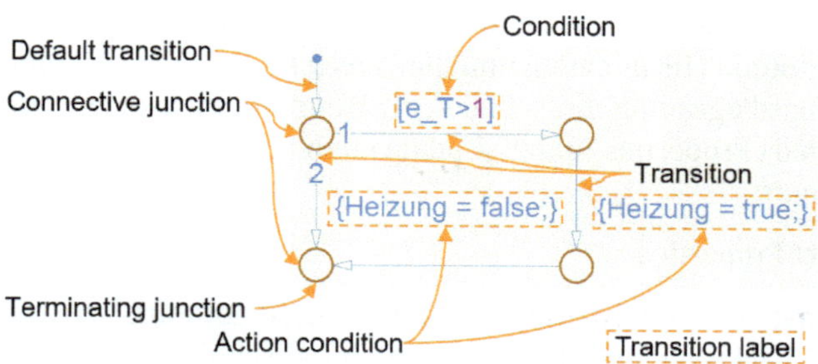

Bild 7.9 Begriffe in Stateflow Flussdiagrammen am Beispiel des Teilsystems Heizungssteuerung ohne Hysterese

Die Nummern am Knoten, an dem verzweigt wird, geben die Reihenfolge der Abarbeitung der Bedingung an. Sie stellen damit eine Priorisierung dar. Wie diese Priorisierungen verändert werden, wird im Laufe des Kapitels behandelt.

Zur Beschreibung der beiden Zustände des Teilsystems Heizungssteuerung aus dem Beispielsystem für die Regelung der Raumtemperatur gibt es in der MATLAB Entwicklungsumgebung mehrere Möglichkeiten. In Bild 7.10 sind diese vergleichend einander gegenübergestellt. An dem einfachen Beispiel ist bereits ersichtlich, dass die Funktionsweise des Systems in Stateflow sehr kompakt und übersichtlich ist. Bei komplexeren Systemen ist das Arbeiten mit Stateflow für ereignisdiskrete Systeme deutlich vorteilhafter.

❶ MATLAB Function

```
function [Heizen] = Heizung(e_T)

% Steuerung der Heizung
% e_T    : Regeldifferenz Temperatur
%          e_T=w_T-x_T
% Heizen : Schaltsignal für die Heizung
%          true: Heizung eingeschaltet
%          false: Heizung ausgeschaltet

% Zu kalt?
if e_T > 1
 % Heizung einschalten
 Heizen = true;
% Nicht zu kalt
else
 % Heizung ausschalten
 Heizen = false;
end
```

❷ Simulink Blockdiagramm (Subsystem)

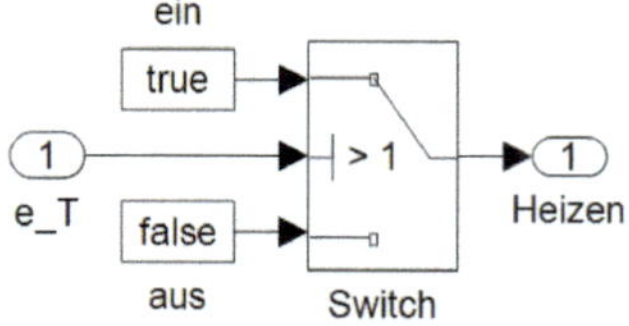

❸ Stateflow Flussdiagramm

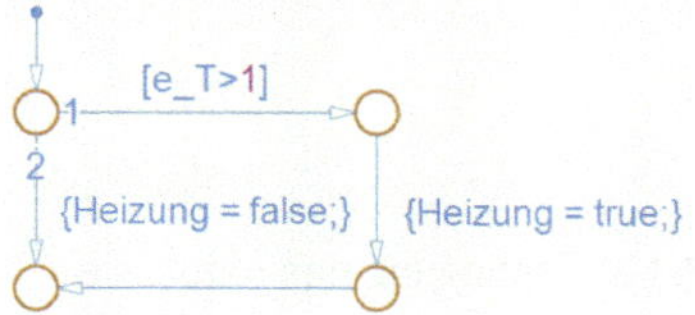

Bild 7.10 Beschreibungsmöglichkeiten für das Teilsystem Heizungssteuerung ohne Hysterese

Immer wenn ein Flussdiagramm aktualisiert wird, beginnt es am Startpunkt (Default transition) und wird bis zu seinem Endpunkt (Termination junction) ausgeführt. Die programmtechnische Abarbeitung eines Flussdiagramms zeigt Bild 7.11. Wann ein Flussdiagramm aktualisiert wird, kann in den „Chart Properties" unter „Update method" festgelegt werden (Bild 7.12). Hierhin gelangt man mit:

File ▸ Model Properties ▸ Chart Properties

Es ist zu beachten, dass unter Umständen die Abarbeitung eines Flussdiagramms zurückgesetzt wird. Dieser Fall wird als „Backtracking" bezeichnet und im Abschnitt 7.3.3 „Backtracking" erläutert.

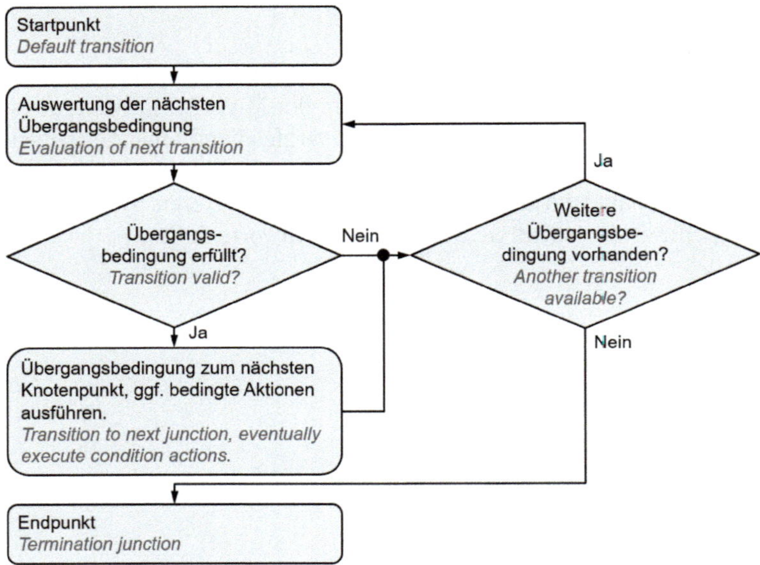

Bild 7.11 Abarbeitung eines Flussdiagramms

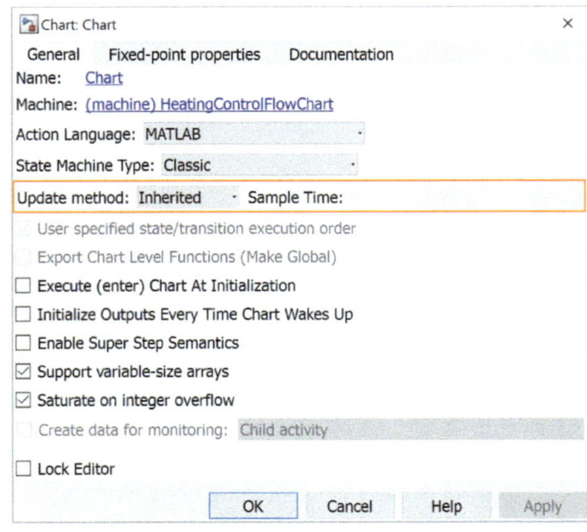

Bild 7.12 Festlegung des Aktualisierungszeitpunktes (Update method)

7.3.1 Modellerstellung

In diesem Abschnitt wird die Modellerstellung für das Flussdiagramm in Stateflow und die Integration des ereignisdiskreten Systems in ein Simulink Modell des Gesamtsystems anhand des Beispielsystems für die Regelung der Raumtemperatur ohne Hysterese erklärt. Die Eingangsgrößen (Input) und Ausgangsgrößen (Output) für das ereignisdiskrete System zeigt Tabelle 7.4.

Tabelle 7.4 Eingangsgrößen (Input) und Ausgangsgrößen (Output)

Eingangsgrößen (Input)	Ausgangsgrößen (Output)	
Gewünschte Raumtemperatur (Sollwert)	Schaltsignal Heizen	Heizen
Tatsächliche Raumtemperatur (Istwert)	Schaltsignal Kühlen	Kuehlen

Das als Simulink Modell aufzubauende Gesamtsystem zeigt Bild 7.13. In das Modell ist ein ereignisdiskretes System in Stateflow mit den in Tabelle 7.4 angegebenen Ein- und Ausgansgrößen integriert, das als Chart im Simulink Model Browser in der Hierarchie aufgeführt ist. Da der Aufbau eines blockorientierten Simulink Modells bereits in Kapitel 6 behandelt wurde, wird in diesem Kapitel nur das ereignisdiskrete System in Stateflow als Flussdiagramm besprochen. Es entspricht einem Teilsystem im Simulink Modell, das die Logiksteuerung repräsentiert. Das verwendete thermodynamische Modell des Raumes zeigt Bild 7.14 als blockorientiertes Simulink Subsystem. Es entspricht der Gl. (7.1).

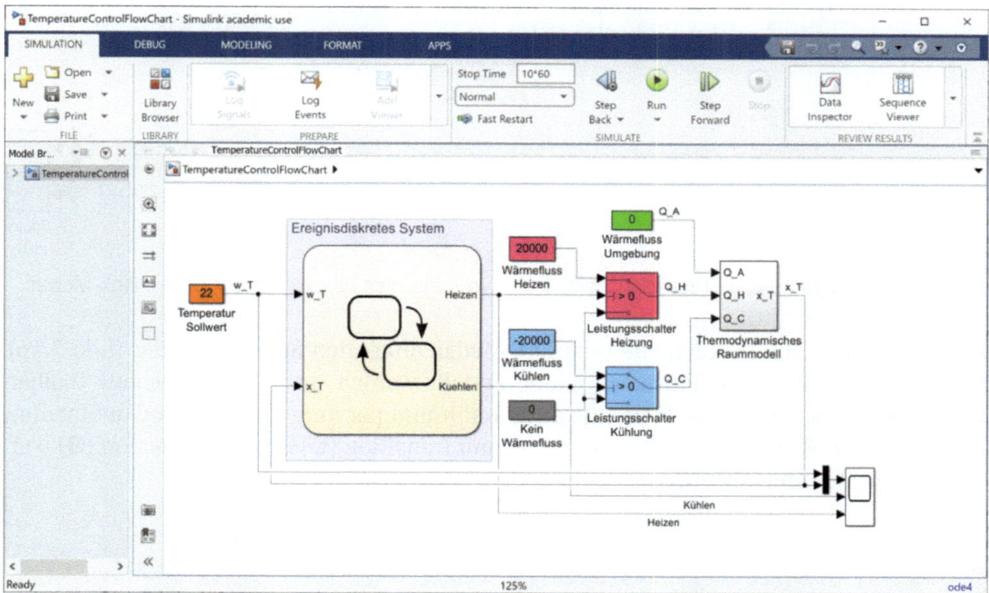

Bild 7.13 Simulink Modell der Regelung der Raumtemperatur mit ereignisdiskretem System in Stateflow

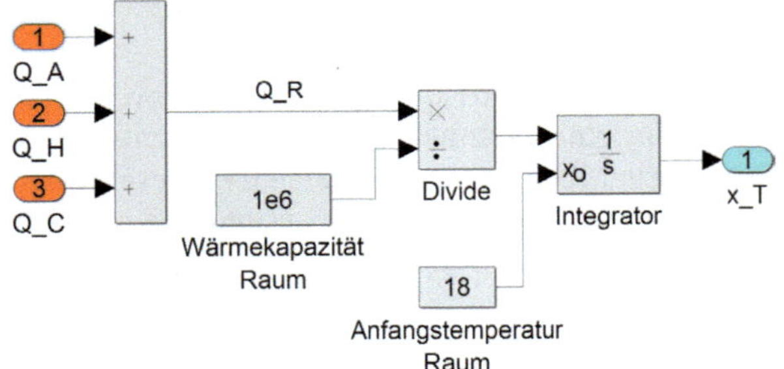

Bild 7.14 Thermodynamisches blockorientiertes Simulink Modell (Subsystem)

Zum Aufbau des Flussdiagrammes muss zunächst im Simulink Library Browser unter Stateflow ein Chart ausgewählt und in das Simulink Modell platziert werden. In Bild 7.15 ist dies für das Beispielsystem erfolgt. Das Stateflow Chart ist noch leer und besitzt noch keine Schnittstellen zum blockorientierten Simulink Modell. Im Gegensatz zu Bild 7.13 sind daher einige Verbindungslinien nicht geschlossen und gestrichelt in Rot visualisiert.

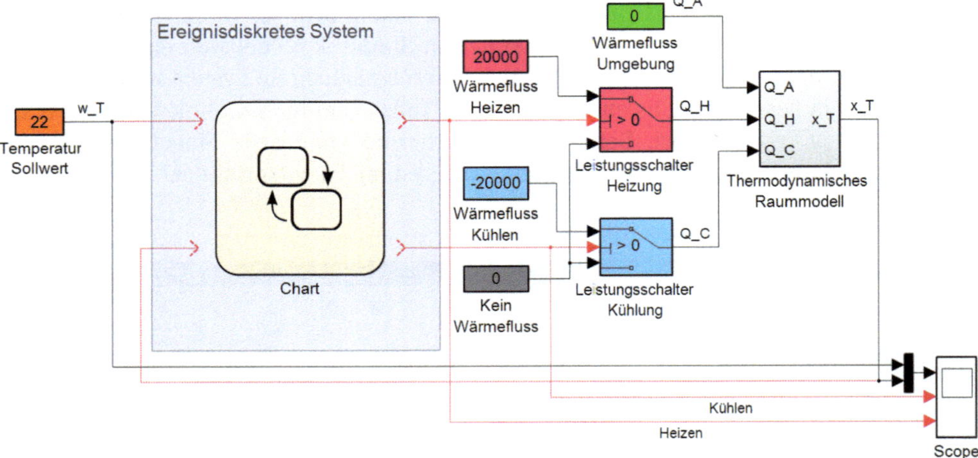

Bild 7.15 Einfügen eines Stateflow Charts in ein vorhandenes blockorientiertes Simulink Modell

Ein Doppelklick auf das Chart im Simulink Modell öffnet den Stateflow Editor (Bild 7.16), mit dem unter anderem Flussdiagramme erstellt werden. In der senkrechten Toolbar-Leiste (❶) können Stateflow Elemente ausgewählt und per drag and drop in den Stateflow Layoutbereich (❷) eingefügt werden. Die Default transition (❸) und eine Junction (❹) wurden ausgewählt und eingefügt.

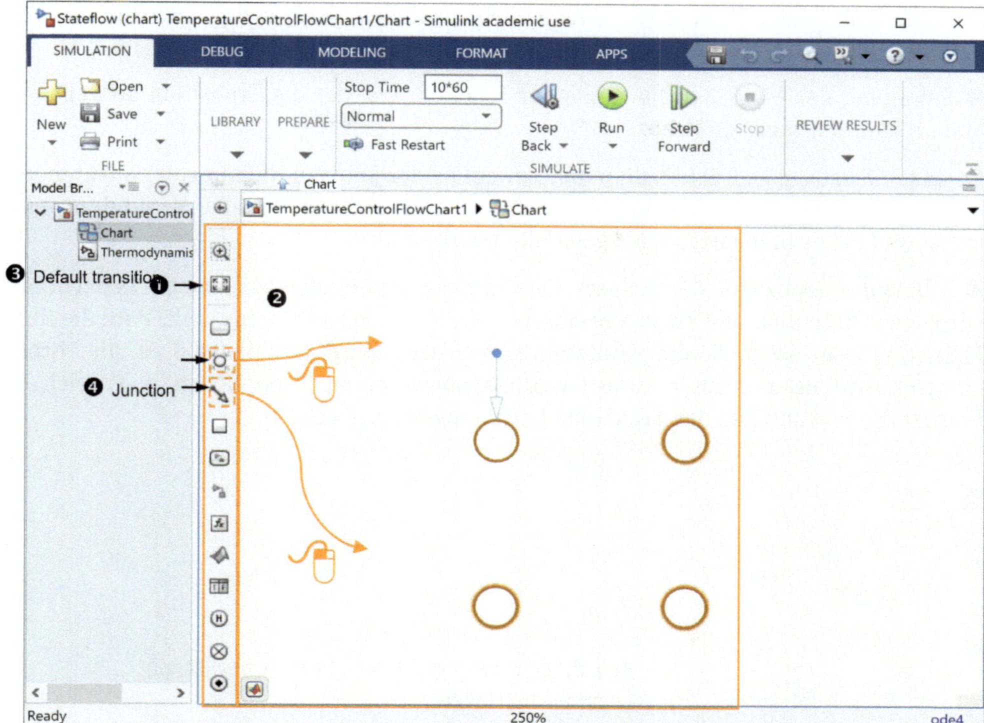

Bild 7.16 Stateflow Editor – Auswahl und Platzierung von Elementen

Einzelne oder mehrere Elemente können im Layoutbereich des Editors ausgewählt und kopiert werden. Durch Drücken der rechten Maustaste auf das zu kopierende Element erfolgt die Auswahl eines einzelnen Elements. Mehrere Elemente werden zunächst mit der linken Maustaste selektiert. Anschließend erfolgt bei gedrückter rechter Maustaste eine Bewegung in den Bereich, in den die Kopie überführt werden soll. Danach wird die rechte Maustaste losgelassen. In Bild 7.17 ist dies für einzelne Kopien der beiden vorhandenen Junctions dargestellt.

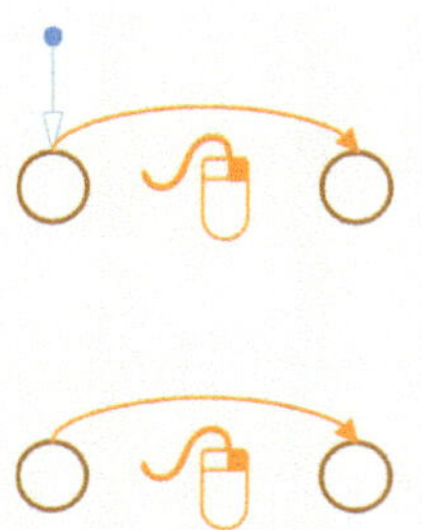

Bild 7.17 Stateflow Editor – Kopieren von Elementen

Um eine Transition zwischen zwei Junctions herzustellen, sind folgende Schritte erforderlich (Bild 7.18):

❶ Bewegung der Maus auf die Kante der Junction, von der die Transition ausgeht. Als Mauszeiger erscheint ein Kreuz.

❷ Linke Maustaste gedrückt halten und Bewegung der Maus in Richtung der anzubindenden Junction. Solange die Verbindung noch nicht hergestellt ist, wird der Verbindungspfeil in Rot und die dazugehörige Linie gestrichelt dargestellt.

❸ Sobald das Kreuz des Mauszeigers die Kante der anzubindenden Junction erreicht hat, wird der Pfeil in Blau und die dazugehörige Linie durchgezogen dargestellt. Wird die linke Maustaste losgelassen, ist die Verbindung hergestellt. Wird anschließend auf die Verbindungslinie mit der rechten Maustaste geklickt, erscheint ein Fragezeichen. Im Bereich des Fragezeichens kann ggf. das Transition Label eingetragen werden.

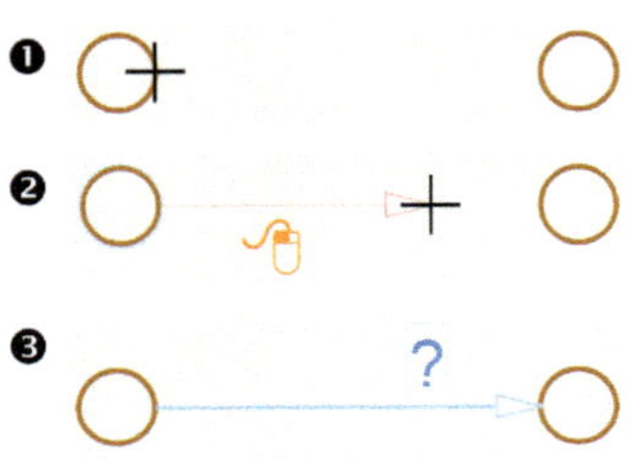

Bild 7.18 Stateflow Editor – Transition zwischen Junctions herstellen

Im weiteren Schritt werden alle Transitions zwischen den vier vorhandenen Junctions auf diese Weise hergestellt. Eine Transition kann mit einem Klick auf eine Maustaste über dem Verbindungspfeil ausgewählt werden. In Bild 7.19 wurde die Transition für die oberen beiden Junctions gewählt. An der Verbindungslinie erscheint ein Fragezeichen. Wird die Maus über dem Bereich des Fragezeichens (Transition Label) platziert, kann dort Text, der eine Bedingung (Condition) oder bedingte Aktion (Condition action) enthält, eingetragen werden. Das Transition Label kann mit der Maus verschoben werden. Bei der Verschiebung wird eine Verbindungslinie zwischen dem Transition Label und dem Verbindungspfeil, der die Transition definiert, eingeblendet.

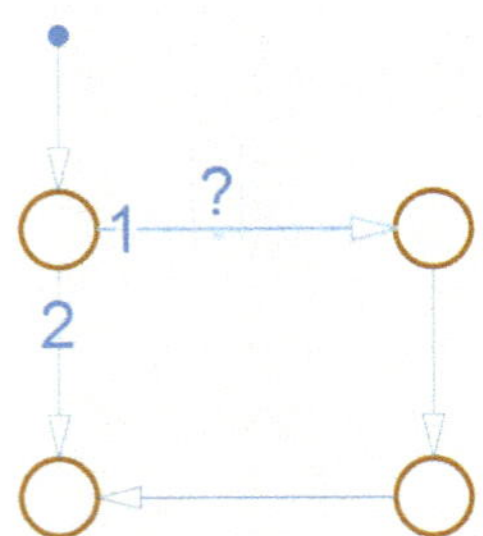

Bild 7.19 Stateflow Editor – Transition Label

Transition Labels setzen sich aus folgenden Komponenten zusammen (Bild 7.20):

- Conditions (Bedingungen)

  Logische Abfrage, die in [ ] gesetzt ist

- Condition actions (bedingte Aktionen)

  Anweisung oder Anweisungen, die in { } gesetzt ist oder sind

- Comment (Kommentar)

  Kommentartexte, die wie bei MATLAB mit % beginnen

Alle Komponenten sind optional.

[Condition] {Condition action} %Comment

Bild 7.20 Stateflow Editor - Komponenten eines Transition Labels

Falls eine Condition (Bedingung) benutzt wird, muss diese vor der Condition Action (bedingte Aktion) stehen.

Kommentare können überall platziert werden. Sämtlicher Text rechts des %-Zeichens in einer Zeile wird als Kommentar interpretiert. Soll ein Kommentar vor einer Condition (Bedingung) und/oder vor einer Condition Action (bedingten Aktion) benutzt werden, so müssen beide in einer neuen Zeile stehen (siehe Bild 7.21) .

%Comment [Condition] {Condition action}

%Comment
[Condition] {Condition action}

Bild 7.21 Kommentare im Transition Label

Die Condition muss so definiert werden, dass diese als Ergebnis immer einen Wahrheitswert (wahr oder falsch bzw. true or false) liefert. Beispiele hierfür sind:

```
[x < 2]
[sin(x) >= 0.5]
[(x1 > 5) && (x2 == 1)]
```

Der Bereich des Transition Labels für die Condition Action (bedingte Aktion) kann eine Aktion oder mehrere Aktionen beinhalten. Aktionen definieren häufig die Ausgangsgrößen von Stateflow Charts. Die Anweisung oder Anweisungen (Statement or statements) können die MATLAB Syntax nutzen. Beispiele hierfür sind:

```
{u = 10;}
{i = i+1;}
{u = 10; i = i+1;}
```

Die zweite mögliche Sprache neben MATLAB für eine bedingte Aktion oder mehrere bedingte Aktionen (Action language) ist C. Die Einstellung der Sprache erfolgt in (Bild 7.22, mit ❶ gekennzeichnet):

File ▸ Model Properties ▸ Chart Properties

Abhängig von der eingestellten Sprache erscheint im Layoutbereich des Stateflow Editors links unten entweder das MATLAB Icon oder C (siehe z. B. Bild 7.16). In Bild 7.23 sind die Transition Labels für das Beispielsystem eingetragen. Das Flussdiagramm wurde, aus Gründen der Übersichtlichkeit, getrennt nach den Teilsystemen für Heizung (oben) und Kühlung (unten) aufgebaut. Als Action Language wurde MATLAB gewählt.

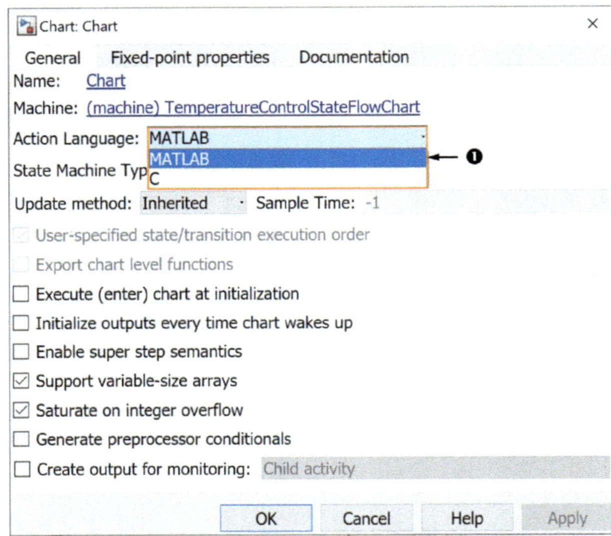

Bild 7.22 Einstellung der Sprache für bedingte Aktionen (Action Language)

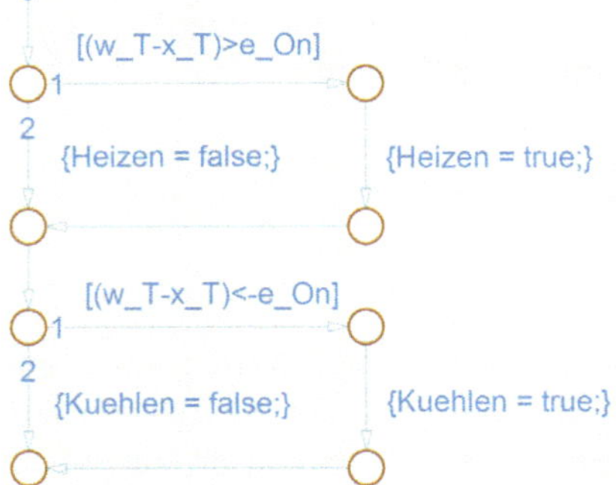

Bild 7.23 Stateflow Editor – Transition Label für das Beispielsystem

Sofern mehr als eine Transition von einer Junction wegführt, wird jede einzelne Transition mit einer Nummer versehen, die die Reihenfolge der Abarbeitung der Conditions (Execution Order) und damit die Priorität darstellt. Die Nummern werden zunächst automatisch vergeben und können danach manuell angepasst werden. Um die Nummer einer Transition zu ändern, sind folgende Schritte erforderlich:

❶ Zu ändernde Transition mit der Maus auswählen und rechte Maustaste betätigen.

❷ Im Menü „Execution Order“ auswählen (Bild 7.24, links)

Wird die Transition, die nach rechts wegführt, selektiert und deren Priorität von 1 auf 2 geändert, ergibt sich die in Bild 7.24, rechts dargestellte Situation. Hierbei ist zu beachten, dass diese Wahl zu einer Fehlfunktion der Heizungssteuerung führt! Die nach unten wegführende Transition wird als Erstes überprüft. Sie hat keine Bedingung und ist somit immer erfüllt. Es kommt zu keinem Zeitpunkt zum Einschalten der Heizung, da die Condition Action in dieser Transition das Schaltsignal für Heizen immer auf aus (false) setzt.

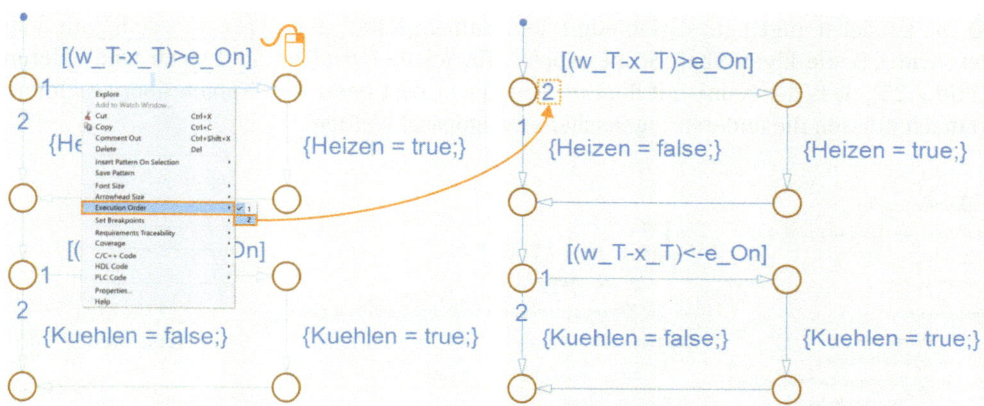

Bild 7.24 Execution Order manuell festlegen (Execution Order rechts führt zu Fehlfunktion der Heizung!)

Variablen eines Stateflow Charts müssen definiert werden. Bei Stateflow Variablen wird unterschieden in:

- Input

  Eingangsvariable für das Stateflow Chart. Eingangsvariablen werden als Schnittstelle, z. B. zu MATLAB oder von blockorientierten Simulink Modellteilen zu Stateflow Modellteilen, benutzt.

- Output

  Ausgangsvariable für das Stateflow Chart. Ausgangsvariablen werden als Schnittstelle, z. B. zu MATLAB oder von Stateflow Modellteilen zu blockorientierten Simulink Modellteilen, benutzt.

- Local

  Lokale Variable, die innerhalb des Stateflow Charts ständig vorhanden ist.

- Parameter

  Variable, die im MATLAB Workspace definiert ist. Diese verhält sich wie ein Parameter eines Simulink Blockes, der im Workspace definiert ist. Damit lassen sich wie bei Blöcken in Simulink parametrische Modelle in Stateflow aufbauen.

Wie in Tabelle 7.4 angegeben, hat das Beispielsystem mehrere Ein- und Ausgangsvariablen. Der Einschaltwert für die Heizung und die Kühlung (Betragswert: e_{on}) ist ein Parameter.

Stateflow Variablen werden wie folgt definiert:

❶ Auswahl im Simulink Menü: View ▸ Model Explorer

❷ In der Model Hierarchy das Diagramm (Chart) auswählen (Bild 7.25)

❸ Auf den in der Toolbar markierten Icon klicken, um eine neue Variable zu definieren (Bild 7.25)

❹ Die zunächst angelegte Variable mit dem Namen „data“, und deren andere Eigenschaften, wie z. B. die Eigenschaft Scope „Local“ (für lokale Variable), sind so zu modifizieren (Bild 7.25), dass der Name mit dem im Stateflow Chart benutzten Namen übereinstimmt. Danach müssen die anderen Eigenschaften angepasst werden.

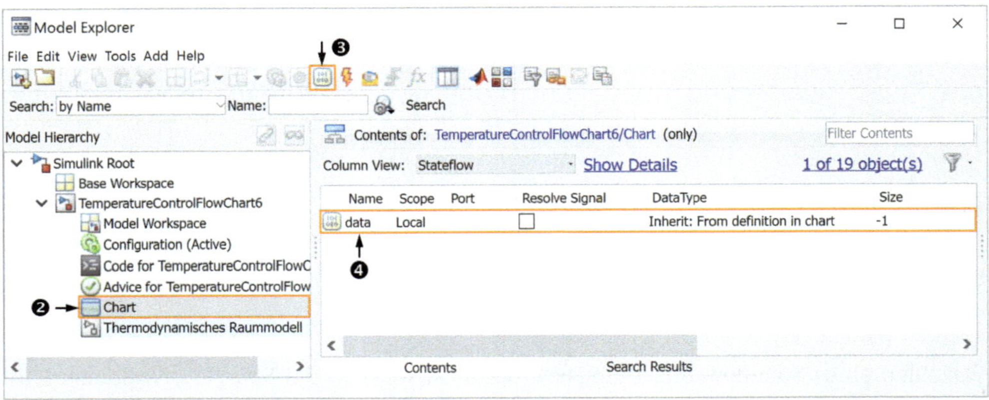

Bild 7.25 Definition von Stateflow Variablen

Die Definition der fünf Stateflow Variablen des Beispielsystems zeigt Bild 7.26. In der Eigenschaft „Scope“ wird der Geltungsbereich (Input, Output, Parameter, ...) für jede Variable definiert. Bei Input- oder Output-Variablen wird in der Eigenschaft „Port“ die Nummer des Ports im Simulink Modell angegeben. Der Wertebereich der Variable wird in der Eigenschaft „DataType“ festgelegt. Alle in Stateflow verwendeten Variablen wurden identisch zu Simulink gewählt, d. h., der Wertebereich wird von Simulink vererbt (Inherit). Das Ergebnis nach der Definition der Stateflow Variablen und Verbindung der Ein- und Ausgänge des Stateflow Charts mit dem blockorientierten Simulink Modell zeigt der Modellausschnitt in Bild 7.26 rechts unten. Die Namen der in Stateflow definierten Eingangssignale (Input) und Ausgangssignale (Output) erscheinen an den Schnittstellen des Charts im Simulink Modell mit deren Namen und an der vorgegebenen Portnummer. Die Zusammenhänge von der Definition zum Simulink Modell sind Bild 7.26 punktiert dargestellt.

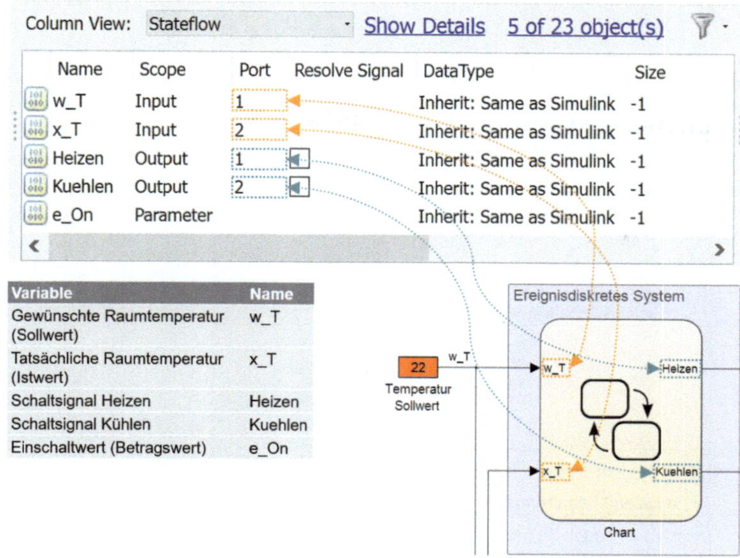

Bild 7.26 Definition der Stateflow Variablen für das Beispielsystem (TemperatureControl FlowChart7.slx)

Damit das Simulink Modell gestartet werden kann, muss der Einschaltwert e_On im Workspace definiert werden. Dies soll mittels eines Callbacks bei der Initialisierung des Simulink Modells (InitFcn), wie in Bild 7.27 dargestellt, geschehen (siehe auch Abschnitt 6.2). Wird Simulink gestartet, ergibt sich bei der gewählten Anfangstemperatur des Raumes von 18 °C im Scope das in Bild 7.28 gezeigte Ergebnis. Da als Regelabweichung 1 K zulässig ist, wird bei einer Solltemperatur von 22 °C bei Erreichen der Isttemperatur von 21 °C die Heizung abgeschaltet.

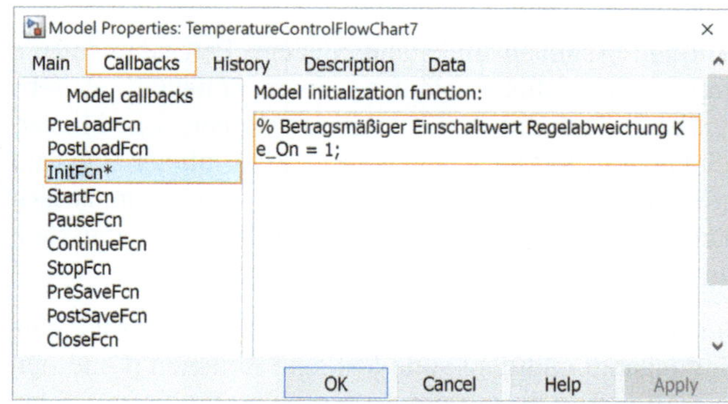

Bild 7.27 Initialisierung Stateflow Variable im Workspace

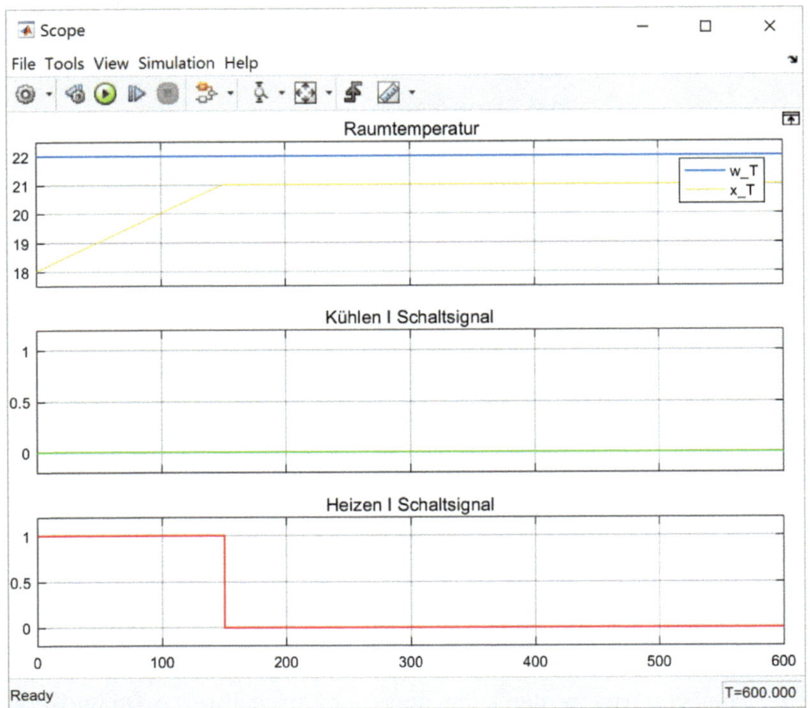

Bild 7.28 Simulationsergebnis im Scope

Die Simulation eines Stateflow Modells wird gemeinsam für alle Beschreibungsmöglichkeiten im Abschnitt 7.6 „Simulation und Debugging" erläutert.

7.3.2 Vorgefertigte Musterabläufe

Für viele Aufgaben in ereignisdiskreten Systemen sind standardisierte Programmabläufe geeignet. Diese können mit vorgefertigten Musterabläufen, die in Stateflow „Pattern Wizard" genannt werden, automatisiert und zeiteffizient erzeugt werden. Um Musterabläufe zu nutzen, sind in einem Stateflow Chart nach einem Rechtsklick mit der Maus auf den Chart die in Bild 7.29 gezeigten Schritte erforderlich. Als Muster wird exemplarisch eine If-Else-Entscheidung (Decision) gewählt. Mit dem Musterablauf soll die Heizungssteuerung der Beispielaufgabe realisiert werden.

Nach der Auswahl öffnet sich ein Formularblatt, in dem, abhängig von der Auswahl, eine Beschreibung (Description), Bedingungen (Conditions) und bedingte Aktionen (Condition Actions) eingetragen werden können. Bild 7.30, links zeigt das Formblatt für die getroffene Wahl, nachdem es ausgefüllt wurde. Die Formulareinträge werden mit dem OK-Pushbutton abgeschlossen, und es erscheint dann das Flussdiagramm im Stateflow Chart (Bild 7.30, rechts).

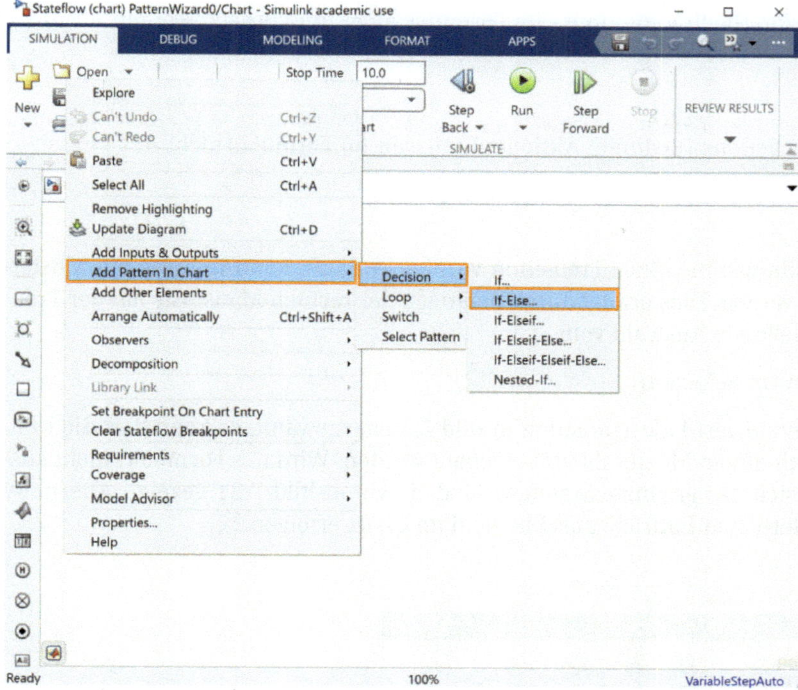

Bild 7.29 Auswahl eines vorgefertigten Musterablaufes (Pattern Wizard)

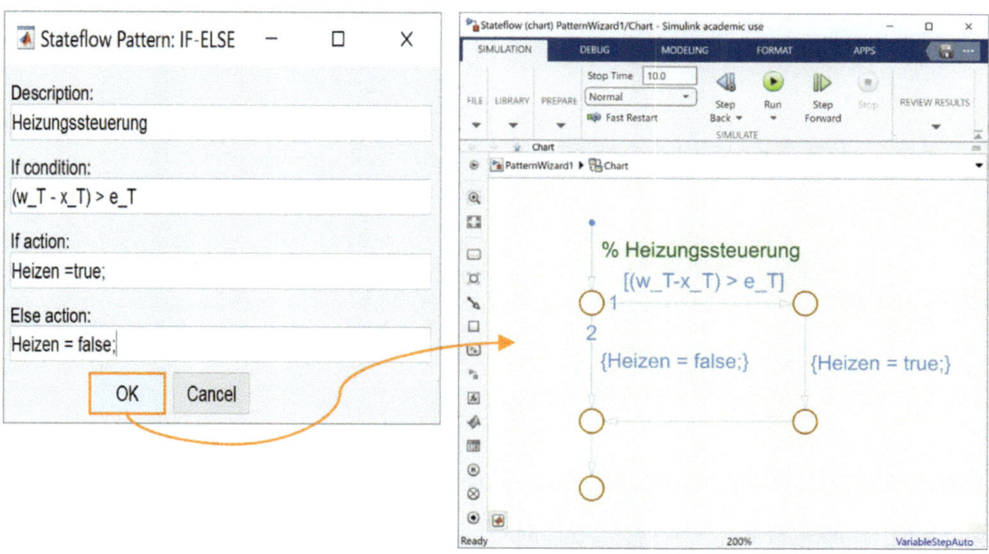

Bild 7.30 Auswahl eines vorgefertigten Musterablaufes (PatternWizard1.slx)

Die Condition (Bedingung) muss im Formular nicht in [ ] gesetzt werden.

Conditions actions (Bedingte Aktionen) müssen im Formular nicht in { } gesetzt werden.

Sofern die Verbindungslinie einer Transition vertikal verläuft, kann in diese ein Musterablauf eingebaut werden. Dies erfolgt durch Betätigen der rechten Maustaste auf der Transition und anschließende Auswahl von:

- Insert Pattern On Selection

Wird z. B. die unterste vertikale Transition in Bild 7.30 ausgewählt, so kann dort die Kühlungssteuerung mit einem Musterablauf aufgebaut werden. Wird das Formblatt nicht ausgefüllt, so ergibt sich das ergänzte Stateflow Modell, wie in Bild 7.31 gezeigt. Alternativ können die erforderlichen Einträge anschließend im Chart erfolgen.

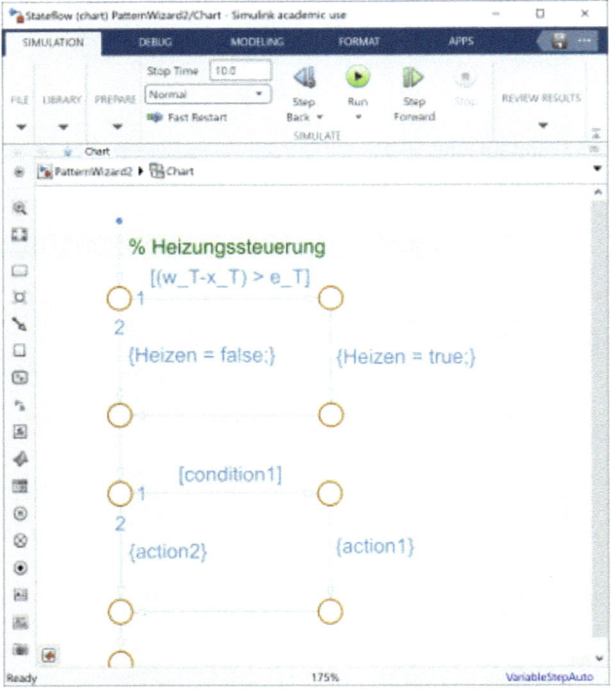

Bild 7.31 Ergänzung mit einem Musterablauf (PatternWizard2.slx)

Weitere Beispiele für vorgefertigte Musterabläufe zeigt Bild 7.32.

Loop I For

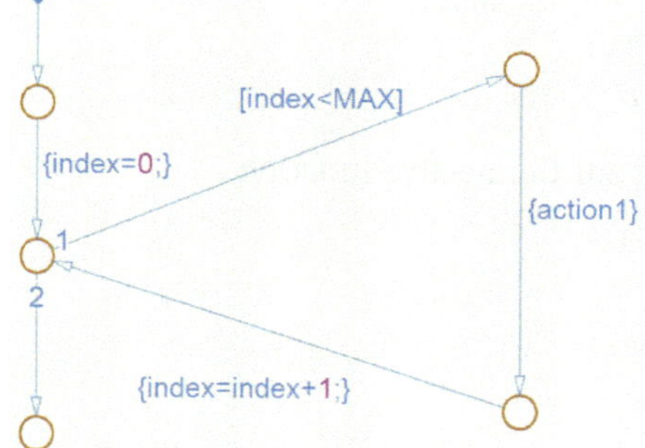

Switch I 2 Cases and Default

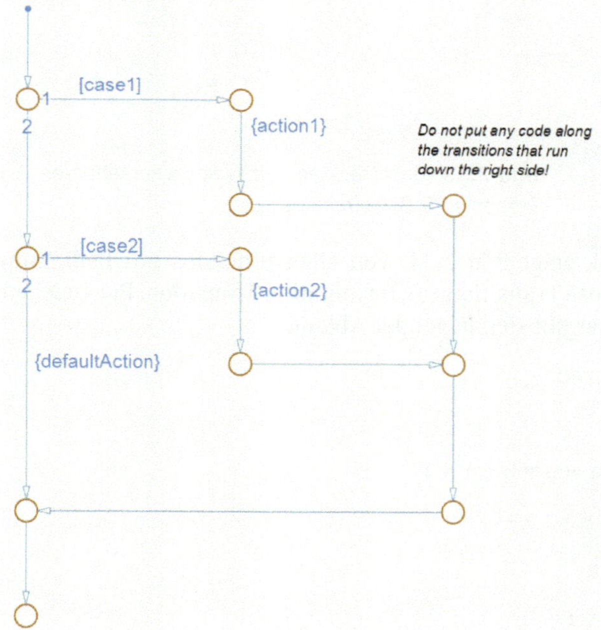

Bild 7.32 Weitere Beispiele für vorgefertigte Musterabläufe (PatternWizard3.slx und PatternWizard4.slx)

7.3.3 Backtracking

Bei Flussdiagrammen kann es durch den Effekt der Rückverfolgung (Backtracking) zu schwierig vorhersehbaren Ergebnissen kommen. Dabei werden Übergangsbedingungen so lange durchlaufen, bis eine Übergangsbedingung nicht mehr erfüllt ist. Ist dies der Fall, wird zur Connective Junction, von der ausgegangen wurde, zurückgegangen und es werden von dieser Junction aus die von der Priorität nächstfolgenden Transitions auf gleiche Weise getestet. Flussdiagramme, bei denen es zum Backtracking kommen kann, sind vom Ergebnis für unterschiedliche Eingangsgrößen schwierig vorhersehbar und sollten daher möglichst vermieden werden. Ein Beispiel hierfür zeigt Bild 7.33. Für einen Wert der Eingangsgröße von x = 3 ergibt sich folgender Ablauf der mit Nummern markierten Transitionen:

❶ Startwert für Ausgangsgröße setzen

❸ Bedingung erfüllt (3 > 1)

❹ Ausgangsgröße um eins erhöhen → u = 0 + 1 = 1

❺ Bedingung nicht erfüllt (3 < 10) → Backtracking zur Connective Junction

❷ Ausgangsgröße um zwei erhöhen → u = 1 + 2 = 3

Der Wert der Ausgangsgröße ist u = 3.

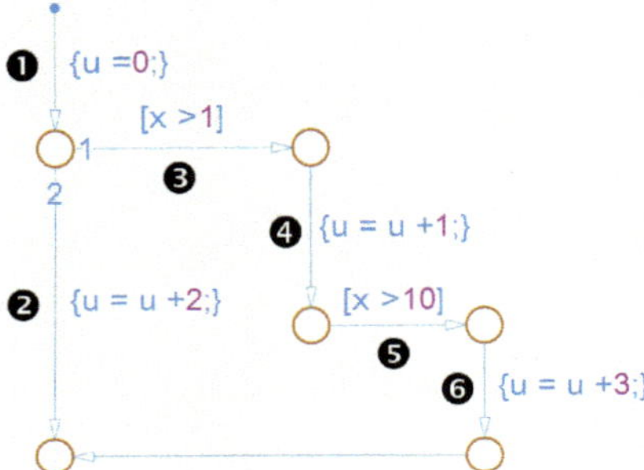

Bild 7.33 Backtracking – schwer vorhersehbares Ergebnis (BackTracking1.slx)

Eine Lösung für diese Problematik zeigt Bild 7.34. Von allen Junctions mit Bedingung (Condition) führt eine bedingungslose Transition zur Terminating Transition. Bei gleichem Wert der Eingangsgröße von x = 3 ergibt sich folgender Ablauf:

❶ Startwert für Ausgangsgröße setzen

❷ Bedingung erfüllt (3 > 1)

❸ Ausgangsgröße um eins erhöhen → u = 0 + 1 = 1

❹ Bedingung nicht erfüllt (3 < 10)

❺ Sprung zur Terminating Junction

Der Wert der Ausgangsgröße ist u = 1.

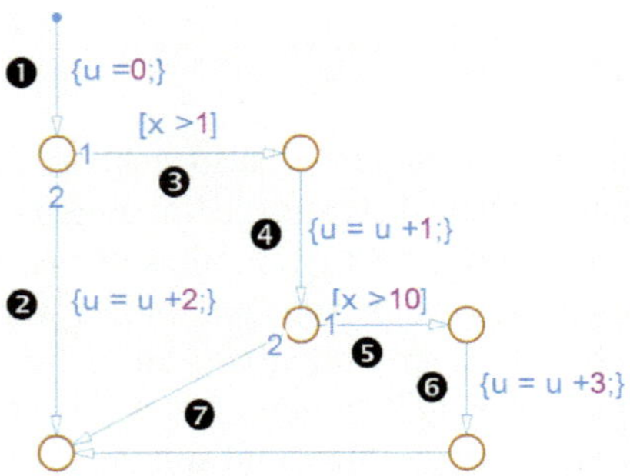

Bild 7.34 Kein Backtracking – leicht vorhersehbares Ergebnis (BackTracking2.slx)

7.3.4 Designrichtlinien

Für Flussdiagramme werden folgende Designrichtlinien empfohlen:

- Nur eine Default Transition pro Chart benutzen.
- Nur eine Terminating Transition pro Chart benutzen.
- Alle möglichen Pfade des Flussdiagramms müssen direkt zur Terminating Transition verbunden sein.
- Immer eine bedingungslose Transition führt von jeder Junction mit mindestens einer Bedingung weg (Ausnahme: Terminating Junction).

7.4 Zustandsdiagramme

Zur Beschreibung ereignisdiskreter Systeme sind Zustandsautomaten (State machines) eine sehr gängige Methode. Zustandsautomaten besitzen eine endliche Anzahl an Zuständen (finite state machine). Sie unterscheiden sich von Flussdiagrammen im Ablaufverhalten:

- Flussdiagramme

  Sie beginnen bei jeder Aktualisierung (Update) mit der Default Transition.

- Zustandsautomaten

  Sie beginnen nur bei der ersten Aktualisierung mit der Default Transition. Anschließend wird immer im jeweils aktuell aktiven Zustand begonnen.

Zustandsautomaten können mit Zustandsdiagrammen grafisch dargestellt werden. Ein Zustandsdiagramm ist aus folgenden Grundelementen aufgebaut:

- Übergangsbedingung, bei der der Zustandsautomat gestartet wird
- Mögliche Zustände des Zustandsautomaten
- Übergangsbedingungen von einem Zustand in einen anderen Zustand
- Aktionen für jeden einzelnen Zustand

Zu einem Zeitpunkt kann ein Zustand entweder aktiv oder inaktiv sein. Zustände können in einer Hierarchieebene exklusiv oder parallel sein. Beide Varianten werden im Folgenden behandelt. Häufig tritt in einem Modell beides auf.

Zustandsdiagramme werden in Stateflow unterstützt und sind eine wichtige Beschreibungsform. Die in Stateflow verwendeten Begriffe zeigt Tabelle 7.5.

Tabelle 7.5 Begriffe in Stateflow Zustandsdiagrammen

Stateflow	
State chart	Zustandsdiagramm
Default transition	Übergangsbedingung, bei der der Zustandsautomat gestartet wird
State	Zustand
Transition	Übergangsbedingung
Action	Aktion

In einem Stateflow Zustandsdiagramm sollte immer ein Startzustand (Default State) mittels einer Default Transition definiert sein. Der Übergang von einem Zustand in einen andern erfolgt, sobald die definierte Übergangsbedingung von einem in den anderen Zustand erfüllt ist.

Bild 7.35 zeigt die einzelnen Begriffe am Beispiel des Teilsystems Heizungssteuerung. Dabei wird wiederum davon ausgegangen, dass der Regler ohne Hysterese betrieben wird und der betragsmäßige Einschaltwert auf eine Regelabweichung von e_{on} = 1 K festgelegt ist.

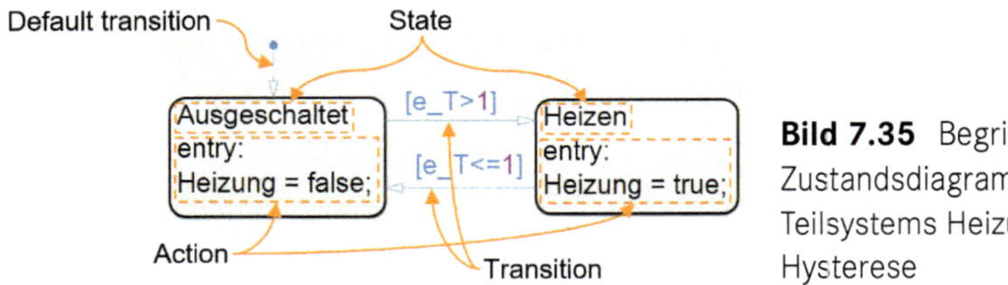

Bild 7.35 Begriffe in einem Stateflow Zustandsdiagramm am Beispiel des Teilsystems Heizungssteuerung ohne Hysterese

Zur zustandsorientierten Beschreibung für das Teilsystem Heizungssteuerung ohne Hysterese sind in der MATLAB Entwicklungsumgebung mehrere Möglichkeiten in Bild 7.36 vergleichend gegenübergestellt. Das System hat zwei Zustände:

- Zustand 1 (State 1)

  Heizung aus.

- Zustand 2 (State 2)

  Heizen.

Die Darstellung als Zustandsdiagramm ist vergleichsweise sehr kompakt und übersichtlich. Bei der MATLAB Function ist bei der hier gewählten Realisierung zu beachten, dass das Schaltsignal immer erst bei einem Funktionsaufruf nach einem Zustandswechsel, d. h. einen Zeitschritt später, geändert wird.

Die programmtechnische Abarbeitung eines Zustandsdiagramms zeigt Bild 7.37 für alle Schritte, außer den ersten Schritt. Im ersten Schritt wird derjenige Zustand aktiviert, zu dem die Default Transition hinführt. Wann ein Zustandsdiagramm aktualisiert wird, kann in den „Chart Properties“ unter „Update method“ festgelegt werden (Bild 7.12). Hierhin gelangt man mit:

File ▸ Model Properties ▸ Chart Properties

❶ MATLAB Function

```
function [Heizen] = HeizungZustaende(e_T)
% Zustandsorientierte Steuerung der Heizung
% e_T    : Regeldifferenz Temperatur (e_T= w_T-x_T)
% Heizen : Schaltsignal für die Heizung
%          true: Heizung ein, false: Heizung aus
%% Zustand Heizung zwischen Funktionsaufrufen speichern
% Zustand 1: Heizung aus, 2: Heizen
persistent Zustand;
%% Kein Zustand definiert?
if isempty(Zustand)
 % Definition des Startzustandes
 % Zustand auf Heizung aus setzen
 Zustand = 1;
end
%% Zustand Heizung aus (Zustand 1)
if Zustand == 1
 % Heizung aus
 Heizen = false;
 % Zu kalt?
 if e_T > 1
   % Zustandswechsel
   Zustand = 2;
 end
end
%% Zustand Heizen (Zustand 2)
if Zustand == 2
 % Heizung ein
 Heizen = true;
 % Zu warm?
 if e_T <= 1
   % Zustandswechsel
   Zustand = 1;
 end
end
```

❷ Simulink Blockdiagramm (Subsystem)

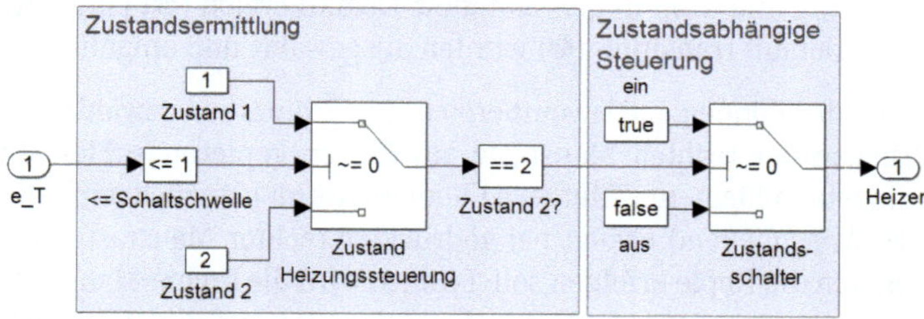

❸ Stateflow Zustandsdiagramm

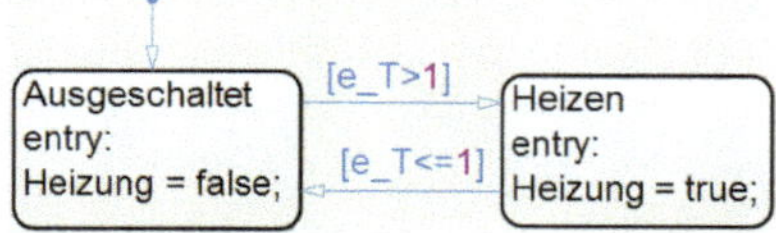

Bild 7.36 Zustandsorientierte Beschreibungsmöglichkeiten für das Teilsystem Heizungssteuerung ohne Hysterese

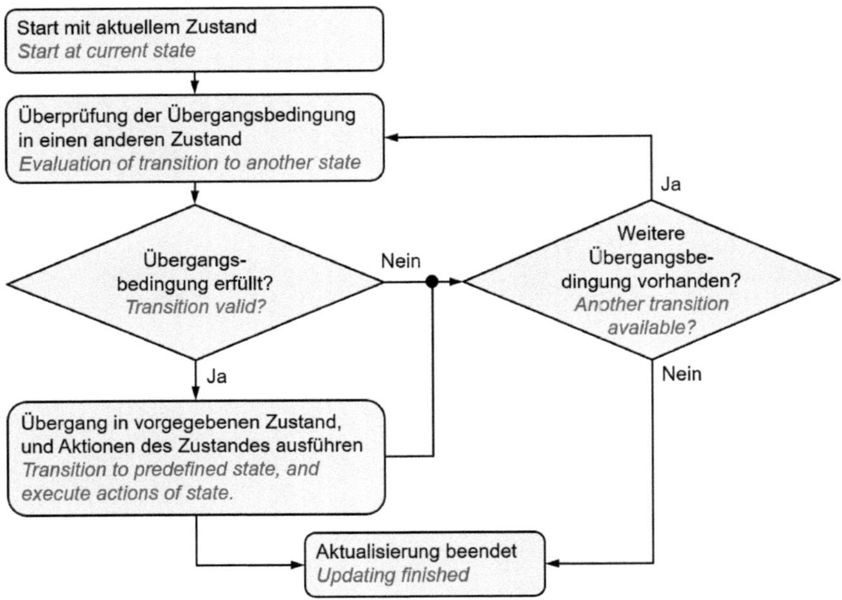

Bild 7.37 Abarbeitung eines Zustandsdiagramms (außer im ersten Schritt)

7.4.1 Modellerstellung

Der Aufbau eines ereignisdiskreten Systems als Stateflow Zustandsdiagramm soll wiederum am aus Bild 7.13 bekannten Gesamtsystem gezeigt werden. Lediglich das im vorherigen Abschnitt beschriebene Flussdiagramm soll durch ein Zustandsdiagramm ersetzt werden.

Zum Aufbau des Zustandsdiagrammes muss zunächst im Simulink Library Browser unter Stateflow ein Chart ausgewählt und in das Simulink Modell platziert werden. Das Stateflow Chart ist zunächst leer und besitzt keine Schnittstellen zum blockorientierten Teil des Simulink Modells. Ein Doppelklick auf das Chart im Simulink Modell öffnet den Stateflow Editor (Bild 7.38). In der senkrechten Leiste (❶) können Stateflow Objekte für Zustandsdiagramme ausgewählt und per drag and drop in den Stateflow Layoutbereich (❷) eingefügt werden. Ein State (❸) und die Default transition (❹) wurden ausgewählt und eingefügt.

Einzelne oder mehrere Elemente können im Layoutbereich des Editors ausgewählt und kopiert werden. Durch Drücken der rechten Maustaste auf das zu kopierende Element erfolgt die Auswahl eines einzelnen Elements. Mehrere Elemente werden zunächst mit der linken Maustaste selektiert. Anschließend erfolgt bei gedrückter rechter Maustaste eine Bewegung in den Bereich, in den die Kopie erfolgen soll. Danach wird die rechte Maustaste losgelassen. Das Ergebnis nach zweimaligem Kopieren des Zustandes aus Bild 7.38 zeigt Bild 7.39.

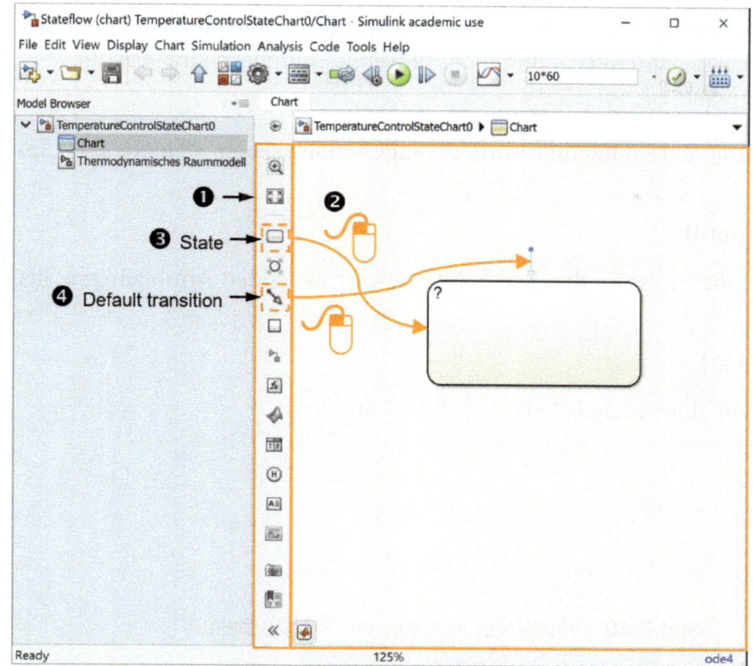

Bild 7.38 Stateflow Editor – Auswahl und Platzierung von Elementen

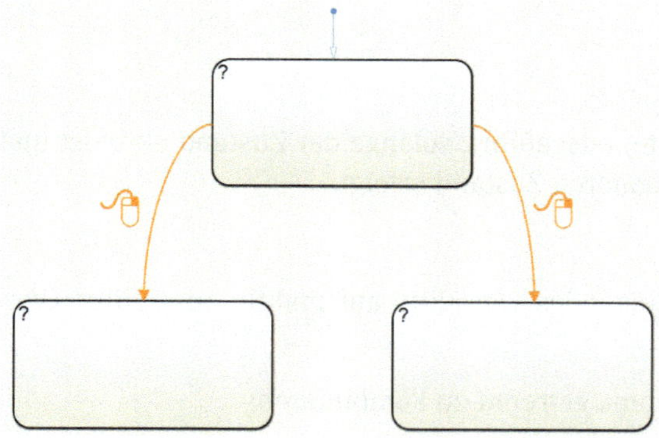

Bild 7.39 Stateflow Editor – Kopieren von Elementen

Jeder Zustand (State) wird grafisch durch ein State Label definiert. Nach einer Auswahl in der Toolbar-Leiste erscheint zunächst ein Fragezeichen (?) in der linken oberen Ecke. Ein State Label kann sich zusammensetzen aus:

- Name des Zustandes (State name)

  Jeder Zustand muss mit einem eindeutigen Namen versehen werden.

- Aktionen des Zustandes (State actions)

  Diese sind optional.

State Names unterliegen denselben Regeln wie Variablennamen, d.h., alphanumerische Zeichen, Unterstrich und nicht führende Nummern sind erlaubt. ■

Zusätzlich können Kommentare eingefügt werden. State Actions setzen sich aus zwei Teilen zusammen:

- Schlüsselwort (Keyword)

  Das Schlüsselwort gibt an, wann die dem Schlüsselwort folgenden Anweisungen ausgeführt werden.

- Anweisung (Statement)

Den prinzipiellen Aufbau eines State Labels zeigt Bild 7.40.

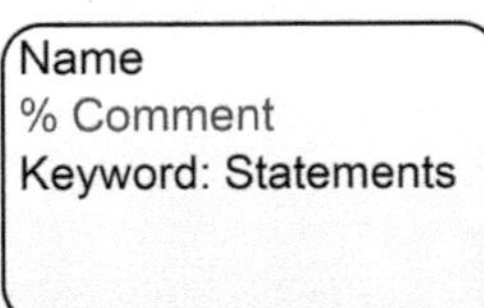

Bild 7.40 Prinzipieller Aufbau eines State Labels

Folgende Schlüsselwörter bzw. deren Abkürzungen sind vorgesehen:

- entry (oder en)

  Wird beim Zustandsübergang des Zustandes von inaktiv auf aktiv ausgeführt (Eintreten des Zustandes).

- during (oder du)

  Wird bei jeder Aktualisierung (Update) ausgeführt, solange der Zustand aktiv ist und kein Übergang (Transition) in einen anderen Zustand erfolgt.

- exit (oder ex)

  Wird beim Zustandsübergang des Zustandes von aktiv auf inaktiv ausgeführt (Verlassen des Zustandes).

Es ist möglich, Schlüsselworte durch Komma getrennt zu kombinieren:

- entry, during: statements
- du, ex: statements

Um eine Transition zwischen States herzustellen, sind folgende Schritte erforderlich (Bild 7.41).

❶ Bewegung der Maus auf die Kante des State, von dem die Transition ausgeht. Als Mauszeiger erscheint ein Kreuz.

❷ Linke Maustaste gedrückt halten und Bewegung der Maus in Richtung des zu verbindenden State. Solange die Verbindung noch nicht hergestellt ist, wird der Verbindungspfeil in Rot und die dazugehörige Linie gestrichelt dargestellt.

❸ Sobald das Kreuz des Mauszeigers die Kante des zu verbindenden State erreicht hat, wird der Pfeil in Blau und die dazugehörige Linie durchgezogen dargestellt. Wird die linke Maustaste losgelassen, ist die Verbindung hergestellt. An der Verbindungslinie erscheint ein Fragezeichen. Im Bereich des Fragezeichens kann ggf. das Transition Label eingetragen werden.

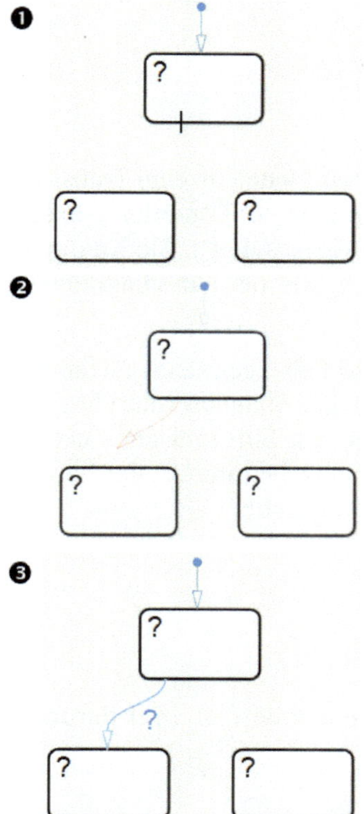

Bild 7.41 Stateflow Editor – Transition zwischen States herstellen

Im weiteren Schritt werden alle Transitions zwischen den drei vorhandenen States auf diese Weise hergestellt. Eine Transition kann mit einem Klick auf eine Maustaste über der Verbindungslinie ausgewählt werden. An der Verbindungslinie erscheint ein Fragezeichen. Wird die Maus über dem Bereich des Fragezeichens (Transition Label) platziert, kann dort, wie bei Flussdiagrammen beschrieben, Text, der eine Bedingung (Condition), bedingte Aktion (Condition action) und einen Kommentar (Comment) enthält, eingetragen werden (siehe Bild 7.20). Das Transition Label kann mit der Maus verschoben werden. Bei der Verschiebung wird eine Verbindungslinie zwischen dem Transition Label und der Verbindungslinie, die die Transition definiert, eingeblendet.

Aktionen können als State Actions oder Condition Actions realisiert werden. Die Unterscheidung ist wie folgt:

- State Action

  Wird eingesetzt, wenn die Aktion unabhängig davon sein soll, wie der Zustand eingetreten oder verlassen wird.

- Condition Action

  Wird eingesetzt, wenn die Aktion nur ausgeführt werden soll, wenn eine bestimmte Transition aus mehreren, die in einen Zustand führen, die Aktion auslösen soll.

In Bild 7.42 sind die State Label und Transition Label für das Beispielsystem eingetragen. Das System hat drei Zustände mit den Zustandsnamen (State Names):

- Ausgeschaltet
- Heizen
- Kuehlen

Sofern mehr als eine Transition von einem State wegführt, wird jede einzelne Transition mit einer Nummer versehen, die die Reihenfolge der Abarbeitung der Conditions (Execution Order) und damit die Priorität darstellt (siehe State „Ausgeschaltet“). Die Nummern werden zunächst automatisch vergeben und können danach, wie bei Flussdiagrammen beschrieben, manuell angepasst werden (siehe Bild 7.42).

Wie beim Flussdiagramm gibt es fünf Stateflow Variablen des Beispielsystems (siehe Bild 7.26). Deren Definition erfolgt identisch zum Flussdiagramm. Das Stateflow Chart hat zum blockorientierten Teil des Modells identische Schnittstellen am Ein- und am Ausgang sowie zum Workspace. Bei lokalen Variablen kann bei Zustandsdiagrammen der Bereich ausgewählt werden, in dem diese benutzbar sind (Gültigkeitsbereich):

- Chart-level

  Variable ist im gesamten Chart nutzbar.

- State-level

  Variable ist nur auf Ebene des Zustandes, auf dem diese definiert ist, oder darunterliegenden Hierarchieebenen nutzbar.

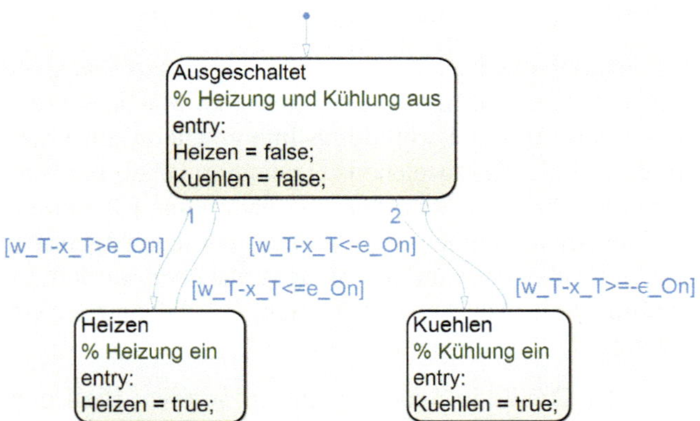

Bild 7.42 Stateflow Editor – State Label und Transition Label für das Beispielsystem (TemperatureControlStateChart.slx)

Wird das Zustandsdiagramm im ersten Schritt ausgeführt, wird mittels der Default Transition der Zustand „Ausgeschaltet" aktiviert. Sollte die Regelabweichung der Temperatur betragsmäßig außerhalb der Schaltschwelle sein, wird die Heizung oder Kühlung noch nicht eingeschaltet. Erst im zweiten Schritt erfolgt die Überprüfung der Regelabweichung, und es kommt zum Einschalten. Dies wird bei der Temperaturregelung eines Raumes vermutlich kein Problem darstellen, kann aber in zeitkritischen Anwendungen problematisch sein. Zur Lösung dieser Problematik gibt es zwei Möglichkeiten:

- Initialisierungszustand abhängig von den Eingangsgrößen modellieren

  Diese Möglichkeit ist in Bild 7.43 mittels einer vorgeschalteten Junction eines Flussdiagrammes gezeigt. Es ergibt sich eine Mischung aus Flussdiagramm und Zustandsdiagramm. Dabei ist zu beachten, dass die beiden Conditions zur Abfrage der Schaltschwelle die höchsten Prioritäten haben müssen. Nachteilig bei dieser Realisierung ist der Erstellungsaufwand und dass die jeweiligen Temperaturabfragen jeweils zweifach vorhanden sind.

- Einstellung so vornehmen, dass das Zustandsdiagramm vor dem ersten Zeitschritt ausgeführt wird

  Diese Einstellung erfolgt in:

  File ▸ Model Properties ▸ Chart Properties

  unter „Execute (enter) Chart at Initialization" (siehe Bild 7.44, Markierung). Diese Möglichkeit ist weniger aufwändig und fehleranfällig, da funktional gleiche Abfragen nur einmalig vorhanden sind.

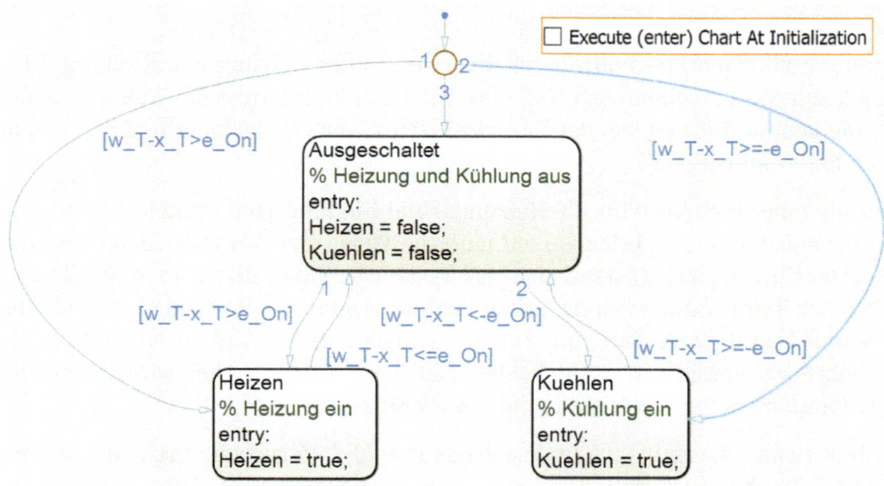

Bild 7.43 Mit Initialisierungslogik (TemperatureControlStateChartInitLogic.slx)

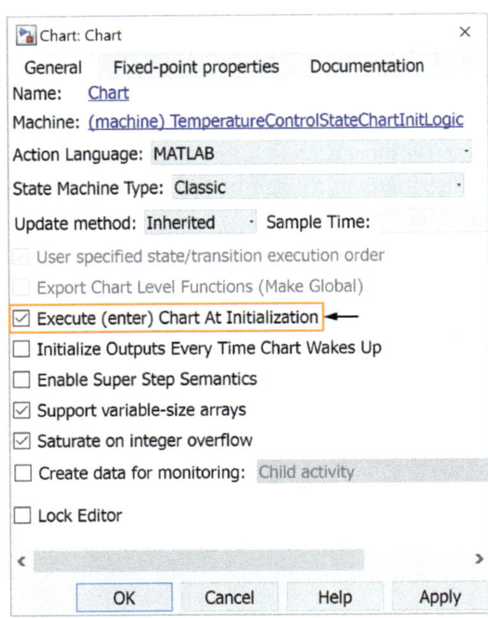

Bild 7.44 Einstellung, dass Zustandsdiagramm vor erstem Zeitschritt ausgeführt wird

Die Temperaturregelung des Raumes wurde bislang ohne Hysterese ausgeführt. Diese Realisierung hat folgende Nachteile:

- Die gewünschte Raumtemperatur (Sollwert) wird nicht erreicht, da bereits vorher aufgrund der Schaltschwelle (bisher immer gewählt mit e_On = 1 K) die Heizung oder Kühlung abgeschaltet wird. Im Beispiel ist daher die Toleranz für die Raumtemperatur ± 1 K.
- Es kommt zu häufigen Ein- und Ausschaltvorgängen der Heizung und Kühlung. Dies geschieht, sofern es zu einem von Null abweichenden Wärmefluss des Raumes an die Umgebung kommt. Dies ist von der Energieeffizienz, der Lebensdauer und der Schallemission her ungünstig.

Die Einführung einer Hysterese für die Heizungs- und Kühlungssteuerung löst diese Problematik. Zustandsdiagramme erlauben auf einfache Weise eine Verhaltensmodellierung abhängig davon, in welchem Zustand sich das System befindet. Bild 7.45 zeigt die Beispielaufgabe der Temperaturregelung mit Hysterese. Lediglich die beiden Transitions (markiert durch Umrahmung) hin zum Zustand „Ausgeschaltet“ wurden verändert. Die Hysterese wurde so gewählt, dass in beiden Fällen erst abgeschaltet wird, wenn die gewünschte Raumtemperatur erreicht ist (Regeldifferenz gleich null).

Wird Simulink gestartet, ergibt sich im Scope das in Bild 7.46 gezeigte Ergebnis, im Vergleich zu Bild 7.28 ohne Hysterese. Die Simulation eines Stateflow Modells wird gemeinsam für alle Beschreibungsmöglichkeiten im Abschnitt 7.6 „Simulation und Debugging“ erläutert.

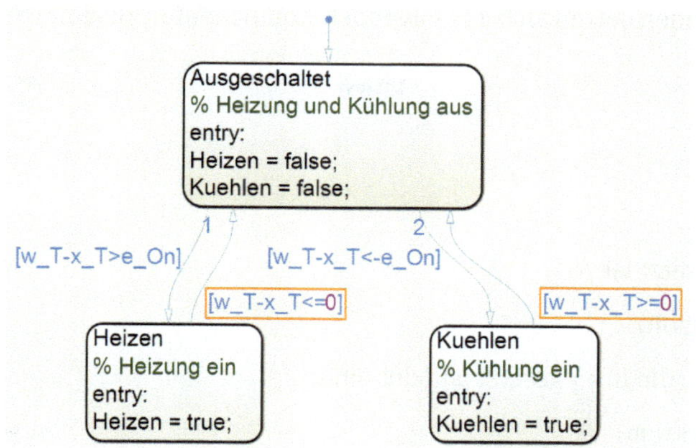

Bild 7.45 Beispielaufgabe der Temperaturregelung mit Hysterese (TemperatureControlState HysterisisStateChart.slx)

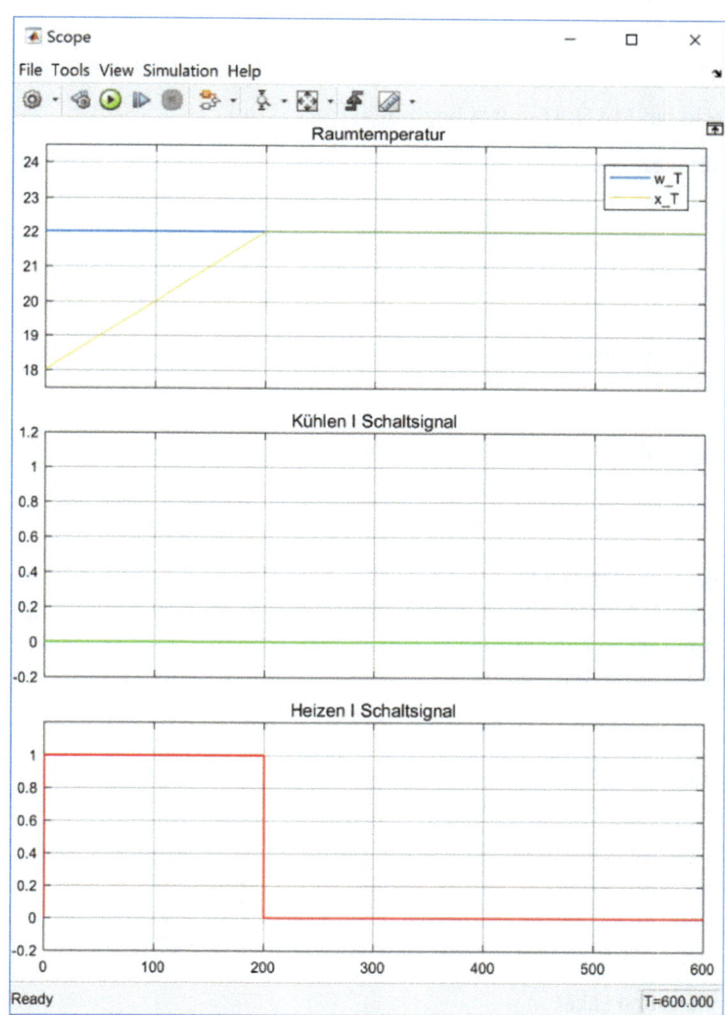

Bild 7.46 Simulationsergebnis im Scope

Transition Labels zwischen Zuständen setzen sich aus folgenden Komponenten zusammen (Bild 7.47):

- Event (Ereignis)

  Abfrage, ob Ereignis aktiv ist.
- Condition (Bedingung)

  Logische Abfrage, die in [ ] gesetzt ist.
- Condition action (bedingte Aktion)

  Anweisung oder Anweisungen, die in { } gesetzt ist oder sind.
- Transition action (Übergangsaktion)

  Anweisung oder Anweisungen, die mit / beginnt oder beginnen und in { } gesetzt ist oder sind.
- Comment (Kommentar)

  Kommentartexte, die wie bei MATLAB mit % beginnen.

Alle Komponenten sind optional.

Bild 7.47 Stateflow Editor – Komponenten eines Transition Labels zwischen Zuständen

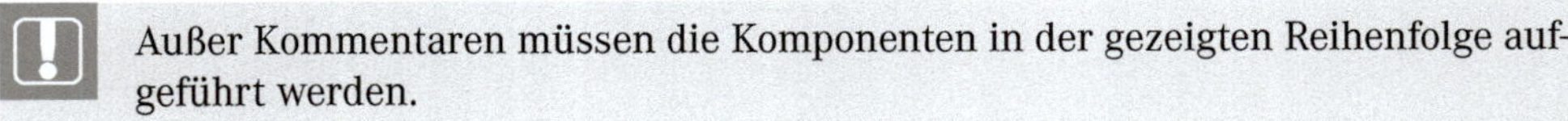
Außer Kommentaren müssen die Komponenten in der gezeigten Reihenfolge aufgeführt werden.

Kommentare können überall platziert werden. Sämtlicher Text rechts des %-Zeichens in einer Zeile wird als Kommentar interpretiert. Soll ein Kommentar vor anderen Komponenten stehen, so müssen sich die anderen Komponenten in einer neuen Zeile befinden (siehe Bild 7.48).

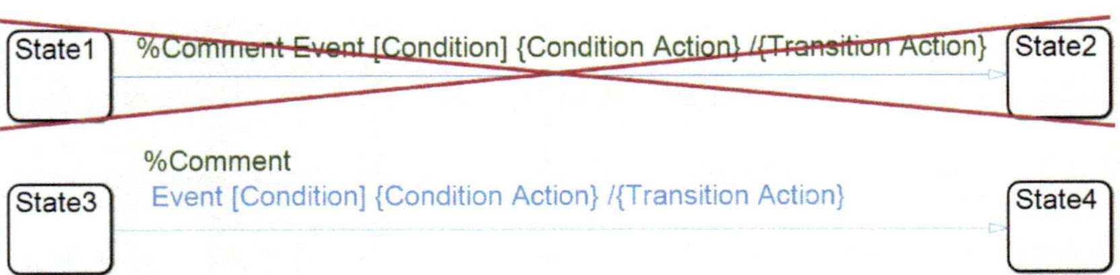

Bild 7.48 Kommentare im Transition Label

Das Verhalten einer Condition Action und einer Transition Action ist unterschiedlich:

- Condition action

  Die Anweisungen werden unmittelbar ausgeführt, sofern die davorstehende Bedingung (Condition) erfüllt, d. h. wahr (true) ist.

- Transition action (Übergangsaktion)

  Die Anweisungen werden erst ausgeführt, wenn der gesamte Pfad von einem in den anderen Zustand durchlaufen wird, d. h. alle Bedingungen entlang eines Pfades erfüllt sind.

Das in Bild 7.49 gezeigte Beispiel mit zwei Zuständen und vier Transitions zeigt den Unterschied. Die Variable „Input“ ist die Eingangsgröße aus Simulink und hat den Wert 2. Die Variable „Output“ ist die Ausgangsgröße des Stateflow Charts. Als lokale Variablen des Stateflow Charts werden „Counter“ und „String“ benutzt. Dadurch, dass alle Schritte durch Textausgaben im „Command Window“ angezeigt werden, wird die Abfolge verdeutlicht. Die Anweisung „coder.extrinsic('num2str')“ ist notwendig, damit die MATLAB Function „num2str“ (Konvertierung eines numerischen Wertes in einen String) in der Action eingesetzt werden kann. In Bild 7.50 ist die Anzeige im „Command Window“ für drei Aktualisierungsschritte gezeigt. Die Variable „Output“ wird erst im zweiten Aktualisierungsschritt in der Transition Action der Transition1 auf true (= 1) gesetzt, da erst dann „Counter > 1“ und damit die Transition2 durchlaufen und State2 erreicht wird. Die Aktualisierungsschritte sind mit ❶, ❷ und ❸ gekennzeichnet.

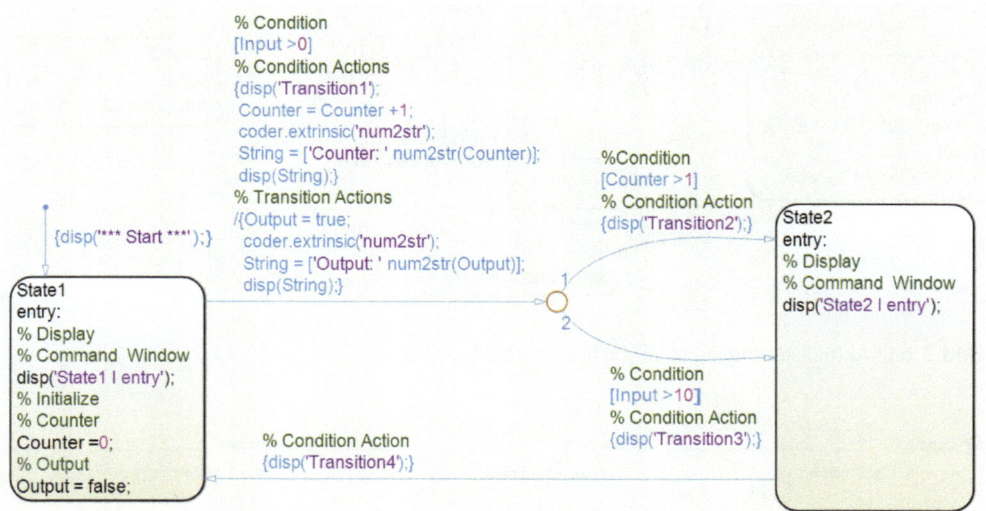

Bild 7.49 Unterschied zwischen Condition Action und Transition Action (TransitionAction.slx)

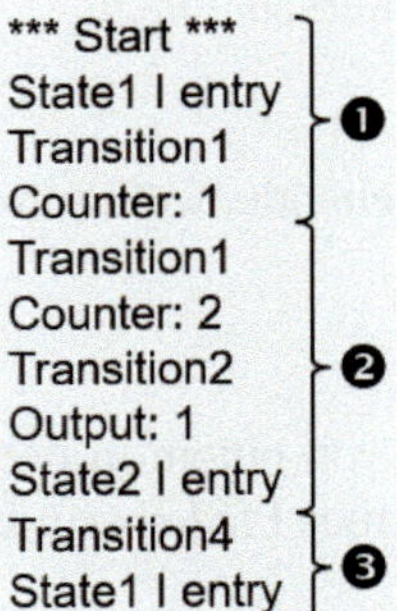

Bild 7.50 Anzeige im „Command Window“

7.4.2 Aktualisierungsbeispiel

Die Aktualisierungsabfolge und damit die aufgrund der Bedingungen ausgelösten Aktionen sollen am im Bild 7.51 gezeigten Beispiel dargestellt werden. Dadurch, dass alle Schritte durch Textausgaben im „Command Window“ angezeigt werden, wird die Abfolge für verschiedene Eingangswerte der beiden Bedingungen (Condition1 und Condition2) verdeutlicht. In Bild 7.52 sind die drei möglichen Abläufe (❶, ❷ und ❸) bei unterschiedlichen Eingangsbedingungen gezeigt (Condition1 = true und Condition2 = true entspricht dem Ablauf ❶).

{disp('*** Start ***');
disp('Default Transition');}
State1
during:
disp('State1 I during');
exit:
disp('State 1 I exit');
{disp('Transition1');}
[Condition1]
{disp('Transition2');}
/{disp('Transition2Action');}
State2
entry:
disp('State2 I entry');
[Condition2]
{disp('Transition3');}
/{disp('Transition3Action');}
State3
entry:
disp('State3 I entry');

Bild 7.51 Aktualisierungsbeispiel (ActionExecutionOrder.slx)

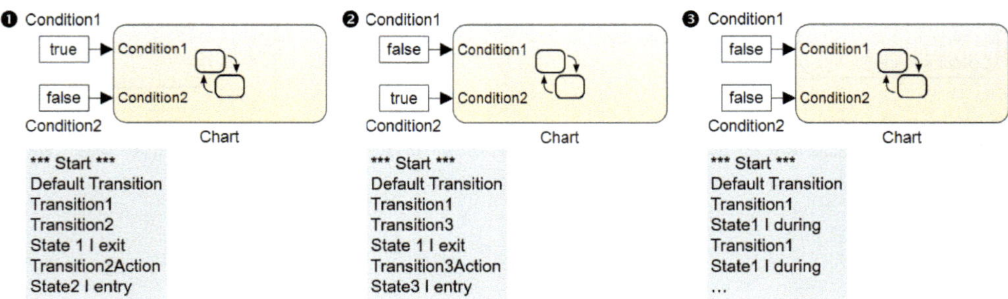

Bild 7.52 Aktionen bei unterschiedlichen Eingangsbedingungen

7.4.3 Super Step

Standardmäßig wird die Aktualisierung (Update) eines Stateflow Charts abgeschlossen, wenn eine Transition in einen anderen Zustand ausgeführt wurde oder festgestellt wurde, dass es keine gültige Transition gibt. Dieses Verhalten verhindert, dass mehrere Transitionen in einer Aktualisierung durchlaufen werden. Das Verhalten kann durch Verwendung eines sogenannten „Super Step“ verändert werden. Ein Aktualisierungsschritt wird erst beendet, wenn festgestellt wird, dass es keine gültigen Transitionen mehr gibt. Dadurch können in einer Aktualisierung mehrere Transitionen zwischen Zuständen durchlaufen werden. Dieses Verhalten wird unter

File ▸ Model Properties ▸ Chart Properties

durch Aktivierung von „Enable Super Step Semantics“ (siehe Bild 7.53, Markierung) eingestellt.

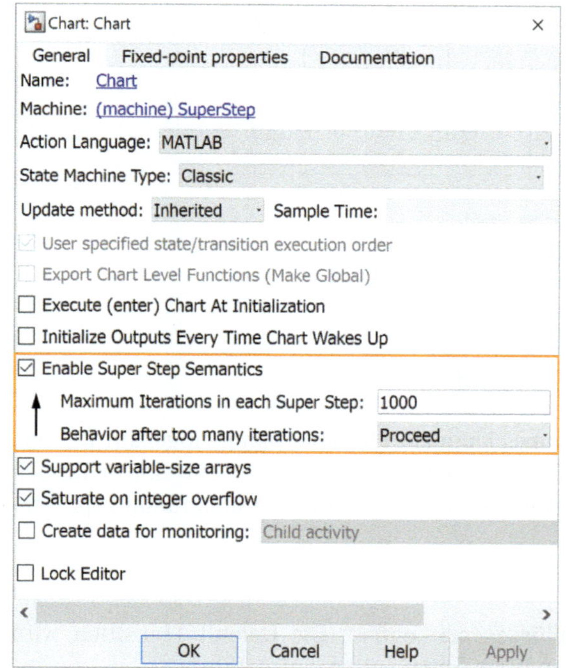

Bild 7.53 Aktivierung des „Super Step“-Verhaltens

Ein einfaches Beispiel zum Verhalten mit und ohne „Super Step“ zeigt Bild 7.54. Im oberen Diagrammteil des Scope ist der Signalverlauf für die Eingangsvariable „Input“ dargestellt. Im unteren Teil wird der im jeweiligen Aktualisierungsschritt gültige Zustand visualisiert.

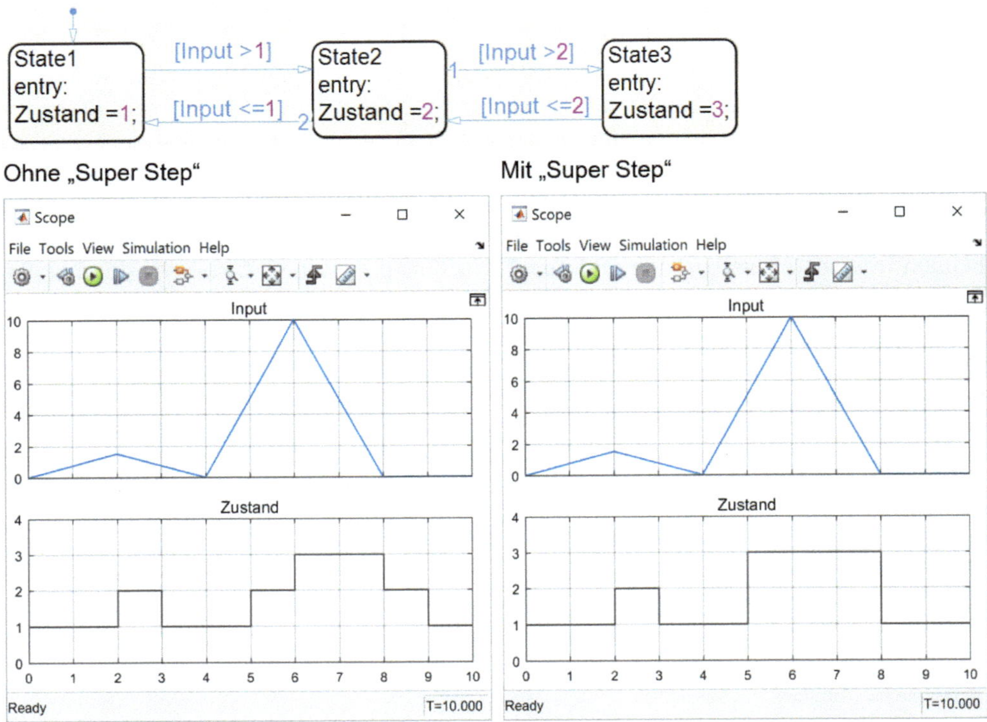

Bild 7.54 Verhalten mit und ohne „Super Step“ (SuperStep.slx)

7.4.4 Flussdiagramm in einem Zustand

In einen Zustand eines Zustandsdiagrammes kann ein Flussdiagramm eingebaut werden. Das Flussdiagramm wird nur abgearbeitet, wenn der Zustand aktiv ist. Einzelne Schlüsselworte des State Labels werden durch folgende Transitions im Flussdiagramm repräsentiert:

- Default Transition

  Das Verhalten ist ähnlich dem Schlüsselwort „entry“. Die Default Transition wird unmittelbar nach ggf. vorhandenen anderen Entry Actions ausgeführt.

- Transition vom Rahmen des Zustandes zur Junction

  Das Verhalten ist ähnlich dem Schlüsselwort „during“. Diese Transition wird unmittelbar nach ggf. vorhandenen anderen During Actions ausgeführt.

Die Temperaturregelung mit Hysterese aus Bild 7.45 wird so modifiziert, dass die beiden Zustände „Heizen“ und „Kuehlen“ jeweils Flussdiagramme beinhalten. Zusätzlich zum Einschalten der Leistungsschalter für die Heizung und die Kühlung in der Default Transition des Flussdiagrammes (entry) wurden Anzeigen in das „Command Window“ eingebaut (Bild 7.55). Die zum Zustand „Ausgeschaltet“ hinführenden Transitions wurden um Condition Actions erweitert, die das Ausschalten der Leistungsschalter im „Command Window“

anzeigen. Ist im eingeschalteten Zustand die Regelabweichung kleiner als die Schaltschwelle, wird in jedem Aktualisierungsschritt „Regelabweichung klein" (Verzweigungspfad mit Priorität 1), ansonsten „Regelabweichung groß" (Verzweigungspfad mit Priorität 2), ausgegeben.

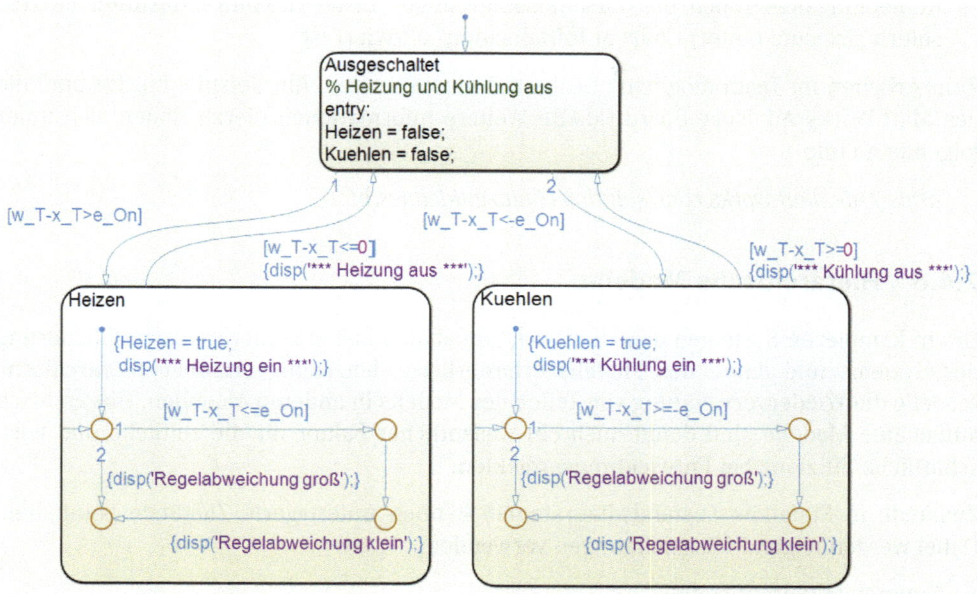

Bild 7.55 Zustände mit Flussdiagramm (TemperatureControlStateFlowChart.slx)

Die Ausgabe im „Command Window", sofern die Raumtemperatur beim Start deutlich zu klein war, ist beispielhaft:

```
*** Heizung ein ***
Regelabweichung groß
Regelabweichung groß
Regelabweichung groß
Regelabweichung groß
Regelabweichung groß
Regelabweichung groß
Regelabweichung groß
Regelabweichung groß
Regelabweichung klein
Regelabweichung klein
Regelabweichung klein
*** Heizung aus ***
```

7.4.5 Designrichtlinien

Für Zustandsdiagramme werden folgende Designrichtlinien empfohlen:

- Eine bedingungslose Default Transition zu einem Zustand benutzen.
- Keine Eingangsgrößen des Zustandsdiagrammes in der Default Transition nutzen, sofern „Execute (enter) Chart at Initialization“ aktiviert ist.

Zum Arbeiten im Team möglichst Designrichtlinien nutzen. Ein Beispiel hierfür sind die des MathWorks Advisory Board (MAB). Weitere Informationen hierzu finden sich unter folgendem Link:

https://de.mathworks.com/solutions/mab-guidelines.html

7.4.6 Hierarchische Modelle

Um in komplexen Systemen den Überblick zu behalten, ist eine hierarchische Gliederung des Systems und damit des Modells erforderlich. Gleichzeitig erlauben hierarchische Modelle die Wiederverwendung von Teilen des Modells in anderen Modellen. Hierarchisch aufgebaute Modelle sind damit auch ein wesentlicher Faktor für die zeitliche und wirtschaftliche Effizienz bei Entwicklungsprojekten.

Zustände in Stateflow Zustandsdiagrammen können unterlagerte Zustände beinhalten. Dabei werden folgende Bezeichnungen verwendet:

- Superstate (Parent state)

  Überlagerter Zustand.

- Substate (Child state)

  Unterlagerter Zustand. Unterlagerte Zustände können nur aktiv sein, wenn der überlagerte Zustand aktiv ist.

Dies ermöglicht den Aufbau hierarchischer Modelle. Das in Bild 7.56 gezeigte Zustandsdiagramm hat zwei Superstates und jeder Superstate jeweils zwei Substates.

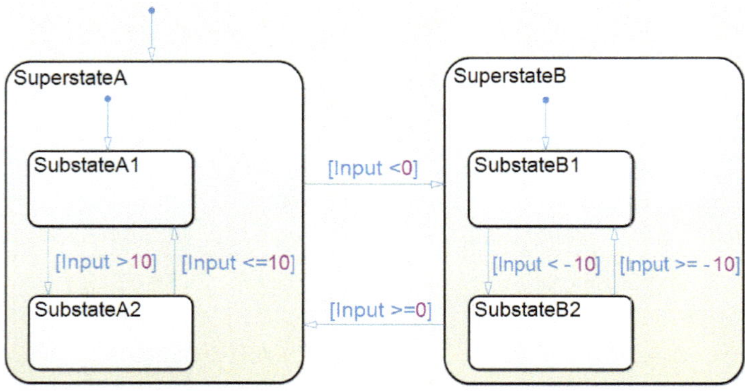

Bild 7.56 Hierarchisches Modell (HierarchicalModel.slx)

Dabei sind folgende Transitions möglich:

- Innerhalb einer Ebene der Hierarchie
- Über unterschiedliche Ebenen der Hierarchie

  Diese werden Supertransitions genannt.

Zur Veranschaulichung eines hierarchischen Zustandsdiagrammes soll das Modell der Temperaturregelung mit Hysterese aus Bild 7.45 erweitert werden. Es soll zusätzlich berücksichtigen, ob die Regelelektronik ein- oder ausgeschaltet ist. Dafür werden zwei weitere Zustände mit den State Names „Ein“ und „Aus“ eingeführt. Zunächst sind folgende zwei Schritte erforderlich (Bild 7.57).

❶ Neuen Zustand dem Modell hinzufügen (wird mit „Ein“ bezeichnet)

❷ Neuen Zustand so vergrößern, dass er gewünschte Substates umschließt („Ausgeschaltet“, „Heizen“ und „Kuehlen“ sollen die Substates werden). Dadurch wird der Zustand „Ein“ zum Superstate.

Schritt ❶

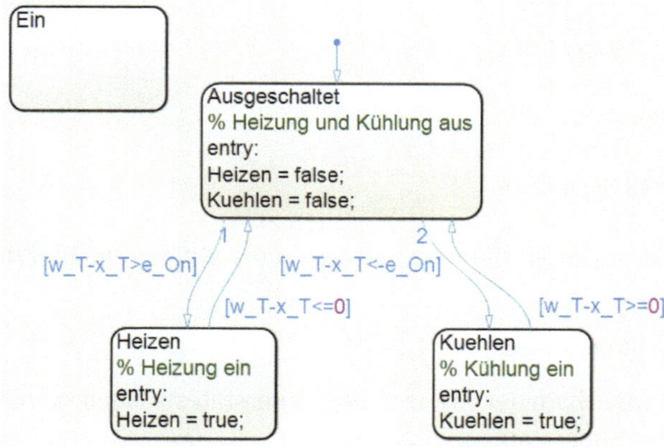

Schritt ❷

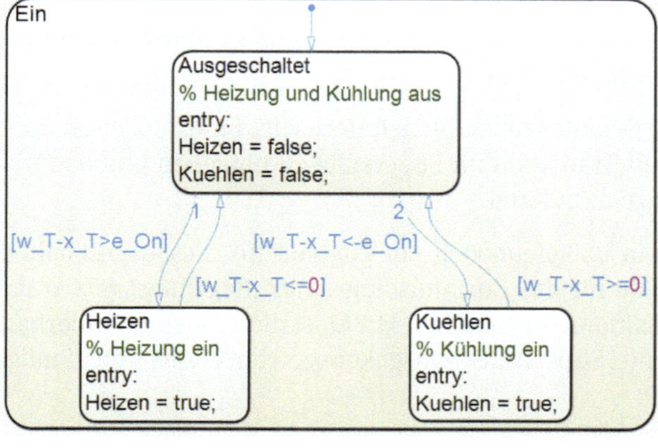

Bild 7.57 Hierarchisches Modell (TemperatureControlStateChart Hierarchical1.slx und Temperature ControlStateChartHierarchical2.slx)

Alle Elemente eines Superstates können gruppiert werden (Bild 7.58), wodurch sich deren Position im Superstate nicht mehr verändern lässt.

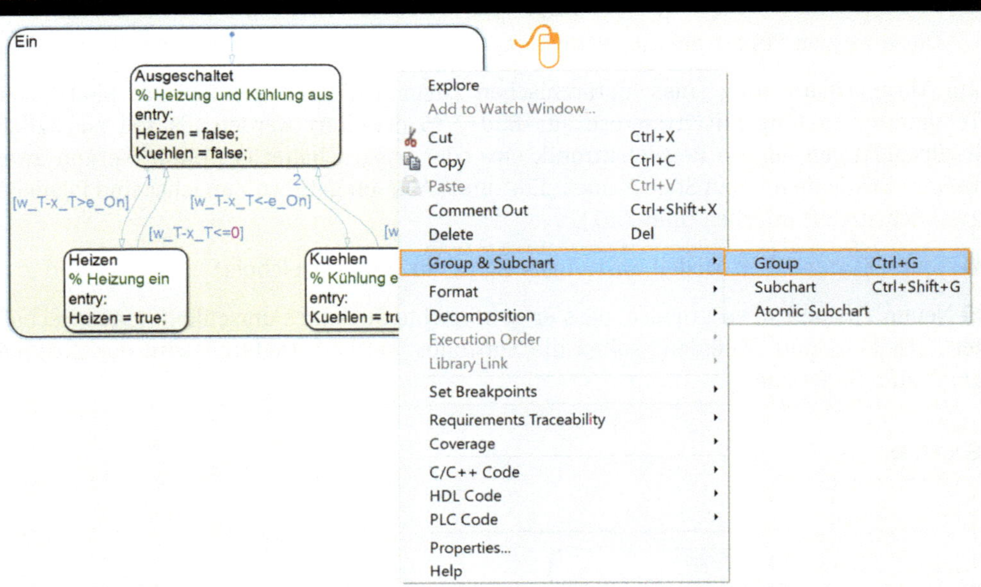

Bild 7.58 Gruppieren der Elemente eines Superstate

Sobald ein Superstate aktiviert wird, muss er einen seiner Substates aktivieren. Hierzu gibt es zwei Arten von Transitions:

- Default Transition innerhalb des Superstates

  Die Default Transition muss von innerhalb der Grenzen des Superstates ausgehen und an der Grenze eines Substates des Superstates enden.

- Supertransition

  Dies ist eine Transition, die die Grenzen eines Superstates überschreitet und an der Grenze eines Substates des Superstates endet.

Für jede Hierarchieebene sollte eine Default Transition definiert sein. Eine Supertransition kann genutzt werden, um die Default Transition im Superstate zu umgehen und dadurch direkt einen gewünschten Substate zu aktivieren.

In den letzten Schritten werden dem Beispielmodell ein Zustand für die ausgeschaltete Regelung „Aus“, die Eingangsvariable für das Zustandsdiagramm „Regelung“ (als Wahrheitswert) und beide Arten der Transitions hinzugefügt. Mit ❶ ist die Transition innerhalb einer Hierarchieebene und mit ❷ die Supertransition gekennzeichnet. Das vollständige hierarchische Modell zeigt Bild 7.59.

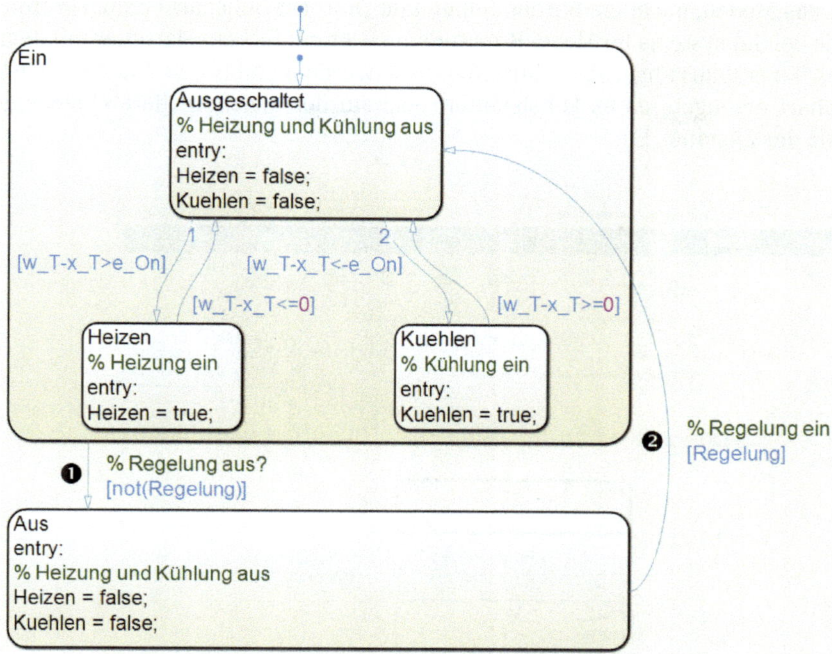

Bild 7.59 Hierarchisches Modell (TemperatureControlStateChartHierarchical.slx)

Von Simulink sind Subsystems als eine Methode zur Strukturierung bekannt. Hierzu können in Stateflow Subcharts genutzt werden. Die Erzeugung eines Subchart ist in Bild 7.60 gezeigt.

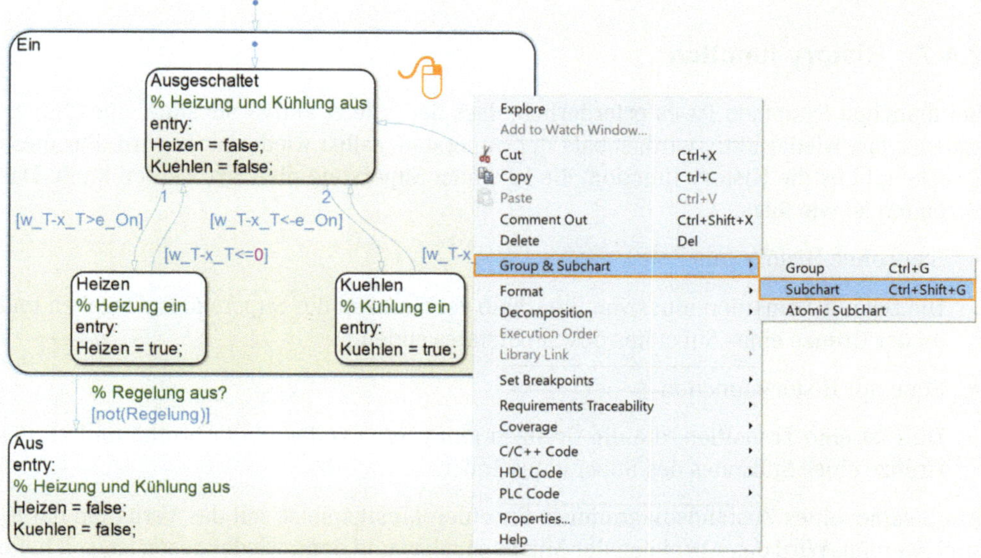

Bild 7.60 Erzeugung eines Subchart

Bild 7.61 zeigt das Modell, nachdem für den Superstate „Ein“ ein Subchart erzeugt wurde. Dieses wird wie bei Subsystems im Model Browser eine Hierarchieebene darunter mit dem State Name des Superstates angezeigt. Sinnvollerweise würde man für den Zustand „Aus“ auch ein Subchart erzeugen, da es konsistenterweise auf der gleichen Hierarchieebene liegen sollte wie der Zustand „Ein“.

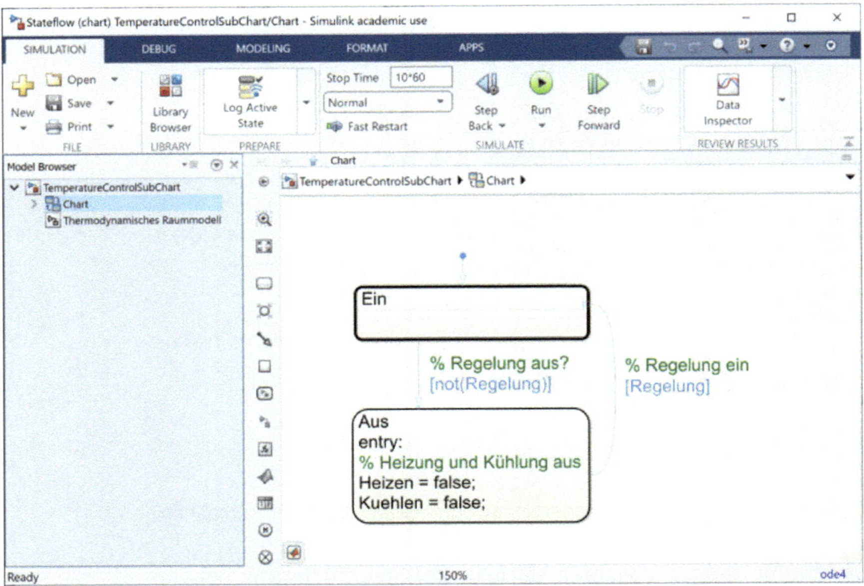

Bild 7.61 Beispielaufgabe der Temperaturregelung mit Subchart (TemperatureControlSub Chart.slx)

7.4.7 History Junction

Bei manchen Systemen ist es erforderlich, dass der zuletzt aktive Substate eines Superstates sofort wieder aktiv wird, sobald der Superstate selbst wieder aktiv wird. Für diese Zwecke gibt es die History Junction, die in einem Superstate platziert werden kann. Das Verhalten ist wie folgt:

- State ohne History Junction

  Die Default Transition muss von innerhalb der Grenzen des Superstates ausgehen und an der Grenze eines Substates des Superstates enden.

- State mit History Junction

  Dies ist eine Transition, die die Grenzen eines Superstates überschreitet und an der Grenze eines Substates des Superstates endet.

Am Beispiel eines Zustandsdiagrammes für einen Musikspieler soll das Verhalten dargestellt werden. Wird das Abspielen der Musik pausiert und dann wieder gestartet, soll beim zuletzt abgespielten Musikstück fortgefahren werden. Das Icon für die History Junction findet sich in der Toolbar-Leiste (❶). Es wird per drag and drop in den gewünschten State eingefügt (Bild 7.62).

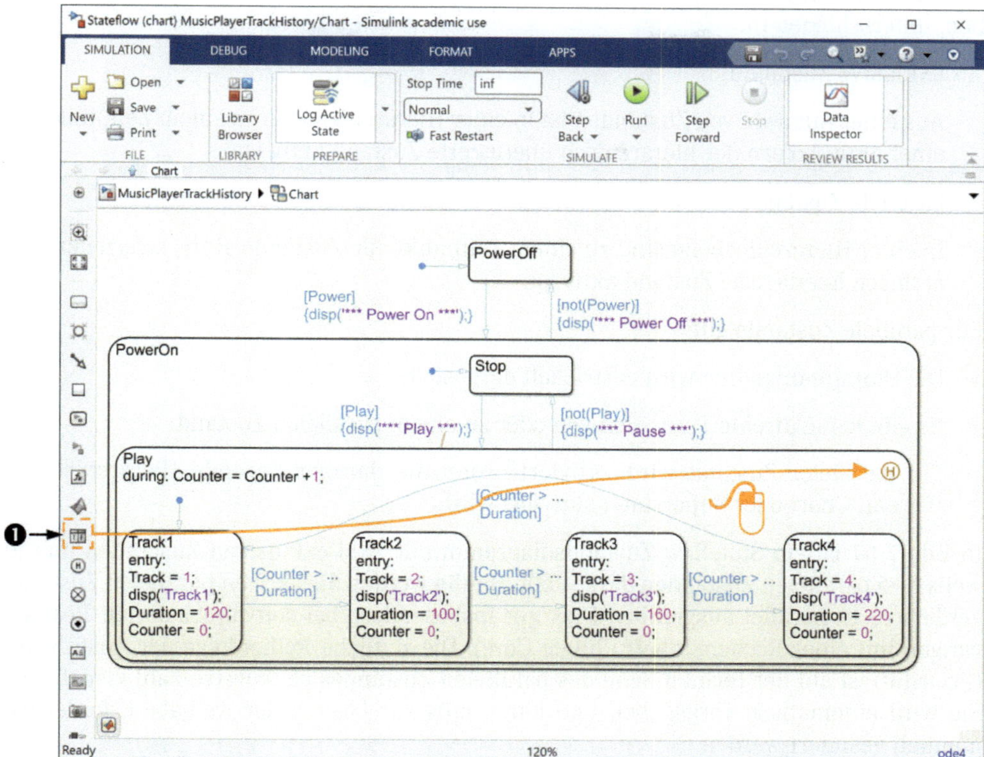

Bild 7.62 Musikspieler mit History-Funktion (MusicPlayerTrackHistory.slx)

In Bild 7.63 ist auf der linken Seite die oberste Simulink Hierarchieebene mit einem Dashboard zur Bedienung gezeigt und auf der rechten Seite ein Ausschnitt des „Command Window“ für den Fall, dass das Abspielen pausiert und dann wieder gestartet wird.

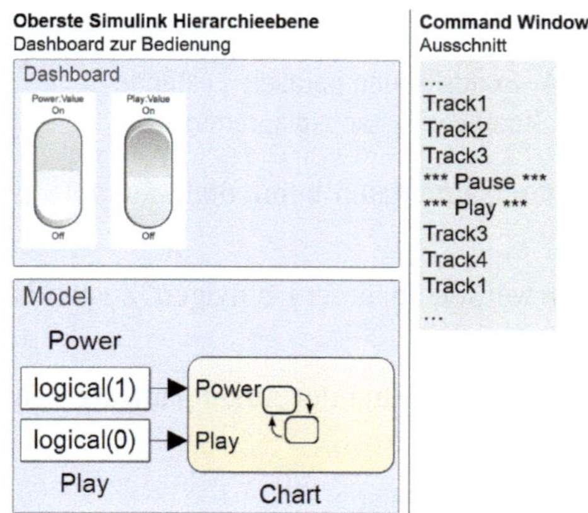

Bild 7.63 Musikspieler mit History-Funktion, links: oberste Simulink Hierarchieebene, rechts: Command Window (MusicPlayerTrackHistory.slx)

7.4.8 Parallele Zustände

Bei Zuständen in ereignisdiskreten Systemen wird, wie bereits in der Einführung beschrieben, unterschieden in:

- Exklusive Zustände

  Aus einer Auswahl von Zuständen ist in einer Hierarchieebene zu einem Zeitpunkt nur einer aktiv, sofern der hierarchisch überlagerte Zustand aktiv ist.

- Parallele Zustände

  In einer Hierarchieebene sind zu einem Zeitpunkt alle Zustände aktiv, sofern der hierarchisch überlagerte Zustand aktiv ist.

Für parallele Zustände gilt:

- Die Umrahmungslinie wird gestrichelt dargestellt
- Es gibt keine direkte Transition von oder zu einem parallelen Zustand
- Ein paralleler Zustand wird aktiviert, wenn die darüber liegende Hierarchieebene (Parent, Chart oder Superstate) aktiviert wird.

In Bild 7.64 ist ein Stateflow Zustandsdiagramm mit zwei exklusiven Zuständen und jeweils drei parallelen Zuständen dargestellt. Häufig werden die aktiven parallelen Zustände zeitlich nicht parallel ausgeführt. Dies gilt insbesondere bei softwarebasierten Realisierungen mit einer Recheneinheit (Single Core). Die zeitliche Reihenfolge der Ausführung (Priorität) ist auf der rechten Seite des parallelen Zustandes als kursive Zahl visualisiert. Sie wird automatisch vorgegeben und kann, falls zur Lösung der Aufgabe erforderlich, manuell geändert werden.

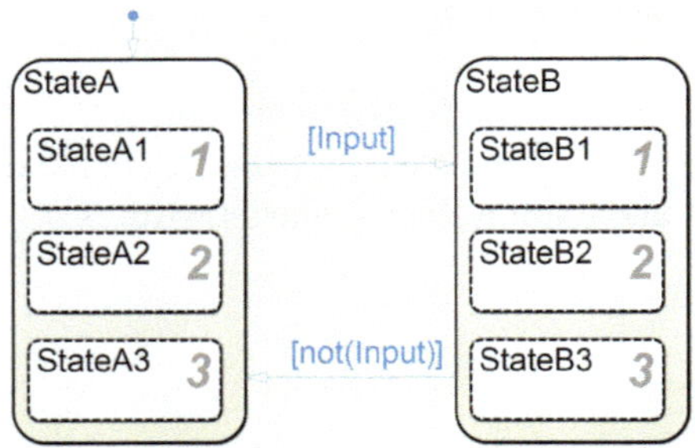

Bild 7.64 Exklusive und parallele Zustände in einem Stateflow Zustandsdiagramm

Parallele Zustände können Modelle, die viele Zustandsautomaten beinhalten, aus folgenden Gründen vereinfachen:

- Untereinander abhängige Zustandsautomaten werden in einem einzigen Zustandsdiagramm dargestellt.
- Eine mehr intuitive Master-Slave-Realisierung unter Nutzung der Ausführungsreihenfolge (Execution Order) paralleler Zustände ist möglich.
- Eine klare Aufteilung logischer Komponenten ist gewährleistet.

Die Nutzung paralleler Zustände kann eine bessere Übersicht und schnellere Verständlichkeit ermöglichen. Eine Verkürzung der Abarbeitungszeiten, z. B. bei der Modellsimulation, tritt dadurch nicht zwangsweise ein.

Die Beispielaufgabe der Temperaturregelung eines Raumes soll um parallele Zustände erweitert werden. Um Energie einzusparen, kann es sinnvoll sein, die Einschaltschwelle abhängig von der Uhrzeit zu verändern. Während der üblichen Schlafzeiten z. B. von 22 Uhr bis 6 Uhr kann die Einschaltschwelle und die Ausschaltschwelle deutlich größer gewählt werden, ohne dass es hierdurch Komforteinbußen gibt. Die Werte für die Ein- und Ausschaltschwelle der Temperaturregelung sind abhängig von der Uhrzeit. Zur Systembeschreibung werden daher im Zustandsdiagramm zwei parallele Zustände mit den Namen

- Parameteradaption
- Temperaturregelung

eingeführt (Bild 7.65). Diese Zustände besitzen in der darunterliegenden Hierarchieebene jeweils exklusive Zustände und haben als überlagerte Hierarchieebene den exklusiven Zustand mit dem Namen „Controller". Um die beiden parallelen Zustände zu definieren, ist wie folgt vorzugehen:

❶ Klick mit der rechten Maustaste in den Zustand, der hierarchisch dem parallelen Zustand überlagert ist (Parent level). Im Beispiel ist dies der Zustand „Controller".

❷ Decomposition ▸ AND (Parallel) (siehe Bild 7.65)

Dadurch wird festgelegt, dass alle Zustände, die eine Hierarchieebene darunter sind (Children), parallele Zustände sind. Die Umrahmungslinien werden gestrichelt dargestellt.

In jeder Hierarchieebene gibt es entweder nur parallele oder nur exklusive Zustände. Mischformen sind nicht möglich. ■

Für eine Gruppe paralleler Zustände ist eine Default Transition unzulässig, da die Zustände parallel abgearbeitet werden. ■

Wie bei der Modellerstellung erläutert, kann der Gültigkeitsbereich von lokalen Variablen in Zustandsdiagrammen auf Chart-level oder State-level definiert werden. Variablen, die in mehreren parallelen Zuständen benutzt werden, müssen auf der darüberliegenden Hierarchieebene (Parent level) definiert werden. Im Beispiel gilt dies für die Variablen e_On und e_Off. ■

In einer Gruppe paralleler Zustände kann die sequentielle Abarbeitungsfolge (Execution Order) manuell verändert werden:

- Klick mit der rechten Maustaste auf den parallelen Zustand
- Execution Order

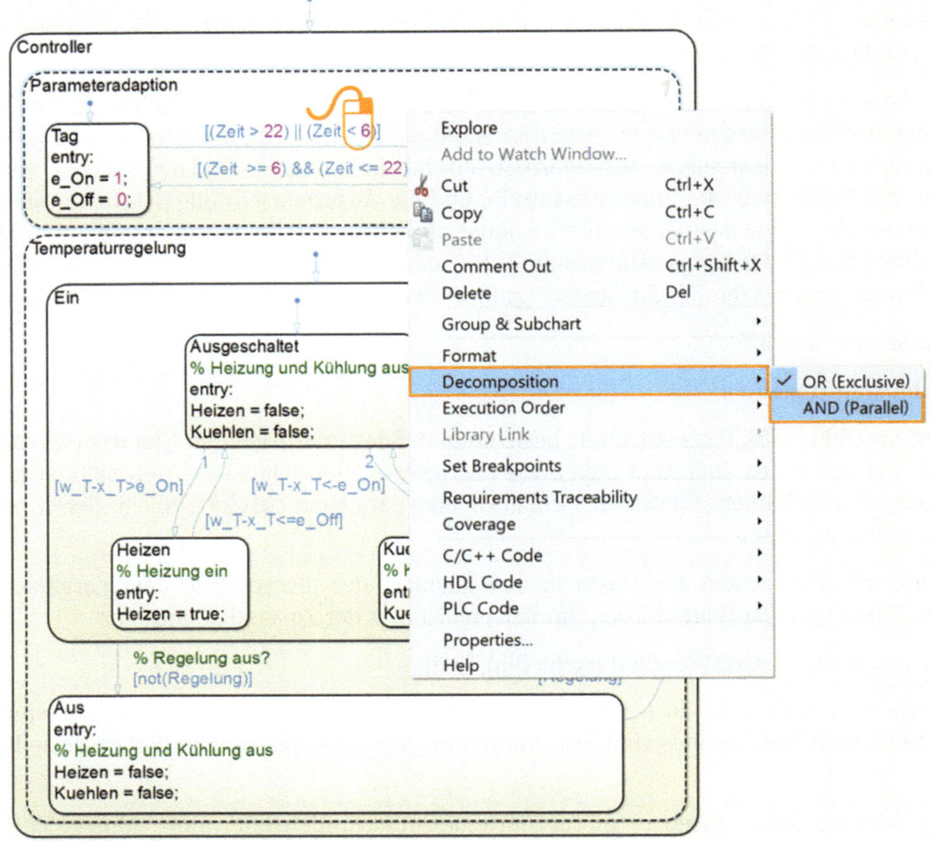

Bild 7.65 Temperaturregelung mit uhrzeitabhängiger Parameteradaption und exklusiven und parallelen Zuständen (TemperatureControlStateCharParallel.slx)

7.4.9 Events

Bei vielen Systemen, wie z. B. Computern, elektronischen Steuerungen etc., muss auf zeitlich nicht vorhersehbare Ereignisse (im Englischen events) reagiert werden. Sobald das Ereignis eintritt, müssen vordefinierte Aktionen ablaufen. Wird z. B. bei einem Computer die linke oder rechte Taste der Maus betätigt, muss abhängig vom gerade aktiven Programm eine Aktion ausgelöst werden. Event-basierte (ereignisorientierte) Systeme werden in Stateflow unterstützt. Ein Event (Ereignis) in Stateflow kann Aktionen in folgenden Objekten auslösen (triggern):

- Charts in Stateflow (häufig in parallelen Zuständen in einem Zustandsdiagramm)
- Triggered Subsystems oder Function-call Subsystems in Simulink

Wenn ein Event eintritt, wird dieser gesendet (broadcast) und von vordefinierten oder allen Systemteilen empfangen (Sender-Empfänger-Prinzip). Ein Event kann wie folgt versandt werden:

- Als Aktion in einem Zustandsdiagramm (State Chart)
- In einem Simulink Modell

  Dies kann dadurch erfolgen, dass ein Signalwert von einem zum nächsten Aktualisierungsschritt das Vorzeichen ändert.

In Zustandsdiagrammen kann ein Broadcast an allen Stellen, an denen Aktionsanweisungen (Action Statements) zulässig sind, erfolgen (Bild 7.66, links), d.h. in:

- Condition Actions und Transition Actions in Transitions
- State Actions in States

Der Name des Events (Event Name) ist eine Aktion, die den Broadcast auslöst.

In Zustandsdiagrammen können Events dazu benutzt werden, dass Transitions und State Actions nur dann ausgeführt werden, wenn das Ereignis eintritt. Bei Transitions wird der Name des Events im Transition Label als Erstes aufgeführt (Bild 7.66, rechts oben). Nur wenn der Event ausgelöst (triggered) wurde, kann die Transition durchlaufen werden (notwendige Bedingung). Bei State Actions wird durch das weitere Schlüsselwort (Keyword) „on" zusätzlich zu den Schlüsselwörtern „entry", „during" und „exit" (Bild 7.66, rechts unten) definiert, dass die Aktion nur ausgeführt wird, wenn der Event ausgelöst (triggered) wurde.

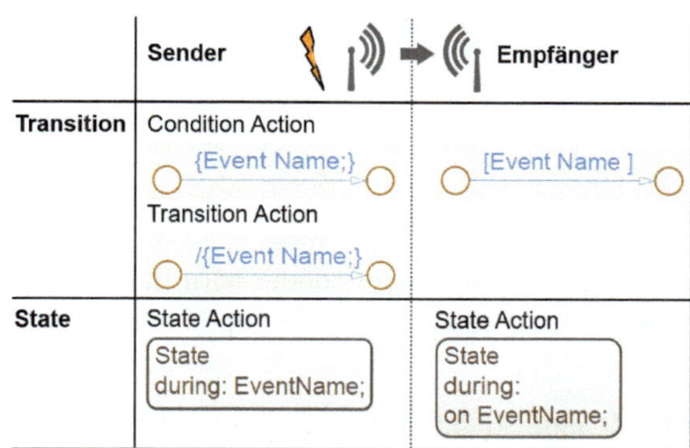

Bild 7.66 Senden und Empfangen von Events in Zustandsdiagrammen

Zusätzlich können Simulink Signale mit numerischen Werten als Eingangssignal in einem Stateflow Chart benutzt werden, um Events zu erzeugen. Dabei werden Nulldurchgänge des Simulink Signals ausgewertet. Welche Art des Nulldurchganges ausgewertet wird, wird definiert. Es gibt drei Alternativen (Bild 7.67):

- Rising

  Eine steigende Signalflanke führt zum Auslösen (Trigger) des Events.

- Falling

  Eine fallende Signalflanke führt zum Auslösen (Trigger) des Events.

- Either-edge

  Sowohl eine steigende als auch eine fallende Signalflanke führen zum Auslösen (Trigger) des Events.

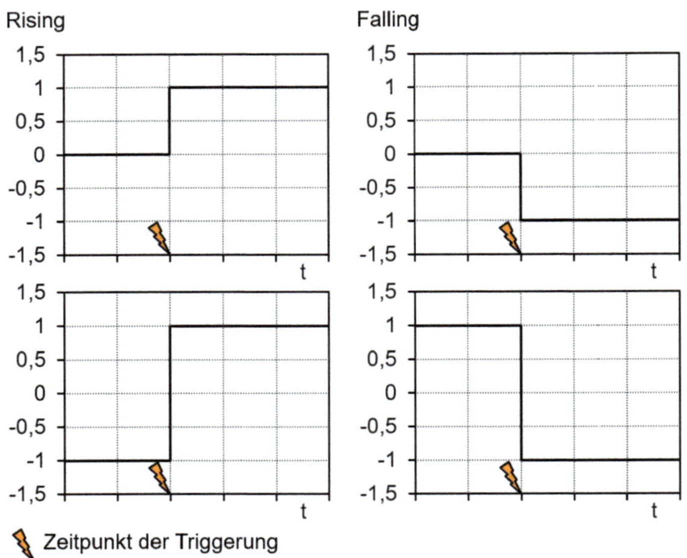

Bild 7.67 Erzeugung eines Events mit numerischen Simulink Signalen

Events werden wie Variablen im Model Explorer in folgenden Schritten definiert (Bild 7.68):

❶ Klick mit der linken Maustaste auf das Icon mit dem Blitz. In die Liste wird automatisch ein neues Event-Objekt aufgenommen.

❷ Eintrag des Namens für den Event.

❸ Auswahl, ob der Event für das Zustandsdiagramm intern verwendet wird (Local), eine Eingangsgröße (Input) oder Ausgangsgröße (Output) sein soll. Das Popup-Menü zur Auswahl wird mit der linken Maustaste geöffnet.

Als Erstes sollen Events innerhalb eines Zustandsdiagrammes und anschließend das Zusammenwirken mit Simulink Blöcken dargestellt werden.

Für Broadcasts von internen Events in einem Zustandsdiagramm gibt es unterschiedliche Möglichkeiten. Bei sogenannten Explicit Events sind dies:

- Broadcast an einen vordefinierten Zustand (Direct Event Broadcast)

  Hierfür wird die Function „send“ benutzt, in der der Zustand (State) angegeben wird, an den der Event gesandt wird. Die Syntax lautet:

  ```
  send(Event,State)
  ```

  Der Event muss im Scope des Zustandes im Model Explorer bekannt sein.

- Qualifizierter Broadcast (Qualified Event Broadcast)

  Hierbei wird der Zustand (State) angegeben, der den Event empfangen soll. Die Syntax lautet:

  ```
  State.Event
  ```

Dabei ist zu beachten, dass der Event nur lokal im Scope des empfangenden Zustandes im Model Explorer definiert sein darf.

- Unqualifizierter Broadcast (Unqualified Broadcast)

  Dabei wird der Event an alle Zustände des Zustandsdiagrammes (State Chart) gesandt. Die Syntax lautet:

  ```
  Event
  ```

  Diese Möglichkeit ist nicht zu empfehlen. Bei jedem Broadcast muss das gesamte Diagramm aktualisiert werden. Das Diagramm ruft sich selbst auf (Rekursion). Dies führt zu einem unübersichtlichen Verhalten.

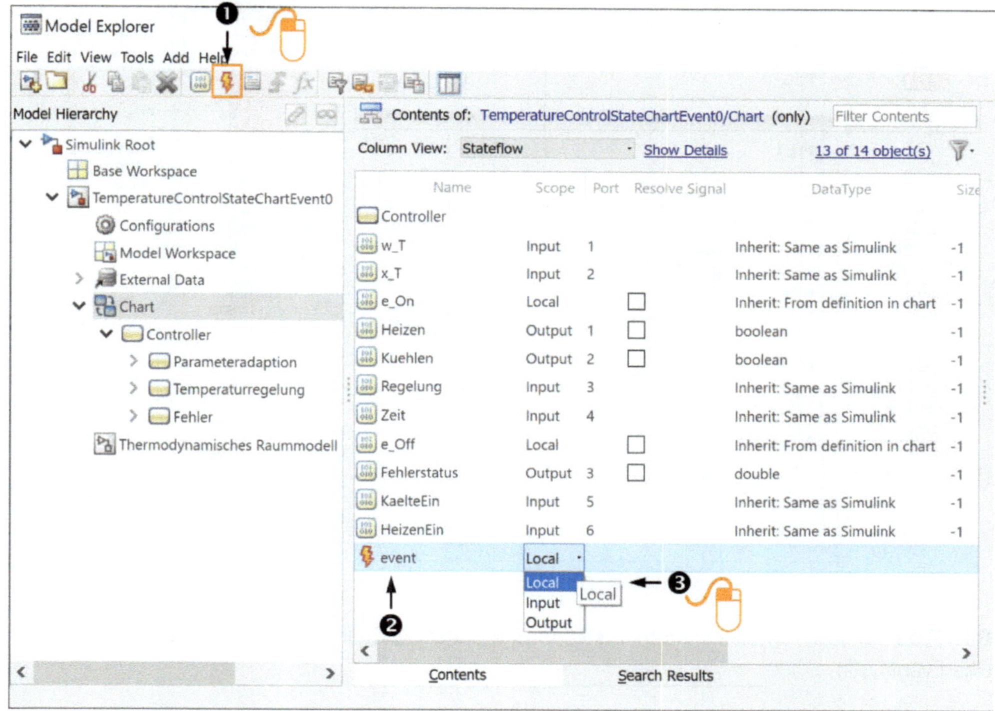

Bild 7.68 Event-Definition im Model Explorer

Um die ersten beiden Möglichkeiten darzustellen, werden in die Beispielaufgabe mit parallelen Zuständen Events für Fehlerzustände eingebaut. Die Regelung wird ausgeschaltet, wenn versucht wird, die Heizung einzuschalten, und die Kältemaschine läuft. Gleiches gilt, wenn versucht wird zu kühlen, obwohl der Heizungsbrenner eingeschaltet ist. Um zu detektieren, ob der Heizungsbrenner oder die Kältemaschine einschaltet ist, werden die beiden Sensorsignale („HeizenEin" und „KaelteEin") als Eingangsgrößen (Input) für das Stateflow Chart eingeführt. Zusätzlich soll ein Fehlerstatus gesetzt werden (Tabelle 7.6) und als Ausgangsgröße (Output) des Stateflow Charts an den blockorientierten Teil des Simulink Modells ausgegeben werden. Ein Rücksetzen eines eingetretenen Fehlerstatus wird nicht vorgesehen.

Tabelle 7.6 Fehlerzustand

Wert	Beschreibung
0	Kein Fehler
1	Heizen, trotz laufender Kältemaschine
2	Kühlen, trotz laufender Heizung

Das übergeordnete Simulink Modell mit den Schnittstellen zum Stateflow Chart zeigt Bild 7.69. Der Bereich „Testsignale“ dient dazu die Sensorsignale des Heizungsbrenners und der Kältemaschine vorzugeben, um damit Fehlerzustände zu provozieren.

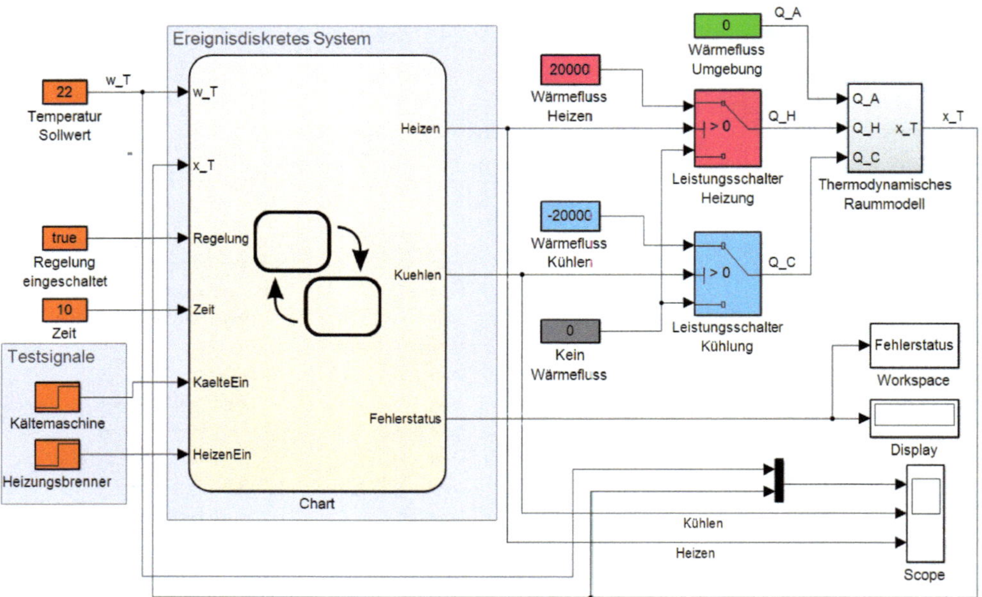

Bild 7.69 Simulink Modell mit Schnittstellen zum Stateflow Chart (TemperatureControlState CharEvent1.slx)

Das Stateflow Chart mit „Direct Event Broadcast“ zeigt Bild 7.70. Einen dazugehörigen Ausschnitt aus dem Model Explorer illustriert Bild 7.71. Das Stateflow Chart mit „Qualified Event Broadcast“ zeigt Bild 7.72. Einen dazugehörigen Ausschnitt aus dem Model Explorer verdeutlicht Bild 7.73.

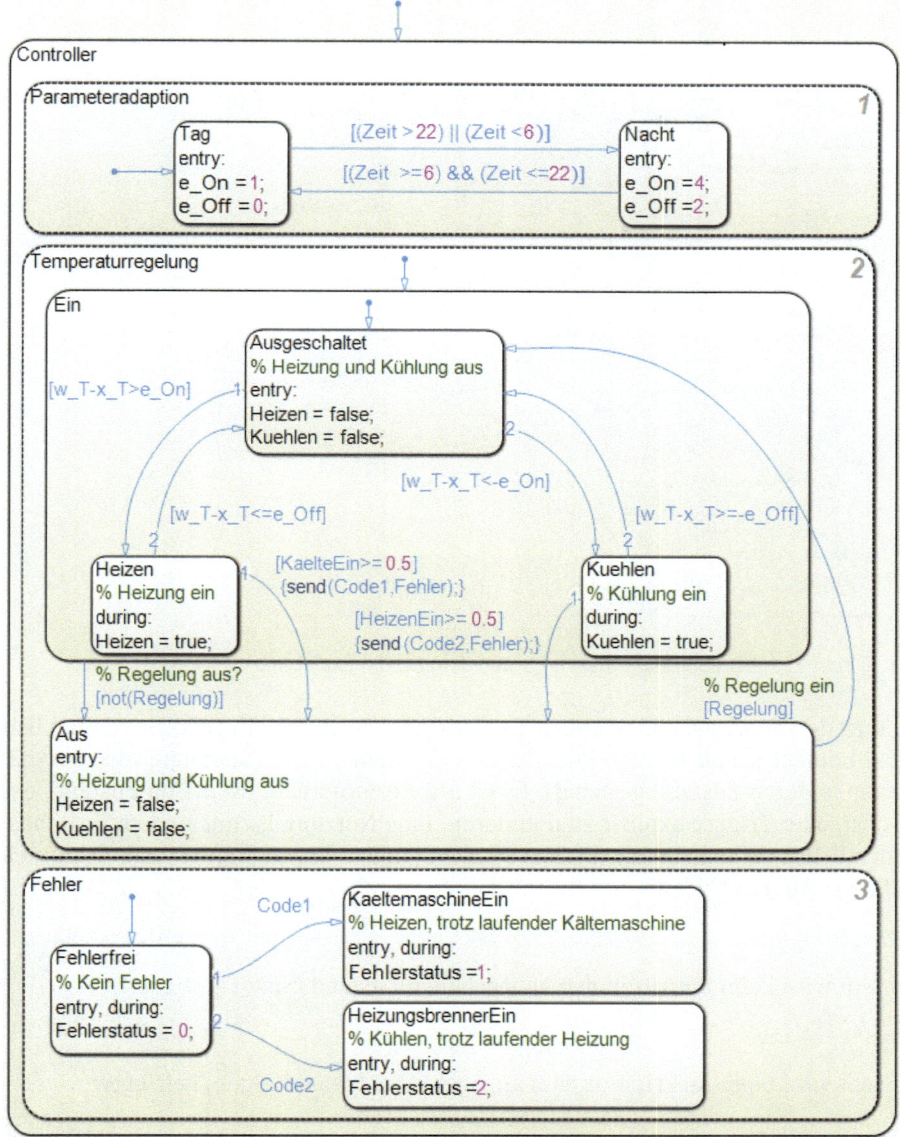

Bild 7.70 Direct Event Broadcast (TemperatureControlStateCharEvent1.slx)

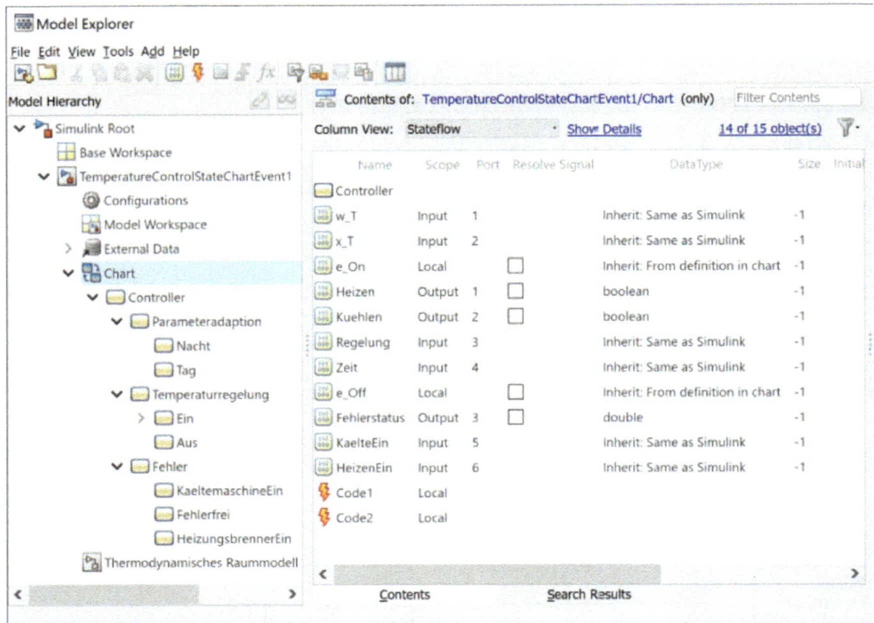

Bild 7.71 Direct Event Broadcast I Ausschnitt aus dem Model Explorer

Zusätzlich zu den beschriebenen Explicit Events gibt es auch die Möglichkeit von Implicit Events. Bei Implicit Events werden Transitionen in einem Zustand abhängig von Aktivitäten in einem anderen Zustand gesteuert. Es ist nicht erforderlich, Events im Zustand, der diese auslöst, oder Trigger explizit zu definieren. Eine Nutzung ist nur in dem Zustandsdiagramm möglich, in dem diese ausgelöst werden. Implicit Events werden über Schlüsselworte definiert. Hierzu zählen:

- `enter(StateName)`

  Der Event wird beim Eintritt in den angegebenen Zustand (State) getriggert.

- `exit(StateName)`

  Der Event wird beim Austritt aus dem angegebenen Zustand (State) getriggert.

- `change(DataName)`

  Der Event wird bei Veränderungen in der angegebenen Variablen (DataName) getriggert. Dabei ist zu beachten, dass die Variable auf der Hierarchieebene des Zustandsdiagramms (Charts) oder einer tiefer liegenden Hierarchieebene definiert sein muss.

- `tick`

  Der Event wird bei jeder Aktualisierung des Zustandsdiagramms getriggert.

- `wakeup`

  Identisch zum Schlüsselwort „tick“.

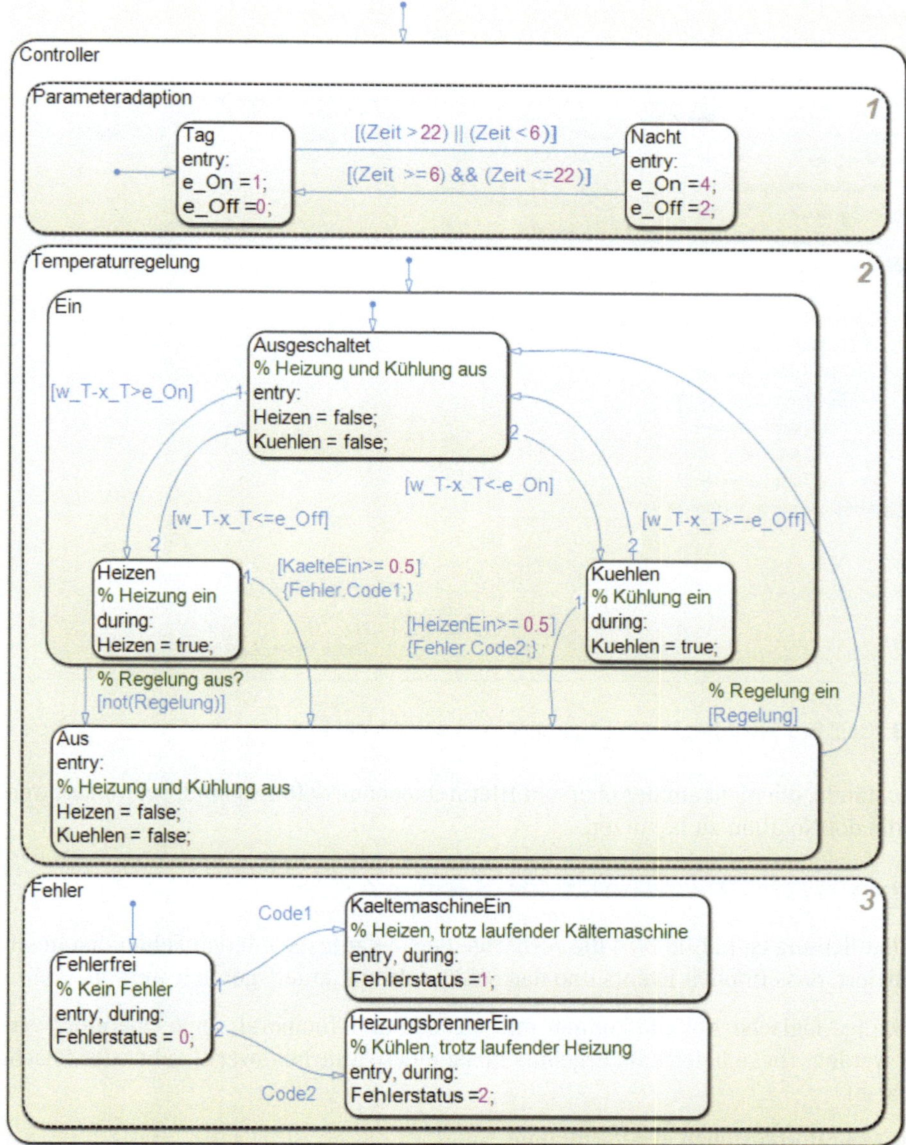

Bild 7.72 Qualified Event Broadcast (TemperatureControlStateCharEvent2.slx)

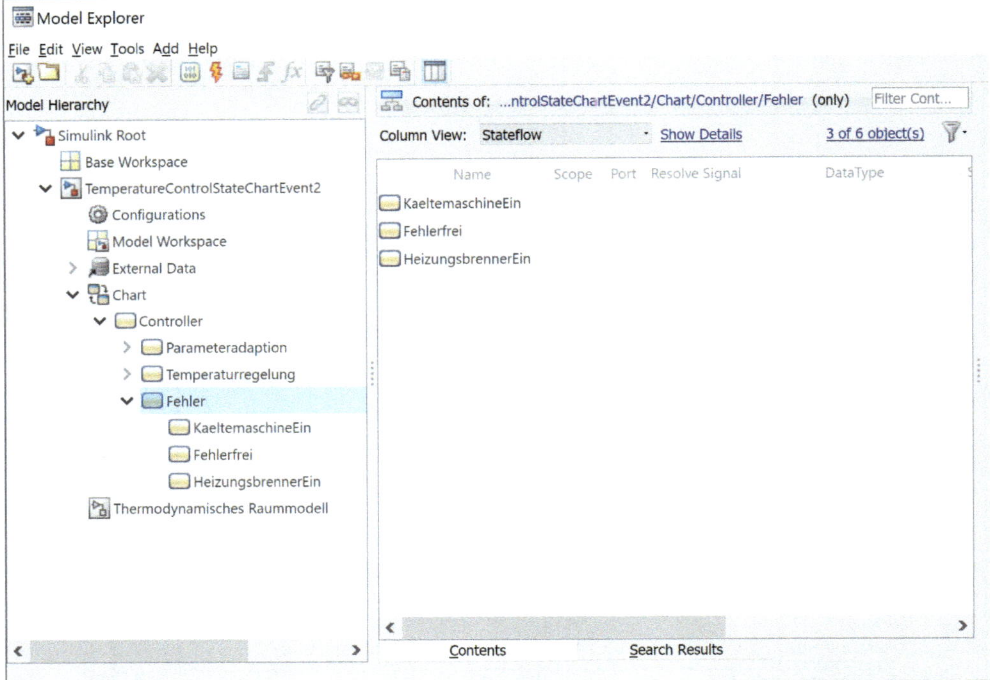

Bild 7.73 Qualified Event Broadcast | Ausschnitt aus dem Model Explorer

Sollen Zustände, die nicht auf der obersten Hierarchieebene definiert sind, verwendet werden, ist die dot-Notation zu benutzen:

```
StateNameTopLevel.StateNameNextLowerLevel
```

Zur Verdeutlichung ist in Bild 7.74 die vorherige Beispielaufgabe mit den Fehlerzuständen so modifiziert, dass Implicit Events und das Schlüsselwort „enter“ genutzt werden.

Zeitabhängige logische Abläufe können mit sogenannten Temporal Logic Operators vereinfacht werden. Diese liefern als Ergebnis meist einen Wahrheitswert (wahr oder falsch, true or false).

Folgende Operatoren stehen zur Verfügung:

- `at(n,Event)`

  Das Ergebnis ist wahr (true), sobald der Event das n-te Mal ausgelöst (triggered) wurde, ansonsten ist es falsch (false).

- `every(n,Event)`

  Das Ergebnis ist wahr (true), immer wenn der Event das n-te Mal ausgelöst (triggered) wird, dazwischen ist es falsch (false).

- `after(n,Event)`

  Das Ergebnis ist wahr (true), immer nachdem der Event das n-te Mal ausgelöst (triggered) wird, dazwischen ist es falsch (false).

- `before(n,Event)`

  Das Ergebnis ist wahr (true), immer bevor der Event das n-te Mal ausgelöst (triggered) wird, dazwischen ist es falsch (false).

- `temporalCount(Event)`

  Das Ergebnis ist n, immer wenn der Event das n-te Mal ausgelöst (triggered) wird, dazwischen ist es 0.

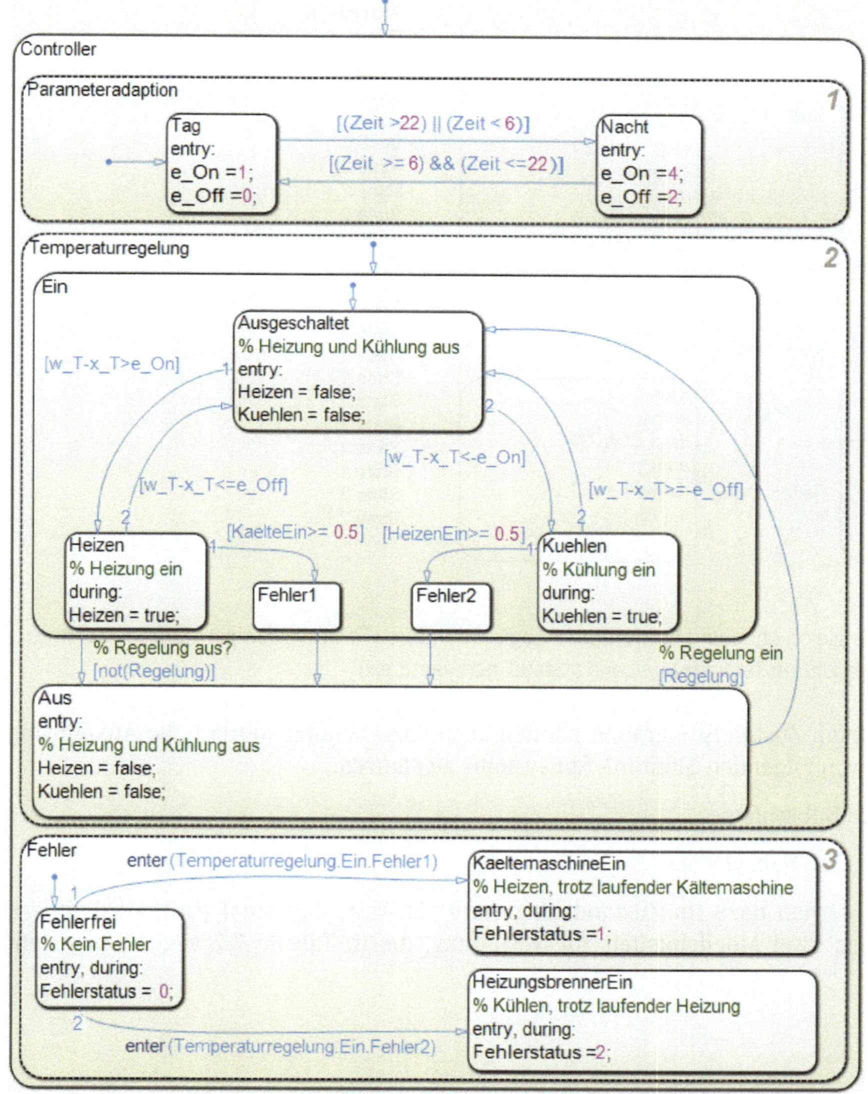

Bild 7.74 Implicit Events mit Schlüsselwort „enter“ (TemperatureControlStateCharEvent3.slx)

Häufig ist es nützlich, Temporal Logic Operators mit dem Implicit Event „tick“ zu kombinieren. Dies kann in Events oder Conditional Statements erfolgen. Jeweils ein Beispiel hierfür ist:

```
every(10,tick)
[after(4,tick)]
```

Die Vereinfachung durch Temporal Logic Operators zeigt beispielhaft Bild 7.75.

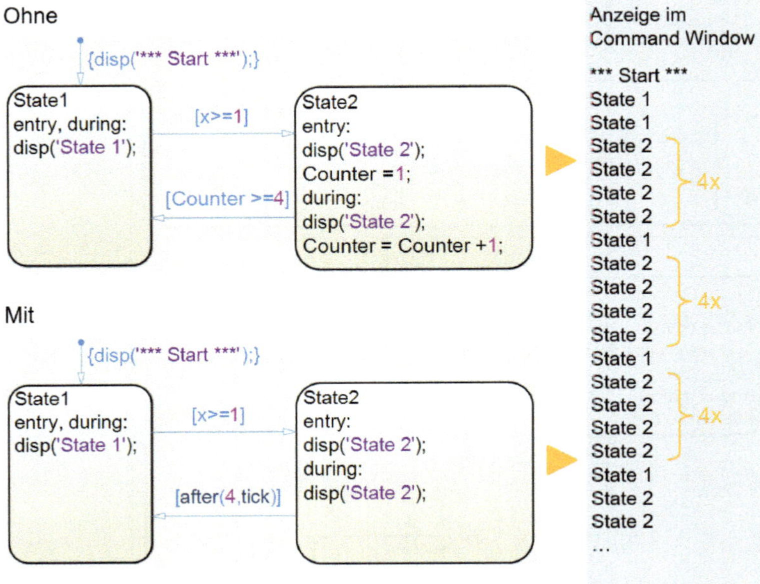

Bild 7.75 Vergleich ohne und mit Temporal Logic Operators (Oben: TemperatureControlStateCharEvent4.slx Unten: TemperatureControlStateCharEvent5.slx)

Events in einem Zustandsdiagramm können auch dazu benutzt werden, die Ausführung (Execution) von folgenden Simulink Subsystems zu steuern:

- Triggered Subsystems
- Function-Call-Subsystems

Die Events werden dazu im Zustandsdiagramm als Ausgangssignal (Output) definiert. Hierzu stehen zwei Möglichkeiten zur Verfügung, die in Tabelle 7.7 gegenübergestellt sind.

Tabelle 7.7 Arten von Stateflow Output Events

Either-edge events	Function-call events
Wird erst ausgelöst, wenn die Aktualisierung des Zustandsdiagramms abgeschlossen ist.	Wird unmittelbar während der Aktualisierung des Zustandsdiagramms ausgelöst. Entspricht dem Verhalten eines Interrupts.
Angeschlossene Subsystems und Charts werden als eigenständige Simulink Blöcke behandelt.	Angeschlossene Subsystems und Charts werden wie ein Bestandteil des Zustandsdiagramms, das den Event auslöst, behandelt.

Output Events werden im Model Explorer in folgenden Schritten definiert (Bild 7.76):

❶ Klick mit der linken Maustaste auf das Icon mit dem Blitz. In die Liste wird automatisch ein neues Event-Objekt aufgenommen

❷ Eintrag des Namens für den Event.

❸ Event als Ausgangsgröße (Output) definieren. Das Popup-Menü zur Auswahl wird mit der linken Maustaste geöffnet.

❹ Eintrag der Art des Events. Das Popup-Menü zur Auswahl wird mit der linken Maustaste geöffnet.

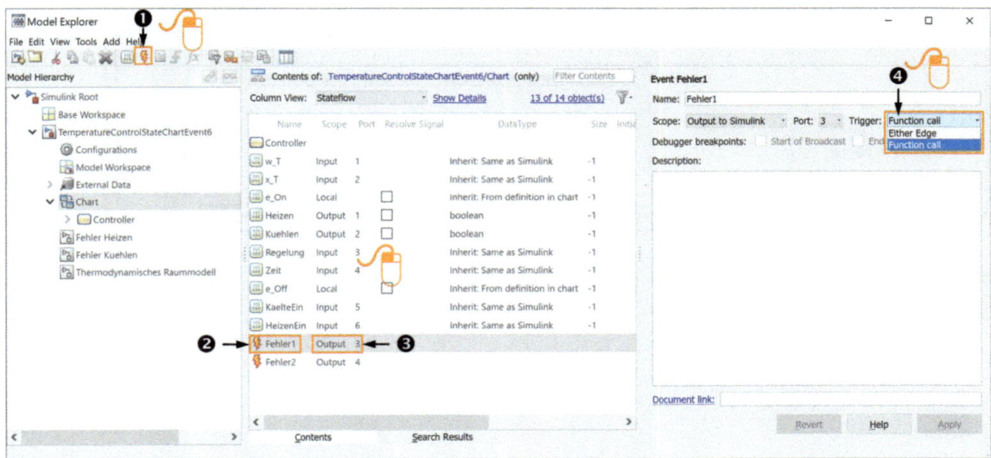

Bild 7.76 Output-Event-Definition im Model Explorer (TemperatureControlStateCharEvent6.slx)

Die Beispielaufgabe wird so modifiziert, dass die Events für die beiden Fehlerzustände an das überlagerte Simulink Modell ausgegeben werden (Bild 7.77). Dort gibt es für jeden Fehlerzustand separat ein Function-Call-Subsystem (Bild 7.78). Das Function-Call-Subsystem für einen Fehlerzustand zeigt Bild 7.79. Die Ausgangssignale der Function-Call-Subsysteme sind mit Anzeigen und mit einem Dashboard verbunden. Tritt ein Fehlerzustand ein, wechselt die Anzeige im Dashboard von grün auf rot.

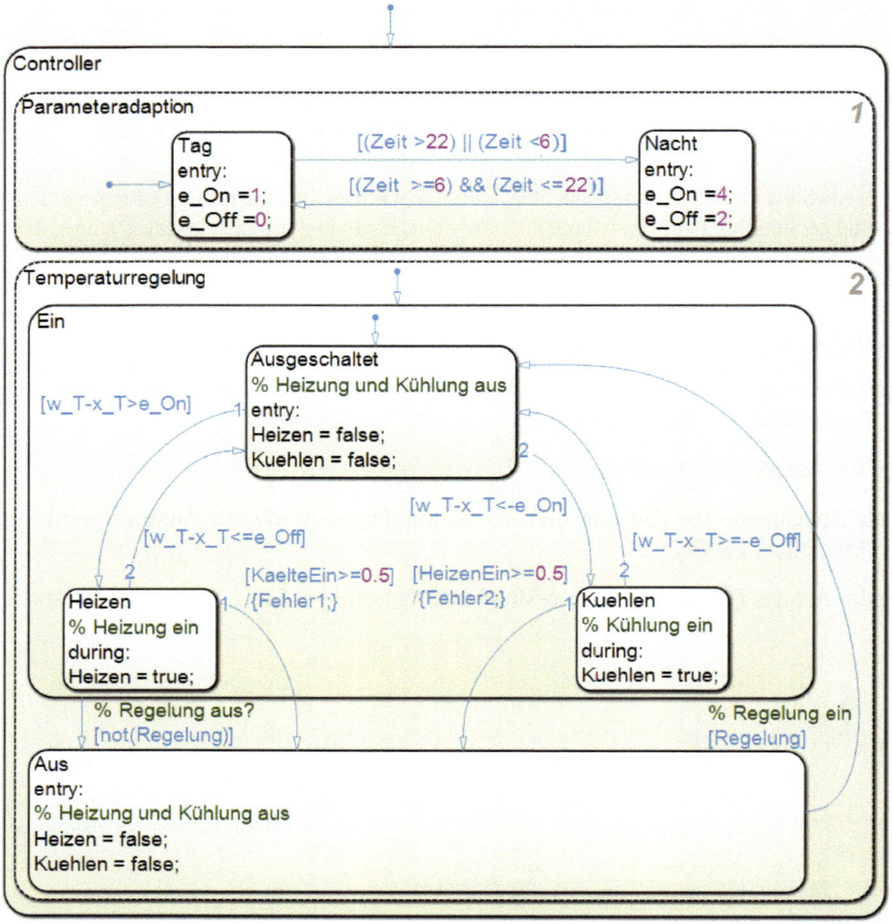

Controller
Parameteradaption
1
Tag
entry:
e_On =1;
e_Off =0;
[(Zeit >22) || (Zeit <6)]
[(Zeit >=6) && (Zeit <=22)]
Nacht
entry:
e_On =4;
e_Off =2;
Temperaturregelung
2
Ein
Ausgeschaltet
% Heizung und Kühlung aus
entry:
Heizen = false;
Kuehlen = false;
[w_T-x_T>e_On]
[w_T-x_T<=e_Off]
[w_T-x_T<-e_On]
[w_T-x_T>=-e_Off]
[KaelteEin>=0.5]
/{Fehler1;}
[HeizenEin>=0.5]
/{Fehler2;}
Heizen
% Heizung ein
during:
Heizen = true;
Kuehlen
% Kühlung ein
during:
Kuehlen = true;
% Regelung aus?
[not(Regelung)]
% Regelung ein
[Regelung]
Aus
entry:
% Heizung und Kühlung aus
Heizen = false;
Kuehlen = false;

Bild 7.77 Zustandsdiagramm der Beispielaufgabe mit Output Event (TemperatureControl StateCharEvent6.slx)

f()
function
1
Fehler
1
Fehler1

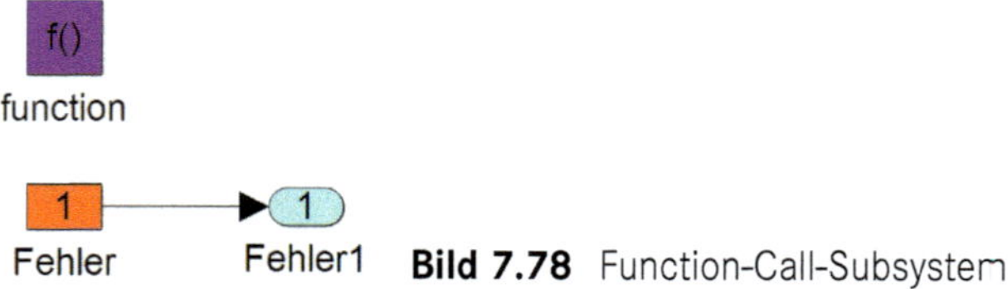

Bild 7.78 Function-Call-Subsystem

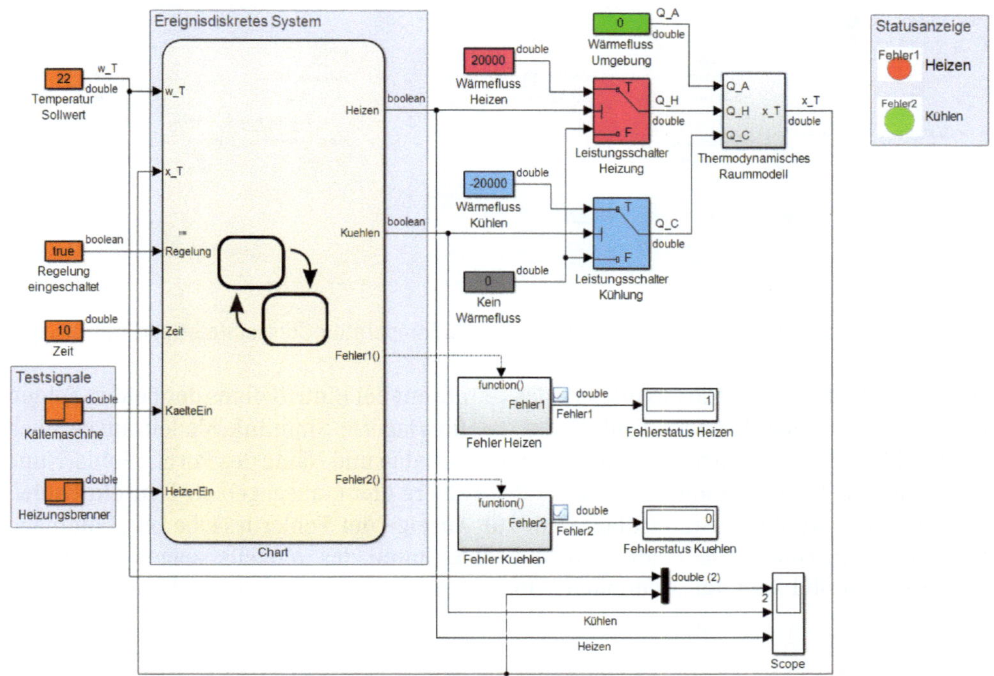

Bild 7.79 Beispielaufgabe mit Output Event

Mit einem Input Event kann die Ausführung eines Zustandsdiagramms mittels eines Signals aus dem Simulink Modell gesteuert werden. Die Events werden dazu im Zustandsdiagramm, das gesteuert werden soll, als Eingangssignal (Input) definiert. Die Definition erfolgt im Model Explorer in folgenden Schritten (Bild 7.80):

❶ Klick mit der linken Maustaste auf das Icon mit dem Blitz. In die Liste wird automatisch ein neues Event-Objekt aufgenommen.

❷ Eintrag des Namens für den Event.

❸ Event als Eingangsgröße (Input) definieren. Das Popup-Menü zur Auswahl wird mit der linken Maustaste geöffnet.

❹ Definition der Art der Triggerbedingung:

- Either
- Rising
- Falling
- Function call

Das Popup-Menü zur Auswahl wird mit der linken Maustaste geöffnet.

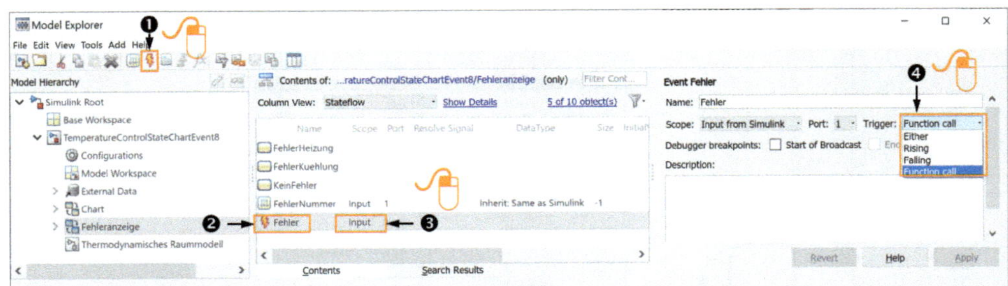

Bild 7.80 Input-Event-Definition im Model Explorer(TemperatureControlStateCharEvent8.slx)

Die Beispielaufgabe wird so modifiziert, dass ein Event bei Eintritt eines der beiden Fehlerzustände (Name des Events: „Fehler“) an das überlagerte Simulink Modell ausgegeben wird (Bild 7.81). Zusätzlich wird eine Nummer (Variable und Name des Ports: „FehlerNummer“), die zur Identifikation der Ursache des Fehlers dient, ausgegeben. Tritt ein Fehlerzustand ein, wird das Zustandsdiagramm zur Anzeige der Fehlerursache im „Command Window“ aufgerufen. Die beiden Zustandsdiagramme des Modells zeigen die Bilder Bild 7.82 und Bild 7.83. Im „Command Window“ erfolgt in einem Fehlerfall die Anzeige:

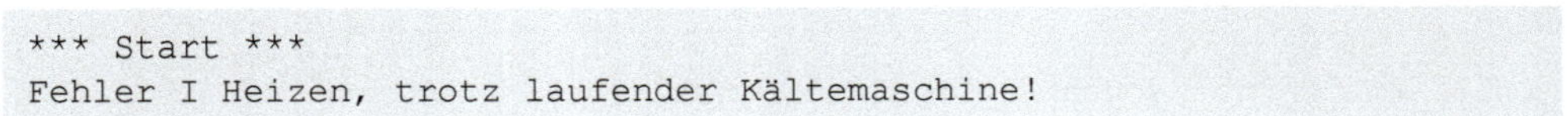

```
*** Start ***
Fehler I Heizen, trotz laufender Kältemaschine!
```

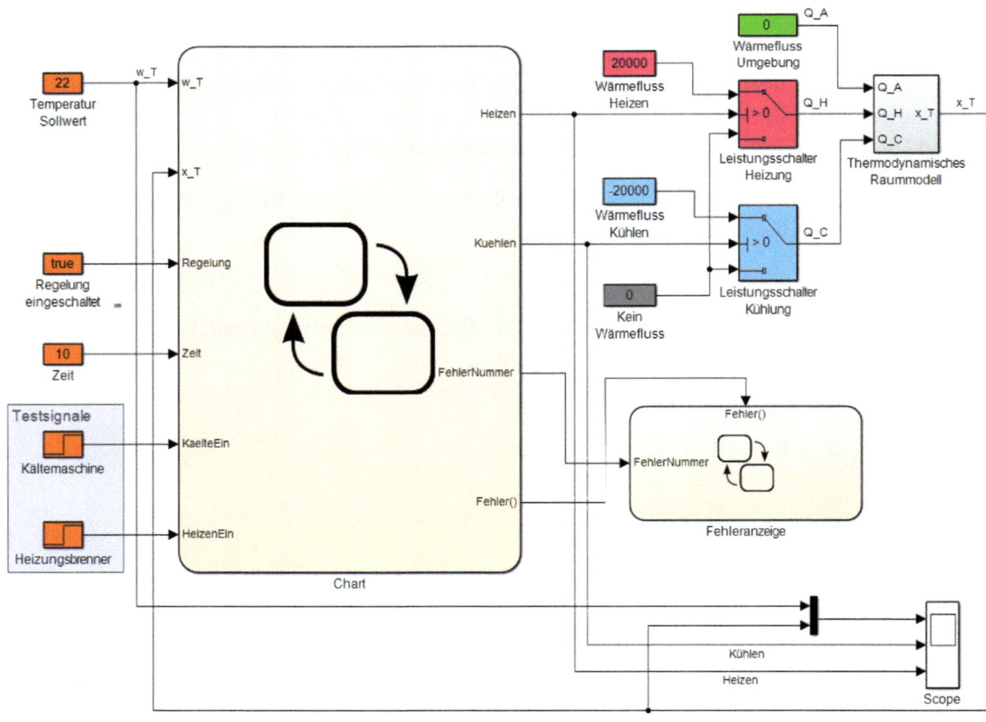

Bild 7.81 Simulink Modell mit Input Event für Zustandsdiagramm „Fehleranzeige“ (TemperatureControlStateCharEvent8.slx)

Input Events werden als Conditional Port an der Oberseite des Zustandsdiagrammes dargestellt. Alle Input Events werden über einen einzelnen Conditional Port an das Zustandsdiagramm übergeben. Falls mehrere Input Events vorhanden sind, müssen diese als Vektorsignal mit dem Conditional Port verbunden werden. Die Erzeugung des Vektorsignals erfolgt mit dem Simulink Block „Mux“.

[FehlerNummer==1]
FehlerHeizung
entry:
disp('Fehler I Heizen, trotz laufender Kältemaschine!');
1
2
3
[FehlerNummer ==2]
FehlerKuehlung
entry:
disp('Fehler I Kühlen, trotz laufendem Heizungsbrenner!');
KeinFehler

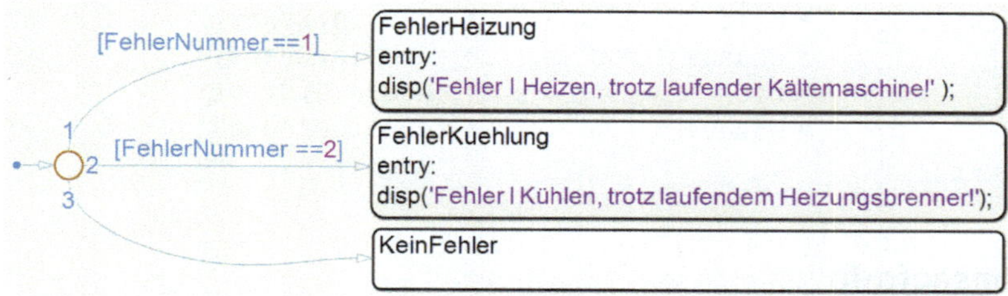

Bild 7.82 Zustandsdiagramm mit Output Event (Function-call) und Fehlernummer als Ausgangsgröße für die Fehleranzeige

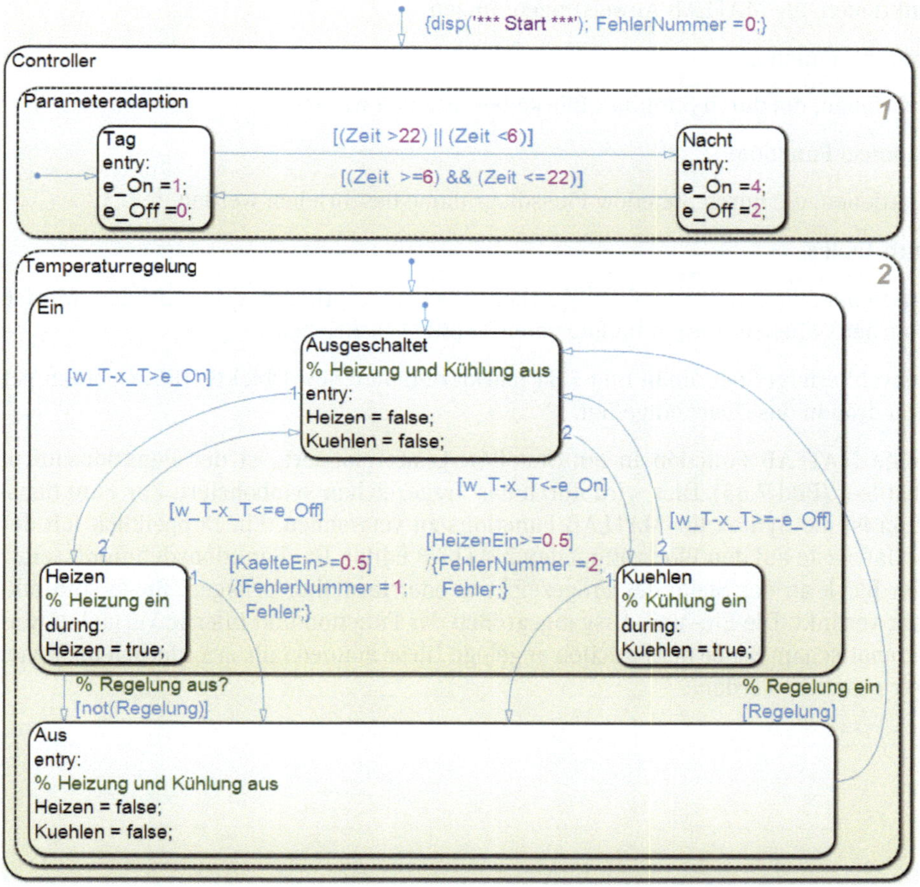

{disp('*** Start ***'); FehlerNummer =0;}
Controller
Parameteradaption
1
Tag
entry:
e_On =1;
e_Off =0;
[(Zeit >22) || (Zeit <6)]
[(Zeit >=6) && (Zeit <=22)]
Nacht
entry:
e_On =4;
e_Off =2;
Temperaturregelung
2
Ein
Ausgeschaltet
% Heizung und Kühlung aus
entry:
Heizen = false;
Kuehlen = false;
[w_T-x_T>e_On]
[w_T-x_T<=e_Off]
[w_T-x_T<-e_On]
[w_T-x_T>=-e_Off]
[HeizenEin>=0.5]
/{FehlerNummer =2;
Fehler;}
[KaelteEin>=0.5]
/{FehlerNummer = 1;
Fehler;}
Heizen
% Heizung ein
during:
Heizen = true;
Kuehlen
% Kühlung ein
during:
Kuehlen = true;
% Regelung aus?
[not(Regelung)]
% Regelung ein
[Regelung]
Aus
entry:
% Heizung und Kühlung aus
Heizen = false;
Kuehlen = false;

Bild 7.83 Beispielaufgabe mit Output Event

Einen Überblick zu den verfügbaren Broadcast-Methoden gibt Tabelle 7.8.

Tabelle 7.8 Broadcast-Methoden

Explicit	Implicit	Temporal	Simulink Input
▪ Directed `send(Event,StateName)` ▪ Undirected `Event` ▪ Qualified `StateName.Event`	▪ `enter(StateName)` ▪ `exit(StateName)` ▪ `change(DataName)` ▪ `tick` ▪ `wakeup`	▪ `at(n,Event)` ▪ `every(n,Event)` ▪ `after(n,Event)` ▪ `before(n,Event)` ▪ `temporalCount (Event)`	

7.4.10 Funktionsaufrufe

In einem Zustandsdiagramm können verschiedene Arten von Funktionen integriert werden:

- MATLAB Functions

  Funktionen, die MATLAB Anweisungen nutzen.

- Simulink Functions

  Funktionen, die durch Simulink Blöcke beschrieben werden.

- Graphical Functions

  Funktionen, die durch Stateflow Flussdiagramme beschrieben werden.

- Truth Tables

  Funktionen, die durch Stateflow Wahrheitstabellen (Truth tables) beschrieben werden (Wahrheitstabellen werden im folgenden Kapitel beschrieben).

Die Auswahl erfolgt über die in Bild 7.84 markierten Stateflow Objekte. Diese werden per drag and drop in das Chart eingefügt.

Wird eine MATLAB Function in ein Stateflow Chart platziert, ist der Funktionsaufruf zunächst leer (Bild 7.85). Dies wird durch das Fragezeichen symbolisiert. Zur Funktionsdefinition ist die Syntax für MATLAB Functions zu verwenden. Ein Doppelklick mit der linken Maustaste auf den Block öffnet den MATLAB Editor. Die Funktionsdefinition selbst kann im Block an der Stelle des Fragezeichens oder im Editor erfolgen. Beide sind miteinander verlinkt. Die Ein- und Ausgangsgrößen der Function und interne Variablen werden automatisch im Scope der Function angelegt. Diese können falls erforderlich im Model Explorer geändert werden.

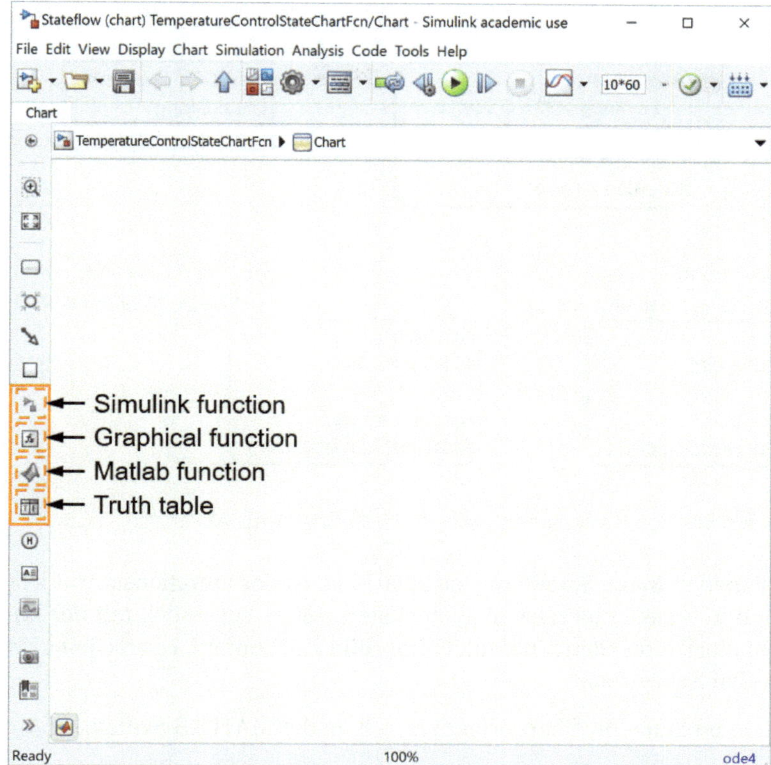

Bild 7.84 Auswahl Funktionsaufrufe

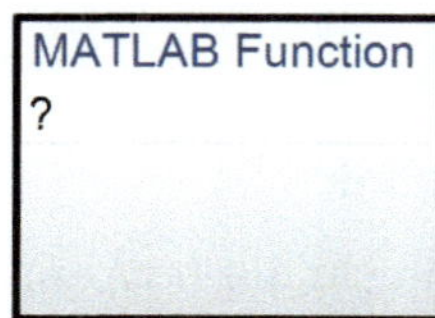

Bild 7.85 MATLAB Function in Stateflow Chart

In Bild 7.86 ist in die Beispielaufgabe eine MATLAB Function integriert, die die Aufgabe hat, im „Command Window" Zustandsänderungen anzuzeigen. Die dazugehörige MATLAB Function zeigt Script 7.1. Diese Funktion wird als Aktion in drei Transitions und zwei Zuständen aufgerufen.

Script 7.1 MATLAB Anzeigefunktion

```
function Anzeige(Text)
% Anzeige im Command Window
disp(Text);
```

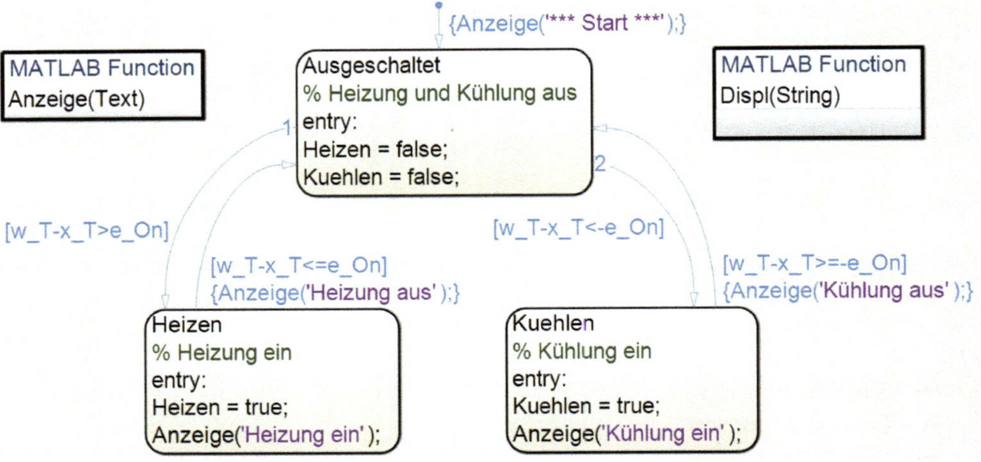

Bild 7.86 Aufruf MATLAB Function (TemperatureControlStateChartMATLABFcn.slx)

Wird eine Simulink Function in ein Stateflow Chart platziert, ist der Funktionsaufruf leer (Bild 7.87, wiederum durch das Fragezeichen symbolisiert). Ein Doppelklick mit der linken Maustaste auf den Block öffnet den Simulink Editor (Bild 7.87, unten). Es erscheint ein noch leeres Function-Call-Subsystem.

Die Funktionsdefinition im Stateflow Chart orientiert sich an der MATLAB Syntax.

```
[Output1,Output2,...] = Funktionsname(Input1,Input2,...)
```

Im Simulink Editor ist die Zuordnung zu den Eingangsargumenten (Input) und den Ausgangsargumenten (Output) der Function wie folgt:

- Eingangsargumente (Input) entsprechen Inport-Blöcken in Simulink
- Ausgangsargumente (Output) entsprechen Outport-Blöcken in Simulink

In die Beispielaufgabe soll eine Simulink Function integriert werden, in der die Temperatur von Grad in Fahrenheit umgerechnet wird. Der Umrechnungsalgorithmus ist wie folgt:

$$x_{TF} = 1{,}8\ x_T + 32 \tag{7.3}$$

x_T	Raumtemperatur	*Room temperature*	K
x_{TF}			F

In Bild 7.88 ist das dazugehörige Simulink Modell gezeigt. Das Stateflow Chart zeigt Bild 7.89.

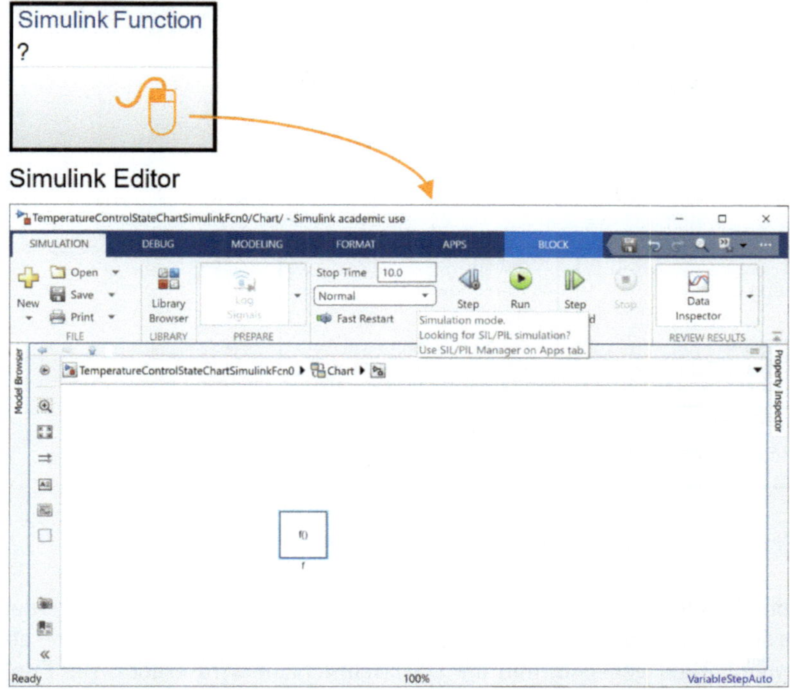

Bild 7.87 Simulink Function in Stateflow Chart

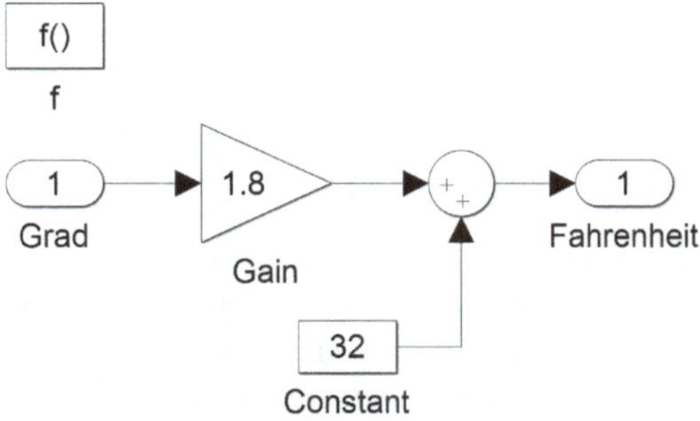

Bild 7.88 Simulink Function (TemperatureControlStateChartSimulinkFcn.slx)

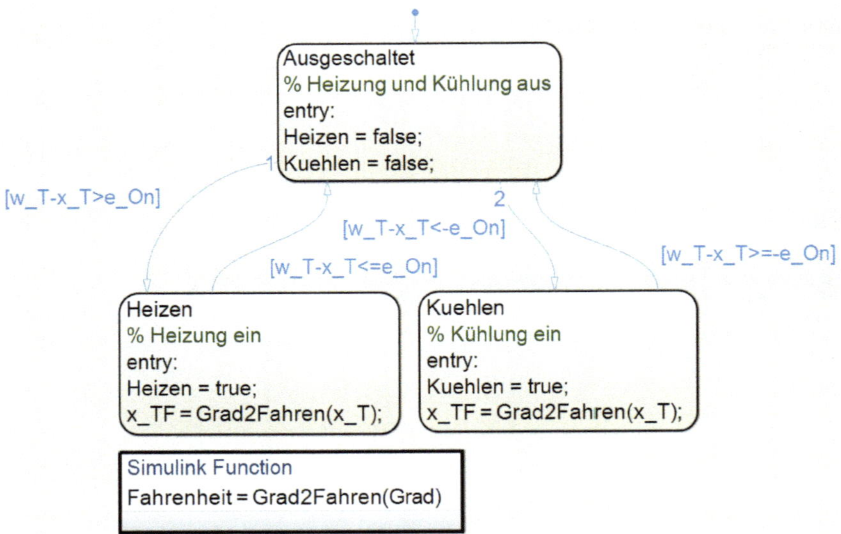

Bild 7.89 Aufruf Simulink Function (TemperatureControlStateChartSimulinkFcn.slx)

Graphical Functions können in einem Stateflow Chart (Bild 7.90) dazu benutzt werden, mehrfach erforderliche Flussdiagramme nur einmalig zu definieren. Dadurch ist eine einfache Wiederverwendbarkeit gegeben, und die Übersichtlichkeit wird erhöht. Die Funktionsdefinition im Stateflow Chart orientiert sich wiederum an der MATLAB Syntax.

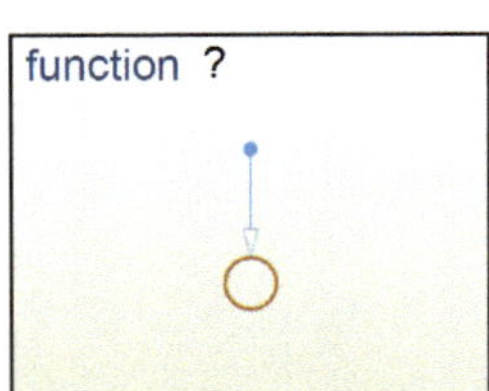

Bild 7.90 Graphical Function in Stateflow Chart

Die Beispielaufgabe soll zur Veranschaulichung der Arbeitsweise so erweitert werden, dass in der Graphical Function ermittelt wird, ob der Betrag der Regelabweichung klein oder groß ist. Bei einem Wert der Abweichung größer als ± 3 K soll ein Status, der eine Ausgangsvariable des Stateflow Charts ist, den Wert 1 haben, ansonsten 0. In Bild 7.91 ist hierzu die Beispielaufgabe um eine Graphical Function mit dem Namen „Abweichung" erweitert. Diese Function wird als Aktion in der Default Transition und in drei Zuständen aufgerufen. Das Beispiel soll nur das Grundprinzip zeigen. Die Aufgabe könnte anders „eleganter" gelöst werden.

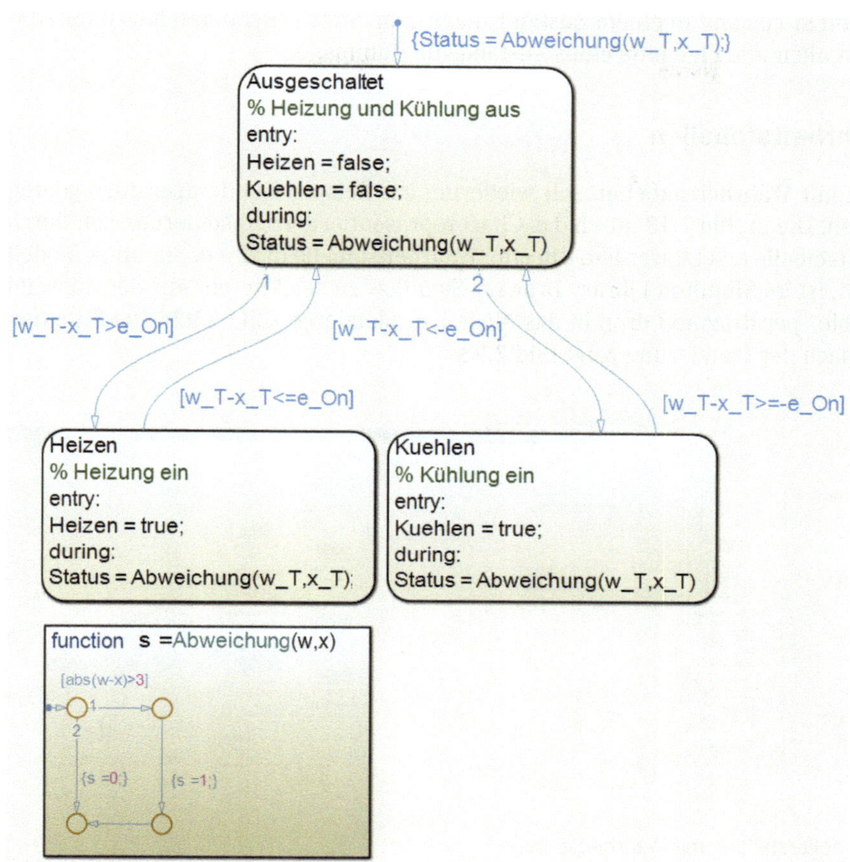

Bild 7.91 Aufruf Graphical Function (TemperatureControlStateChartGraphicalFcn.slx)

7.5 Tabellarische Beschreibung von Zustandsautomaten

Zustandsautomaten können anstatt in einer grafischen Beschreibung auch mittels Tabellen beschrieben werden. In Stateflow gibt es hierzu zwei Möglichkeiten:

- Truth table (Wahrheitstabelle)

  Tabellarische Darstellung von Wahrheitswerten (wahr oder falsch bzw. true or false), die abhängig von eindeutigen Bedingungskombinationen definieren, welche Aktion erfolgen soll. In jedem Aktualisierungsschritt werden alle Bedingungen überprüft. Wahrheitstabellen sind daher von der Methodik Flussdiagrammen ähnlich.

- State transition table (Zustandsübergangstabelle)

  Tabellarische Aufstellung der Übergangsbedingungen (Transitions), die einen Übergang von einem in einen anderen Zustand erlauben. Jeder Zustand verhält sich identisch zu einem Zustand in einem Zustandsdiagramm. State transition tables unterstützen jedoch nicht alle Elemente eines Zustandsdiagramms.

7.5.1 Wahrheitstabellen

Das Arbeiten mit Wahrheitstabellen soll wiederum am Beispiel der Temperaturregelung gezeigt werden. Die in Bild 7.13 durch das Chart repräsentierte Logiksteuerung soll durch eine Wahrheitstabelle ersetzt werden. Um eine Wahrheitstabelle in einem Simulink Modell zu verwenden, ist im Simulink Library Browser Stateflow zu selektieren. Aus der Auswahl ist „Truth Table" per drag and drop in das Modell zu platzieren (Bild 7.92). Die Situation unmittelbar nach der Platzierung zeigt Bild 7.93.

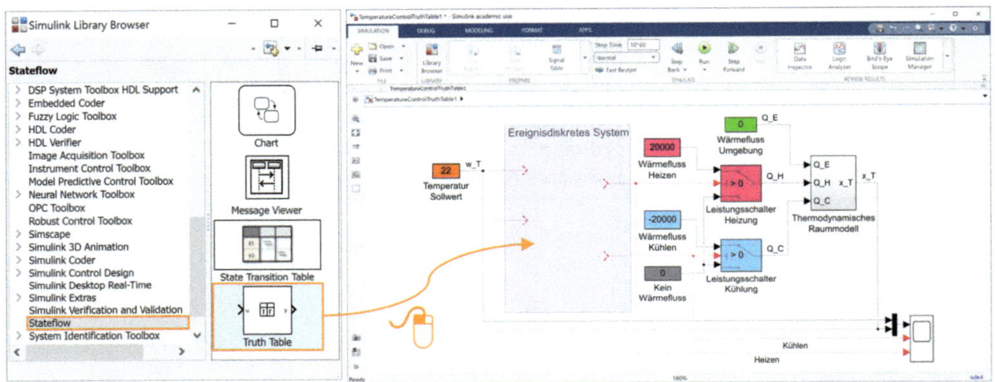

Bild 7.92 Modellerstellung mit Wahrheitstabelle

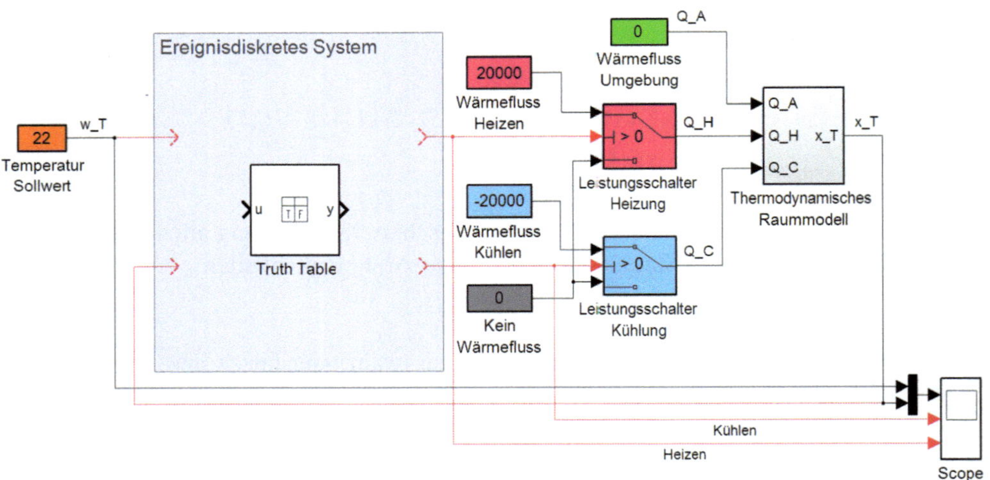

Bild 7.93 Simulink Modell der Regelung der Raumtemperatur mit Wahrheitstabelle

Nach einem Doppelklick auf die „Truth Table“ im Simulink Modell öffnet sich ein Formular zur Modellbeschreibung (Bild 7.94). Es teilt sich in zwei Hauptbereiche auf:

- Condition table (❶)

  Hier werden die Wahrheitswerte beschrieben, die zu einer bestimmten Aktion führen. Sie besteht aus Bedingungen (Condition ❸) und Entscheidungen (Decisions ❹).

- Action table (❷)

  Hier werden die Aktionen beschrieben, die abhängig von Kombinationen der Wahrheitswerte ausgeführt werden.

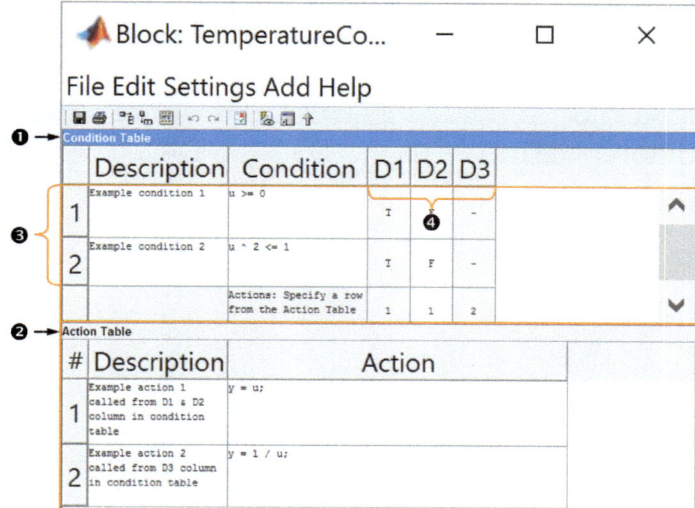

Bild 7.94 Formular Wahrheitstabelle

Um zu bestimmen, welche Aktion ausgeführt werden soll, werden in einer Wahrheitstabelle Entscheidungen aus einer Menge von Bedingungen gefällt. Die Entscheidung ist abhängig davon, ob einzelne Bedingungen wahr (true) oder falsch (false) bzw. nicht entscheidend sind. Daher gibt es bei den Spalten für die Decisions folgende Möglichkeiten des Eintrages:

- T (true)

  Die Bedingung muss für die Entscheidung wahr sein.

- F (false)

  Die Bedingung muss für die Entscheidung falsch sein.

- - (either)

  Die Bedingung kann für die Entscheidung wahr oder falsch sein, d. h., sie spielt bei der Entscheidung keine Rolle.

In jedem Aktualisierungsschritt werden alle Bedingungen ausgewertet. Das Ergebnis ist ein Wahrheitswert für jede Bedingung. Anschließend werden die Entscheidungen von links nach rechts so lange ausgewertet, bis die ausgewertete Entscheidung wahr (true) ist.

Die dazugehörige Aktion wird ausgeführt. Falls noch weitere Entscheidungen vorhanden sind, werden diese nicht ausgewertet. Die Aktualisierung ist abgeschlossen.

In der untersten Zeile der Condition Table wird definiert, welche Aktion ausgeführt werden soll, wenn die ausgewertete Entscheidung wahr ist. Die Aktionen selbst werden in der Action Table definiert.

Für das Beispiel der Temperaturregelung zeigt Bild 7.95 die vollständige Wahrheitstabelle. Der Bezug zwischen Condition Table, und Action Table wird dabei über die Zeilennummer der Action Table hergestellt. Für die Decision 2 (D2) ist es die Zeilennummer 3 (wie im Bild gekennzeichnet). Ein alternativer Weg, um den Bezug herzustellen, ist die Verwendung einer Bezeichnung statt der Nummer. Diese Bezeichnung wird der jeweiligen Aktion vorangestellt (Bild 7.96). Die Variablen der Truth Table werden, wie bei Flow Charts, im Model Explorer definiert und verwaltet. Für das Beispiel ist dies in Bild 7.97 gezeigt.

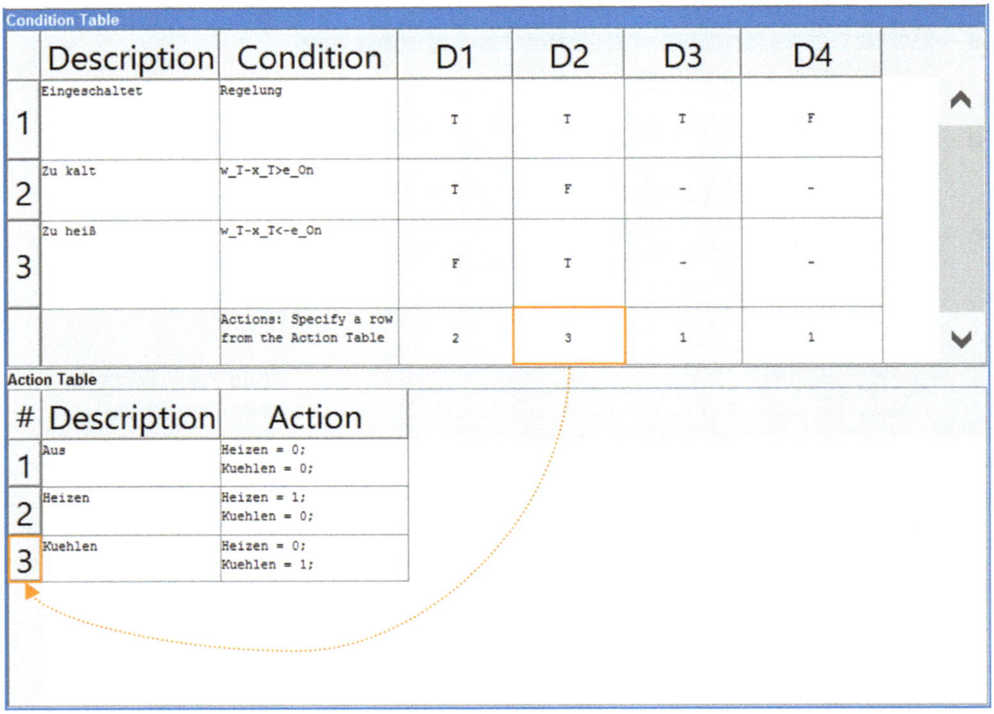

Condition Table

	Description	Condition	D1	D2	D3	D4
1	Eingeschaltet	Regelung	T	T	T	F
2	Zu kalt	w_T-x_T>e_On	T	F	-	-
3	Zu heiß	w_T-x_T<-e_On	F	T	-	-
		Actions: Specify a row from the Action Table	2	3	1	1

Action Table

#	Description	Action
1	Aus	Heizen = 0; Kuehlen = 0;
2	Heizen	Heizen = 1; Kuehlen = 0;
3	Kuehlen	Heizen = 0; Kuehlen = 1;

Bild 7.95 Wahrheitstabelle für Beispielaufgabe

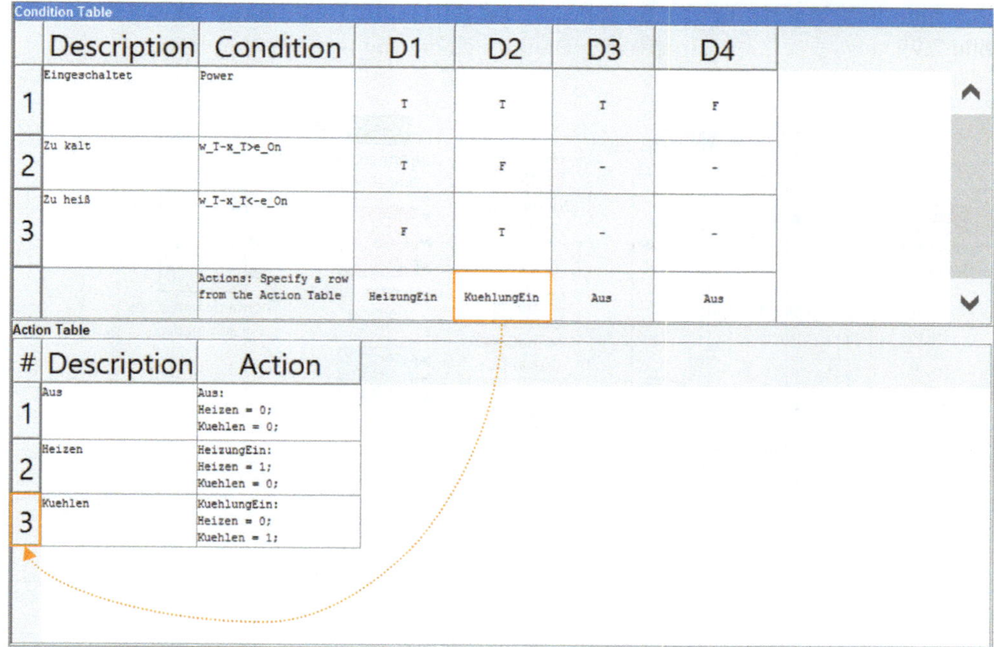

Condition Table

	Description	Condition	D1	D2	D3	D4
1	Eingeschaltet	Power	T	T	T	F
2	Zu kalt	w_T-x_T>e_On	T	F	-	-
3	Zu heiß	w_T-x_T<-e_On	F	T	-	-
		Actions: Specify a row from the Action Table	HeizungEin	KuehlungEin	Aus	Aus

Action Table

#	Description	Action
1	Aus	Aus: Heizen = 0; Kuehlen = 0;
2	Heizen	HeizungEin: Heizen = 1; Kuehlen = 0;
3	Kuehlen	KuehlungEin: Heizen = 0; Kuehlen = 1;

Bild 7.96 Wahrheitstabelle für Beispielaufgabe mit Bezeichnung der Aktion

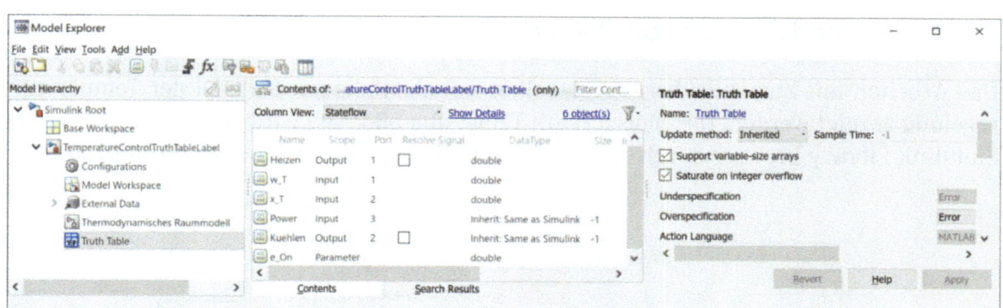

Bild 7.97 Model Explorer

Für die Truth Table kann ein Diagnoselauf gestartet werden. Dies erfolgt mit dem Diagnostic Icon in der Toolbar der Truth Table (Bild 7.98).

Bild 7.98 Diagnose

Das Simulink Modell für die Beispielaufgabe mit Truth Table und Schnittstellen zeigt Bild 7.99.

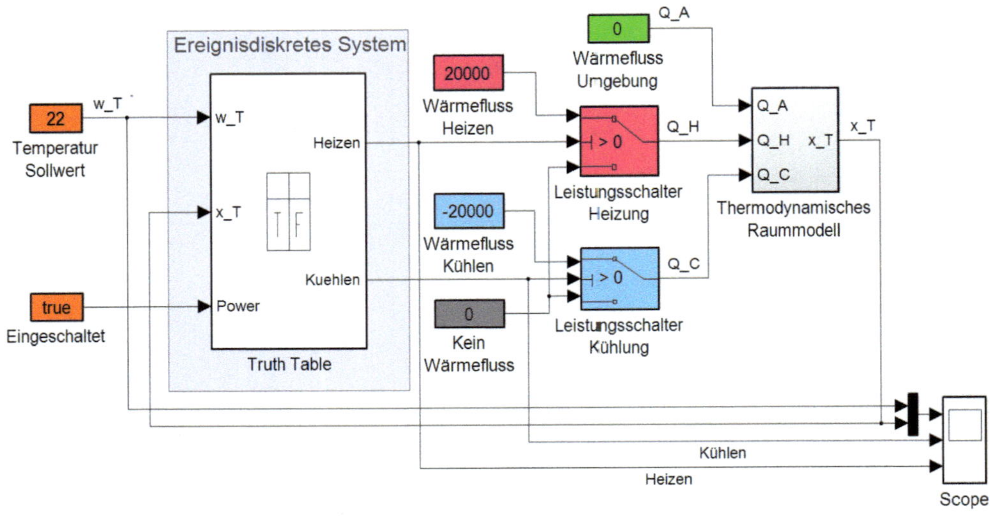

Bild 7.99 Simulink Modell für Beispielaufgabe mit Wahrheitstabelle (Truth Table) für die Logiksteuerung (TemperatureControlTruthTable.slx)

7.5.2 Zustandsübergangstabellen

Das Arbeiten mit Zustandsübergangstabellen soll ebenfalls am Beispiel der Temperaturregelung gezeigt werden. Der Block „Truth Table" aus Bild 7.99 wird gelöscht und aus dem Simulink Library Browser durch den Block „State Transition Table" ersetzt (Bild 7.100).

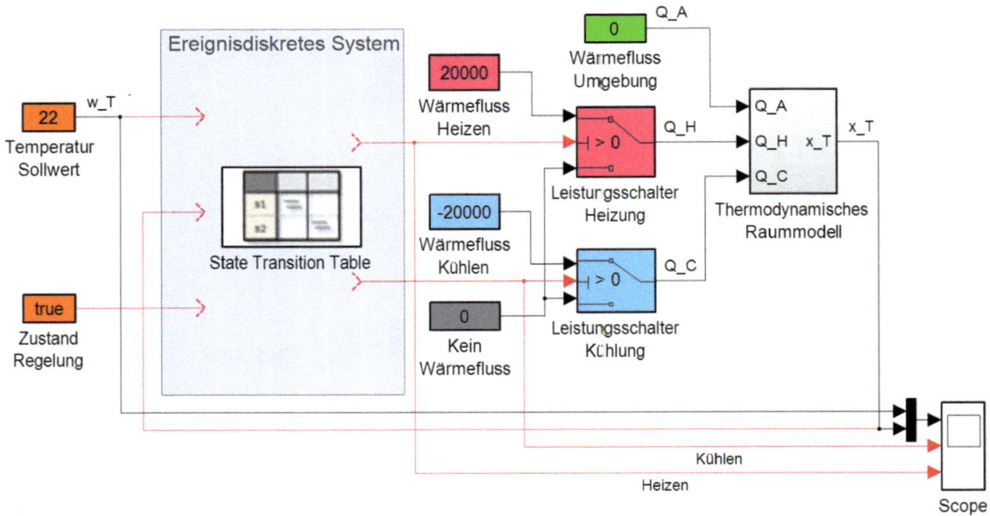

Bild 7.100 Simulink Modell der Regelung der Raumtemperatur mit Zustandsübergangstabelle

Nach einem Doppelklick auf die „State Transition Table" im Simulink Modell öffnet sich ein Formular zur Modellbeschreibung (Bild 7.101). Die Tabelle ist wie folgt aufgebaut:

- Tabellenzeile (❶)

  Jede Tabellenzeile repräsentiert einen Zustand. Die Einträge, die dort vorgenommen werden können, entsprechen denjenigen von Zuständen in Zustandsdiagrammen. Insbesondere werden dort die State Actions eingetragen.

- Tabellenreihe (❷)

  Jede Tabellenreihe repräsentiert eine Übergangsbedingung (Transition). Der Zustand, in den bei abgeschlossener Transition übergegangen wird, wird im Popup-Menü ausgewählt. Pro Zustand und Transition gibt es eine Untertabelle mit drei Zeilen (mit ❸ für den ersten Zustand und die erste Transition gekennzeichnet). In den ersten beiden Zeilen der Untertabelle werden die Condition und ggf. die Condition Action(s) festgelegt (❹, ❺). Die Condition muss von [ ] umschlossen werden. Condition Actions müssen von { } umschlossen sein. Die letzte Zeile ist das Popup-Menü (❻) zur Definition, in welchen Zustand ggf. übergegangen wird (Destination State).

Der mit ❼ markierte geschwungene Pfeil symbolisiert die Default Transition.

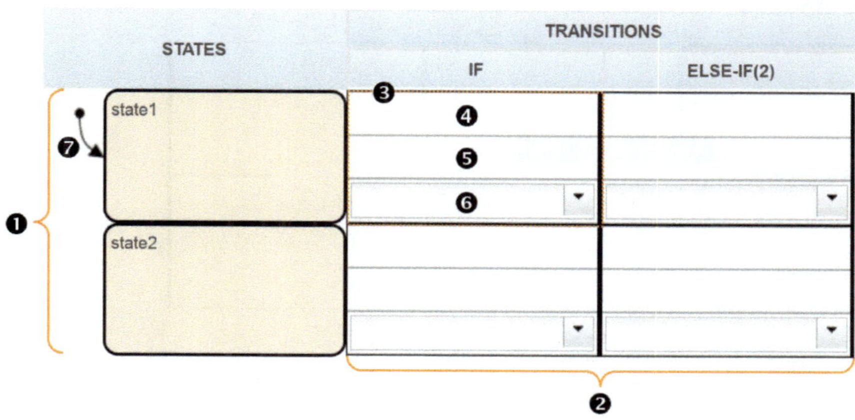

Bild 7.101 State Transition Table

Im Popup-Menü (❻) zur Definition des Destination States werden zur Auswahl die in der ersten Spalte vorhandenen Namen der Zustände (State) und vorgefertigte Namen aufgeführt.

Vorgefertigte Namen sind:

- $NEXT

  Nachfolgender Zustand in der Tabelle (sofern vorhanden).

- $Previous

  Vorangegangener Zustand in der Tabelle (sofern vorhanden).

- $Self

  Aktueller Zustand.

- Leer

  Wird verwendet, wenn die Bedingung dieses Zustandes nicht in einen anderen Zustand führt.

- %Ignore%

  Kann ebenfalls verwendet werden, wenn die Bedingung dieses Zustandes nicht in einen anderen Zustand führt. Es verhindert, dass eine Transition im Diagramm gezeichnet wird.

Zeilen und damit Zustände (States) können wie folgt hinzugefügt werden (Bild 7.102):

❶ Klick mit der rechten Maustaste in den Zustand, unterhalb dessen ein neuer hinzugefügt werden soll

❷ Insert row ▸ State row

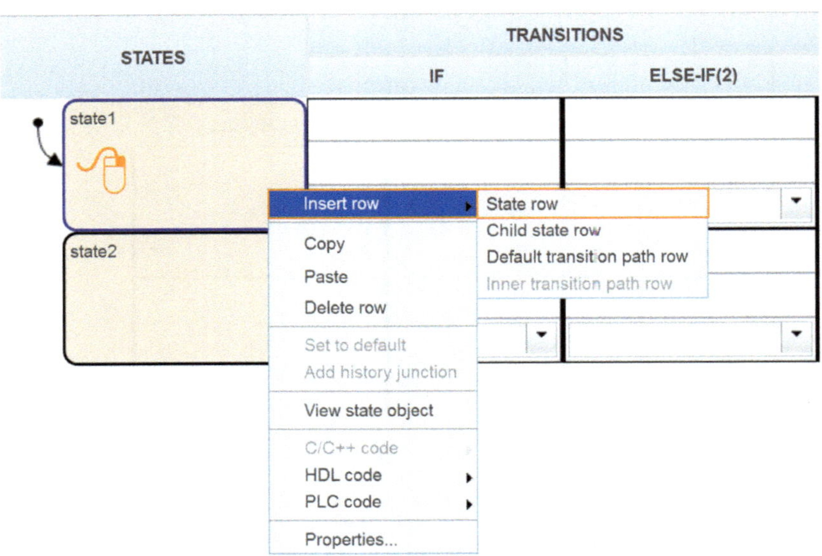

Bild 7.102 Hinzufügen von Zeilen (States)

Falls die Default Transition zu einem anderen Zustand führen soll, muss dieser selektiert, die rechte Maustaste bestätigt und

Set to default

ausgewählt werden.

Spalten und damit Übergangsbedingungen (Transitions) können wie folgt hinzugefügt werden (Bild 7.103):

❶ Klick mit der rechten Maustaste in die Spalte, rechts von der eine neue hinzugefügt werden soll

❷ Insert transition column

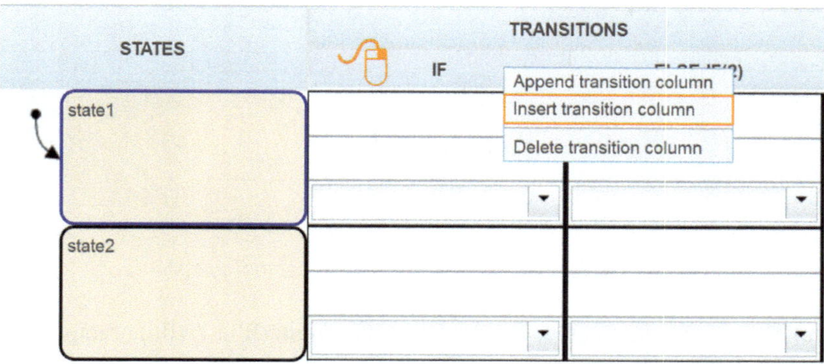

Bild 7.103 Hinzufügen von Spalten (Transitions)

Für das Beispiel der Temperaturregelung zeigt Bild 7.104 die State Transition Table. Diese beschreibt zunächst das Teilsystem bei eingeschalteter Regelung.

STATES	TRANSITIONS	
	IF	ELSE-IF(2)
Aus % Heizung und Kühlung aus entry: Heizen = 0; Kuehlen = 0;	[w_T-x_T>e_On] HeizungEin	[w_T-x_T<-e_On] KuehlungEin
HeizungEin % Heizung ein entry: Heizen = 1;	[w_T-x_T<=e_On] Aus	
KuehlungEin % Kühlung ein entry: Kuehlen = 1;	[w_T-x_T>=-e_On] Aus	

Bild 7.104 Beispielaufgabe mit State Transition Table (TemperatureControlStateTransition Table.slx)

Aus einer State Transition Table kann mit

Chart ▸ View State Transition Matrix

eine State Transition Matrix erzeugt werden (Bild 7.105).

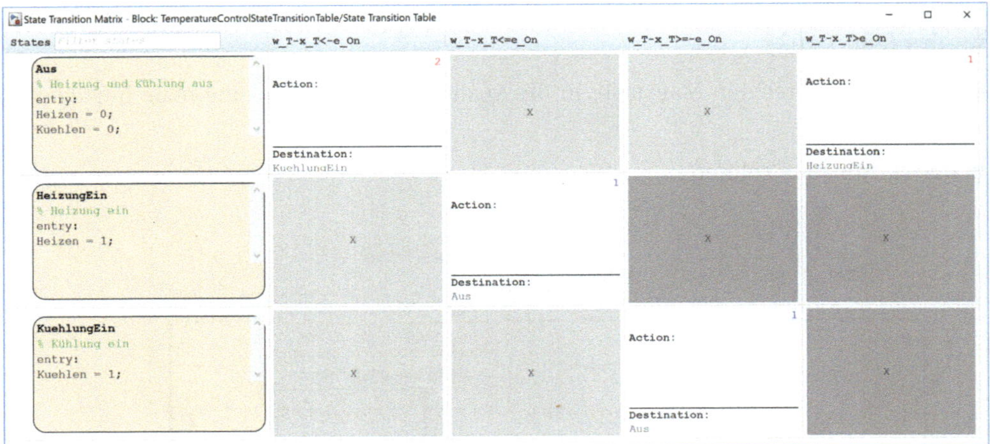

Bild 7.105 State Transition Matrix (TemperatureControlStateTransitionTable.slx)

Aus der State Transition Table kann auch ein Zustandsdiagramm (Bild 7.106) erzeugt werden. Die Schritte hierzu sind:

❶ Klick mit der rechten Maustaste auf einen Zustand

❷ View state object

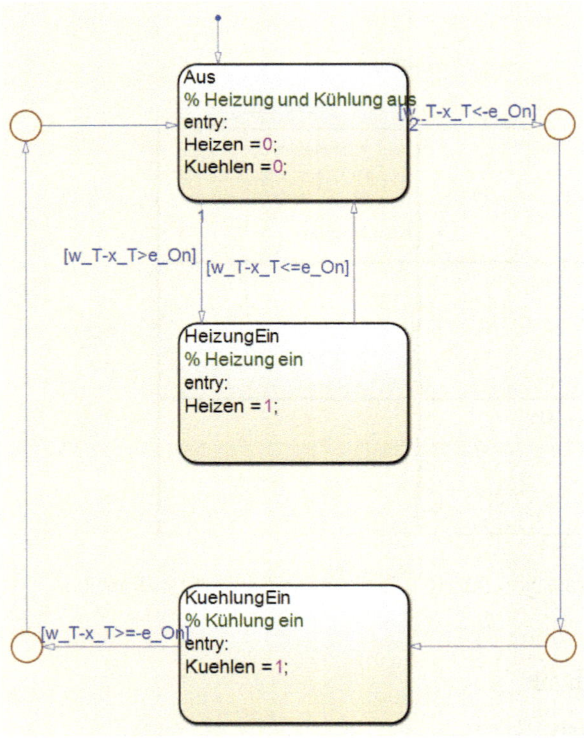

Bild 7.106 Erzeugtes Zustandsdiagramm (State object) (TemperatureControlStateTransitionTable.slx)

Auch für State Transition Tables lassen sich hierarchische Modelle aufbauen. Wie bei Zustandsdiagrammen soll das Modell so erweitert werden, dass es zwei überlagerte Zustände gibt, die beschreiben, ob die Regelelektronik ein- oder ausgeschaltet ist. Diese zwei weiteren Zustände erhalten wiederum den Namen „Ein“ und „Aus“. Im ersten Schritt werden im Modell die zwei weiteren Zustände hinzugefügt (Bild 7.107, untere beiden Zustände) und mit Namen versehen.

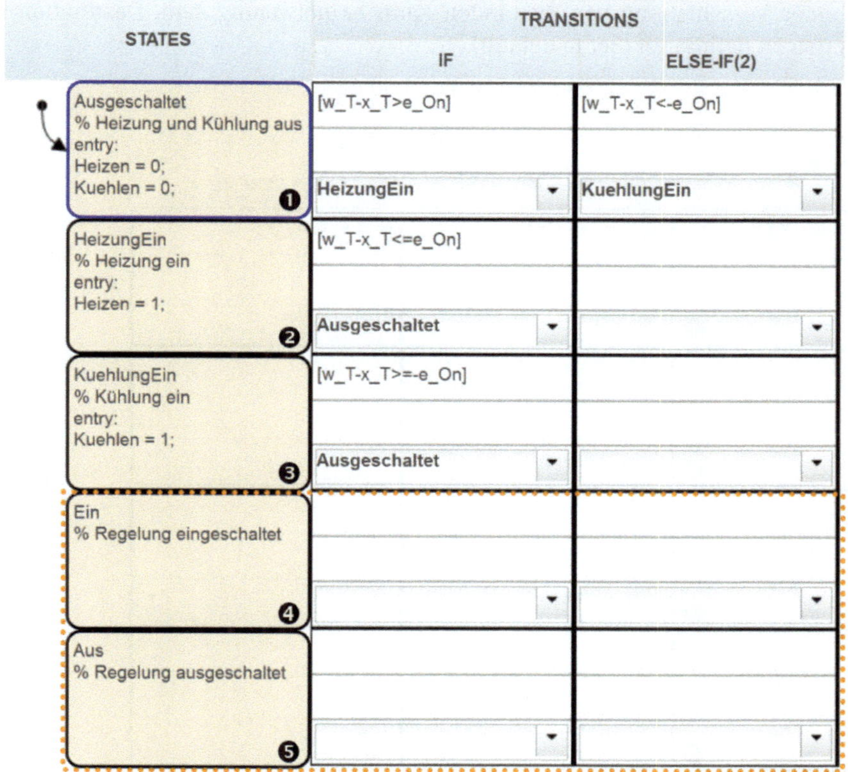

STATES	TRANSITIONS	
	IF	ELSE-IF(2)
Ausgeschaltet % Heizung und Kühlung aus entry: Heizen = 0; Kuehlen = 0; ❶	[w_T-x_T>e_On] HeizungEin	[w_T-x_T<-e_On] KuehlungEin
HeizungEin % Heizung ein entry: Heizen = 1; ❷	[w_T-x_T<=e_On] Ausgeschaltet	
KuehlungEin % Kühlung ein entry: Kuehlen = 1; ❸	[w_T-x_T>=-e_On] Ausgeschaltet	
Ein % Regelung eingeschaltet ❹		
Aus % Regelung ausgeschaltet ❺		

Bild 7.107 Hierarchisches Modell I Schritt 1

Die mit ❶, ❷ und ❸ markierten Zustände sollen hierarchisch unterhalb des mit ❹ markierten Zustandes eingefügt werden. Sie sollen Substates (Children) des Superstate „Ein“ (Parent) sein. Die mit ❹ und ❺ markierten Zustände sollen auf der gleiche Hierarchieebene sein.

Eine Verschiebung eines Zustandes in eine tieferliegende Hierarchieebene erfolgt in den Schritten (Bild 7.108):

❶ Maus in den oberen Rahmenbereich des Zustandes bewegen, der verschoben werden soll, bis dort ein Verschiebekreuz angezeigt wird.

❷ Mit gedrückter linker Maustaste den Zustand in den Rahmenbereich des hierarchisch höher liegenden Zustandes bewegen.

❸ Nach Loslassen der Maus wird der verschobene Zustand unterhalb des Superstates (Parent) eingerückt angezeigt.

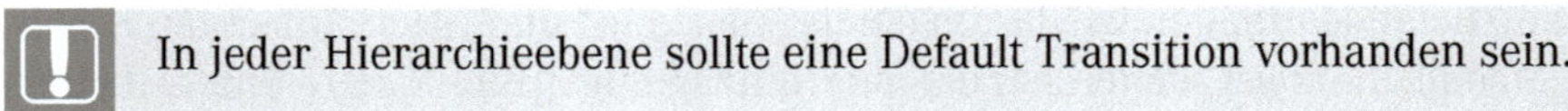

In jeder Hierarchieebene sollte eine Default Transition vorhanden sein.

Nach einer Verschiebung von Zuständen kann es notwendig sein, Destination States neu zu definieren (Set to default).

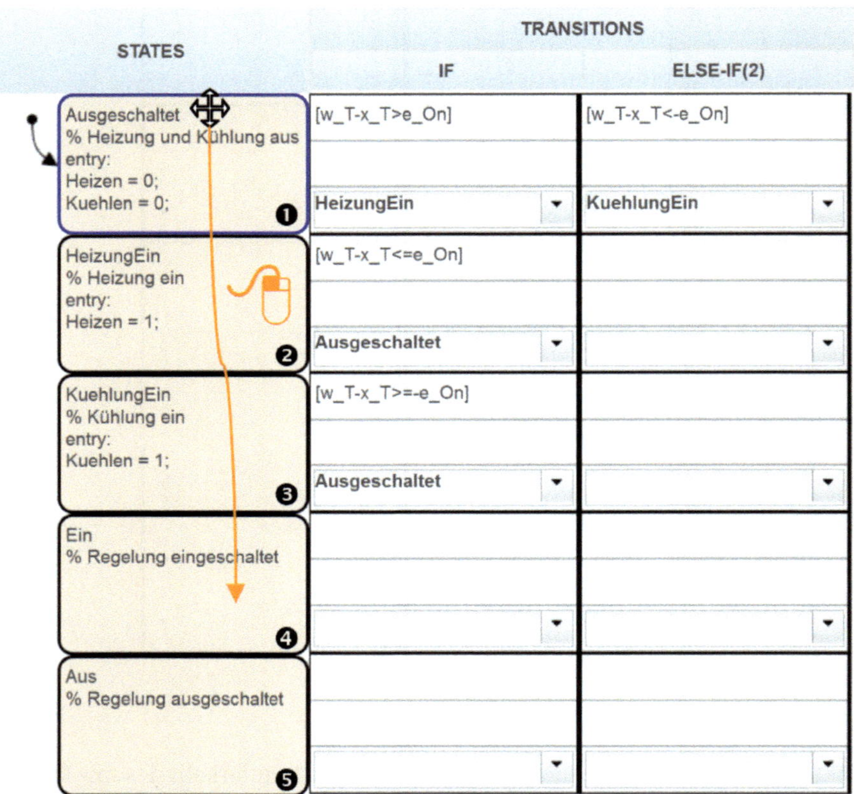

Bild 7.108 Hierarchisches Modell I Schritt 2

Nachdem alle drei Zustände verschoben und die Einträge in den States und Transitions ergänzt wurden, zeigt Bild 7.109 die State Transition Table für die Beispielaufgabe.

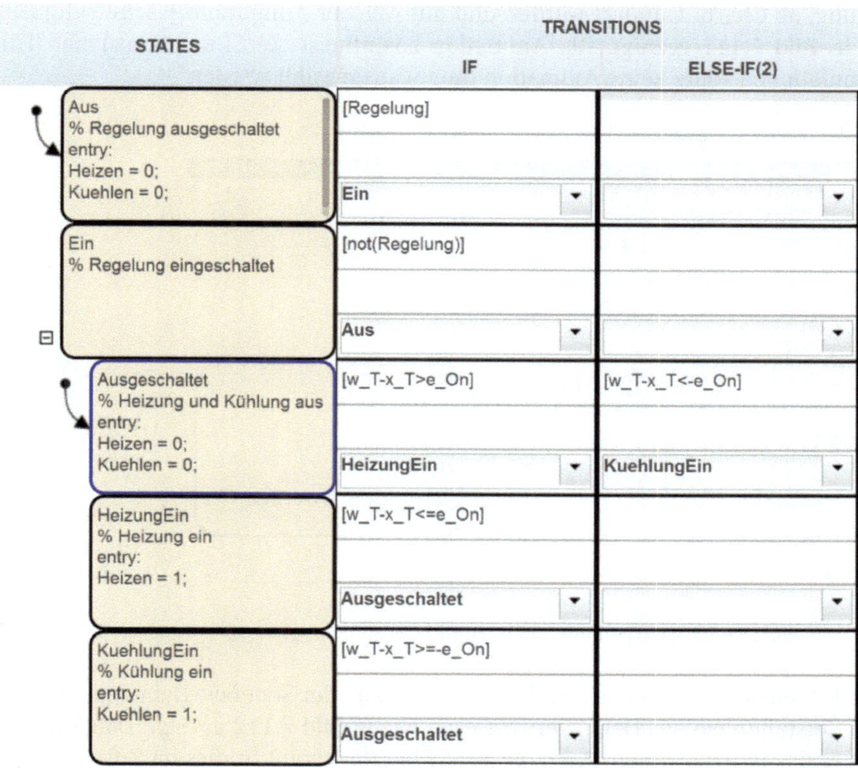

STATES	TRANSITIONS IF	TRANSITIONS ELSE-IF(2)
Aus % Regelung ausgeschaltet entry: Heizen = 0; Kuehlen = 0;	[Regelung] Ein	
Ein % Regelung eingeschaltet	[not(Regelung)] Aus	
Ausgeschaltet % Heizung und Kühlung aus entry: Heizen = 0; Kuehlen = 0;	[w_T-x_T>e_On] HeizungEin	[w_T-x_T<-e_On] KuehlungEin
HeizungEin % Heizung ein entry: Heizen = 1;	[w_T-x_T<=e_On] Ausgeschaltet	
KuehlungEin % Kühlung ein entry: Kuehlen = 1;	[w_T-x_T>=-e_On] Ausgeschaltet	

Bild 7.109 Hierarchischer Aufbau einer State Transition Table für die Beispielaufgabe (TemperatureControlStateTransitionTableHier.slx)

7.6 Simulation und Debugging

Eine Simulation kann auf unterschiedliche Weise gestartet werden. Alle Möglichkeiten, die bei Simulink beschrieben wurden, gelten auch für Stateflow Modelle. Eine Möglichkeit ist das Icon für „Run" in der Toolbar-Leiste oder:

Simulation ▸ Run

Für Stateflow Charts kann der zeitliche Ablauf im Chart animiert werden. Aktuell ausgeführte Transitions und aktuelle States werden mit fetten blauen Linien bzw. Umrahmungen während der Simulation dargestellt (Bild 7.110).

Bild 7.110 Chart-Animation während der Simulation (State2 ist aktuell aktiv) (StateflowChartAnimation.slx)

Die Einstellung, ob Charts animiert werden und mit welcher Animationsgeschwindigkeit, erfolgt wie in Bild 7.111 gezeigt. Die Animation beeinflusst die Simulationsdauer. Für schnelle Simulationen sollte keine Animation (none) ausgewählt werden.

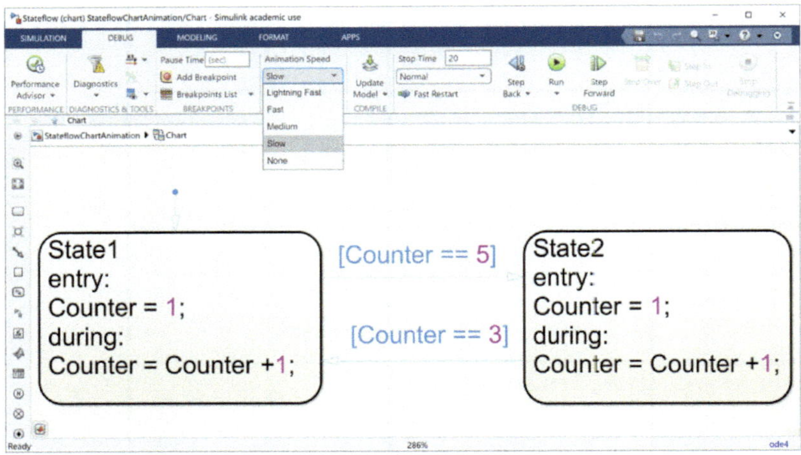

Bild 7.111 Einstellungen für Chart-Animation während der Simulation

Zum Kennenlernen des Ablaufs oder zur Fehlersuche kann der Stateflow Debugger benutzt werden. Die Einstellungen des Debuggers erfolgen wie in Bild 7.112 gezeigt. Dabei wurde als Breakpoint der Eintritt in den State2 gesetzt. Der Breakpoint in diesem Zustand wird durch ein kreisförmiges Symbol in der unteren linken Ecke dargestellt.

Wird der Breakpoint erreicht, wird der Ablauf pausiert und die Stelle im Zustandsdiagramm fett in Grün markiert (Bild 7.113). Der weitere Ablauf kann über die markierten Icons in der Toolbar-Leiste gesteuert werden.

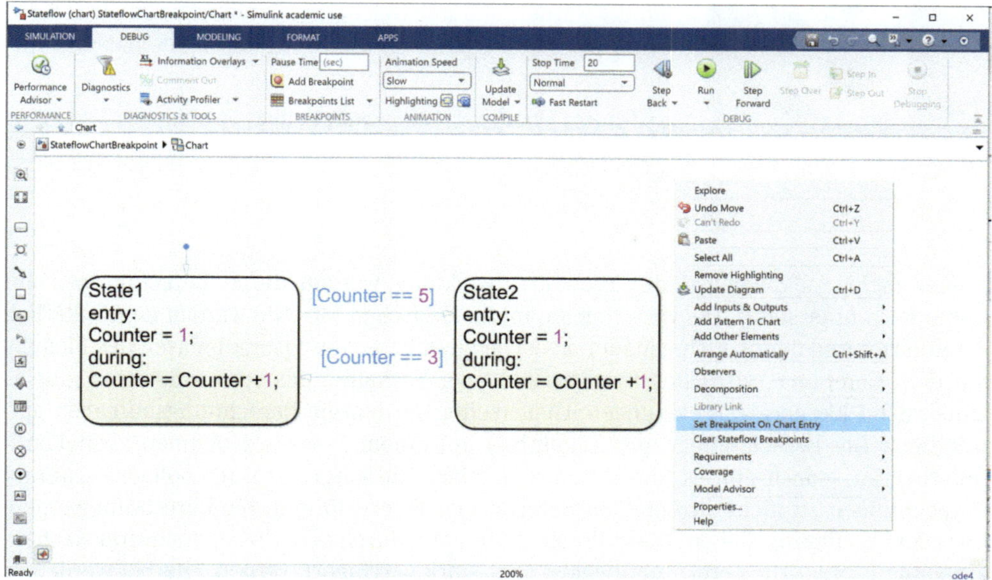

Bild 7.112 Debugger (StateflowChartBreakpoint.slx)

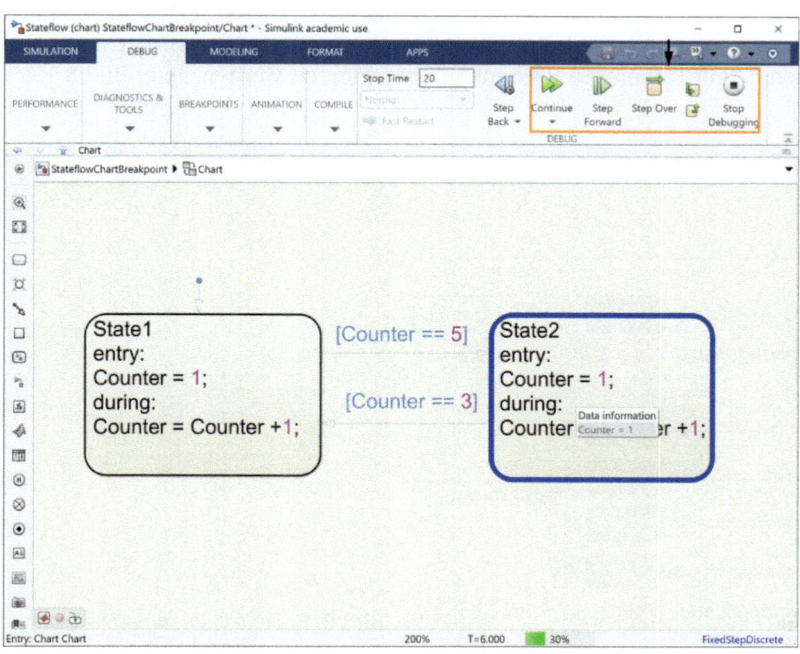

Bild 7.113 Breakpoint (StateflowChartBreakpoint.slx)

8 Paralleles Rechnen

Immer mehr Aufgaben bei der Produktentwicklung werden durch Berechnungen auf Computern unterstützt. Die verwendeten mathematischen Modelle werden kontinuierlich detaillierter und damit auch genauer. Zwischen den Berechnungsergebnissen des Modells auf dem Computer (virtuelles System) und dem Verhalten des realen Systems gibt es zunehmend kleinere Abweichungen. Gleichzeitig werden die Berechnungsaufgaben aufwändiger. Die Berechnungen pro Zeiteinheit auf einem Prozessor nehmen zwar kontinuierlich zu, jedoch gibt es Berechnungsaufgaben, die aufgrund ihrer hohen Anzahl an Berechnungen zu nicht akzeptablen Berechnungsdauern führen, bis Berechnungsergebnisse zur Verfügung stehen. Diese Problematik kann durch den Einsatz mehrerer Recheneinheiten (Cores) zur Berechnung gelöst oder stark verringert werden. Hierbei werden in jeder Recheneinheit Teile der Berechnung gelöst. Die Berechnungsaufgabe wird aufgeteilt bzw. parallelisiert. Man spricht dann von parallelem Rechnen. Häufig wird die englische Bezeichnung „Parallel computing“ benutzt. Den Unterschied zwischen seriellem Rechnen, bei dem nur eine Recheneinheit zur Lösung der Berechnungsaufgabe genutzt wird, und parallelem Rechnen, bei dem mehrere Recheneinheiten genutzt werden, zeigt Bild 8.1.

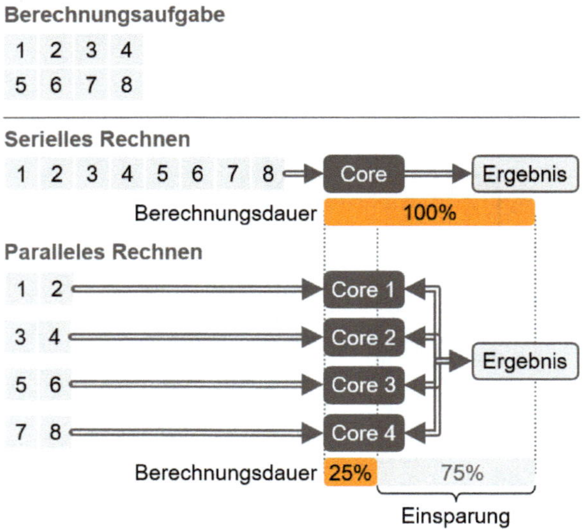

Bild 8.1 Serielles und paralleles Rechnen

Im Bild werden zum parallelen Rechnen beispielhaft vier Recheneinheiten verwendet. Vereinfachend wird davon ausgegangen, dass die Berechnungsaufgabe in acht Teilberechnungen, die jeweils den gleichen Berechnungsaufwand darstellen, aufteilbar ist. Beim seriellen Rechnen werden die acht Teilaufgaben zeitlich nacheinander berechnet. Beim parallelen Rechnen werden jeweils zwei Teilaufgaben auf einer Recheneinheit (Core) zeitlich nacheinander berechnet (z. B. Teilaufgabe 3 und 4 auf Core 2). Die jeweils dargestellte prozentuale Berechnungszeit zeigt für den Fall des parallelen Rechnens für das gewählte Beispiel den besten Fall mit einer Reduzierung auf 25 % im Vergleich zum seriellen Rechnen. Die tatsächliche Einsparung ist immer geringer. Hierfür gibt es beim parallelen Rechnen unterschiedliche Ursachen, die Zeit beanspruchen:

- Zu Beginn der Berechnung muss die Berechnungsaufgabe aufgeteilt und auf die Recheneinheiten verteilt werden.
- Am Ende der Berechnung müssen die Berechnungsergebnisse der Recheneinheiten zusammengeführt werden.
- Teilweise müssen während der Gesamtberechnung mehr oder weniger Teilergebnisse zwischen den Recheneinheiten ausgetauscht werden.
- Unter Umständen greifen die einzelnen Recheneinheiten auf die gleichen Hardware-Ressourcen, wie z. B. Hauptspeicher oder Festplatte, zu.

Dies kann dazu führen, dass mit parallelem Rechnen im Vergleich zum seriellen Rechnen die Berechnungsdauer sogar größer wird. Durch mehr oder weniger geschickte Aufteilung der Berechnungsaufgabe und der dafür erforderlichen Daten kann die Berechnungsdauer teilweise massiv beeinflusst werden.

Computer, die typischerweise für die Produktentwicklung im Ingenieurbereich eingesetzt werden, haben im Prozessor vier Cores (Quad-Core-Prozessoren). Zu solchen Multicore-Prozessoren gehört z. B. der Intel® Core™ i7 für Notebooks oder Desktops. Die Voraussetzungen für paralleles Rechnen von Seiten der Hardware sind somit häufig gegeben. Allerdings müssen auch von Seiten der Software Voraussetzungen geschaffen werden, dass eine Parallelisierung von Berechnungsaufgaben anwenderfreundlich unterstützt wird. Dazu ist eine Erweiterung des Befehlsumfanges einer Programmiersprache erforderlich. Berechnungsaufgaben müssen in Unteraufgaben aufgeteilt werden, die unabhängig voneinander lösbar sind und deren Ergebnisse nach Abschluss aller Teilaufgaben zusammengesetzt werden.

Computerarchitekturen, die für paralleles Rechnen konzipiert sind, können grob wie folgt klassifiziert werden:

- Multi-Core- und/oder Multi-Prozessor-Computer, die mehrere Recheneinheiten in einem Gerät haben.
- Mehrere Computer mit jeweils mehreren Recheneinheiten, die zur Lösung der Berechnungsaufgabe miteinander kommunizieren. Häufig verwendete Begriffe hierfür sind verteiltes Rechnen oder aus dem Englischen „Distributed computing".

Bild 8.2 zeigt beispielhaft einige Rechnerarchitekturen zum parallelen Rechnen.

Die aktuell von der Berechnungsgeschwindigkeit her leistungsfähigsten Computer werden als Supercomputer bezeichnet. Da sich die Berechnungsgeschwindigkeit in einer Recheneinheit nicht beliebig steigern lässt, nutzen alle Supercomputer paralleles Rechnen. Eine wichtige Kenngröße von Supercomputern ist, wie viele Gleitkommaberechnungen pro Sekunde (Floating point operations/s, kurz: FLOPS) ausführbar sind. Der erste Supercomputer Cray-1 erreichte im Jahr 1976 eine Rechenleistung von 130 MegaFLOPS ($130*10^6$

Gleitkommaberechnungen/s). Heutige Supercomputer der Spitzenklasse erreichen wenige PetaFLOPS bis mehrere 10 PetaFLOPS. Ein PetaFLOPS entspricht 10^{15} Gleitkommaberechnungen/s.

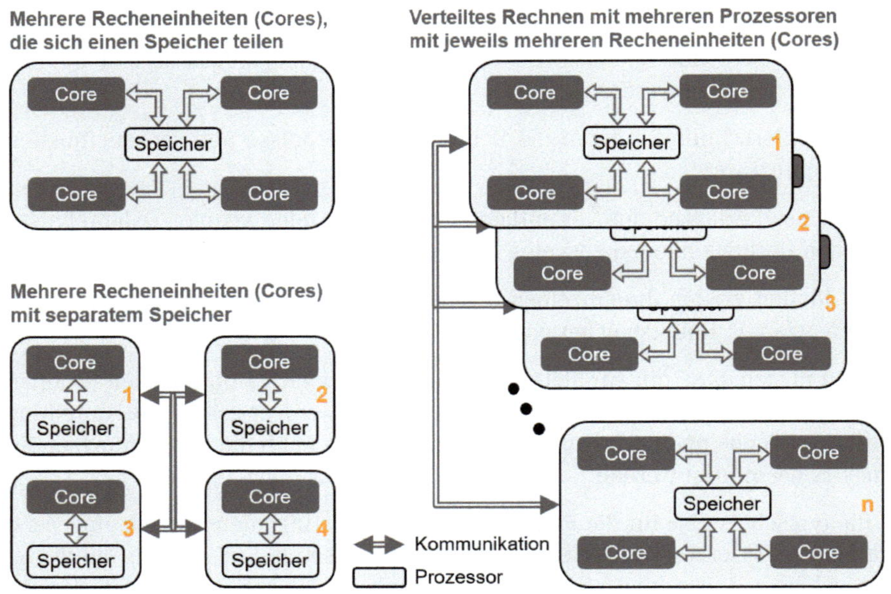

Bild 8.2 Computerarchitekturen für paralleles Rechnen

Die Haupteinsatzgebiete heutiger Supercomputer sind Simulationsaufgaben in den Gebieten:

- Biologie, Chemie und Physik
- Geologie
- Luft- und Raumfahrt
- Medizin
- Verteidigung
- Wetter und Klima

Die Abarbeitung eines Computerprogrammes wird als Prozess bezeichnet. Ein Prozess kann auf einem oder mehreren Recheneinheiten ablaufen. Programmabschnitte bzw. Ausführungsstränge in einem Prozess werden als Thread bezeichnet. Die Threads können in mehreren Recheneinheiten ablaufen oder quasi-parallel auf einer Recheneinheit, sofern dies von der Recheneinheit unterstützt wird. Ein bekanntes Beispiel für den zweiten Fall ist die Hyper-Threading-Technik in Prozessoren der Firma Intel®.

Paralleles Rechnen ermöglicht mehrere Berechnungs- oder Analyseaufgaben gleichzeitig ausführen zu lassen. Aufwendige Aufgaben lassen sich häufig in kleinere Aufgaben aufteilen, die dann zeitlich parallel gelöst werden. Die Hauptgründe, paralleles Rechnen in Betracht zu ziehen, sind:

- Reduzierung der Berechnungsdauer, d.h. der Zeit nach dem Start, bis Ergebnisse der Berechnung vorliegen
- Verteilung der Analyse von großen Datenmengen

In MATLAB gibt es zwei Add-ons für paralleles Rechnen:

- Parallel Computing Toolbox für paralleles Rechnen auf einem Computer
- Distributed Computing Server Toolbox für verteiltes Rechnen auf mehreren Computern

Diese ermöglichen dem Anwender Berechnungen in MATLAB auf verschiedenen Instanzen, die als Workers or Labs bezeichnet werden, zu verteilen. Dieses Kapitel gibt lediglich eine Einführung in die Parallel Computing Toolbox. Von MathWorks gibt es im Internet hilfreiche Schulungsunterlagen zu Parallel Computing.

http://de.mathworks.com/videos/parallel-computing-with-MATLAB-81694.html?form_seq=conf1176&elqsid=1452286430970&potential_use=Education&country_code=DE

8.1 Vorarbeit serielle Codeoptimierung

Im Laufe von Projekten, z.B. im Bereich der Forschung und Entwicklung, kommt es aufgrund zunehmend rechenzeitintensiver Berechnungsaufgaben häufig zu unbefriedigenden Wartezeiten, bis Ergebnisse vorliegen. Ist dies der Fall, gibt es folgende Möglichkeiten zur Lösung dieser Problematik:

- Einsatz eines schnelleren Computers
- Parallelisierung der Aufgabe

Bevor hier eine Entscheidung gefällt wird, sollte zunächst überprüft werden, ob es im aktuellen Stand der Software nicht noch Verbesserungspotentiale zur Verringerung der Rechenzeit gibt. Vor allem sollten in allen Programmen Vorbelegungen von Matrizen und Vektoren (siehe Abschnitt 2.2.4 „Vorbelegungen“) und die in MATLAB zur Verfügung stehenden Operatoren und Functions zur Berechnung bzw. Verarbeitung von Matrizen und Vektoren verwendet werden. Erfolgt dies nicht, kann die Berechnungsgeschwindigkeit erheblich darunter leiden. Bereits während der Programmerstellung gibt es im Editor durch eine rote Schlangenlinie unterhalb der Programmzeile gekennzeichnete Hinweise zur Verbesserung (siehe Abschnitt 2.1.8 „MATLAB Editor“), die beachtet werden sollten.

Die Analyse des Rechenzeitbedarfes einzelner Programmteile und Functions wird in MATLAB unterstützt. Damit kann innerhalb eines Programmes schnell lokalisiert werden, an welchen Stellen die meiste Rechenzeit verbraucht wird. Diese Stellen sollten überprüft werden, ob es hier Möglichkeiten zur Steigerung der Berechnungsgeschwindigkeit durch eine effizientere Programmierung gibt. Unabhängig, ob die Aufgabe mit seriellem oder parallelem Rechnen gelöst wird, ist dies immer empfehlenswert, um die Berechnungseffizienz zu steigern. Die einfachste Möglichkeit, die Zeit zur Ausführung eines Programmes oder Programmteiles zu bestimmen, ist die Verwendung der beiden MATLAB Functions „tic“ und „toc“ am Anfang und Ende des interessierenden Programmbereiches. „tic“ am Anfang startet die Zeitmessung, und „toc“ am Ende liefert das Ergebnis der Zeitmessung.

Die Syntax ist (das Ergebnis der Zeitmessung wird hier der Variablen „ExecutionTime“ zugewiesen):

```
tic;
statements
ExecutionTime = toc;
```

Eine detailliertere Analyse liefert der MATLAB Profiler. Er wird in der MATLAB Symbolleiste im Register „Home“ mit dem mit „Run and Time“ bezeichneten Icon gestartet. Im Profiler wird die für jede aufgerufene Function erforderliche Zeit und die erforderliche Zeit für jede Programmzeile in jeder Function angegeben. Diese Informationen liefern sehr schnell einen Überblick, an welchen Stellen des Programmes es sich lohnt, nach Verbesserungsmöglichkeiten in der Programmierung zu suchen. Bild 8.3 zeigt ein einfaches Beispiel, das Zufallszahlen erzeugt und später in diesem Kapitel auch noch für das parallele Rechnen benutzt wird. Ein Klick im Profiler auf ein Programm (Script oder Function) liefert detailliertere Informationen zu diesem (siehe rechte Seite des Bildes).

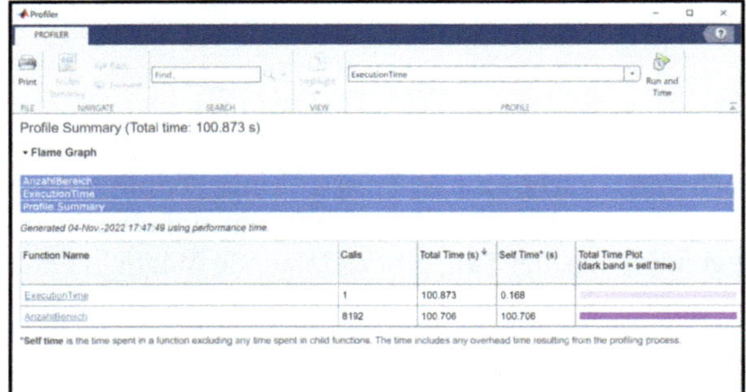

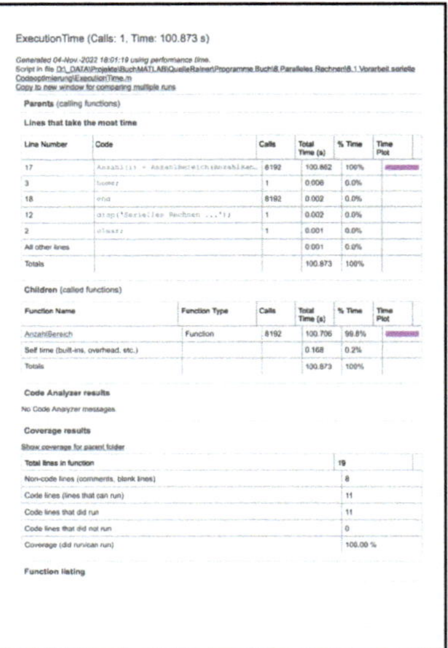

Bild 8.3 Profiler

■ 8.2 Eingebaute Parallelisierung

Viele Softwarepakete unterstützen im Hintergrund parallele Berechnungsaufgaben, ohne dass hierfür vom Anwender Maßnahmen erforderlich sind. Dieses gilt auch für MATLAB. Einige von MathWorks erstellte Funktionen nutzen, sofern auf einem Rechner verfügbar, automatisch mehrere Recheneinheiten (cores). Diese werden als „Multithreaded functions“ bezeichnet. Dies soll mit folgenden aufeinanderfolgenden Eingaben im „Command

Window“ bei einem Rechner mit Windows®-10-Betriebssystem und gleichzeitig geöffnetem Windows® Task Manager verdeutlicht werden.

```
❶ x=0:2*pi/1e8:20*pi;
❷ y=sin(x);
```

In der Grafik des Task Managers (Bild 8.4) ist die Abarbeitung der beiden Anweisungen in der CPU-Auslastung klar zu erkennen. Das verwendete Notebook mit einem Intel®-Core™-i7-Prozessor der 6. Generation hat vier Recheneinheiten (Kerne, Cores) und acht logische Prozessoren. Es ergibt sich folgendes Resultat bez. der Zeitdauer für die Abarbeitung der Anweisungen und CPU-Auslastung.

❶ ca. 3 Sekunden, ca. 20 % CPU-Auslastung

❷ ca. 8 Sekunden, ca. 70 % CPU-Auslastung

Insbesondere bei der Berechnung der Sinusfunktion mit sehr vielen Berechnungspunkten ist deutlich erkennbar, dass nicht nur eine Recheneinheit benutzt wird, da die vollständige Ausnutzung einer Recheneinheit eine CPU-Auslastung von 25 % bedeutet.

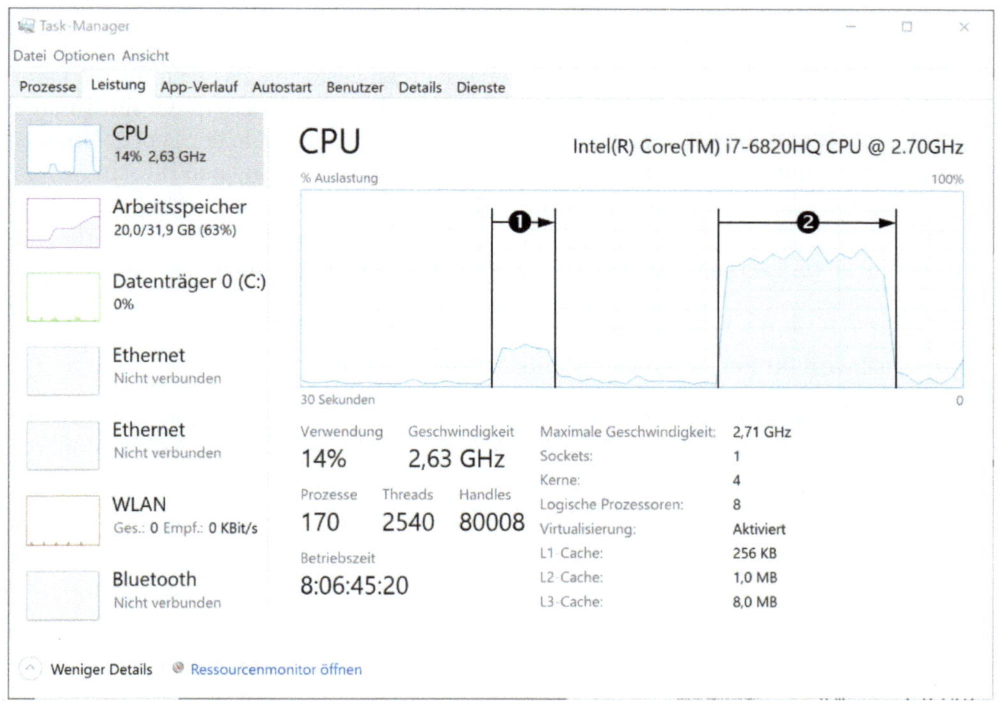

Bild 8.4 Multithreaded Functions in MATLAB

8.3 Auswahl der Hardware-Ressourcen

Bevor man paralleles Rechnen in MATLAB einsetzen kann, muss bekannt gemacht werden, welche der zur Verfügung stehenden Hardware-Ressourcen hierfür benutzt werden sollen. Dies ist in der benutzten MATLAB Version nur möglich, wenn die entsprechende Toolbox lizenziert ist. Sollen z. B. lokal vier Recheneinheiten für MATLAB Berechnungen genutzt werden, so erfolgt dies im „Command Window" mit der MATLAB Function „parpool" (Parallel pool) und der Anzahl der zu verwendenden Recheneinheiten:

```
parpool(4)
Starting parallel pool (parpool) using the 'local' profile ...
connected to 4 workers.
ans =
 Pool with properties:
    Connected           : true
    NumWorkers          : 4
       Cluster          : local
    AttachedFiles       : {}
    IdleTimeout         : 30 minute(s) (30 minutes remaining)
    SpmdEnabled         : true
```

Zunächst wird damit der Pool von Hardware-Ressourcen gestartet. Das Icon für die Parallelverarbeitung blinkt während dieser Phase in blauer Farbe (Bild 8.5; in der linken unteren Ecke, mit ❶ markiert). Nachdem der Start abgeschlossen ist, d. h. der Pool geöffnet ist und für Berechnungsaufgaben zur Verfügung steht, hat das Icon folgende Farben:

- Blau

  Der Pool ist im Leerlaufzustand (Idle), d. h., er wird momentan nicht benutzt.

- Grün

  Der Pool wird für Berechnungen benutzt (Busy).

Da die Ausgabe im „Command Window" nicht unterdrückt wurde, werden die Objekteigenschaften, wie z. B. die Anzahl an Recheneinheiten (Number of Workers, Name: NumWorkers), angezeigt.

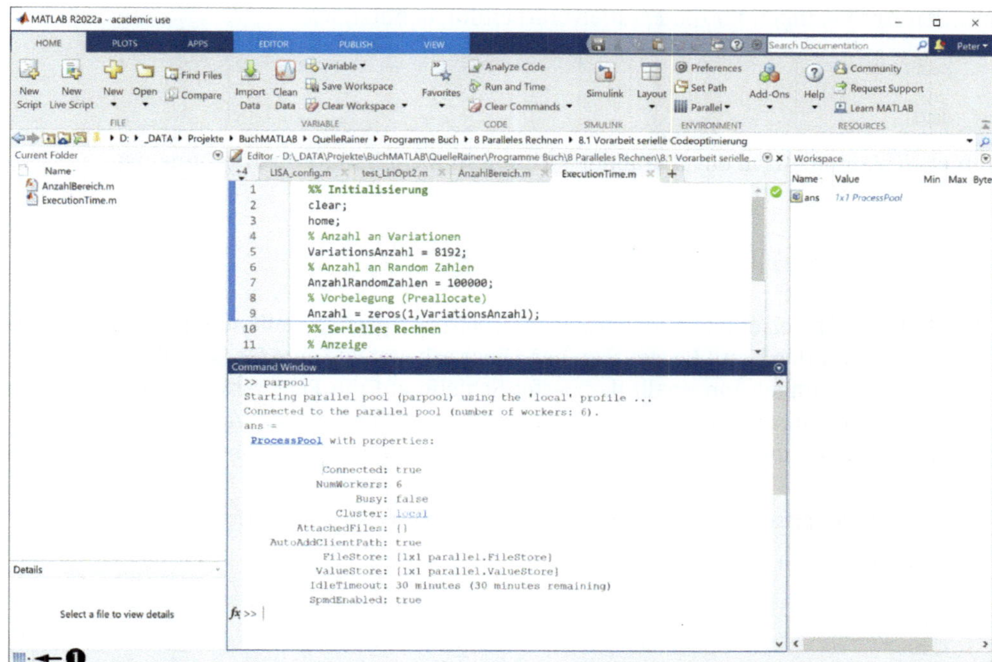

Bild 8.5 Icon Parallel Computing in der MATLAB Bedienoberfläche

Die Objekteigenschaften des aktuell aktiven Pools können mit der MATLAB Function „gcp" (Get current pool) jederzeit abgefragt werden.

```
gcp
ans =
 Pool with properties:
   Connected          : true
   NumWorkers         : 4
      Cluster         : local
   AttachedFiles      : {}
   IdleTimeout        : 30 minute(s) (8 minutes remaining)
   SpmdEnabled        : true
```

In der gezeigten Einstellung wird der Pool nach 30 Minuten automatisch geschlossen, wenn er in dieser Zeit nicht benutzt wurde (IdleTimeout). Die verbleibende Zeit bis zur Abschaltung wird angegeben (hier: noch 8 Minuten).

Für einen automatischen Ablauf wird das Eröffnen zweckmäßigerweise in eine MATLAB Function integriert und die Objekteigenschaften werden einer Variablen zugeordnet.

```
ParPoolObject = parpool;
```

Die Abschaltung des „Parallel Pool" erfolgt mit der MATLAB Function „delete", z. B. manuell mit:

```
delete(gcp)
Parallel pool using the 'local' profile is shutting down
```

Werden Anweisungen für die Parallelverarbeitung benutzt, wie

- `parfor`
- `smd`

öffnet sich automatisch ein „Parallel Pool", sofern nicht bereits einer eröffnet ist.

8.4 Parallele for-Schleifen

Die MATLAB Anweisung für die Parallelverarbeitung „parfor" stellt automatisch eine Verbindung zu den Hardware-Ressourcen her. Diese arbeitet wie eine for-Schleife, jedoch werden die Anweisungen innerhalb der parfor-Schleife auf die Rechnerkerne des Pools von MATLAB automatisch verteilt. Exemplarisch ist in Script 8.1 eine Variationsberechnung von Zufallszahlen mit seriellem und alternativ mit parallelem Rechnen gegenübergestellt.

Script 8.1 Beispielaufgabe mit seriellem und parallem Rechnen (forparfor.m)

```
%% Initialisierung
clear;
home;
% Anzahl an Variationen
VariationsAnzahl = 8192;
% Anzahl an Random Zahlen
AnzahlRandomZahlen = 100000;
% Vorbelegung (Preallocate)
Anzahl = zeros(1,VariationsAnzahl);
%% Serielles Rechnen
% Anzeige
disp('Serielles Rechnen ...');
% Start Zeitmessung
tic;
% Auswertungsschleife
for i = 1:VariationsAnzahl
 Anzahl(i) = AnzahlBereich(AnzahlRandomZahlen);
end
% Berechnungszeit
ZeitSeriell = toc;
%% Paralleles Rechnen
% Anzeige
disp('Parallelen Pool starten ...');
% Starten des Pools (4 Recheneinheiten, Cores)
ParPoolObject = parpool(4);
% Anzeige
disp('Paralleles Rechnen ...');
% Start Zeitmessung
tic;
% Auswertungsschleife
parfor i = 1:VariationsAnzahl
 Anzahl(i) = AnzahlBereich(AnzahlRandomZahlen);
end
% Berechnungszeit
```

```
ZeitParallel = toc;
% Ausschalten des Parallelen Pools
delete(ParPoolObject);
%% Vergleichsergebnisse
% Berechnung der Einsparung
EinsparungRel = 100*((ZeitSeriell-ZeitParallel)/ZeitSeriell);
% Anzeige
disp(['Rechenzeit seriell : ' num2str(ZeitSeriell) 's']);
disp(['Rechenzeit parallel : ' num2str(ZeitParallel) 's']);
disp(['Rechenzeiteinsparung : ' num2str(EinsparungRel) '%']);
```

In der Grafik des Task Managers (Bild 8.6) ist für die Beispielaufgabe eine ungefähre Zuordnung zu den einzelnen Ausführungsteilen möglich:

❶ Serielles Rechnen

❷ Starten des Parallel Pools

❸ Paralleles Rechnen

Die unterschiedliche CPU-Auslastung ist deutlich zu erkennen.

Wird ein „Parallel Pool" zeitlich hintereinander öfter genutzt, ist es effektiver, nicht jedes Mal den Pool neu zu starten und wieder auszuschalten. ■

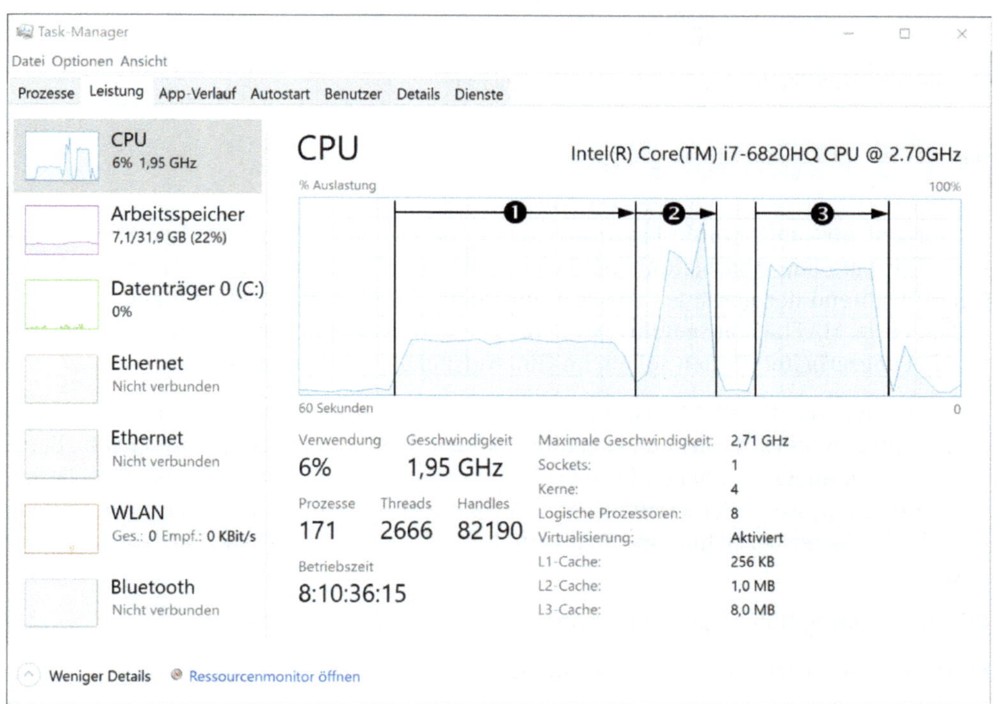

Bild 8.6 CPU-Auslastung und ungefähre Zuordnung zu den einzelnen Ausführungsteilen

Die Rechenzeiteinsparung bei einer unterschiedlichen Anzahl von Recheneinheiten des Pools zeigt Tabelle 8.1 für das Beispiel. Eine Parametrierung des „Parallel Pool" mit nur einer Recheneinheit ist zwar nicht sinnvoll, zeigt jedoch aufgrund des erforderlichen Kommunikationsaufwandes in einem „Parallel Pool" eine Verschlechterung.

Tabelle 8.1 Einsparungsvergleich durch paralleles Rechnen

Serielles Rechnen	Paralleles Rechnen*			Relative Einsparung
19,8 s	Anzahl Recheneinheiten des Pools	4	7,2 s	64%
		2	12,4 s	37%
		1	22,7 s	-15%

* Ohne Zeiten zum Starten und Beenden des „Parallel Pool"

Ob die Nutzung des parallelen Rechnens zu kürzeren Berechnungszeiten führt und wie hoch die Einsparung ist, hängt von der Berechnungsaufgabe ab. Unter Umständen führen serielle Berechnungen zu kürzeren Berechnungszeiten. Wird z. B. in der Beispielaufgabe die Anzahl an Variationen von 8192 auf 32 reduziert, ergibt sich eine deutliche kürzere Berechnungszeit mit seriellem Rechnen (Tabelle 8.2).

Tabelle 8.2 Einsparungsvergleich bei einer Anzahl an Variationen von 32

Serielles Rechnen	Paralleles Rechnen*			Relative Einsparung
0,08 s	Anzahl Recheneinheiten des Pools	4	0,247 s	-210%

* Ohne Zeiten zum Starten und Beenden des „Parallel Pool"

8.5 Batch jobs und Cluster

Im vorigen Abschnitt wurde beschrieben, wie for-Schleifen mit „parfor" parallelisierbar sind. Die parallele Abarbeitung ist dabei interaktiv. Hierfür muss MATLAB (MATLAB Client) während der gesamten Abarbeitung geöffnet sein, und es können keine anderen Aufgaben in MATLAB ausgeführt werden. Eine andere Möglichkeit ist es, Aufgaben, die parallel abgearbeitet werden sollen, im Hintergrund ablaufen zu lassen.

Diese werden als „Parallel batch jobs" bezeichnet. Damit können zeitlich lang dauernde Abarbeitungen im Hintergrund ausgeführt werden. Während der Abarbeitung von „Batch jobs" können andere Aufgaben in MATLAB erledigt werden. „Batch jobs" sind insbesondere vorteilhaft, wenn Berechnungsaufgaben auf mehrere miteinander vernetzte Computer, die als Cluster bezeichnet werden, verteilt werden. Der Ablauf bei „Batch jobs" ist wie folgt:

❶ Arbeitsauftrag (Job) erstellen und Abarbeitung beauftragen (Submit)

❷ Abfrage, ob Abarbeitung des Arbeitsauftrages abgeschlossen ist (Wait)

❸ Nachbearbeitung, wie Ergebnisse und Informationen zur Abarbeitung abholen, sowie belegte Cluster-Ressourcen freigeben (Post-Processing)

Nachdem der Job zur Abarbeitung gesandt wurde, übernimmt der MATLAB Scheduler (Bild 8.7) die Verteilung der Aufgaben (Tasks) auf die zur Verfügung stehenden Recheneinheiten des Clusters (Worker). Der Scheduler sammelt auch die Ergebnisse der einzelnen Tasks (Result). Ist ein Job vollständig abgearbeitet, können die Ergebnisse aller Tasks des Jobs vom Client abgeholt werden (Results). Für eine Übersicht zu den Jobs gibt es den „Job Monitor". Die Anzeige zum „Job Monitor" kann in der MATLAB Symbolleiste im Register „Home" wie folgt gestartet werden.

▸ Parallel ▸ Monitor Jobs

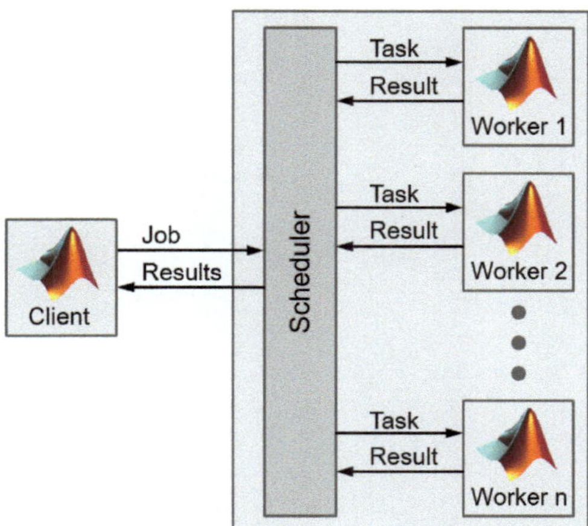

Bild 8.7 Cluster

Bevor Berechnungsaufgaben in einem Cluster ausgeführt werden können, muss definiert werden, welcher der zur Verfügung stehenden Cluster benutzt werden soll. Dies erfolgt z.B. im „Command Window" mit der MATLAB Function „parcluster". Es soll hier nur auf Cluster eingegangen werden, die lokal ablaufen. Damit kann man sich auf dem eigenen Computer mit der Thematik vertraut machen. Für örtlich verteilte (remote) Cluster gilt Entsprechendes. Lokale Cluster haben allerdings den Nachteil, dass für jede neue Aufgabe (Task) der Worker neu gestartet wird. Aus Effizienzgründen sind sie daher nicht unbedingt empfehlenswert. Die Definition zur Nutzung eines lokalen Clusters lautet:

```
ClusterObject = parcluster('local')
ClusterObject =
 Local Cluster
   Properties:
      Profile                       : local
      Modified                      : false
         Host                       : LTRC21905
      NumWorkers                    : 4
   JobStorageLocation               : C:\Users\HR\AppData\Roaming\
MathWorks\MATLAB\local_cluster_jobs\R2016a
 RequiresMathWorksHostedLicensing: false
   Associated Jobs                  :
      Number Pending                : 0
      Number Queued                 : 0
      Number Running                : 0
      Number Finished               : 0
```

Da die Ausgabe im „Command Window“ nicht unterdrückt wurde, werden die Objekteigenschaften, wie z.B. die Anzahl an Recheneinheiten (Number of Workers, Name: NumWorkers), angezeigt. Die Objekteigenschaften werden in einer Variablen (Name: ClusterObject) gespeichert.

Alle zusammengehörigen Berechnungsaufgaben werden in einem Job (Arbeitsauftrag) zusammengefasst. Die Definition eines Jobs erfolgt mit der MATLAB Function „createJob“, z.B. im „Command Window“:

```
JobObject = createJob(ClusterObject)
JobObject =
 Job
   Properties:
      ID               : 1
      Type             : independent
      Username         : HR
      State            : pending
      SubmitTime       :
      StartTime        :
   Running Duration : 0 days 0h 0m 0s
   AutoAttachFiles  : true
 Auto Attached Files: List files
   AttachedFiles    : {}
   AdditionalPaths  : {}
   Associated Tasks :
   Number Pending   : 0
   Number Running   : 0
   Number Finished  : 0
   Task ID of Errors: []
 Task ID of Warnings: []
```

Die Objekteigenschaften werden in einer Variablen (Name: JobObject) gespeichert.

Anschließend werden die einzelnen Teilberechnungen für die Worker als Tasks mit der MATLAB Function „createTask“ definiert. Eine Taskdefinition beinhaltet einen einzelnen Aufruf einer Function (Bild 8.8, mit ❶ markiert). Dieser wird als Function Handle (@) definiert. Die Anzahl an Ausgangsgrößen (Outputs) der Funktion ist festzulegen (mit ❷ markiert). Als Cell Array sind die Eingangsgrößen (Inputs) der Function zu definieren (mit ❸ markiert). Die Bezüge der Taskdefinition zur aufgerufenen Funktion sind durch Pfeile dargestellt.

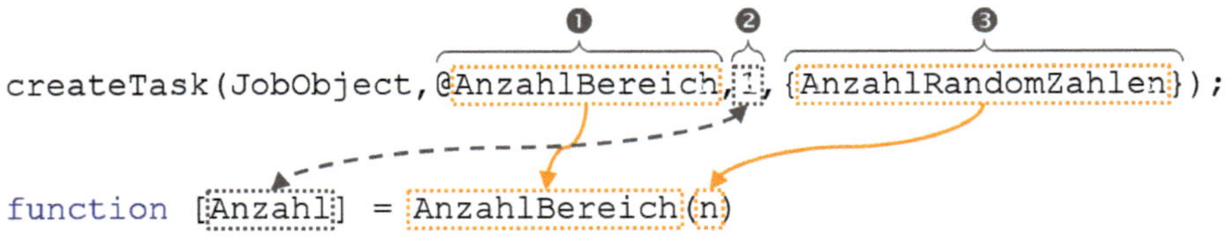

Bild 8.8 Taskdefinition

Im „Command Window" ergibt sich für die Taskdefinition:

```
createTask(JobObject,@AnzahlBereich,1,{AnzahlRandomZahlen})
ans =
Task with properties:
      ID              : 1
      State           : pending
      Function        : @AnzahlBereich
      Parent          : Job 8
      StartTime       :
   Running Duration: 0 days 0h 0m 0s
      Error           :
      Warnings        :
```

Sind alle Tasks für den Job definiert, muss der Job mit der MATLAB Function „submit" an Scheduler zur Bearbeitung gesendet werden.

```
submit(JobObject);
```

Mit der MATLAB Function „wait" kann abgefragt werden, ob alle Tasks des Jobs, d.h. alle Teilberechnungen, abgeschlossen sind:

```
wait(JobObject,'finished');
```

Die Ergebnisse der einzelnen Tasks (Outputs) werden mit der MATLAB Function „fetchOutputs" abgeholt:

```
JobResults = fetchOutputs(JobObject);
```

Diese werden der Variablen „JobResults" zugewiesen. Die Ergebnisse (Outputs) der einzelnen Tasks sind zeilenweise in der Variablen gespeichert. In den Spalten werden die Outputs in der Reihenfolge, in der sie in der Function definiert sind, gespeichert (Tabelle 8.3).

Tabelle 8.3 Abspeicherung der Taskergebnisse

	Spalte →	1	2	...	m
Zeile ↓		Output 1	Output 1		Output m
1	Task 1				
2	Task 2				
	. . .				
n	Task n				

Damit Ressourcen im Cluster nach Abschluss der Berechnungen nicht belegt werden, sollte der Job mit der MATLAB Function „delete" abgeschlossen werden:

```
delete(JobObject);
```

In Script 8.2 ist wiederum eine Variationsberechnung von Zufallszahlen mit seriellem und alternativ mit parallelem Rechnen in einem lokalen Cluster gegenübergestellt.

Script 8.2 Beispielaufgabe mit seriellem und alternativ mit parallelem Rechnen in einem lokalen Cluster (cluster.m)

```
%% Initialisierung
clear;
home;
% Anzahl an Variationen
VariationsAnzahl = 8192;
% Anzahl an Random Zahlen
AnzahlRandomZahlen = 100000;
% Vorbelegung (Preallocate)
Anzahl = zeros(1,VariationsAnzahl);
%% Serielles Rechnen
% Anzeige
disp('Serielles Rechnen ...');
% Start Zeitmessung
tic;
% Auswertungsschleife
for i = 1:VariationsAnzahl
 Anzahl(i) = AnzahlBereich(AnzahlRandomZahlen);
end
% Berechnungszeit
ZeitSeriell = toc;
%% Paralleles Rechnen
% Anzeige
disp('Cluster starten ...');
% Starten des lokalen Cluster
ClusterObject = parcluster('local');
% Anzeige
disp('Job definieren ...');
% Job Definition
JobObject = createJob(ClusterObject);
% Anzeige
disp('Tasks definieren ...');
% Definition der Tasks
% Auswertungsschleife
for i = 1:VariationsAnzahl
 createTask(JobObject,@AnzahlBereich,1,{AnzahlRandomZahlen});
end
% Anzeige
disp('Job starten ...');
% Start Zeitmessung
tic;
% Job starten
submit(JobObject);
% Anzeige
disp('Paralleles Rechnen ...');
% Warten bis Job abgeschlossen
wait(JobObject,'finished');
% Anzeige
```

```
disp('Berechnung abgeschlossen!');
disp('Ergebnisse abholen ...');
JobResults = fetchOutputs(JobObject);
% Berechnungszeit
ZeitParallel = toc;
% Job schliessen
delete(JobObject);
% Anzeige
disp('Job abgeschlossen!');
%% Vergleichsergebnisse
% Berechnung der relativen Einsparung
EinsparungRel = 100*((ZeitSeriell-ZeitParallel)/ZeitSeriell);
% Anzeige
disp(['Rechenzeit seriell : ' num2str(ZeitSeriell) 's']);
disp(['Rechenzeit parallel : ' num2str(ZeitParallel) 's']);
disp(['Rechenzeiteinsparung : ' num2str(EinsparungRel) '%']);
```

Cluster sind objektorientiert aufgebaut. Die Objekte (Cluster, Jobs und Tasks) besitzen Eigenschaften, die abgefragt und zur Steuerung eingesetzt werden können. Den hierarchischen Aufbau zeigt Bild 8.9. Innerhalb der Hierarchie kann navigiert werden, um auf Parent oder Child Objects zuzugreifen.

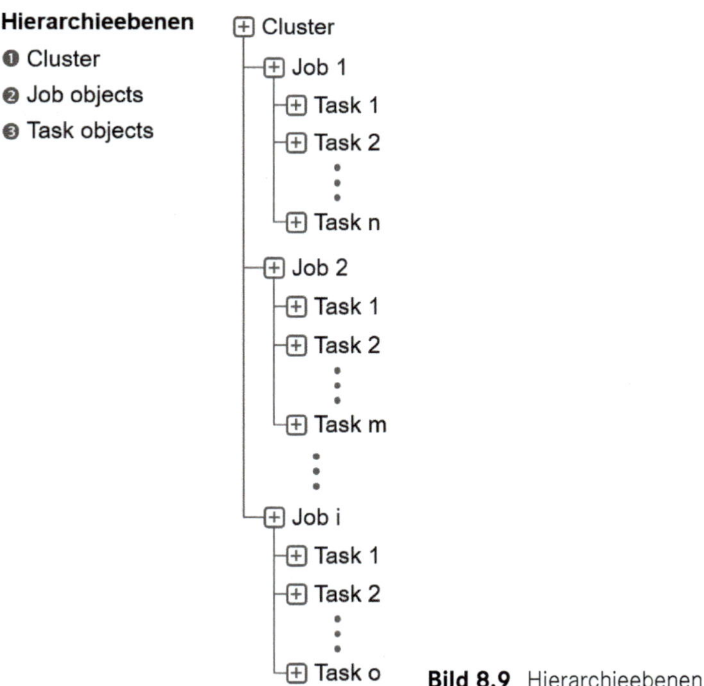

Bild 8.9 Hierarchieebenen

Die einzelnen Schritte beim parallelen Rechnen in einem Cluster sind:

❶ Verbindung zum Scheduler eines Clusters herstellen.

```
ClusterObject = parcluster('local');
```

❷ Neue Berechnungsaufgabe (Job) für den ausgewählten Scheduler definieren.

```
JobObject = createJob(ClusterObject);
```

❸ Teilaufgaben der Berechnungsaufgabe (des Jobs) als Task definieren.

```
createTask(JobObject,@AnzahlBereich,1,{AnzahlRandomZahlen});
```

❹ Job an Scheduler zur Bearbeitung senden.

```
submit(JobObject);
```

❺ Warten, bis Job, d. h. alle Tasks, abgeschlossen sind.

```
wait(JobObject,'finished');
```

❻ Ergebnisse des Jobs, d. h. Outputs der Tasks, abholen.

```
JobResults = fetchOutputs(JobObject);
```

❼ Job abschließen und Rückgabe aller belegten Ressourcen des Clusters.

```
delete(JobObject);
```

9 Symbolisches Rechnen

Sollen Berechnungsaufgaben nicht mit Zahlen, sondern mit Buchstaben als Symbolen für Zahlenwerte durchgeführt werden, wird dies „symbolisches Rechnen“ genannt. In MATLAB wird meist mit vorgegebenen Zahlenwerten gerechnet. Wird z. B. ohne vorher den Wert von x festgelegt zu haben der folgende Ausdruck eingegeben, erfolgt eine Fehlermeldung.

```
y=x+2*x
undefined function or variable 'x'.
```

Die Variable x oder eine Function mit diesem Namen sind nicht bekannt.

In MATLAB kann auch symbolisch gerechnet werden. Hierfür gibt es als Add-on die „Symbolic Math Toolbox“. Möchte man den Ausdruck „symbolisch“ berechnen, müssen die Variablen als symbolisches Objekt definiert werden. Dies erfolgt mit der Anweisung:

```
syms x
```

Gibt man denselben Ausdruck wie oben noch einmal an, erscheint keine Fehlermeldung mehr, und alle x werden zusammengefasst.

```
y=x+2*x
y =
3*x
```

Die Ergebnisvariable y wird automatisch zum symbolischen Objekt, und beide Variablen sind als symbolische Objekte (sym) im Workspace definiert (Bild 9.1).

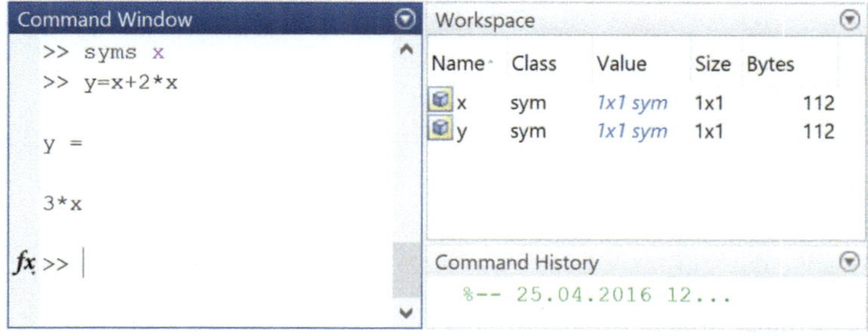

Bild 9.1 Variablen als symbolische Objekte

Für manche Aufgabenstellungen ist das symbolische Rechnen sehr nützlich. Dies gilt in erster Linie, wenn nicht das numerische Zahlenergebnis von Interesse ist, sondern:

- das geschickte Umwandeln einer Formel in einen kleineren Ausdruck, um ein Programm oder eine Analyse zu vereinfachen.
- analytische Ausdrücke für eine Stammfunktion, eine Ableitung oder die Lösung einer Differentialgleichung.

Die Stammfunktion zu y wird z.B. mit der MATLAB Function „int" bestimmt.

```
yi=int(y)
yi =
(3*x^2)/2
```

Der Ausdruck kann auch ansprechender dargestellt werden. Hierfür gibt es die MATLAB Function „pretty".

```
pretty(int(y))
    2
 3 x
 ----
    2
```

9.1 Umformen von algebraischen Ausdrücken

Zur Einführung in die Möglichkeiten beim Umformen von Ausdrücken soll folgende Funktion benutzt werden:

$$f(x) = a\,x^2 - 2\,a^3\,x + a^2 + b^4\,x^2 + 5\,b^2\,x + b \tag{9.1}$$

Die Funktionsdefinition in MATLAB erfolgt mit:

```
syms x a b;
f = a*x^2 - 2*a^3*x + a^2 + b^4*x^2 + 5*b^2*x + b;
```

Um die Funktion nach Potenzen von x zu sortieren, gibt es die MATLAB Function „coeffs", die Koeffizienten in aufsteigenden Potenzen von x angibt.

```
coeffs(f,x)
ans =
[ a^2 + b, 5*b^2 - 2*a^3, b^4 + a]
```

Statt nach x, kann auch nach a sortiert werden.

```
coeffs(f,a)
ans =
[ b^4*x^2 + 5*b^2*x + b, x^2, 1, -2*x]
```

Soll der Ausdruck numerisch ausgewertet werden, werden für die Koeffizienten a und b Zahlenwerte definiert und die symbolischen Objekte für a und b in der Function f ersetzt. Dies erfolgt mit der MATLAB Function „subs" (substitute).

```
a = 2;
b = 3;
fn = subs(f)
fn =
83*x^2 + 29*x + 7
```

Mit der MATLAB Function „expand" lässt sich ein Ausdruck ausmultiplizieren.

```
expand((2-x)*(x+5))
ans =
- x^2 - 3*x + 10
```

Die MATLAB Function „simplify" vereinfacht Ausdrücke.

```
simplify((-x^2 + 1)/(1 - x))
ans =
x + 1
```

Es kann auch ein gemeinsamer Hauptnenner bestimmt werden.

```
f = x + 5/x + 4/3;
[z,n] = numden(f)
z =
3*x^2 + 4*x + 15
n =
3*x
```

9.2 Lösung von Gleichungen

Die Lösung von Gleichungen wird im Folgenden für lineare und nichtlineare Gleichungen gezeigt.

9.2.1 Lineare Gleichungen

Das Lösen von Gleichungen erfolgt grundsätzlich mit der MATLAB Function „solve". Folgende lineare Gleichung soll gelöst werden.

$$2x + 10 = 4 \tag{9.2}$$

Die MATLAB Eingabe zur Berechnung der Lösung lautet:

```
syms x;
solve(2*x+10==4)
ans =
-3
```

Da die Gleichung nur eine Variable (x) hat, wird automatisch nach dieser aufgelöst. Natürlich hätte man dieses Ergebnis auch ohne symbolisches Rechnen erhalten können. Der Vorteil liegt darin, dass man die Gleichung nicht „von Hand" auf eine Standardform umstellen muss ($2x = -6$). Wird „==4" weggelassen, dann wird automatisch der Ausdruck gleich null gesetzt.

Enthält die Gleichung mehrere Unbekannte, wie z. B.

$$2x + 10y = 4 \tag{9.3}$$

so wird angegeben, nach welcher Variablen aufgelöst werden soll.

Auflösen nach x:

```
syms x y;
solve(2*x + 10*y == 4,x)
ans =
2 - 5*y
```

Auflösen nach y:

```
solve(2*x + 10*y == 4,y)
ans =
2/5 - x/5
```

Man kann damit Abhängigkeiten von Variablen berechnen und diese „neuen" Gleichungen in MATLAB weiterverarbeiten. Es lassen sich auch ganze Gleichungssysteme lösen, z. B.:

$$x + y + z = 3 \tag{9.4a}$$

$$2x + 3y - 4z = 5 \tag{9.4b}$$

Dazu definiert man die Gleichungen und fordert z. B., dass sie nach y und z aufgelöst werden (Script 9.1).

Script 9.1 Lineare Gleichung (LineareGleichungSymbolisch.m)

```
% Definition der symbolischen Variablen
syms x y z;
% Definition der Gleichungen
g1=x+y+z==3;
g2=2*x+3*y-4*z==5;
% Auflösung der Gleichungen nach y und z
res = solve(g1,g2,y,z)
```

Das Ergebnis ist ein Structure Array:

```
res =
    y: [1x1 sym]
    z: [1x1 sym]
```

Dieses besteht aus Symbolen:

```
[res.y res.z]
ans =
[ 17/7 - (6*x)/7, 4/7 - x/7]
```

Die Richtigkeit der Lösung lässt sich durch Wiedereinsetzen in die Gleichungen überprüfen.

- Erste Gleichung

  ```
  x+res.y+res.z
  ans =
  3
  ```

- Zweite Gleichung

  ```
  2*x+3*res.y-4*res.z
  ans =
  5
  ```

Ersetzt man das Symbol x durch einen Zahlenwert, können die Zahlenwerte für y und z berechnet werden.

```
x=5;
subs([res.y res.z])
ans =
[ -13/7, -1/7]
```

9.2.2 Nichtlineare Gleichungen

Nichtlineare Gleichungen haben nicht immer eine eindeutige Lösung und manchmal gar keine. Gibt es unendlich viele Lösungen, dann wird oft nur eine Lösung angegeben. So haben die Funktionen $sin(x)$ und $cos(x)$ unendlich viele Schnittpunkte (bei $\pi/4$ und den Vielfachen von $\pm\ \pi$). Es wird aber nur eine Lösung angegeben:

```
syms x;
solve(sin(x)==cos(x))
ans =
pi/4
```

9.3 Taylorreihen

Taylorreihen lassen sich mit der MATLAB Function „taylor“ berechnen. Um die Taylorreihe von $sin(x)$ um den Nullpunkt bis zur 10. Potenz zu berechnen, ist die Anweisung:

```
syms x;
taylor(sin(x),'Order',10)
ans =
x^9/362880 - x^7/5040 + x^5/120 - x^3/6 + x
```

9.4 Laplace-Transformation

Die sogenannte Laplace-Transformation ist definiert als das folgende Integral:

$$y(s)=\int_0^\infty f(t)\cdot e^{-s\cdot t}dt \tag{9.5}$$

Für die folgende Funktion soll das Integral exemplarisch berechnet werden:

$$f(t)=\sin(\omega t) \tag{9.6}$$

Das bekannte Ergebnis lautet:

$$f(t)=\frac{\omega}{s^2+\omega^2} \tag{9.7}$$

Dieses Integral kann in MATLAB auf zwei Arten berechnet werden.

```
syms Omega t s positive;
int(sin(Omega*t)*exp(-s*t),t,0,inf)
ans =
Omega/(s^2 + Omega^2)
```

Hier tritt die Laplace-Transformierte s auf. Es gibt nur dann eine Lösung, wenn s positiv ist.

Alternativ kann die MATLAB Function „laplace" verwendet werden, welche die Standardvariable t, die richtigen Integrationsgrenzen und die Positivität von s berücksichtigt. Das Ergebnis ist identisch.

```
laplace(sin(Omega*t))
ans =
Omega/(s^2 + Omega^2)
```

9.5 Integrieren von Funktionen

Mit der MATLAB Function „int" wird eine Funktion, z. B. sin(ωt), integriert. Das Symbol hinter der zu integrierenden Funktion ist die Integrationsvariable.

```
syms Omega t;
int(sin(Omega*t),t)
ans =
-cos(t*Omega)/Omega
```

Es können auch bestimmte Integrale berechnet werden. Dies soll beispielhaft für den Effektivwert einer sinusförmigen Spannung erfolgen. Der Effektivwert berechnet sich allgemein wie folgt:

$$\mathrm{U_{eff}}=\frac{1}{\mathrm{T}}\sqrt{\int_0^{\mathrm{T}}\left(\mathrm{u}(\mathrm{t})\right)^2\,\mathrm{dt}} \tag{9.8}$$

Für einen sinusförmigen Spannungsverlauf gilt:

$$u(t) = U_S \sin(\omega t) \tag{9.9a}$$

$$T = \frac{2\pi}{\omega} \tag{9.9b}$$

Die bekannte Lösung ist:

$$U_{eff} = \frac{1}{\sqrt{2}} U_S \tag{9.10}$$

Die Lösung in MATLAB lautet:

```
syms US Omega t;
Ueff = US*sqrt(Omega/(2*pi)*int(sin(Omega*t)^2,t,0,2*pi/Omega))
Ueff =
(2^(1/2)*US)/2
```

Auch uneigentliche Integrale können berechnet werden. Das Zeichen ∞ wird in MATLAB wie beschrieben durch „inf" repräsentiert. Zum Beispiel wird das Integral von e^{-x} im Intervall [0, ∞] folgendermaßen berechnet:

```
syms Omega t;
int(exp(-x),0,inf)
ans =
1
```

9.6 Differenzieren von Funktionen

Mit der MATLAB Function „diff" kann symbolisch die Ableitung einer Funktion, z. B. die Ableitung von cos(ωt) nach der Zeit, berechnet werden.

```
syms Omega t;
diff(cos(Omega*t),t)
ans =
-Omega*sin(Omega*t)
```

Soll die n-te Ableitung berechnet werden, so gibt man die Zahl n zusätzlich in der Klammer an (hier n = 2).

```
syms Omega t;
diff(cos(Omega*t),t,2)
ans =
-Omega^2*cos(Omega*t)
```

9.7 Lösung von Differentialgleichungen

Es lassen sich auch analytische Lösungen von Differentialgleichungen symbolisch berechnen. Zur Veranschaulichung wird die aus Kapitel 3 bekannte Differentialgleichung für den Ein-Masse-Schwinger verwendet.

$$\frac{1}{\omega_0^2}\ddot{x}(t)+\frac{2\,D}{\omega_0}\dot{x}(t)+x(t)=0 \tag{9.11}$$

Die Lösung für die Bedingungen

$$x(0)=x_0,\;\; \dot{x}(0)=0,\;\; 0<D<1 \tag{9.12}$$

wurde in Gleichung 3.8 angegeben. Die Lösung in MATLAB erfolgt mit der MATLAB Function „dsolve“. Die Zuordnung zu den zeitlichen Ableitungen ist in Tabelle 9.1 angegeben.

Bei der Verwendung der Function „dsolve“ dürfen Namen von symbolischen Variablen keinen Buchstaben „D“ beinhalten. Der Buchstabe „D“ bezeichnet die Differentiation nach der unabhängigen Variablen; meist die Differentiation nach der Zeit.

Tabelle 9.1 Zuordnung

	dsolve
x	x
$\dot{x}$	Dx
$\ddot{x}$	D2x

Statt dem Symbol „D“ für den Dämpfungsgrad wird daher bei der Lösung mit „dsolve“ im Folgenden „d“ verwendet. Die symbolische Lösung der Differentialgleichung zeigt Script 9.2. Die beiden Anfangsbedingungen sind in der MATLAB Function durch Komma getrennt.

Script 9.2 Lösung der Differentialgleichung für den Ein-Masse-Schwinger (DGLEinMasseSchwingerSymbolisch.m)

```
% Definition der symbolischen Variablen
% w0: Kennkreisfrequenz
% d: Dämpfungsgrad
% x: Position
syms w0 d x;
% Lösung der Differentialgleichung
x = dsolve('1/w0^2*D2x+2*d/w0*Dx+x=0','x(0)=x0','Dx(0)=0');
% Anzeige im Command Window
disp(x);
% Vereinfachen
xs = simplify(x);
% Schöner darstellen und im Command Window anzeigen
pretty(xs),
```

Die Lösung für x wird im „Command Window“ angezeigt:

```
(x0*exp(t*(w0*((d - 1)*(d + 1))^(1/2) - d*w0))*
(d + ((d - 1)*(d + 1))^(1/2)))/(2*((d - 1)*(d + 1))^(1/2)) -
(x0*exp(-t*(w0*((d - 1)*(d + 1))^(1/2) + d*w0))*
(d - ((d - 1)*(d + 1))^(1/2)))/(2*((d - 1)*(d + 1))^(1/2))
```

Der vereinfachte Ausdruck (xs) und die „schönere“ Darstellung führt zu folgender Anzeige im „Command Window“:

```
x0 exp(-t w0 (d - sqrt(d - 1))) (d + sqrt(d - 1))
-------------------------------------------------- -
                          2
                 2 sqrt(d - 1)

x0 exp(-t w0 (d + sqrt(d - 1))) (d - sqrt(d - 1))
--------------------------------------------------
                          2
                 2 sqrt(d - 1)
```

Die Funktion xs sieht deshalb anders aus als in Gleichung 3.8, weil die Einschränkung $0 < d < 1$ nicht berücksichtigt wurde, d. h., die oben errechnete Lösung ist allgemeiner. ■

Um zu prüfen, ob die errechnete Lösung der Differentialgleichung richtig ist, werden die beiden Ableitungen von xs berechnet (Schritt ❶ und ❷). Diese werden anschließend mit den Koeffizienten der Differentialgleichung multipliziert und die Summe gebildet (Schritt ❸). Da die Summe null ergibt, ist die für x errechnete Lösung der Differentialgleichung richtig.

❶ Erste Ableitung

```
syms w0 d t;
xd = simplify(diff(x,1,t));
```

❷ Zweite Ableitung

```
xdd = simplify(diff(x,2,t));
```

❸ Einsetzen in die Differentialgleichung (Gleichung (9.11):

```
simplify(1/w0^2*xdd+2*d/w0*xd+x)
ans =
0
```

Die Lösung der Differentialgleichung lässt sich auch automatisiert in eine MATLAB Function konvertieren. Die Anweisung hierzu lautet:

```
MATLABFunction(x,'file','EinMasseSchwingerMatlabFcn');
```

Dadurch wird aus der Lösung der Differentialgleichung eine MATLAB Function „EinMasseSchwingerMatlabFcn“ erzeugt, die automatisch im Current Folder als MATLAB Datei (File) mit dem Namen

EinMasseSchwingerMatlabFcn.m

gespeichert wird. Das MATLAB Script zur Generierung der MATLAB Function zeigt Script 9.3. Die daraus automatisiert erzeugte MATLAB Function zeigt Function 9.1. Damit lässt sich die Lösung z. B. für vorgegebene Schwingungsparameter visualisieren (Script 9.4). Das Ergebnis ist in Bild 9.2 gezeigt (vergleiche mit Bild 3.22).

Script 9.3 Generierung der MATLAB Function aus der symbolischen Lösung der Differentialgleichung für den Ein-Masse-Schwinger (EinMasseSchwingerSymbolischGenerierungMatlabFcn.m)

```
%% Definition der symbolischen Variablen
% w0: Kennkreisfrequenz
% d: Dämpfungsgrad
% x: Position
% t: Zeit
syms w0 d x t;
%% Lösung der Differentialgleichung
x = dsolve('1/w0^2*D2x+2*d/w0*Dx+x=0','x(0)=x0','Dx(0)=0');
%% Generierung der MATLAB Function
matlabFunction(x,'file','EinMasseSchwingerMatlabFcn');
```

Function 9.1 Aus der symbolischen Lösung der Differentialgleichung automatisiert generierte MATLAB Function für den Ein-Masse-Schwinger (EinMasseSchwingerMatlabFcn.m)

```
function x = EinMasseSchwingerMatlabFcn(d,t,w0,x0)
%EINMASSESCHWINGERMATLABFCN
%    X = EINMASSESCHWINGERMATLABFCN(D,T,W0,X0)

%    This function was generated by the Symbolic Math Toolbox
%    version 7.0.
%    25-Jul-2016 10:35:19
t2 = d-1.0;
t3 = d+1.0;
t4 = t2.*t3;
t5 = sqrt(t4);
t6 = d.*w0;
t7 = 1.0./sqrt(t4);
x = t7.*x0.*exp(-t.*(t6+t5.*w0)).*(d-t5).*(-1.0./2.0)+t7.*x0.*exp(-
t.*(t6-t5.*w0)).*(d+t5).*(1.0./2.0);
```

Script 9.4 Lösung der Differentialgleichung für den Ein-Masse-Schwinger (EinMasseSchwinger SymbolischAnalyse.m)

```
%% Initialisierung der Schwingungsparameter
% Kennkreisfrequenz
w0 = 2*pi*157.3542;
% Dämpfungsgrad
d = 0.15;
```

```
% Position zum Zeitpunkt t=0 (Anfangsbedingung)
x0 = 1e-3;
%% Berechnung des Positionsverlaufes
% Berechnungszeitpunkte
t = 0:2.5e-5:0.05;
% Berechnung mit erzeugter MATLAB Function
x = EinMasseSchwingerMatlabFcn(d,t,w0,x0);
%% Visualisierung
plot(t,x);
grid on;
xlabel('Zeit s');
ylabel('Position m');
```

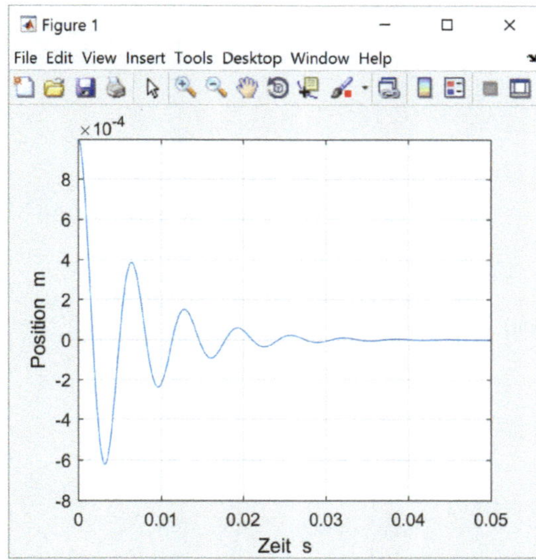

Bild 9.2 Ergebnisvisualisierung

Literatur

[1] Wolfgang Schweizer
MATLAB kompakt
Oldenbourg Verlag, 2009
ISBN 978-3-486-59193-4

[2] Jörg Kahlert
Simulation technischer Systeme
Vieweg Verlag, 2004
ISBN 978-3-528-03964-6

[3] Rüdiger Kutzner, Sönke Schoof
MATLAB/Simulink – Eine Einführung
RRZN (Regionales Rechenzentrum für Niedersachsen)

[4] Ulrich Stein
Programmieren mit MATLAB
Carl Hanser Verlag, 2018
ISBN 978-3-446-44864-3

[5] Angelika Bosl
Einführung in MATLAB/Simulink
Carl Hanser Verlag, 2020
ISBN 978-3-446-46403-2

[6] Anne Angermann, Michael Beuschel, Martin Rau, Ulrich Wohlfarth
MATLAB – Simulink – Stateflow
Oldenbourg Verlag, 2011
ISBN 978-3-486-70585-0

[7] Richard K. Johnson
The elements of MATLAB style
Cambridge University Press, 2012
ISBN 978-0-521-73258-1

Index

D

E

F

R

S